Wi-Fi 7

开发参考

技术原理、标准和应用

成　刚　蒋一名　杨志杰◎著

清華大学出版社
北　京

内 容 简 介

本书以 Wi-Fi 7 专业技术介绍为主，同时介绍 Wi-Fi 7 技术的新产品开发方案和测试，以及 Wi-Fi 7 在行业及家庭场景中的应用，旨在让读者系统地掌握 Wi-Fi 关键技术全貌、开发新产品和实际应用部署。全书共 8 章，前 3 章从 Wi-Fi 的基本原理入手，介绍传统 Wi-Fi 关键技术和 Wi-Fi 6 的核心技术演进，然后重点介绍 Wi-Fi 7 标准制定、关键技术和创新内容；第 4 章介绍基于 Wi-Fi 7 的产品开发和测试方法；第 5 章介绍 Wi-Fi 相关的行业联盟或组织对 Wi-Fi 技术的支持、认证和技术商业化的推动；第 6 章介绍 Wi-Fi 7 在行业或家庭不同场景下的应用；第 7 章介绍 Wi-Fi 7 与移动 5G 技术融合；第 8 章展望 Wi-Fi 最新技术发展趋势。

本书适合对 Wi-Fi 进行产品开发和应用的行业人士、希望了解 Wi-Fi 新技术或应用的各行业非专业人员及各大院校本科生或研究生。

图书在版编目(CIP)数据

Wi-Fi 7 开发参考：技术原理、标准和应用 / 成刚，蒋一名，杨志杰著 . 一北京：清华大学出版社，2023.7（2024.1重印）
ISBN 978-7-302-63671-7

Ⅰ.① W… Ⅱ.①成… ②蒋… ③杨… Ⅲ.①无线网－基本知识 Ⅳ.① TN92

中国国家版本馆 CIP 数据核字 (2023) 第 100624 号

责任编辑： 王中英
封面设计： 杨玉兰
版式设计： 方加青
责任校对： 徐俊伟
责任印制： 刘海龙

出版发行： 清华大学出版社
   网　　址： https://www.tup.com.cn，https://www.wqxuetang.com
   地　　址： 北京清华大学学研大厦 A 座　　　　　　　**邮　编：** 100084
   社 总 机： 010-83470000　　　　　　　　　　　　**邮　购：** 010-62786544
   投稿与读者服务： 010-62776969，c-service@tup.tsinghua.edu.cn
   质 量 反 馈： 010-62772015，zhiliang@tup.tsinghua.edu.cn
印 装 者： 三河市科茂嘉荣印务有限公司
经　　销： 全国新华书店
开　　本： 185mm×260mm　　　　　**印　张：** 23.25　　　　　**字　数：** 550 千字
版　　次： 2023 年 8 月第 1 版　　　　**印　次：** 2024 年 1 月第 2 次印刷
定　　价： 89.00 元

产品编号：094786-01

推 荐 语

Wi-Fi 标准发展迅速，每过几年就推出新的技术，是使能全球泛在无线通信最主要的手段。诺基亚的成刚等专家在 Wi-Fi 通信领域深耕多年，在该书中给领域同行系统介绍了即将商用的 Wi-Fi 7 的技术特点，强烈推荐这一力作给相关领域的学生和科研技术人员。

张大庆

北京大学讲席教授，欧洲科学院院士，IEEE Fellow

Wi-Fi 技术已经与人们的日常生活深度融合，Wi-Fi 6 在短短 3 年时间内在各行各业广泛应用。Wi-Fi 技术的每一次突破革新，都会给人们的工作和生活带来巨大便捷。本书作为 Wi-Fi 技术前沿资料，回顾了 Wi-Fi 标准的演进发展和 Wi-Fi 6 技术的性能转型，并详细阐述了 Wi-Fi 7 的技术原理与创新，从技术分析到产品开发测试，从场景化应用到与其他领域技术融合，对 Wi-Fi 相关从业者具有极高的参考价值。希望读者通过此书能够对 Wi-Fi 7 有更加清晰的认识，并从中获得启迪与帮助。

张沛

中国联通智网创新中心总监

工欲善其事，必先利其器。Wi-Fi 作为主流的短距离无线通信技术，随着其标准和性能不断迭代升级，在数字经济中的作用也越来越突出。成刚及其团队作为宽带技术领域的资深专家，克服新型冠状病毒感染的诸多影响，潜心钻研，编写了此书。在本书中，对 Wi-Fi 技术从基础原理、发展路标到产品应用进行了深入浅出的介绍，是了解数字产业化通信不可多得的好书。

徐赤璘

保利华信专项研发中心总经理

After more than two decades since its introduction, Wi-Fi is taking a giant leap forward in order to meet the growing household needs regarding communications. Wi-Fi 7 triples the throughput of its predecessor and offers many new features as well as supports, for example, virtual reality, low-latency gaming and high-quality streaming. This book provides a holistic insight on the new standard for both interested consumers and technical experts, highly recommended reading!

自 Wi-Fi 推出二十多年以来，这个技术正在取得巨大的飞跃，以满足不断增长的家庭通信需求。Wi-Fi 7 的吞吐量是之前标准的 3 倍，并提供许多新功能，支持更多新业务，如虚拟现实、低时延游戏和高质量流媒体。本书为感兴趣的消费者和技术专家提供了有关新标准的整体见解，强烈推荐阅读！

米卡博士

芬兰国家商务促进局贸易和创新领事，中国区创新负责人

　　Wi-Fi 已经成为我们生活中不可或缺的一部分。作为全球著名通信厂家的技术专家，作者从 Wi-Fi 的技术发展史出发，对 Wi-Fi 技术标准、技术原理、产品开发、产品应用、5G 融合等方面进行了详细的阐述。作者具有资深的产品设计和开发经验，在本书中探讨了如何利用新技术开发产品和测试，并结合应用进行方案介绍，有哪些场景，如何进行技术分析，需要多少设备，达到怎样的性能。本书可作为行业人员和项目开发的必备参考书目。十分期待这本书给读者带来不一样的体验。

周俊鹤教授

同济大学电子与信息工程学院副院长

　　本书全面介绍了 Wi-Fi 的技术原理、演进路线和产品开发知识，并且把专业性的技术与产品开发、应用场景相结合，具有深入浅出、系统性强的特点。本书不仅适用于对 Wi-Fi 技术感兴趣的普通读者，而且对行业内的专业技术人员有很好的指导作用。

张杰

上海剑桥科技股份有限公司董事兼宽带事业部总经理

推荐序一

在数字化经济和千兆接入网络不断发展的今天，Wi-Fi 技术在各个行业的作用已经变得越来越重要。不管是家庭中的远程办公、远程教学、影音娱乐、网络游戏等，还是机场、酒店、商场等公共场合，Wi-Fi 都是得到广泛普及和非常重要的短距离无线数据通信技术。

甚至中国空间站也安装了 Wi-Fi 设施，让航天员与地面人员或者家人进行视频通话。而飞向火星的天问一号火星探测器也装有 Wi-Fi 设施，在深空中，抛出带有拍摄功能的分离测量传感器，把天问一号精彩的"自拍照"再通过 Wi-Fi 技术传回飞行的探测器。

毫不夸张地说，Wi-Fi 技术是近二十多年来在各行业应用中取得显著成功的关键通信技术之一。

而 Wi-Fi 的技术标准仍在以 5 年左右的周期更新换代，带宽、性能、用户体验等持续提升，也对应着数字经济发展、宽带接入技术演进、各种高带宽业务涌现。

近几年，国内支持 Wi-Fi 6 的宽带接入产品和家庭路由器正处于方兴未艾阶段，而新一代的 Wi-Fi 7 技术也悄然来临。Wi-Fi 7 有更多的创新和性能的突破，最高速率是 Wi-Fi 6 的 3 倍，支持多频段捆绑等新的核心技术，可以预见，它必然为智能家居、智慧城市、智能交通等领域的应用提供更加完美的体验。

除此之外，随着元宇宙技术的兴起，具有高性能的 Wi-Fi 7 也将在元宇宙中扮演越来越重要的角色。Wi-Fi 7 将为元宇宙中的虚拟现实、增强现实、空间交互等应用提供更加快速和稳定的网络支持，为用户提供更加极致的体验和互动。

目前国内系统性地介绍 Wi-Fi 技术相关的专业图书还不多，大多数国内读者还不了解新一代 Wi-Fi 7 技术的发展情况，本书的出版恰逢其时，很好地把 Wi-Fi 原理、Wi-Fi 技术演进、Wi-Fi 7 的关键技术和产品开发、Wi-Fi 7 场景应用等各方面都结合起来，给国内专业人士及技术爱好者提供了一本既深入浅出又很具专业性的图书。

本书作者是宽带接入、家庭网关和 Wi-Fi 技术等领域的资深专家，所带领的团队在 Wi-Fi 领域有很多创新和实际产品的开发经验，深知 Wi-Fi 7 技术的重要性和潜力，也深信 Wi-Fi 7 技术将在未来的数字化经济中继续发挥巨大的作用。因此，作者以及团队的专家将技术的理解、经验和心得分享给更多的读者，希望能够为 Wi-Fi 技术的发展和推广做出自己的贡献。

吴忠胜

上海诺基亚贝尔执行副总裁

基础网络业务集团负责人

推荐序二

Wi-Fi 7 是无线连接技术的最新标准，它比以前的任何一代都更快、更稳定、更智能。它将改变我们与互联网、设备和彼此之间的互动方式。

诺基亚成刚等专家在这本书中分享了对 Wi-Fi 7 技术的深入见解和丰富知识。该书从基础原理开始，介绍了 Wi-Fi 技术演进、Wi-Fi 6 技术特点，然后深入探讨了 Wi-Fi 7 技术的创新、核心技术、新产品开发，以及各种场景下的应用和建议，例如居家体验、体育馆、企业办公等，帮助读者利用 Wi-Fi 7 技术提升自己生活和工作中的连接品质和效率。

如果问 21 世纪什么是对人类生活影响最大的通信科技，答案可能是 Wi-Fi。Wi-Fi 几乎是所有终端连接互联网的最后一里路，从互联网网关、网络中继器，到电子终端，所有 21 世纪新型态产品大概率都配有 Wi-Fi。对高比例掌控 Wi-Fi 市场的厂商而言，世界每增加一项新产品，支持 Wi-Fi 便能增加市场销售额，背后的商机非常可观。对于有采购 Wi-Fi 需求的公司与个人来讲，如何挑选有生态影响力，并且具备互联互通能力的厂商，变得越来越重要。

Wi-Fi 产品规格、每一代演进是推进 Wi-Fi 经济规模增长的最主要动力，Wi-Fi 的每一代演进规格看似复杂，但其实主要有三个重点：

（1）速度越来越快：14 年时间速度提高 60 倍，方法不外乎增加频道、增加频宽、增加信号压缩比。

（2）稳定需求越来越高：从 1 对 1 到 1 对多，许多新规格如 MU-MIMO、OFDMA、MLO、MRU 陆续出现。

（3）使用者对不断网的需求越来越明显：1 台路由器不够，需要 2 台甚至更多。而无线电功率也不能无限制上升，像 Mesh、多天线等的创新就越来越多。

本书详细介绍了 Wi-Fi 7 的技术特性、产品开发以及在家庭环境、城市公共区域、行业领域等场景中的应用，并且分析了 Wi-Fi 7 与 5G 之间的融合与协同关系。这本大作不仅适合无线通信相关行业人员阅读，也适合任何想要了解 Wi-Fi 7 技术及其影响力的普通读者。

许皓钧

联发科技智慧联通事业部总经理

前　言

在互联网广泛普及的今天，Wi-Fi 早已是家喻户晓的室内无线连接技术。因为 Wi-Fi 的商业化程度很高，所以很多人认为 Wi-Fi 技术已经很成熟。即使是通信或计算机行业的专业人员，可能也会觉得 Wi-Fi 技术没有什么潜力可以挖掘。但实际上 Wi-Fi 技术以比移动通信几乎快一倍的迭代速度不断演进，而每一代 Wi-Fi 技术的新产品都会给用户带来新的业务体验。

从 1999 年 Wi-Fi 系列标准正式起步，每隔四五年就有一个新的 Wi-Fi 标准被制定，对应的速率从开始的 1Mb/s，到 54Mb/s，再到 600Mb/s，今天用户的上网速率已经可以超过 1Gb/s。在办公室，无处不在的 Wi-Fi 是公司必备的基础设施；在家里，Wi-Fi 就像水、电、煤气一样，成为人们日常生活必不可少的基本需求。在疫情流行阶段，人们在家远程办公和在线学习，短距离通信技术 Wi-Fi 所发挥的作用显得格外突出。

根据 Wi-Fi 联盟的报告，2021 年，估计 Wi-Fi 的全球经济价值为 3.3 万亿美元，而到 2025 年，这一数字预计将增长到 4.9 万亿美元，经济价值估算的时候考虑了消费者和企业的通信需求、技术发展、可用频谱增加等经济影响。在经过了二十多年的技术发展和标准更迭后，Wi-Fi 已经成为当今数字经济的主要经济引擎之一。

当前被广泛使用的 Wi-Fi 标准是 Wi-Fi 6。2019 年 Wi-Fi 联盟建立了 Wi-Fi 6 认证的测试标准之后，紧接着，不管是宽带接入的电信运营商，还是各种品牌的无线路由器的设备商，或者是各种智能终端的厂家，很快就把基于 Wi-Fi 6 技术的设备作为自己的主流产品，在市场中不遗余力地大力推广。

而作为 Wi-Fi 6 之后的下一代 Wi-Fi 7 技术，它以超高带宽和超高性能为目标，技术上有更多创新和突破。Wi-Fi 7 的理论速率可以达到 30Gb/s，超出目前 Wi-Fi 6 速率的 3 倍多，也超出了 5G 移动通信的峰值速率。

Wi-Fi 7 技术在 2023 年发布第一版本的标准，各个厂家在 2023 年已陆续开始研发产品和逐渐在市场中推广。从通信技术发展及应用来看，Wi-Fi 7 标准发布后的四五年内都将是无线数据通信技术的性能标杆，是各种高带宽和低时延业务的关键支撑，Wi-Fi 7 必然会给家庭网络、企业无线上网办公、城市公共场所 Wi-Fi 应用等带来高度关注，成为短距离通信或家庭上网的热点话题，它的超高性能将进一步促进超高清视频、网络游戏、虚拟现实等各种高带宽业务的发展。Wi-Fi 7 也将在物联网、工业互联网等行业中起到核心接入作用，对数字化经济发展有显著的效益支持。

市面上关于 Wi-Fi 技术原理和开发应用的图书还比较少，关于 Wi-Fi 7 的探讨还只是聚焦在行业内标准规范的演进。我们选择撰写 Wi-Fi 7 技术的图书，希望为不同行业提供无线产品开发和新业务应用的专业参考，推动行业升级和应用最新无线通信技术，支持新

Wi-Fi 技术与 5G 移动的网络融合，支撑更多的行业应用场景或业务服务，同时也让大众对远程办公学习、家庭影音娱乐等生活体验背后的技术概念和原理有更多的了解。

本书以 Wi-Fi 7 技术原理为主要内容，围绕 Wi-Fi 技术分为 8 章展开描述。

第 1～3 章首先从 Wi-Fi 的基本概念和原理入手，介绍 Wi-Fi 演进发展到 Wi-Fi 6 的核心技术，然后重点介绍 Wi-Fi 7 给关键技术和标准规范带来的主要变化、Wi-Fi 7 对 Wi-Fi 安全和无线组网技术带来的影响，让读者对 Wi-Fi 7 各方面技术有比较深入的理解。

第 4～8 章介绍基于 Wi-Fi 7 的产品开发和测试方法，行业联盟对 Wi-Fi 技术的支持以及尤其对 Wi-Fi 7 商业化的推动，接着继续介绍 Wi-Fi 7 在行业或家庭不同场景下的应用、Wi-Fi 7 与移动 5G 技术融合，最后展望 Wi-Fi 的技术发展趋势和社会影响。

本书的特点是以 Wi-Fi 7 专业技术介绍为主，同时介绍 Wi-Fi 7 技术的新产品开发方案和测试方法，以及在行业及室内场景中的应用，并且介绍 Wi-Fi 7 技术与其他最新通信或计算机技术的融合和集成，本书的目的是兼容技术原理和应用，使理论和实践能被条理清晰和专业地介绍给读者。本书提供配套的课件和讲解视频，请扫描封底"本书资源"二维码下载。

Wi-Fi 技术已经从崭露头角到全面发展，成为短距离通信技术的旗舰技术。按照 Wi-Fi 标准的演进规律，到 2030 年左右，Wi-Fi 8 就会出现。它会带来什么惊奇，现在肯定还说不上来。移动 6G 与 Wi-Fi 8 搭配，构成室内室外全场景的应用，预计将是 10 年以后被关注的技术里程碑。

本书共 3 位作者，成刚负责统稿，其中第 1 章由成刚、蒋一名、杨志杰共同撰写，第 2 章、第 3 章、第 8 章由杨志杰和成刚撰写，第 4 章由蒋一名和成刚撰写，第 5～7 章由成刚撰写。

在书稿完成过程中，感谢上海诺基亚贝尔宽带终端部门系统组专家张西利和韩永利、Wi-Fi 软件专家何定军、Wi-Fi 硬件设计专家尹小林等认真审阅和建议。同时感谢编辑王中英对书稿的宝贵意见，使得本书最终能顺利完成。这两年 Wi-Fi 技术发展很快，一本书很难涵盖所有最新知识点，如读者发现有不足之处，也敬请见谅。

作者

2023 年 7 月

目　　录

第 1 章 Wi-Fi 技术概述

通过手机、计算机上的 Wi-Fi 连接进行上网，早已成为人们日常生活的一部分，家里的智能电视、网络摄像头等各种电器产品也把 Wi-Fi 作为最主要的无线通信技术。如果 Wi-Fi 上网出现故障，会让很多人感觉到生活、工作或学习上的不方便。

Wi-Fi 技术是电气与电子工程师协会（Institute of Electrical and Electronics Engineers，IEEE）制定的 802.11 系列的无线局域网（Wireless Local Area Network，WLAN）标准。Wi-Fi 英文全称为 Wireless Fidelity，即"无线相容性认证"，它的称呼代表了一种商业认证，即行业中的 Wi-Fi 联盟（Wi-Fi Alliance，WFA）对满足 802.11 标准的厂家产品的互联互通的认证，同时也是一种无线联网的技术。Wi-Fi 联盟定义 Wi-Fi 的标准写法是"Wi-Fi"，不过人们经常习惯性写成"WiFi"或"Wifi"。

常见的支持 Wi-Fi 技术的产品是家里使用的无线路由器以及手机、计算机、智能电视、网络摄像头、打印机等各种类型的终端，它们都内置了专有的 Wi-Fi 芯片和相应天线，能够发送和接收 Wi-Fi 数据。

虽然 Wi-Fi 的上网应用已经非常普及，但 Wi-Fi 技术还在快速迭代和演进，平均每 5 年就有一代新的 Wi-Fi 技术规范被发布。Wi-Fi 技术的推动力来自互联网宽带到户之后人们对更便捷的无线上网的需求，来自每年大量不同类型的基于 Wi-Fi 的智能终端的使用，更来自无线网络环境下的各种新业务的涌现。

读者将通过本章的学习首先了解 Wi-Fi 技术的起源和标准演进，以及 Wi-Fi 的基本原理，然后在后面章节了解 Wi-Fi 6 和 Wi-Fi 7 技术标准和规范，以及 Wi-Fi 7 的开发和场景应用。

1.1 Wi-Fi 技术标准和演进

人们熟知的移动通信是通过基站、核心网等设施进行**远距离**传输语音和数据的通信技术，而 Wi-Fi 是在**百米距离**内进行通信的无线局域网技术。基于无线局域网的特点，Wi-Fi 核心技术主要包含两部分，一部分是如何利用无线电磁波实现二进制比特流的数字传输，另一部分是如何在较短距离内为 Wi-Fi 终端搭建数据网络的关键技术。

本章是 Wi-Fi 技术概述，下面首先对无线局域网技术进行简要介绍，然后介绍 Wi-Fi 标准的起源和演进。

1.1.1 无线局域网传输技术

无线局域网属于短距离无线通信的计算机网络系统，它利用射频（Radio Frequency，RF）技术，通过电磁波的传送，把传统的有线网络的线缆用无线方式进行连接，具有一定的拓扑结构，网络中的设备安装更加灵活，无线终端也可以在网络中灵活变换位置。但无线局域网络并没有代替有线网络，而是可以看成有线网络在无线区域的延伸和补充。

无线通信的基础是电磁波技术。在自由空间内进行传送的电磁波受到很多环境因素的影响，例如电磁波在自由空间内随着距离的增加而发生弥散损耗；电磁波碰到障碍物有反射、散射、折射、衍射等传播行为，使得相同的发射信号可能通过多个途径先后到达接收的设备，出现**多径现象**（Multipath Effect）。自由空间的电磁波也非常容易受到其他无线信号的干扰而影响信号的传送质量。所以**如何设计有效、可靠和安全的无线通信系统**，是无线局域网涉及的关键技术。

基于无线通信的 Wi-Fi 技术主要是在室内应用，室内的门、窗、桌子、橱柜、床等都会影响电磁波在空间传播的损耗和途径。参考图 1-1，虽然 Wi-Fi 信号都是从一个家庭路由器或终端发送出去，但有可能通过多个不同的途径分别到达接收方，由于不同路径的信号到达接收方的时间不一样，它们相互之间按照不同相位进行叠加，而可能导致原来的信号失真，这种室内的**多径现象**是 Wi-Fi 技术设计的一个主要考虑因素。

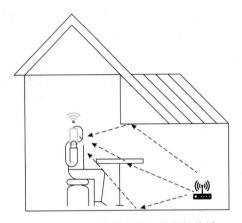

图 1-1　Wi-Fi 信号在室内的多径传播

1. 无线局域网络的起源

世界上第一个无线网络（ALOHAnet）是 1971 年 6 月在美国夏威夷大学搭建运行的计算机网络系统，参考图 1-2 所示。ALOHAnet 是第一个展示了如何通过**随机存取协议**（Random Access Protocol）来支持共享无线媒介下的数据通信的局域网，其设计原则可以看作以太网和 802.11 无线网络的早期雏形。

在图 1-2 的夏威夷的 ALOHAnet 网络中，ALOHAnet 传送数据之前首先要构建帧格式，然后以数据帧的方式在共享的无线网络中进行广播传送，数据帧中定义了源和目的地址，接收设备接收属于自己地址的数据帧，而忽略其他帧，ALOHAnet 发送数据协议的简要过程如下：

（1）当设备有数据要发送时，它就会立即进行发送。

（2）接收设备收到数据后，将向发送设备回复确认，然后发送设备继续发送数据。

（3）如果网络中两个设备同时进行数据发送，那么就会在共享的无线媒介中产生发送冲突，两个设备会分别随机等待一段时间后重新发送。

可以看到，这里 ALOHAnet 的关键设计是**所有的发送设备共享无线媒介**，并且为了避免冲突而进行**随机等待**，这也是迄今为止所有 Wi-Fi 技术所遵循的基本技术特征，在 Wi-Fi 技术原理中（1.2 节）将介绍 Wi-Fi 如何进行发送数据之前的冲突避免。

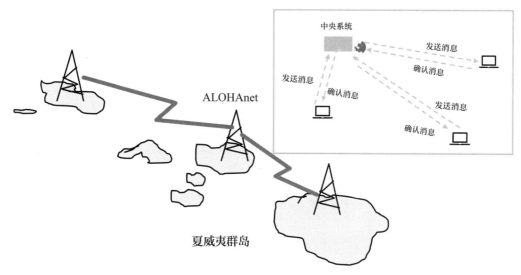

图 1-2　夏威夷的 ALOHAnet 网络

2. 无线局域网络使用的频段

在讨论 Wi-Fi 标准起源和演进之前，先解释一下电磁波频谱中的 ISM 频段的概念。

ISM 代表工业（Industrial）、科学（Scientific）与医疗（Medical），各个国家为 ISM 设定了相应的电磁波频段，称为 ISM **频段**（Industrial Scientific Medical Band）。ISM 频段属于无许可或免授权频段，使用它不用向专门机构申请许可证，但要符合各个国家或地区的发射功率的限制。

参考表 1-1 的 ISM 频段范围和适用业务，其中固定网络指的是基于有线电缆或光缆的通信。Wi-Fi 的路由器通常需要通过以太网接口或者光纤宽带的方式连接到互联网，所以在通信行业中把 Wi-Fi 看成固定网络的延伸，而不属于移动通信的范畴。IEEE 在开始制定 Wi-Fi 的 802.11 标准的时候，所使用的 2.4GHz 就属于表 1-1 中的 2.4GHz 的 ISM 频段，后来 IEEE 又把 5GHz 也作为 Wi-Fi 的 ISM 频段。根据各个国家对频段的业务需求，ISM 频段表格中的内容还在演进，例如第 2 章和第 3 章将介绍 Wi-Fi 6 和 Wi-Fi 7 使用的 6GHz 频段。

表 1-1　ISM 频段

频率范围	中心频率	适用性	许可用户
6.765 ～ 6.795MHz	6.78MHz	当地相关	固定网络或移动业务
13.553 ～ 13.567MHz	13.56MHz	全球	固定网络或移动业务，不包含航空使用
26.957 ～ 27.283MHz	27.12MHz	全球	固定网络或移动业务，不包含航空使用
40.66 ～ 40.7MHz	40.68MHz	全球	固定网络或移动业务，卫星业务等
433.05 ～ 434.79MHz	433.92MHz	地区 1（当地相关）	业余无线电业务等
902 ～ 928MHz	915MHz	地区 2（当地相关）	固定网络或移动业务（不包含航空使用）
2.4 ～ 2.5GHz	2.45GHz	全球	固定网络或移动业务，业余业务及卫星业余业务等

续表

频率范围	中心频率	适用性	许可用户
5.725～5.875GHz	5.8GHz	全球	固定网络或移动业务，业余业务及卫星业余业务等
24～24.25GHz	24.125GHz	全球	业余业务及卫星业余业务，卫星地球探测业务等
61～61.5GHz	61.25GHz	当地相关	固定网络或移动业务，卫星通信等
122～123GHz	122.5GHz	当地相关	卫星相关业务，固定网络或移动业务，太空相关业务等
244～246GHz	245GHz	当地相关	无线电业务，无线电天文应用，业余业务及卫星业余业务等

注释 1：地区 1 包含欧洲、非洲、蒙古、波斯湾地区的西部等；地区 2 包含美洲（包含格陵兰）、部分太平洋岛国地区。

注释 2：表 1-1 列出了 Wi-Fi 使用的 2.4GHz 和 5.8GHz 频段，但目前大多数国家实际上已经把 5.15GHz～5.35GHz 和 5.47GHz～5.725GHz 也作为 Wi-Fi 的免授权频段。

鉴于 ISM 频段的免授权使用，其他非 Wi-Fi 通信技术的产品也会使用相同的 ISM 频段，例如蓝牙、ZigBee 的设备、无线电话、微波炉等产品使用的都是 2.4GHz 的 ISM 频段。所以 Wi-Fi 技术在刚引入的时候，就存在与其他无线产品的频谱资源冲突的可能性。

Wi-Fi 产品类型和数量快速增长，免授权频段是其中一个关键因素，但 Wi-Fi 在大规模普及后，设备使用免授权频段下的无线资源引起了越来越多的冲突，设备相互之间产生干扰，反而又成为 Wi-Fi 技术在场景应用上的掣肘。因此，新的 Wi-Fi 标准在制定时，尤其关注如何减少设备之间的干扰，从而提升共享无线媒介的利用率。

1.1.2　IEEE 关于 Wi-Fi 的标准演进

Wi-Fi 标准来源于 IEEE 制定的 802.11 系列规范，所有 Wi-Fi 标准都以 802.11 开头，并添加字母后缀作为新规范的命名，例如 802.11a 和 802.11b。

在 IEEE 制定 802.11 标准之后，Wi-Fi 联盟制定相应的 Wi-Fi 产品认证标准，如果厂家提供的支持 802.11 标准的产品通过相应的测试，则 Wi-Fi 联盟给予产品相应的认证资格，然后厂家就可以在商业化的产品上印上相应的 Wi-Fi 认证标识，参考图 1-3。

图 1-3　Wi-Fi 联盟的标识（左）和 Wi-Fi 认证的标识（右）

图 1-4 是从 1997 年到 2024 年的 IEEE 802.11 标准演进过程。

（1）早期的 Wi-Fi 规范起源于 1997 年 IEEE 制定的 802.11 的最初标准，它定义了 2.4GHz 的 ISM 频段上的数据传输方式，数据传输速率是 2Mbps。当时 802.11 的通信技术并不用于目前的室内上网，而主要用于无线条码扫描仪进行低速数据采集，例如仓库存储与制造业的环境。

（2）1999 年 IEEE 批准了速率更高的 802.11b 和 802.11a 标准。802.11b 同样工作在

2.4GHz 频段，支持 11Mbps、5.5Mbps、2Mbps、1Mbps 的多速率的选择和切换。802.11a 标准其实是 802.11b 的后续标准，它工作在 5GHz 频段，数据传输速率是 54Mbps，传输距离是 10 ～ 100m。虽然 802.11a 的初衷是代替 802.11b 得到更大规模的商业化部署，但是 5GHz 频段并不是所有地区都可以免授权使用的，所以 802.11a 没有得到很多厂家的支持。而 802.11b 使用的是不需要授权执照的 2.4GHz 频段，所以很快**成为主流的 Wi-Fi 标准**。

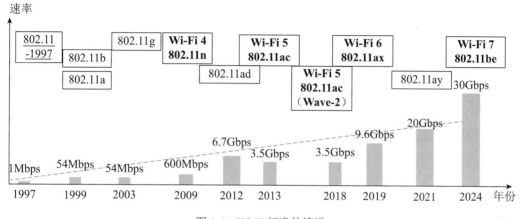

图 1-4　Wi-Fi 标准的演进

（3）2003 年，802.11g 标准被制定，它支持 802.11a 的传输速率，并且兼容 802.11a 和 802.11b 的调制方式。但 802.11g 使用的是 2.4GHz 频段，而不是 802.11a 的 5GHz 频段。同样，802.11g 支持 Wi-Fi 通信的多种速率的选择。

（4）2009 年，新的 802.11n 标准被制定，理论上传输速率最高可以达到 600Mbps，这是无线局域网数据传输速率的飞跃。802.11n 可以工作在两个频段，即 2.4GHz 和 5GHz。

从 802.11n 标准开始，多天线技术得到发展，相应的**多输入多输出**（Multiple Input Multiple Output，MIMO）**技术**是利用多根天线同时进行发送和接收，直接可以提高通信容量和频谱效率。802.11n 标准也开始支持频段绑定，原先的 802.11a/b/g 支持 20MHz 的频宽，而 802.11n 支持两个 20MHz 频段的绑定，即达到 40MHz 的带宽，使得数据通信的速率增长一倍。

802.11n 标准的制定是无线局域网高带宽和高速率数据通信的**转折点**，为 Wi-Fi 技术在全球的大规模普及起到了关键作用。

（5）2013 年，工作在 5GHz 频段的 802.11ac 被批准。频宽除了 20MHz 和 40MHz 以外，802.11ac 也支持 80MHz 和可选 160MHz 的带宽，实际数据传输速率可以达到 1Gbps。802.11ac 同样支持多天线的 MIMO 技术。

2016 年，Wi-Fi 联盟根据 802.11ac 协议推出了第二波（Wave2）认证标准，增加了更多的功能，例如多用户下的多输入多输出技术（Multiple User Multiple Input Multiple Output，MU-MIMO），支持最多 8 个 MIMO 的数据流等。

（6）2019 年，最新的 802.11ax 标准被发布，Wi-Fi 联盟把它定义为 Wi-Fi 6，主要目标之一就是关注高密集场景下的性能和业务质量。Wi-Fi 联盟在 2020 年宣布，在 6 GHz 频段运行的 Wi-Fi 6 设备被命名为 Wi-Fi 6E。从 Wi-Fi 6E 开始，Wi-Fi 设备可以同时支持 2.4GHz、5GHz 和 6GHz 三个独立频段。

（7）2023 年 IEEE 正在完善 802.11be 标准，也就是本书将要介绍的 Wi-Fi 7 标准。

表 1-2 是 IEEE 802.11 标准的发布时间和主要特征。

表 1-2　IEEE 802.11 标准列表

802.11 协议	发布时间	频率（GHz）	带宽（MHz）	速率	调制传输
802.11-1997	1997 年 6 月	2.4	22	1Mbps、2Mbps	DSSS、FHSS
802.11b	1999 年 9 月	2.4	22	1Mbps、2Mbps、5.5Mbps、11Mbps	DSSS
802.11a	1999 年 9 月	5	20	6Mbps、9Mbps、12Mbps、18Mbps、24Mbps、36Mbps、48Mbps、54Mbps	OFDM
802.11g	2003 年 6 月	2.4	20	6Mbps、9Mbps、12Mbps、18Mbps、24Mbps、36Mbps、48Mbps、54Mbps	OFDM
802.11n（Wi-Fi 4）	2009 年 10 月	2.4、5	20、40	最高支持 600Mbps	OFDM
802.11ad	2012 年 12 月	60	2160	最高支持 6.7Gbps	OFDM
802.11ac（Wi-Fi 5）	2013 年 12 月	5	20、40、80、160（可选）	最高支持 6.9Gbps	OFDM
802.11ax（Wi-Fi 6）	2019 年 1 月	2.4、5	20、40、80、160	最高支持 9.6Gbps	OFDMA
802.11ay	2021 年 12 月	60	2160、4320、6480、8640	最高支持 20Gbps	OFDM
802.11be（Wi-Fi 7）	2024 年	2.4、5、6	20、40、80、160、320	最高支持 30Gbps	OFDM

1.2　Wi-Fi 关键技术介绍

本节主要介绍 Wi-Fi 网络技术的基本概念、基本原理和标准。

从最初的 IEEE 802.11a/b 开始，Wi-Fi 在标准演进中就不断有新的技术被引入和采纳，Wi-Fi 的物理层协议和数据链路层的帧格式为了支持新功能而被不断扩充，然而 Wi-Fi 通信所依赖的基本网络结构，以及设备连接 Wi-Fi 的方式并没有发生改变，新定义的技术标准也一直持续保持着对原有规范的兼容性，使得支持新标准的 Wi-Fi 路由器仍然能与旧的 Wi-Fi 终端进行通信。因此，掌握 Wi-Fi 网络基本概念和基本原理，可以为进一步学习最新的 Wi-Fi 7 标准做好准备。

当初 Wi-Fi 技术被引入是为了解决短距离无线局域网中设备之间如何进行通信的问题，所以 Wi-Fi 技术的基本原理是基于有限地域范围内的无线连接下的数据通信方式。

通过本章学习基本的 Wi-Fi 技术，读者能够掌握无线通信下的 Wi-Fi 网络结构、无线通信的电磁波频谱和信道概念、物理层的编码和调制、数据链路层的帧格式以及 Wi-Fi 设备如何通过竞争的方式访问无线媒介等。下面是本节所包含的基本内容：

- Wi-Fi 网络的基本组成和技术术语。
- Wi-Fi 物理层的频谱定义、基本概念和核心技术。
- Wi-Fi MAC 层的基本协议和帧格式。

● Wi-Fi 设备访问无线媒介的基本原理和流程。
● Wi-Fi 网络下的省电模式的管理机制。

1.2.1　Wi-Fi 基本概念和原理

1. 认识家庭 Wi-Fi 网络的组成

学习 Wi-Fi 技术之前，先看一下图 1-5 所示的常见家庭 Wi-Fi 网络的基本组成。

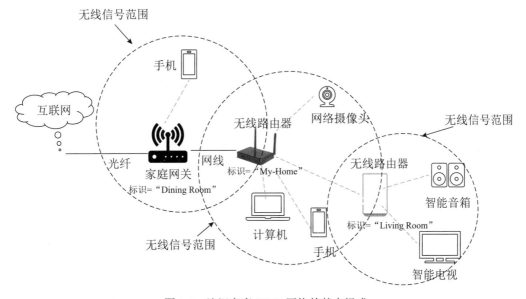

图 1-5　认识家庭 Wi-Fi 网络的基本组成

图 1-5 中所有的设备都具有 Wi-Fi 功能，其中包括光纤宽带入户所安装的家庭网关，连接至家庭网关的无线路由器，通过 Wi-Fi 连接至家庭网关或无线路由器的计算机、手机、网络摄像头、智能电视、智能音箱等。

家庭网关是运营商铺设光纤到家的时候安装的，无线路由器是运营商提供或者人们自己购买的。无线路由器必须连接至家庭网关，并通过光纤连到外部的网络中。它们的标识可以在计算机或者手机上的 Wi-Fi 连接的选项中找到，例如家庭网关的标识是"Dining Room"，而无线路由器的标识分别为"My-Home"和"Living Room"。这个字符串默认印在设备外壳背面的标签上，也可以通过设备的网页来修改。

家里的 Wi-Fi 设备就是通过这些标识连接无线路由器或者家庭网关进行上网。无线路由器称为 Wi-Fi **无线接入点**（Access Point，AP），它为各种终端设备提供 Wi-Fi 接入服务，而计算机、手机或者智能终端等支持无线上网的设备称为**终端设备**（Station，STA），作为标识的字符串被称为 SSID（Service Set Identifier），即服务集标识符，SSID 最大长度不超过 32 字节。

Wi-Fi 网络就是由一个或多个支持 Wi-Fi 的 STA 通过无线方式连接到 AP 所构成的**无线局域网**（Wireless Local Area Network，WLAN）。

下面了解 Wi-Fi 网络中的其他专业术语和概念。

2. Wi-Fi 网络中的专业术语和概念

参考图 1-6 的典型 Wi-Fi 无线局域网络架构及术语名称。除了接入点 AP、终端

STA 和服务集标识符 SSID，还包括**基础服务集**（Basic Service Set，BSS）、**扩展服务集**（Extended Service Set，ESS）、**分布式系统**（Distributed System，DS）、**门户**（Portal）等。

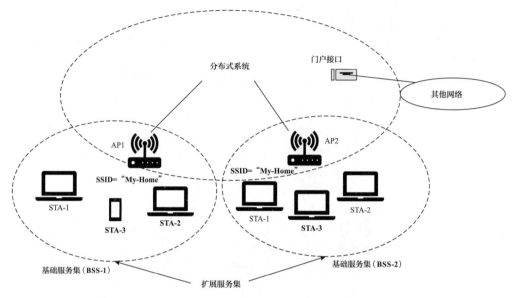

图 1-6　Wi-Fi 网络中的专业术语和概念

基础服务集：一个 AP 与多个 STA 构成的无线局域网被称为一个 BSS。在同一个 BSS 的网络中，AP 提供一个 SSID 作为接入的标识符，AP 为这些 STA 提供上网服务或者 STA 相互之间数据转发等服务。在有限的覆盖范围内，可能有多个 BSS 在自由空间重叠，因此 IEEE 定义一个长度为 48 比特的 MAC 地址（Basic Service Set Identifier，BSSID）来区分不同的 BSS。

扩展服务集：ESS 由两个以上的相互连接并且 SSID 相同的 BSS 网络构成，可以看成一个 BSS 的覆盖范围延伸。每个 BSS 有一个 AP 设备，ESS 中的多个 AP 设备之间基于有线或无线进行连接，组成覆盖范围更大的无线局域网络。ESS 经常用于公共区域、社区或企业等场所，它扩展了 Wi-Fi 信号的覆盖范围，接入 ESS 网络的无线终端在移动的时候可以自动连接到临近的 AP，由于 AP 之间的 SSID 相同，无线终端就不用手动寻找和选择新的 Wi-Fi 网络。

分布式系统：DS 是一个用于连接一个或者多个 BSS 和局域网（Local Area Networks，LAN）所构成的网络系统，例如，在企业的 Wi-Fi 网络中，所有的无线路由器、连接路由器的移动设备和交换机共同组成**一个分布式系统**。在 BSS 网络中，DS 服务一般部署在设备连接的 AP 节点上。在 ESS 网络中，DS 服务部署在中央节点或者控制器上（Access control），为设备提供多个 AP 上的数据转发服务。

门户：作为 Wi-Fi 网络与其他网络之间的逻辑接口，提供 802.11 协议格式与非 802.11 协议格式的数据转换功能。通常一个分布式系统中只包含一个逻辑上的 Portal。如果本地设备要连接到广域网，Portal 则将 Wi-Fi 数据格式转换成广域网所需的协议格式。

3. Wi-Fi 技术的基本内容

掌握 Wi-Fi 的关键技术，就是了解 **AP 与 STA 之间如何通过无线连接方式建立数据通信的机制**。从 IEEE 制定 802.11 标准的角度来看，主要是学习物理层和数据链路层的规范；从 Wi-Fi 网络运行的基本原理来看，需要理解 Wi-Fi 所特有的频段和信道的概念，学习 AP 与 STA 如何建立连接，以及 Wi-Fi 设备之间如何竞争相同的无线媒介等核心机制；从 Wi-Fi 设备的产品特点来看，需要掌握多天线所带来的数据传输的新功能，以及 Wi-Fi 省电模式的处理方式，参考图 1-7。

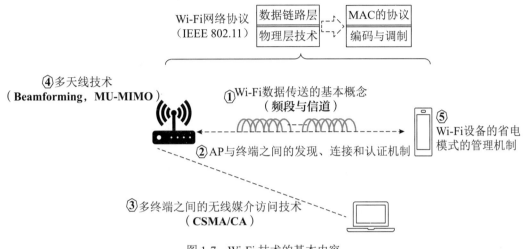

图 1-7　Wi-Fi 技术的基本内容

IEEE 的 802.11 标准在后面章节中详细介绍。下面先大致了解 Wi-Fi 技术有哪些基本内容，以便于后面深入理解技术原理和细节。

1）Wi-Fi 数据传送的基本概念

Wi-Fi 是基于电磁波进行数据传输的。电磁波不仅包括大家都知晓的可见光，而且包括具有广泛范围的不同频率的频谱。图 1-8 是从 γ 射线到无线电波的频谱图。

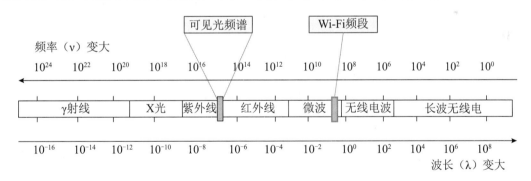

图 1-8　电磁波频谱图

从图 1-8 中可以看到，γ 射线的波长最短，然后依次是 X 光、紫外线、可见光、红外线、微波、无线电波等。Wi-Fi 所需要的 2.4GHz 或者 5GHz 是微波频段的一部分。

Wi-Fi 标准采用的 2.4GHz 或 5GHz 是免授权频段。在 Wi-Fi 通信中，整个 2.4GHz 或 5GHz 频段并不是由一个 Wi-Fi 设备完全占用，而是在频段上根据频率范围分成**多个信道**（Channel），就像是公路划分的不同车道，让无线网络中的设备在各自的信道上进行数据传送。

所有的信道在通信协议中都是平等的，没有优先级，每个 Wi-Fi 设备可以工作在任何一个信道上。但 Wi-Fi 终端与 AP 必须工作在相同信道上才可以通信。Wi-Fi AP 根据信道的拥塞情况，可以自动选择一个干扰最小的信道，作为当前的工作信道，连接 AP 的

Wi-Fi 终端也会随着 AP 一起切换信道。

2）AP 与终端之间的发现、连接和认证机制

在 Wi-Fi 的基础设施网络中，AP 设备是 Wi-Fi 网络的数据接入及转发中心，所有 Wi-Fi 终端设备都需要连接到 AP 之后，才能进行数据的发送和接收。终端设备接入到 Wi-Fi 网络的过程包括网络发现、认证和关联，以图 1-9 为例。

图 1-9　Wi-Fi 终端与 AP 之间的连接过程

（1）**网络发现**：AP 设备周期性地向空中广播消息，通告 SSID 名称等相关信息。如果有某一个手机终端接收到这个消息，人们就可以在手机的 WLAN 列表中看到 AP 的 SSID 名称，例如"My-Home"。终端设备也可以主动发送探测请求的消息，寻找和探测 SSID，收到探测请求的 AP 发送响应消息，它包含 SSID 等相关信息，用于完成终端设备的网络发现过程。

（2）**认证过程**：当人们在手机上选择"My-Home"连接并输入对应的密码时，手机就会向 AP 发送消息，要求 AP 对手机的登录进行认证。认证过程中 AP 设备对终端设备进行密钥鉴权，以保证 Wi-Fi 网络接入的安全性。

（3）**关联过程**：如果认证成功，手机就会再向 AP 发送关联消息，与 AP 建立关联关系，此后手机就可以通过 AP 的 Wi-Fi 接入实现上网等业务。

在完成认证和关联过程后，终端设备加入到 Wi-Fi 网络，开始与 AP 之间进行数据传输。在终端连接 AP 的过程中，AP 作为 Wi-Fi 服务提供方，始终控制终端的认证和关联的过程，从而决定是否允许终端接入 Wi-Fi 网络。

3）多终端之间的无线媒介访问技术

Wi-Fi 网络的典型特征是共享无线传输媒介，AP 与相连的终端都是利用相同的无线信道进行数据通信。如果设备之间不采取互相避让的机制，一定会引起不同设备发送的数据在空间中产生冲突。所以 AP 和终端在发送数据之前，首先需要获得无线媒介的访问权。只有当前设备数据发送结束后，各个设备才能竞争无线媒介的访问权。

Wi-Fi 网络采用的无线媒介访问机制被称为**载波侦听多路接入和冲突避免**（Carrier Sense Multiple Access with Collision Avoidance，CSMA/CA）机制。

参考图 1-10，依据 CSMA/CA 机制，在手机发送数据的时候，网络摄像头与计算机侦听到无线媒介中的 Wi-Fi 信号，于是就保持侦听状态。当手机结束数据发送后，无线媒

介处于空闲状态，网络摄像头与计算机就会随机回退一段时间。当计算机回退时间首先结束时，它就获得无线媒介访问权，开始传送数据，此时手机与网络摄像头就会处于侦听状态。

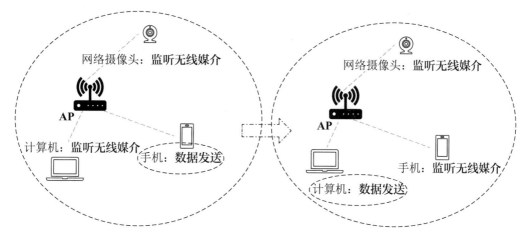

图 1-10　Wi-Fi 网络采用的无线媒介访问机制

4）多天线技术

通常 AP 设备至少配备了两根以上的天线，支持 2.4GHz、5GHz 或 Wi-Fi 6 之后的 6GHz 的数据发送和接收，而支持多根天线的终端设备也逐渐多起来。Wi-Fi 设备在多天线下（Multiple Input Multiple Output，MIMO）的数据发送和接收机制已经成为 Wi-Fi 标准的关键技术。图 1-11 中列举了三种基本的多天线技术。

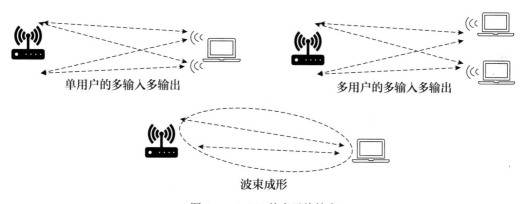

图 1-11　Wi-Fi 的多天线技术

- **单用户的多输入多输出**（Single-User MIMO，SU-MIMO）：发送端通过多天线同时向一个用户发送数据流。
- **多用户的多输入多输入**（Multiple-User MIMO，MU-MIMO）：发送端通过多天线同时向多个用户发送数据流。
- **波束成形**（Beamforming）：发送端对多天线辐射的信号进行幅度和相位调整，形成所需特定方向上的传播，类似于把信号能量聚集在某个方向上进行传送。

5）Wi-Fi 设备的省电模式的管理机制

有大量的 Wi-Fi 终端是通过电池供电的，例如手机、网络摄像头等智能终端，它们可以设置节电模式，使得设备周期性地进入省电状态。AP 需要为处于节电模式的终端缓存数据以保证其下行数据不会丢失。终端会周期性地醒来检查是否有缓存数据，如果有，则及时取走数据，参考图 1-12。IEEE 802.11 规范为 Wi-Fi 省电模式定义了管理消息和处理机制的协议过程。

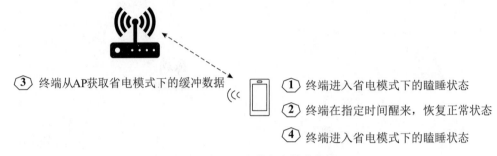

③ 终端从AP获取省电模式下的缓冲数据　　① 终端进入省电模式下的瞌睡状态
② 终端在指定时间醒来，恢复正常状态
④ 终端进入省电模式下的瞌睡状态

图 1-12　Wi-Fi 设备的省电模式的管理

上述的 Wi-Fi 基本概念与主要技术涉及 Wi-Fi 物理层或者数据链路层的规范定义。后面章节将依次进行介绍。

1.2.2　Wi-Fi 物理层技术

通过本节的学习，读者将了解 Wi-Fi 通信系统基本原理、物理层的基本概念、Wi-Fi 频谱和无线信道的定义、物理层编码和调制技术以及多天线技术。

1. 基于 Wi-Fi 技术的通信系统

Wi-Fi 技术是一种短距离的数字信号通信技术，学习 Wi-Fi 首先要了解 Wi-Fi 技术下的无线通信系统的基本概念。

如图 1-13 所示，与常规的通信系统一样，Wi-Fi 通信主要包括信息源的编码与译码、信息源的加密和解密、信道编码与译码、信号的调制和解调等环节。

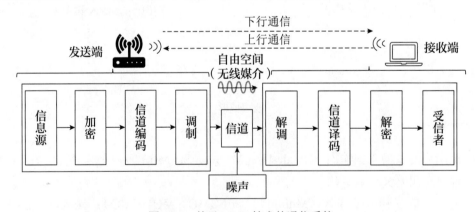

图 1-13　基于 Wi-Fi 技术的通信系统

1）Wi-Fi 通信中信息源与受信者

图 1-13 中信息源是数据通信发起的源头，受信者是通信系统所传送信息的目的地。基于 Wi-Fi 技术的通信，AP 与终端相互之间进行数据传输，两者既是信息源，也是受信者。当数据从 AP 发向终端，称为**下行通信**，当数据从终端发向 AP，称为**上行通信**。

AP 向终端发送的数据来自其他网络设备，例如，互联网中的视频通过通信网络传送到家庭中无线路由器 AP，然后 AP 再发给计算机、手机或者电视机等终端，它们作为受信者进行播放。在实际应用中，通常下行数据流量高于上行数据流量，但在 Wi-Fi 技术的规范定义中，发送端与接收端之间具有相同的数据通信能力。

2）无线媒介的信道

信道是信号在通信系统中传输的通道，是信号从发射端传输到接收端所经过的传输媒质。在 Wi-Fi 领域中，信道就是 Wi-Fi 信号传输所经过的无线媒介。从 Wi-Fi 数据传输的角度来说，信道又是指 Wi-Fi 2.4GHz 或 5GHz 频段中所划分的某一段工作频率范围，发送端和接收端在这个工作频率范围内进行数据收发。

Wi-Fi 信道具有多径传输和时变性的特点。前面已经解释过，多径传输指的是无线环境中传输的电磁波信号经过折射、反射和衍射后通过不同路径分别到达接收端，接收端实际收到的信号是所有路径上信号的叠加；时变性则是指信道中的信号特征随着时间变化而变化。

3）Wi-Fi 信道中的噪声

从广义的角度来说，无线信道噪声就是对有用信号产生影响的干扰。例如，设备内部电路引起的噪声，或者像微波炉产生的工作在 2.4GHz 的非 Wi-Fi 信号等。

在分析 Wi-Fi 通信系统性能时，通常利用信号强度与噪声的比值来描述系统的抗噪声性能，即信噪比（Signal-to-Noise Ratio，SNR）。

4）Wi-Fi 信道编码与译码

Wi-Fi 信号在无线信道中传送的时候受到噪声等影响，信号会出现差错。为了增加 Wi-Fi 通信的抗干扰性，Wi-Fi 发送端根据一定的规则对信号进行编码。接收端则根据相应的逆规则进行解码，从中发现错误或纠正错误，提高通信的可靠性。

Wi-Fi 常用的信道编码是二进制卷积编码（Binary Convolutional Code，BCC）和低密度奇偶校验码（Low Density Parity Check，LDPC）。

5）Wi-Fi 的加密与解密

Wi-Fi 传输的无线媒介是开放空间，所传递的任何信息都可以被其他设备从空间截获。为了确保信息传递的安全性，就需要对发送数据进行加密。**加密**是指对原始信息按照一定算法进行转换，使得信息即使被截获，也不能被识别。在接收端，对加密的信息根据一定的算法进行还原，这个过程称为**解密**。在加密和解密的算法过程中使用的输入参数被称为密钥。

在 Wi-Fi 通信系统中，常用的加密方式包括有线对等保密（Wired Equivalent Privacy，WEP）和 Wi-Fi 保护接入（Wi-Fi Protected Access，WPA）两种不同的模式，WPA 又包括 WPA、WPA2 和 WPA3 三个不同的标准，第 3 章节将介绍 Wi-Fi 安全原理以及 Wi-Fi 7 带来的变化。

6）Wi-Fi 的调制与解调

与其他通信技术一样，Wi-Fi 信号的发送与接收需要经过调制与解调的过程。在**调制**过程中，信息源的原始信号（即基带信号）的频谱被搬移到作为 Wi-Fi 载波信号的 2.4GHz、5GHz 等频段上，载波的幅度、频率或相位等受基带信号变化的控制，然后被传送到接收端。作为**解调**过程，接收端把调制信号还原成基带信号。

控制载波幅度的调制称为**振幅键控**（Amplitude Shift Keying，ASK），控制载波相位的调制称为**相移键控**（Phase Shift Keying，PSK），联合控制载波幅度及相位两个参数的称为**正交幅度调制**（Quadrature Amplitude Modulation，QAM）。

2. 物理层基本协议

为了便于不同体系结构的计算机网络可以互联互通，国际标准化组织定义了一个七层结构的开放系统互连基本参考模型 Open Systems Interconnection Reference Model，缩写为 OSI/RM，简称为 OSI。

OSI 参考模型自下而上依次是物理层、数据链路层、网络层、运输层、会话层、表示层以及应用层，而数据链路层又可以分为逻辑链路控制层和媒介访问控制层，Wi-Fi 技术要讨论和解决的问题对应着 OSI 模型中的**媒介访问控制层**（Medium Access Control，MAC）和**物理层**。Wi-Fi 技术与 OSI 参考模型的关系如图 1-14 所示。

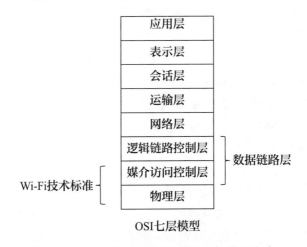

图 1-14　OSI 七层模型与 Wi-Fi 技术标准的关系

在 OSI 模型中，每一层报文格式包含协议头和净荷两部分，协议头是与该层相关的协议版本识别、控制信息等，净荷是指去除报头之后的信息部分。比如，网络层的 IP 数据报文的协议报头中提供了报文转发的地址信息、校验信息等，而净荷是 IP 报文的数据部分。

Wi-Fi 物理层处理的数据单元称为**物理层协议数据单元**（Physical Layer Protocol Data Unit，PPDU），它包括物理层前导码信息、物理层帧头部和净荷信息三部分。**前导码信息**主要作用是使接收端可以甄别 Wi-Fi 信号以及对无线信道的参数估计。**物理层帧头部**则使得接收端根据其编码调制信息将电磁波信号解调出数字信号，并最终解码还原出原始数字信息。净荷部分是 MAC 层处理的数据单元，又称为 MAC **层协议数据单元**（MAC Layer Protocol Data Unit，MPDU）。

IP 数据报文与物理层协议数据单元（PPDU）的对比如图 1-15 所示。

Wi-Fi 物理层的数据收发如图 1-16 所示，在发送端，物理层收到 MAC 层请求发送的 MPDU，按照 PPDU 的封包格式，增加物理层前导码和帧头部，完成数据帧封装，然后对 PPDU 数据单元进行编码和载波调制，在无线信道上发送。

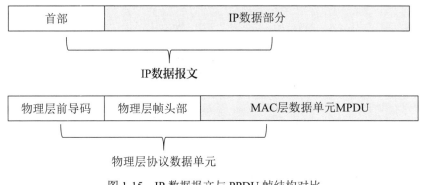

图 1-15　IP 数据报文与 PPDU 帧结构对比

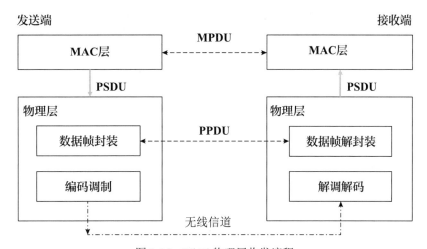

图 1-16　Wi-Fi 物理层收发流程

同样，接收端在无线信道上接收载波信号，进行载波解调和解码，还原为 PPDU 数据单元，然后解封装得到 MPDU 数据单元，并发送给 MAC 层。在物理层和 MAC 层之间传递的数据称为**物理层服务数据单元**（Physical Service Data Unit，PSDU），实质与 MAC 层的 MPDU 完全相同。

3. Wi-Fi 信道的划分与定义

Wi-Fi 6 之前，传统的 Wi-Fi 标准采用的是免授权频段的 2.4GHz 和 5GHz，下面先介绍这两个频段的频谱情况和信道划分。

1）Wi-Fi 的 2.4GHz 频段和信道划分

每个国家根据自己的频谱资源对 2.4GHz 做了不同的信道划分。例如，日本的频谱范围为 2.412 ～ 2.484GHz，其中划分了 14 个信道，每个信道的有效带宽是 20MHz，并留出 2MHz 作为信道的强制隔离频带，2MHz 像是高速公路上的隔离带，用于减少信道之间频谱干扰。

图 1-17 标识了 14 个信道分布的频谱示意图，上方所标识的从 2412MHz 到 2484MHz 的 14 个频率值分别对应各自信道的中心频率，每个信道都有起始和终止的频率范围，由图中的半圆弧形来表示，构成了信道带宽，其中有三个信道在频谱上是不重叠的，即信道 1、信道 6 和信道 11，当不同设备分别工作在这三个信道上的时候，彼此之间的信号影响是最小的。

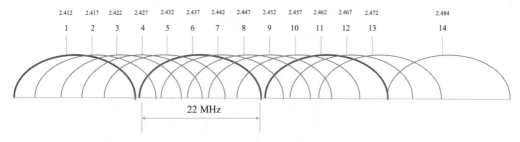

图 1-17　2.4GHz Wi-Fi 的频谱说明

　　另外，中国和欧洲在 2.4GHz 上定义的信道为 2.412 ～ 2.472GHz，共 13 个信道；美国为 2.412 ～ 2.462GHz，共 11 个信道。

　　因为 2.4GHz 是免授权的 ISM 频段，所以在该频段上的无线设备数量增长很快，既有 Wi-Fi 无线路由器或终端数量的增长，也有微波炉、蓝牙设备、物联网中支持 Zigbee 协议的智能家居等非 Wi-Fi 的设备的应用，因而在这个频段上面设备的干扰也越来越多，影响 Wi-Fi 连接的用户体验。而这个频段的频宽有限，信道应用的灵活性也不够，不能满足日益增长的高速率、高带宽的需求。

　　2）Wi-Fi 的 5G 频段和信道划分

　　在无线网络发展过程中，各国政府陆续开放了 5GHz 的免许可频段，参考图 1-18。与 2.4GHz 有不同的信道划分一样，在 5GHz 频段下也提供了多个互不交迭的信道。

- **欧洲和日本**：所分配的频段为 5.15GHz ～ 5.35GHz 和 5.47GHz ～ 5.725GHz，在这个频段内分配了 19 个 20MHz 带宽的信道，共有频率 380MHz。
- **中国**：所分配的频段为 5.15GHz ～ 5.35GHz 和 5.725GHz ～ 5.85GHz。其中 5.8GHz 共计 125MHz 带宽，划分为 5 个信道，信道号分别为 149、153、157、161 和 165，每个信道带宽为 20MHz。
- **美国**：所分配的频段为 5.1GHz、5.4GHz 和 5.8GHz 三个频段，每个频段的信道划分标准与其他国家相同。

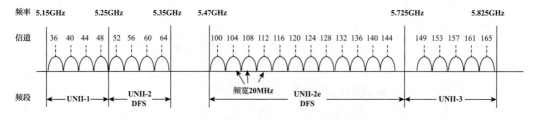

图 1-18　5GHz 的频段划分和信道定义

　　其中，5.25 ～ 5.35GHz 和 5.47 ～ 5.725GHz 是全球雷达系统的工作频段。

　　各国政府要求工作在 5GHz 的设备支持动态频率选择（Dynamic Frequency Selection，DFS）和发射功率控制（Transmission Power Control，TPC）的功能。当设备检测到当前信道上有雷达信号的时候，利用 DFS 和 TPC 技术，设备能动态地选择切换到其他信道以及控制设备的发射功率，避免对雷达系统产生干扰。

　　根据设备支持 TPC 或者不支持 TPC 的情况，欧洲电信标准协会（European

Telecommunication Standards Institute，ETSI）对于不同频段的设备等效全向辐射功率（Effective Isotropic Radiated Power，EIRP）做了不同的要求，如表 1-3 所示。

表 1-3　设备最大发射功率的管理

频段范围（MHz）	EIRP（最大发射功率）（dBm）	
	支持 TPC 功能	不支持 TPC 功能
5150～5250	23	23
5250～5350	23	20
5470～5725	30	27

目前北美、欧洲、加拿大、澳大利亚、日本以及韩国都已对 AP 的雷达监测功能进行了强制要求，并放到了设备的认证规范中。例如，FCC Part 15 Subpart E 规定工作在 5.25 ～ 5.35GHz 和 5.47 ～ 5.725GHz 的 U-NII（Unlicensed National Information Infrastructure）AP 设备，应当具备雷达检测机制。ETSI EN 301 893 标准也对工作在此频段的设备做出了类似的要求，ETSI 则进一步将 5.470 ～ 5.725GHz 雷达信道划分为天气（5.6 ～ 5.65GHz）和非天气气象信道。凡是不能通过专业机构测试认证的 AP 都不能在该市场上进行销售。

3）Wi-Fi 物理层信道捆绑的规范定义

Wi-Fi 以 20MHz 为最小带宽单位进行数据传输，信道捆绑技术就是把两个相邻的 20MHz 的信道绑定成一个 40MHz 带宽的信道，甚至两个相邻 40MHz/80MHz 信道绑定构成一个 80MHz/160MHz 带宽的信道。信道捆绑技术带来的效果是增加了数据通道的频宽，传输速率也得到翻倍。在 Wi-Fi 标准的演进中，通过将较小带宽的信道捆绑成一个更大的信道带宽是关键技术之一。

根据图 1-17 的 2.4GHz 的信道分布，信道 1、信道 6 和信道 11 在频谱上是不重叠的，其中 2 个信道可以捆绑成 1 个 40MHz 的信道，参考图 1-19。

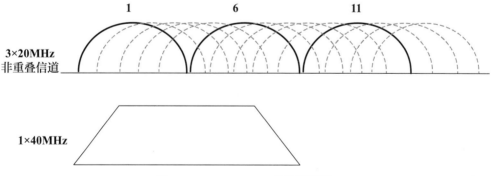

图 1-19　Wi-Fi 2.4GHz 的信道捆绑

根据图 1-18 所示 5GHz 频段信道划分图，可以看到一共有 25 个非重叠的 20MHz 的信道，它们能够捆绑成 12 个 40MHz 的信道，或者捆绑成 6 个 80MHz 的信道，或者继续捆绑成 2 个 160MHz 的信道，参考捆绑信道的结果如图 1-20 所示。

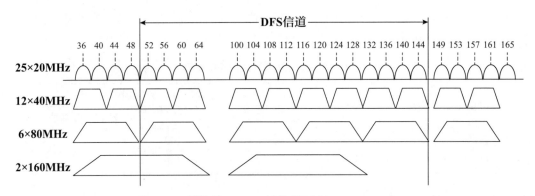

图 1-20   Wi-Fi 5GHz 的信道捆绑

因为很多国家不支持 5.47GHz 的雷达系统的工作频段，所以这些国家可能只有 1 个 160MHz 的信道。为了解决 160MHz 带宽频段资源问题，802.11 标准允许两个不相邻的 80MHz 信道捆绑，构成 80MHz+80MHz 这种模式。

在 IEEE 802.11 标准中，对于两个 20MHz 信道组成的 40MHz 信道，定义了一个主 20MHz 信道，另一个为辅 20MHz 信道。对于一个 80MHz 的信道，由 4 个连续的 20MHz 信道组成，定义了主 40MHz 信道与辅 40MHz 信道，以及主 40MHz 信道中的主 20MHz 信道与辅 20MHz 信道。至于选择哪个 20MHz 信道作为主信道，这是由 AP 来配置的，比如 80MHz 信道中选择第三个 20MHz 信道作为主信道。捆绑信道的中心位置称为**中心频点**。

图 1-21 中还标识了信道间的保护间隔，它是一段不传送任何数据的频段资源，目的是降低相邻 20MHz 信道间的信号干扰。当将相邻两个 20MHz 信道捆绑以后，同一个 40MHz 信道中的数据将同时发送和接收，这两个 20MHz 信道之间就没有相互干扰问题。此时，原先 20MHz 之间的保护间隔就可以用于数据传输的带宽资源。因此，40MHz 频宽下的有效带宽就大于两个单独 20MHz 信道的数据带宽之和。

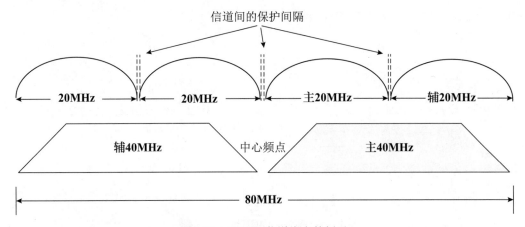

图 1-21   80MHz 信道绑定的例子

信道捆绑带来更大的带宽和数据传输速率。但对于一些低速 Wi-Fi 控制设备或者物联网设备，比如支持 Wi-Fi 功能的空调遥控器等，并不需要高速的数据传输，20MHz 的工作带宽完全可以满足其基本需求。

而对于 Wi-Fi 数据报文中的管理或控制帧，它们没有大带宽的需求，但需要所有连接 AP 的 STA 都可以收到这样的消息，所以 802.11 标准规定管理帧或控制帧必须在主 20MHz 信道发送和接收，确保不支持信道捆绑的设备也可以收到这些帧。

4）Wi-Fi 信道捆绑下的多 STA 竞争信道的问题

对于一个支持 80MHz 的 BSS，如果其中一个 STA 在主 20MHz 信道上给 AP 发送数据，同时另外一个 STA 在辅 40MHz 信道上给 AP 发送数据，则 AP 无法解析两个不同步的数据。

因此，如果要使用 20MHz 以上的带宽，802.11 标准规定 AP 或者 STA 必须以 20MHz 为单位，在多个捆绑的信道上同时竞争无线媒介资源。只有同时竞争成功，才可以使用绑定带宽。如果其中一个或者多个 20MHz 的信道竞争不成功，则只能在竞争成功的信道中选择包含主 20MHz 或主 40MHz 的频宽上发送数据。

在图 1-21 所示示例中，即使 STA 没有竞争到第一个 20MHz 信道访问权，STA 仍然可以竞争获取其他三个 20MHz 信道的无线访问权，但 STA 最后只能在后两个 20MHz 捆绑的主 40MHz 信道上发送数据。至于是否可以将后面 3 个 20MHz 信道上捆绑起来构成 60MHz 带宽上发送数据，将在 Wi-Fi 7 章节做进一步介绍。

此外，如果设备竞争不到主 20MHz 所在的信道，但却竞争到其他信道，则设备放弃所有竞争到的信道，不能发送任何数据。

4. 物理层编码调制技术

无线信道理论最大数据传输速率取决于无线信道的带宽和信道的信噪比。使用免授权频段的 Wi-Fi 技术，它的信道带宽是有限的，例如 2.4GHz 频段的信道带宽最大是 40MHz，5GHz 频段的信道带宽最大是 160MHz。另外，短距离通信的 Wi-Fi 在室内环境中碰到的主要技术挑战是，来自其他无线信号的干扰噪声以及多径传输下所引起的数据传输的误码率。

因此，基于 Wi-Fi 有限的信道带宽，如何有效降低传输数据的误码率和持续提升传输数据的速率，是每次制定新的 Wi-Fi 物理层技术规范的关键部分。而作为物理层的核心技术，**信道编码**和**调制方式的改进**是 Wi-Fi 标准迭代升级的重点。

1）Wi-Fi 的信道编码

Wi-Fi 信道编码演进的关键是如何提高**编码效率**，即提升有效信息长度在整个编码信息长度中的比例。如果编码效率的定义是 k/n，则对每 k 位有用信息，编码器总共产生 n 位的数据，其中 $n-k$ 位是多余的，k/n 越大，则编码效率越高。

Wi-Fi 规范中的信道编码技术的选择，是从初期的以拓展频带宽度为主的**扩展频谱通信**，演进到编码效率更高、具备对数字信号进行**自动纠错功能的信道编码**。

扩展频谱通信又简称扩频通信，是把较窄的信号所占有的频带宽度，在发送前扩展到远大于所传信息必需的最小带宽，这种方式有较强的抗干扰性和较低的误码率。

参考图 1-22，早期 Wi-Fi 802.11b 规范采用了扩频通信中的**直接序列扩频**（Direct Sequence Spread Spectrum，DSSS），这是指直接利用高码率的扩频码序列，在发送端去扩展信号的频谱。而在接收端，用相同的扩频码序列去进行解扩，把展宽的扩频信号还原成原始的信息。

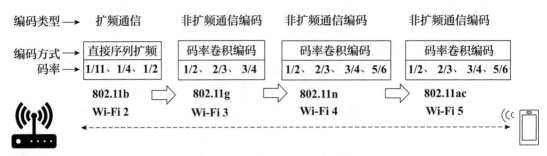

图 1-22　Wi-Fi 物理层的编码格式

在扩频通信中，假设传输的有效信息长度为 k，编码后产生一个长度为 n 的编码序列。如果 m 为扩频码长度，则 $n=m\times k$，编码效率 $R=k/n$。因此扩频通信的码率 $R=k/(m\times k)=1/m$。在图 1-22 中，802.11b 的编码效率是 1/11、1/4 和 1/2。

为了提高 Wi-Fi 传输系统的可靠性，802.11g 规范之后的 Wi-Fi 物理层技术采用了具有对数字信号进行自动纠错的信道编码，即**纠错编码**。

纠错编码分为分组码和卷积码两大类。

- **分组码**：把原信息分割成多个组，在每个组后面加冗余进行检错或纠错的编码，组之间没有任何联系，常见的分组码有**奇偶校验码**、**汉明码**等。
- **卷积码**：不是把信息序列分组后再进行单独编码，而是由连续输入的信息序列得到连续输出的已编码序列。

802.11g、802.11n、802.11ac 采用的主要是二进制卷积编码（Binary Convolutional Code，BCC），而 Wi-Fi 6 之后强制支持**低密度奇偶校验码**（Low Density Parity Check，LDPC）。

- **二进制卷积编码**：指将有效数据进行分组后，添加的冗余信息不仅参考当前组的原始信息，而且还包括之前组的原始信息的编码方式。
- **低密度奇偶校验码**：是特殊的具有稀疏矩阵的线性分组码。它有逼近香农极限的良好性能，接收端解码复杂度较低，结构灵活，解码时延短，吞吐量高。

Wi-Fi 的信道编码的效率随着新的规范的演进而不断提升。从图 1-22 看到，802.11n 和 802.11ac 的编码效率包含了 1/2、2/3、3/4、5/6 多种情况，已经在 802.11g 规范上得到改进，多数都高于 802.11b 的编码效率。

而 Wi-Fi 6 采用的 LDPC 码是近年来信道编码领域的研究热点，已广泛应用于深空通信、光通信、4G/5G 无线通信和将来的 6G 移动通信等领域。

2）Wi-Fi 的信道调制技术

Wi-Fi 信道调制技术的不断发展是围绕着如何充分利用已有频带，提升每个传输信号的符号所能承载的信息比特的容量而展开的。单位时间内传输的信号符号称为**码元**，每秒钟传送码元的数目称为**波特率**。一个码元所承载的信息比特的数量由调制方式来决定。

在 Wi-Fi 规范的初期，采用的调制方式是通过仅改变载波信号的相位值来表示数字信号 1 和 0 的**相移键控**（Phase Shift Keying，PSK）。

802.11b 使用的**相移键控**分别为**差分二进制相移键控**（Differential Binary Phase Shift Keying，DBPSK）和**差分正交相移键控**（Differential Quadrature Phase Shift Keying，DQPSK）。

DBPSK 来自二进制相移键控（BPSK），BPSK 指的是二进制数字信号来控制载波信号的相位变化，0 和 1 分别对应载波相位 0 和 π；而 DBPSK 是指利用前后码元的载波相对相位变化传递数字信号信息，DBPSK 中的每个传输信号承载 1 比特的信息。作为对调制方式的基本理解，图 1-23 给出 BPSK 的调制信号的波形，图中每一个周期的调制信号表示 0 或 1 的二进制信息，相位为 0 表示数字 0，相位为 π 表示数字 1。

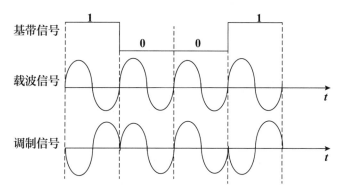

图 1-23　基于 BPSK 调制方式的调制信号

差分正交相移键控来自正交移相键控（QPSK），QPSK 也称为四相移相键控（4PSK）调制，它利用 4 种相位来表示 00、01、10、11。而 DQPSK 指的是利用前后码元的载波相对相位变化传递数字信号信息，DQPSK 中的每个传输信号承载 2 比特的信息，参考图 1-24 中所给的 DQPSK 的调制信号的例子。

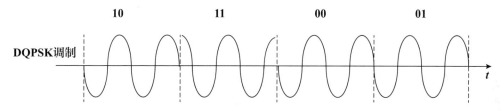

图 1-24　基于 DQPSK 调制方式的调制信号

数字调制可以用"星座图"的直观方式来表示调制信号的分布与数字信息之间的映射关系。如图 1-25 所示，BPSK 的相位 0 和 π 分别表示数字 0 和 1，而 QPSK 用另外 4 个相差 90° 的相位来表示 00、01、10、11。星座图中的横坐标表示同相（In-phase，I）分量，纵坐标表示正交（Quadrature，Q）分量。

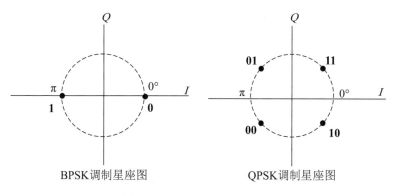

图 1-25　BPSK 与 QPSK 的星座图

　　802.11b 使用的相移键控的调制方式比较简单，但调制效率不高。参考图 1-26，从 802.11g 开始，除了兼容 802.11b 的调制方式，Wi-Fi 规范中采用的主要是振幅和相位联合的调制方式，称为**正交振幅调制**（Quadrature Amplitude Modulation，QAM），每个传输信号能承载的信息支持 4 比特、6 比特和 8 比特，分别用 16-QAM、64-QAM 和 256-QAM 的方式来表示。16-QAM 中的 16 是从 2^4 换算过来的，其他的 QAM 标识都采用相同的二进制计算方式。

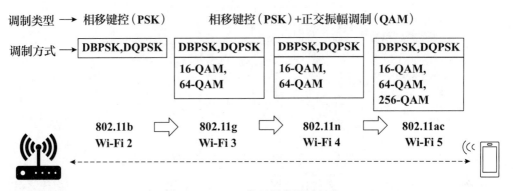

图 1-26　Wi-Fi 物理层的调制方式

　　星座图同样来表示 QAM 调制中的信号与数字信息的映射关系。参考图 1-27，分别表示 16-QAM 和 64-QAM，在 16-QAM 图中，每一个星座上的信号承载 4 比特信息，而 64-QAM 中每一个星座上的信号承载 6 比特信息。802.11ac 支持 256-QAM，即每个传输信号承载 8 **比特**的信息，调制效率是 802.11b 的 4 倍或 8 倍，相应的数据传输速率也至少是 802.11b 的 4 倍以上。

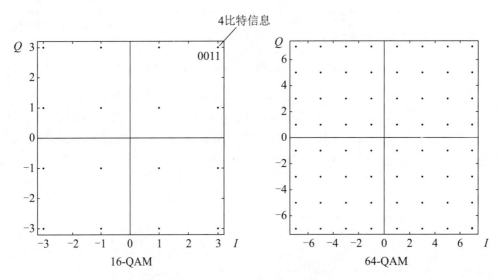

图 1-27　16-QAM 和 64-QAM 调制的星座图

3）正交频分复用技术

　　正交频分复用（Orthogonal Frequency Division Multiplexing，OFDM）是目前 Wi-Fi 标准中已经广泛应用的信道调制技术。它的基本概念是 Wi-Fi 的信道被划分成很多相同带宽、相同周期但频谱重叠的子载波，而子载波之间相互正交并且不会相互干扰。

如图 1-28 所示，传统的频分复用（Frequency Division Multiplexing，FDM）在应用的时候，数据流通过多载波技术被分解成多个比特流，构成多个低速率信号在载波上并行传送。两个子载波之间有较大的频率间隔作为保护带宽来防止干扰，但是频谱的利用率就受到限制。而子载波正交复用技术可以在频宽相同时承载更多的子载波，能大幅度提高频谱的利用率。

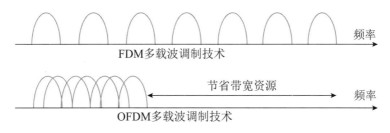

图 1-28　FDM 与 OFDM 的频谱利用的区别

4）OFDM 下消除 Wi-Fi 多径干扰的方法

发射端通过天线将电磁波信号向周围辐射，在现实环境中，电磁波遇到物体阻挡或者经过大气层传输不可避免地产生折射或反射信号，所以接收端在不同路径上可以接收到相同的信号，称为**信号或者电磁波的多径传输**。如图 1-29 所示，接收端在路径 1 上接收到直射信号的同时，也通过路径 2 和路径 3 的反射路径接收到相同的信号。

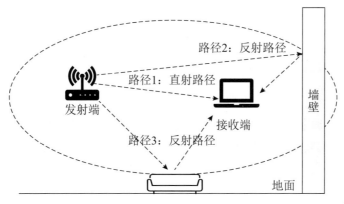

图 1-29　多径传播信号的现象

OFDM 技术可以解决子载波相互之间的干扰问题，但在多径传播情况下，同一个 OFDM 符号在不同路径上接收仍然存在前后符号间干扰（Inter Symbol Interference，ISI）问题。

OFDM 调制方式下，Wi-Fi 信号由多个正交 OFDM 符号构成，接收端从多径上接收到的同一个 OFDM 符号存在一定的时间差，对于信号上相邻的两个 OFDM 符号，就存在路径 2 的第 1 个 OFDM 符号与路径 1 的第 2 个 OFDM 符号相互叠加，可能导致接收端不能正确解码。如图 1-30 所示，两个路径上的 OFDM 信号出现了符号间干扰，即前一个符号的尾部与下一个符号的头部重叠，使得叠加后的信号解码困难。

OFDM 符号保护间隔（Guard Interval，GI）是一段不包含任何采样信号的空闲的传输时段，如果保护间隔的长度大于多径传播造成的 OFDM 符号最大时延，可以使得前一个符号的尾部在保护间隔中结束，而不会对下一个 OFDM 符号构成干扰。如图 1-31 所示，每个 OFDM 符号之前插入保护间隔，可以改善符号间干扰问题。

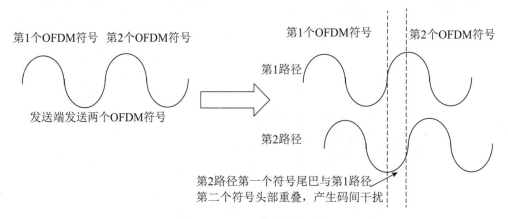

图 1-30　OFDM 的符号间干扰

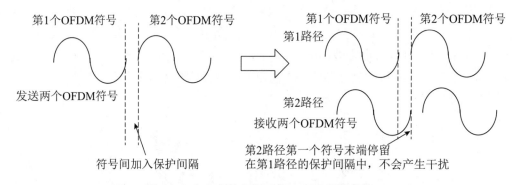

图 1-31　加入保护间隔后的 OFDM 符号传输

802.11g 定义了时长为 800ns 的保护间隔，可以消除多径情况下 OFDM 的符号间干扰。但较大的保护间隔会影响数据传输的吞吐量。因此 802.11n 又引入了 400ns 的短保护间隔（Short Guard Interval，SGI），有助于在实际场景中提高传输速率。

5. 多输入多输出技术

多输入多输出（MIMO）技术指在发射端通过多个天线发射信号，并在接收端使用多个天线接收信号，在不增加带宽的情况下，成倍改善通信质量或提高通信效率。MIMO 技术可以分为空间分集增益、空间复用增益和波束成形（Beamforming）。

- **空间分集增益**：指在多天线上传输相同的数据，增强信道可靠性，降低误码率。
- **空间复用增益**：指在多天线上同时传输多路不同的数据，提高信道吞吐量。
- **波束成形**：发射端对多天线信号进行幅度和相位调整形成特定方向上的传送；接收端对多天线收到的各路信号进行加权合成，产生某些方向的信号增强或衰减，从而在方向上取得较好的信号质量。

本节先介绍空间分集增益和空间复用增益，下一节介绍波束成形技术。

1）空间分集增益

图 1-32 是空间分集增益技术下通过多天线进行数据传送的例子，相同的原始数据通过 2 根发射天线同时发送出去，然后接收端通过 2 根天线同时接收，接收端既可以选择其

中一个强信号，也可以合成两根天线的信号。

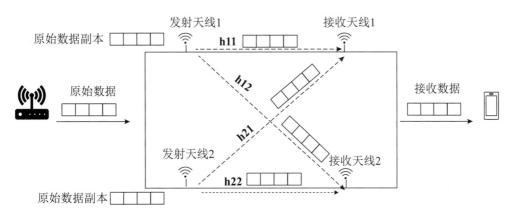

图 1-32　2 根发射天线和 2 根接收天线下的空间分集的示例

在 Wi-Fi 通信技术中，由于手机等终端设备的随机移动、电磁波的多径传输、多普勒效应影响，以及在传输路径中出现的能量损耗，信道呈现一个与时间相关的随机变化的特征，信道的随机性称为衰落。显然，信道衰落对任何调制技术都会带来负面影响。空间分集增益技术就是通过多天线技术来解决信道衰落问题，又称为抗衰落技术。

空间分集增益又分为**接收分集增益**和**发射分集增益**。

- **接收分集增益**：是指分集接收与单一天线接收的电平差。由于接收天线接收信号的衰落特性相互独立，则接收机可以选择其中一个强信号，或者合成不同的信号，送给解调器解调。如果分集接收与单一天线接收的电平差越高，则增益改善效果越好。接收分集增益与接收天线数量有关。

- **发射分集增益**：利用两个以上的天线发射信号，并设计发射信号在不同的信道中保持独立衰落，然后在接收端对多路信号进行合并，从而减少衰落的严重性。发射分集增益通过此方式从接收中取得效果。

接收分集增益首先需要理解空间分集接收的概念。如果接收端通过两根天线接收同一信息，并且天线的间距大于半个波长以上，则接收端两天线上的信号相关性很小，接收机在每个天线上独立接收信号的一个副本，称为信号的**空间分集接收**。

发射分集可以采用延迟发送分集方式，即在多个天线上在不同时间发送同一信号的多个副本，这种实现方法比较简单，但在接收端有接收时延。也可以采用空时发送分集方式，即将**数据编成空时分组码**（Space Time Block Code，STBC），从两个或者多个天线上发送。STBC 的关键在于多天线传输的信号矢量需要相互正交，从而保证多天线发出的信号不会相互干扰。使用 STBC 技术，即在具有 M 根发射天线与 N 根接收天线的系统中，最大分集增益为 $M \times N$，参考图 1-32，它是 2×2 MIMO 空间分集的示例。

2）空间复用增益

发射端将不同数据通过不同天线发射到无线信道中，接收端在不同天线上接收到不同的数据流，以此提高传输的速率，这种技术称为空间复用，带来的传输速率的提高称为空间复用增益。如图 1-33 所示，对于一个有 2 个发射天线的发射端和有 2 个接收天线的接收端组成的 MIMO 系统来说，最大可以获得 2 倍于单天线系统的传输速率。

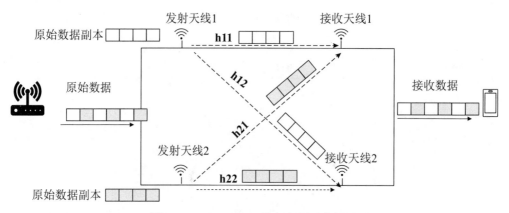

图 1-33   2×2 MIMO 空间复用示意例子

MIMO 包括单用户 MIMO（Single User MIMO，SU-MIMO）和多用户 MIMO（Multiple Users MIMO，MU-MIMO）。SU-MIMO 和 MU-MIMO 区别在于接收端的用户个数，SU-MIMO 接收端为 1 个多天线用户。MU-MIMO 接收端为多个用户，其中每个用户可以是 1 根天线，也可以是多根天线。利用 MU-MIMO，发送端通过多天线同时向不同的用户发送不同的数据流，从而提高信道吞吐量，降低数据时延。

3）Wi-Fi 关于 MU-MIMO 的规范定义

802.11ac 引入 AP 向多设备终端同时传输数据的下行 MU-MIMO 技术。为了避免多个空间流之间相互干扰，需要 AP 获取 STA 的信道信息，以保证接收天线可以准确接收到相应的数据，这个过程也称为**探测**（Sounding）。每次只获取一个接收端的信道信息，称为**单用户探测**（Single User sounding，SU-sounding），而如果同时获取多个终端设备信道信息，则称为**多用户探测**（Multiple Users sounding，MU-sounding）。

在下行方向，AP 通过探测过程中搜集各个 STA 反馈的信道信息，合成一个发送矩阵，各个发送天线上的数据需要根据该矩阵的参数进行调整，保证 STA 只收到自己的数据。对于多个 STA 发送上行数据来说，需要对这些设备在发送速率、功率、时间同步等方面有严格的管控，这样 AP 才可以解码多条流的数据。基于它的复杂性，802.11ac 并没有支持上行多用户的 MIMO 模式。图 1-34 所示为 2 条流的 SU-MIMO 和 MU-MIMO 对比。

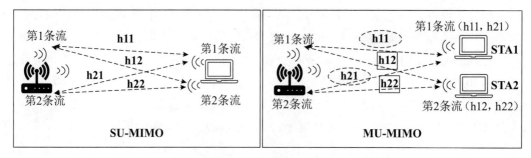

图 1-34   2 条流的 SU-MIMO 与 MU-MIMO 对比

SU-MIMO：因为 AP 的两条流的发送路径（h11，h12，h21，h22）对于发送端和接收端都是已知的，SU-MIMO 不需要探测过程获取接收端信道信息，接收端在不同天线上解析出不同的流。

MU-MIMO：系统设计的目标是使 STA1 不会从路径 h21 接收到任何信号，同时 STA2 不会从路径 h12 接收到任何信号。此时需要利用探测过程在发送信号时将信道矩阵考虑进去，尽量减少这些路径上的功率，提高接收端的信噪比，从而使得接收端可以分别解析出自己的信息，而不需要额外的信道信息。

6. 波束成形技术

Wi-Fi 信号通过全向天线向四周以电磁波的形式辐射到无线信道中，在 Wi-Fi 信号覆盖范围之内的设备都可以相互通信，但是当设备之间距离较远时或者出现严重遮挡时，信号质量将严重下降，如图 1-35 左半部分所示，STA1 与 AP 之间存在障碍物遮挡，而 STA2 处于 AP 的信号覆盖范围边缘时，此时 STA1 或 STA2 接收到的 AP 的 Wi-Fi 信号强度就会比较弱，从而降低了 Wi-Fi 数据传送的速率。由于每个国家都对 Wi-Fi 设备的最大发射功率做了严格限制，所以不能通过增加发射功率的方式来提升 Wi-Fi 的信号强度和覆盖范围。

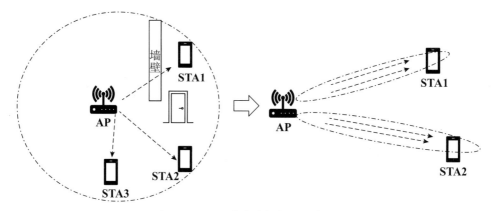

图 1-35　Wi-Fi 的全向辐射到波束成形

从 IEEE 802.11ac（即 Wi-Fi 5）规范开始，Wi-Fi 标准引入了波束成形技术（Beamforming），用于改进 Wi-Fi 覆盖的问题。基本原理是，在 Wi-Fi 发送设备为多天线系统的情况下，发射设备对多天线辐射的信号进行幅度和相位调整，形成所需特定方向上的传播，类似于把**信号能量聚集在某个方向上**进行传送，它被称为**发送波束成形技术**。通过波束成形技术，可以扩大 Wi-Fi 传输距离和增强接收端的信噪比，降低其他方向上的干扰，理论上可以提高通信双方的最大吞吐量。参考图 1-35 右半部分，AP 向 STA1 或者 STA2 的方向进行波束成形的传送。

对于发送波束成形技术，为了保证信号朝着特定的方向传输，需要知道接收端的信道信息，然后根据接收端反馈的信道信息对发送信号做相应的处理，这是前面介绍 MIMO 时讲的探测技术。

通过波束成形技术发送数据的设备称为波束成形发送端（Beamformer），接收波束成形数据的设备称为波束成形接收端（Beamformee）。Beamformer 和 Beamformee 利用物理层头部字段的交互信道信息（Channel State Information，CSI）来实现探测过程。波束成形过程包括探测过程和发送波束成形后数据的过程，单用户和多用户的探测过程稍微有些差别，以 802.11ac 定义的信道探测过程为例，分别阐述如下。

1）单用户信道探测的基本过程

单用户信道探测过程包括发送端发起探测和接收端反馈信道信息，如图 1-36 所示，具体过程描述如下：

图 1-36　单用户信道的探测过程

（1）**发送端的探测过程**：发送端首先向接收端发送称为空数据包通告的控制帧，接着发送空数据报文，提供探测信息给接收端。

（2）**接收端反馈信道信息**：接收端根据接收到的发送端消息中包含的信道信息，向发送端发送信道反馈信息，因为数据量比较大，所以需要压缩传输。

2）**多用户信道探测的基本过程**

在 Wi-Fi AP 支持多天线下的多输入多输出情况下，需要一个发送端与多个接收端共同完成探测过程。如图 1-37 所示，具体过程描述如下：

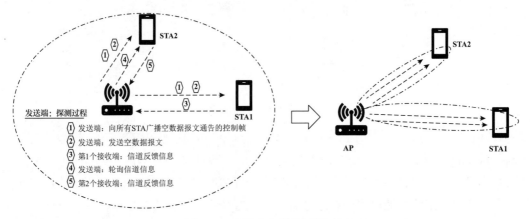

图 1-37　多用户信道的探测过程

（1）**发送端的广播探测过程**：发送端要向多个接收端广播空数据包通告的控制帧，接着发送空数据报文，提供探测信息给接收端。

（2）**接收端反馈信道信息**：在控制帧所指示的第一个接收端发送信道反馈信息。

（3）**发送端处理反馈的信道信息**：发送端处理第一个接收端所反馈的信道信息后，随后发送端向第二个接收端发送报告轮询帧（Beamforming Report Poll）查询信道信息。

（4）**接收端继续发送反馈信息**：第二个接收端发送信道反馈信息。当所有的接收端都做了反馈之后，发送端完成整个探测过程。

（5）**发送端开始波束成形**：发送端根据信道反馈信息生成控制矩阵，然后向接收端发送数据帧时加入该矩阵，此时即可实现波束成形。

此外，接收端可以通过对多天线收到的各路信号进行加权合成，产生某些方向上的信号增强或衰减，进而表现为某个方向上取得较好信号质量的传播，这个技术称为**接收波束**

成形技术。由于该技术和具体实现相关，802.11ac 协议中只定义了发送波束成形技术，但没有定义接收波束成形技术。

1.2.3　Wi-Fi 物理层标准

Wi-Fi 标准在物理层上的迭代演进的主要关注点是持续提升传输速率，它的核心技术是**信道编码和调制方式**的改进，并且通过支持更大的信道带宽、增加空间并发数据流的数量等方式组合，全方面提升 Wi-Fi 的传输速率。

另外，为了使支持新 Wi-Fi 标准的产品能与支持旧规范的设备进行互通，新标准在物理层格式上的定义始终保持与旧规范的兼容。这样当 Wi-Fi 标准不断推陈出新的时候，并没有影响大量已有用户终端的使用。

下面首先介绍 Wi-Fi 传输速率的计算方法，然后介绍 Wi-Fi 物理层格式。

1. Wi-Fi 传输速率的计算方式

Wi-Fi 理想情况下的最大传输速率的计算方式如式 1-1 所示：

$$传输速度 = \frac{传输比特数量 \times 传输码率 \times 数据子载波数量 \times 空间流数量}{载波符号的传输时间} \qquad (1-1)$$

其中，**传输比特数量**是指每个子载波调制一个码元所需要的比特个数。把它与载波符号的有效传输时间进行计算，就可以获得单位时间所传输的比特数量，即构成了传输速率的最基本信息。

传输码率指的是编码后的传输数据中有效数据占总传输数据的比例，而数据子载波数量是指一个信道带宽中承载数据的有效子载波的数量。把它们放在一起计算，就获得了一个完整信道下的传输速率。

空间流数量即自由空间中同时传输的数据流数量。在多天线的 Wi-Fi 设备中，每增加一条空间流的传输，则传输速率就增加一倍。

图 1-38 给出了 Wi-Fi 传输速率的图示。

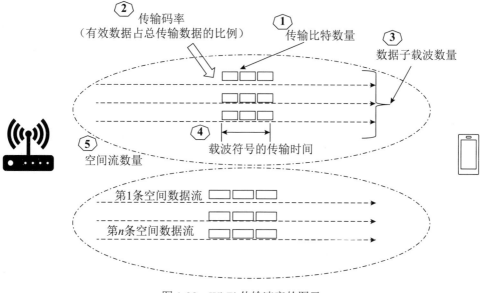

图 1-38　Wi-Fi 传输速率的图示

如果把传输一个载波符号比作一辆货车，那么传输比特数量就是每辆货车承载的货物，而数据子载波数量就像同一条马路下的并行的车道，车道越多，运输的货物就越多。空间数据流则是多层高架的立体交通，允许更多的车辆在各层的道路上运输比特数据。

下面介绍各个标准下的速率计算的参数信息，并给出具体的计算例子。

1）**传输比特数量**

传输比特数量取决于所采用的调制等级。如前面信道调制方式中所提到的，在 16-QAM 中，16-QAM 中的 16 是从 2^4 换算过来的，即每个子载波传输一个符号所承载的比特数量为 4。而在 64-QAM 中，每个子载波传输一个符号所承载的比特数量为 6。不同 Wi-Fi 标准下的 QAM 调制等级以及比特数量如表 1-4 所示。

表 1-4　不同标准下的最高调制等级

支持 QAM 调制的标准	802.11g	802.11n	802.11ac
QAM 调制等级	64-QAM	64-QAM	256-QAM
传输比特数量（位）	6	6	8

2）**传输码率**

Wi-Fi 传输码率指的是编码后的传输数据中有效数据占总传输数据的比例，也就是编码效率。如果传输码率或编码效率的定义是 k/n，则对每 k 位有用信息，编码器总共产生 n 位的数据，其中 $n-k$ 是多余的，k/n 越大，则传输码率越高。不同 Wi-Fi 标准下的码率和调制方式如表 1-5 所示。

表 1-5　不同标准下调制、编码及码率

调制方式	802.11b（DSSS）	802.11a/g	802.11n	802.11ac
DBPSK	1/11			
DQPSK	1/11			
DQPSK	1/4			
DQPSK	1/2			
DBPSK		1/2	1/2	1/2
DQPSK		1/2	1/2	1/2
DQPSK		3/4	3/4	3/4
16-QAM		1/2	1/2	1/2
16-QAM		3/4	3/4	3/4
64-QAM		2/3	2/3	2/3
64-QAM		3/4	3/4	3/4
64-QAM		5/6	5/6	5/6
256-QAM				3/4
256-QAM				5/6

3）**数据子载波数量**

数据子载波数量，即承载数据的子载波的数量。除此之外，子载波还包括用于边界隔离的空子载波，以及用于相位和频率偏移估算的导频子载波。信道带宽与数据子载波数量直接相关，信道带宽就像车道的数量，信道越宽，车道数量越多，对应的数据子载波数量越多。不同 Wi-Fi 标准下信道带宽与子载波数量如表 1-6 所示。

表 1-6　不同标准下的信道带宽与数据子载波数量的关系

协议标准	802.11a/b/g	802.11n	802.11ac
带宽（MHz）	20	40	80
数据子载波数量（个）	52	108	234

4）载波符号的传输时间

载波符号的传输时间包含两部分，即传输每个载波符号所占用的时间，以及载波符号间避免相互干扰的间隔时间。Wi-Fi 5 以及之前标准的载波符号时间 3.2μs，支持 0.4μs 短间隔或者 0.8μs 长间隔的两种方式。

5）空间流数量

空间流数量即自由空间中同时传输的数据流数量。从 802.11b/g 到 802.11ac，空间流的数量从 1 条增加到最大 8 条，如表 1-7 所示。

表 1-7　不同标准下的空间流数量

协议标准	802.11a/b/g	802.11n	802.11ac
空间流数量（条）	1	4	8

6）Wi-Fi 传输速率的计算例子

根据上述对于传输速率的介绍，以 802.11n 和 802.11ac 为例，理想的最大传输速率如表 1-8 所示。

表 1-8　802.11n 和 802.11ac 最大传输速率及参数

协议标准	802.11n	802.11ac
空间流数量 / 条	4	8
传输比特数量 / 位	6	8
传输码率	5/6	5/6
数据子载波的数量 / 个	108（频宽 40MHz）	234（频宽 80MHz）
载波符号传输时间 /μs	3.2μs +0.4μs 短间隔	3.2μs+0.4μs 短间隔
最大速率 /Mbps	600	3466

2. Wi-Fi 物理层格式

Wi-Fi 物理层格式由前导码信息、物理层帧头部和净荷信息组成。各个 Wi-Fi 标准的物理层格式与其所采用的物理层技术相关，发送端将其采用的编码调制等信息放在 PPDU 的物理层字段中，接收端根据发送端所提供的物理层字段信息进行相应的解调、解码和纠错，最大程度上保证物理层数据一致性。

Wi-Fi 物理层格式中的前导码用于 Wi-Fi 信号检测、自动增益控制、时间同步等功能，物理层技术在调制方式、带宽、空间流数量等上面的演进，直接影响了前导码格式的定义。

另一方面，包含新的前导码字段的物理层帧格式无法被遵循旧 Wi-Fi 标准的设备识别，例如，支持 802.11g 标准的设备无法识别 802.11n 定义的前导码格式。因此，协议规定，在新的 Wi-Fi 标准制定的时候，除了包含新的前导码格式，也要支持旧 Wi-Fi 标准的前导码格式。

1）物理层格式的演进

参考表 1-9，每一个新标准都包含了兼容旧标准的物理层格式，比如 802.11n 标准定义的物理层帧格式，它兼容 802.11g 的 OFDM 物理层帧格式，因而遵循新标准的 Wi-Fi 设备能够与遵循旧标准的 Wi-Fi 设备在相同的 Wi-Fi 网络中相互通信。在 IEEE 标准中，802.11n 也称为高吞吐量（High Throughput，HT），而 802.11ac 则称为更高吞吐量（Very High Throughput，VHT），物理层格式中对应着有 HT 和 VHT 的术语。

表 1-9　Wi-Fi 标准的物理层格式类型

标准	物理层帧格式类型
802.11b	格式 1：144 位长前导码，支持早期 1Mbps 和 2Mbps 的 Wi-Fi 设备
	格式 2：72 位短前导码，支持 2Mbps 及以上速率的数据传输
802.11g	格式 1 和 2：兼容 802.11b 的长 PPDU 和短 PPDU 格式的两种格式
	格式 3：新的 OFDM 前导码和物理层头部的 PPDU 格式
802.11n	格式 1：兼容 802.11g 的 OFDM 物理层帧格式
	格式 2：混合帧格式，既支持 802.11g，也支持 802.11n 扩展的 HT 头字段
	格式 3：特定帧格式，仅包含 802.11n 扩展的 HT 头字段
802.11ac	新的 VHT 帧格式：兼容 802.11n 三种格式，并支持多输入多输出技术

对应着表 1-9，图 1-39 所示是 802.11g、802.11n、802.11ac 物理层前导码演进的例子。802.11g 前导码字段包含三部分，即传统短训练码（Legacy Short Training Field，L-STF）、传统长训练码（Legacy Long Training Field，L-LTF）和传统信号（Legacy Signal，L-SIG）字段。

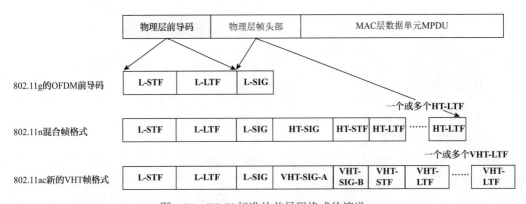

图 1-39　Wi-Fi 标准的前导码格式的演进

802.11n 和 802.11ac 的物理层格式包括两部分：802.11g 的前导码字段和新定义的前导码字段。参考图 1-39，802.11n 的前导码前面三个字段为 802.11g 的 L-STF、L-LTF 和 L-SIG，后面的字段为新定义的 HT-SIG、HT-STF 和 HT-LTF 字段。

同样，802.11ac 的物理层前导码格式的主要变化是把 HT 对应的字段替换成 VHT 字段。

其中，用于信道衰落估算的 HT-LTF 或 VHT-LTF 字段的数量与空间数据流的数量有对应关系，空间流为 1 或偶数时，前导码包含相同数量的 HT-LTF 或 VHT-LTF 字段；而当空间流为奇数 n 时，前导码包含 n+1 个 HT-LTF 或 VHT-LTF 字段。比如空间流为 3，则对应 4 个 HT-LTF 或 4 个 VHT-LTF 字段。此外，当 PPDU 的接收对象为多个终端时，802.11ac 的前导码里面需要包含 VHT-SIG-B 字段，用于指示每个终端的空间流位置分配信息。

2）传统前导码的介绍

802.11g 的 L-STF、L-LTF 和 L-SIG 是后续标准兼容的传统前导码字段，如图 1-40 所示的基本格式，不同字段之间插入保护间隔（Guard Interval，GI）进行保护。其中，L-STF 包含 10 个固定编码序列的 OFDM 符号（t1 ～ t10），每个符号时长 0.8μs，共计 8μs；L-LTF 字段包含 2 个固定编码序列的符号（T1、T2），每个序列时长 3.2μs，加上 2 倍的 GI 的长度（即 GI2）共计 8μs；而 L-SIG 则长度为 4.0μs。

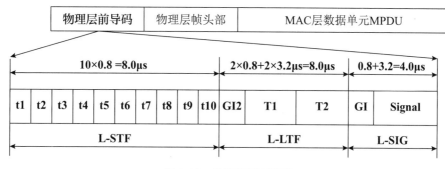

图 1-40　传统前导码字段

传统前导码字段作用包括：

（1）**Wi-Fi 信号检测**：接收端根据 L-STF 字段中固定编码序列，判断接收到的信号是否为 Wi-Fi 信号。

（2）**自动增益控制**：由于 Wi-Fi 信号在信道传输过程中会出现不同程度的衰减，接收端在接收到信号时，需要根据 L-STF 字段测量输入信号幅度，并根据输入信号强度利用自动增益控制功能做相应的信号放大，并保持信号稳定性。

（3）**时间同步**：由于接收端需要以接收到的 OFDM 符号速率进行周期性的采样、判决，因此接收端需要从接收到的 L-STF 字段中提取，并同步与发送端相同的时钟信号，以获得更精确的采样时刻，降低解码误码率。

（4）**频偏估算**：Wi-Fi 信号在无线信道的传播过程中，多普勒效应可能会导致载波频率发生偏移，因此需要利用 L-STF 和 L-LTF 字段进行频偏估计和纠正。

（5）**信道信息估算**：接收端通过对 L-LTF 字段多次采样，提取出信道对于子载波的衰减和时延的影响，然后估算信道中的平均噪声和时延，从而消除多径中时延的影响，进一步提高解码率。

（6）**Wi-Fi 信号时长估算**：利用 L-SIG 中包含的发送速率和 PPDU 长度信息，可以估算出 Wi-Fi 信号占用无线资源的时间，并根据该时间设置下次抢占信道需要等待的最小时长。

3）新标准的前导码字段

随着物理层新技术的引入，比如，更高的带宽、速率等，传统前导码字段中已没有空间用于指示所采用的新技术，因此后续的 Wi-Fi 协议标准中都会参考传统前导码格式，重新定义 LSF、LTF 和 SIG 字段。参考表 1-10 给出的 802.11n 定义的前导码 HT-STF、HT-LTF 和 HT-SIG 字段，以及 802.11ac 定义的前导码 VHT-STF、VHT-LTF 和 VHT-SIG 字段。

表 1-10　802.11n 和 802.11ac 定义的前导码字段作用

物理层标准	缩写符号	对应的字段	用途
802.11n	HT-SIG	HT 信号字段	提供 11n 定义的速率、编码、调制、带宽、MIMO 数据流数量等信息
	HT-STF	HT 短训练码字段	用于改进 11n 定义 MIMO 系统的自动增益控制估计
	HT-LTF	HT 长训练码字段	MIMO 系统中，每个天线收发相同或者不同的空间流，HT-LTF 提供 MIMO 使用的额外信道信息。HT-LTF 个数随着空间流的增加而增加，802.11n 空间流最大为 4，所以 HT-LTF 最大个数为 4
802.11ac	VHT-SIG	VHT 信号字段	包括 VHT-SIG-A 和 VHT-SIG-B 字段两部分。VHT-SIG-A 与 HT-SIG 功能类似，提供 802.11ac 支持的速率、编码、调制、带宽、MIMO 数据流数量等信息，以及在多用户通信中用于指示每个用户空间流的数量。VHT-SIG-B 用于在多用户通信时提供每个用户的下行数据的长度和速率信息
	VHT-STF	VHT 短训练码字段	与 HT-STF 功能类似，其主要差别在于设备工作在 80MHz 带宽时，VHT-STF 可以用于 MIMO 改善自动增益控制估计
	VHT-LTF	VHT 长训练码字段	与 HT-LTF 功能类似。HT-LTF 最大支持估算 4 个空间流的信道衰落特征，而 VHT-LTF 最大支持估算 8 个空间流的信道衰落特征

1.2.4　Wi-Fi MAC 层标准

802.11 数据链路层包括通用的逻辑链路控制（Logical Link Control，LLC）子层和 802.11 介质访问控制（Media Access Control，MAC）子层。LLC 层主要负责接收和处理以太网数据报文，而 MAC 层的主要功能是处理 802.11 MAC 层数据报文，并为无线媒介提供访问控制功能、链路状态的管理、设备电源状态管理等功能。在无线信道中，MAC 层利用**数据帧**实现数据的收发功能，利用**控制帧**和**管理帧**分别实现控制和管理消息的传递。

1）数据收发处理

参考图 1-41，它给出了 MAC 层的数据收发处理的方式。发送端的过程如下：

（1）LLC 子层添加以太网头信息，形成 MAC **服务数据单元**（MAC Service Data Unit，MSDU），发送给 MAC 层。

（2）MAC 层支持对多个 MSDU 进行聚合，形成更大的 MAC 服务数据单元，称为聚合 MAC 服务数据单元（Aggregate MSDU，A-MSDU）。

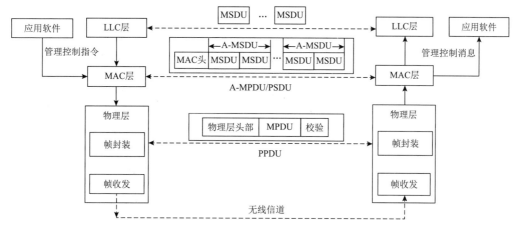

图 1-41   Wi-Fi MAC 层主要功能

（3）MAC 层添加 MAC 协议头等信息，封装成 MAC **协议数据单元**（MAC Protocol Data Unit，MPDU），如果对多个 MPDU 进行**聚合**，则形成**聚合 MAC 协议数据单元**（Aggregate MPDU，A-MPDU），MPDU 和 A-MPDU 在物理层中又称为**物理层服务数据单元**（PSDU）。

（4）物理层添加 PHY 前导码、循环冗余校验（Cyclic Redundancy Check，CRC）等信息之后，形成**物理层协议数据单元**（PPDU），发送出去。

在接收端，设备的 MAC 层将收到的 MPDU 或者 A-MPDU 还原成对应的 MAC 服务数据单元（MSDU），然后再向上传给 LLC 层。

2）控制与管理信息处理

AP 与 STA 之间在 MAC 层的控制与管理是通过传送相应的帧完成，控制帧用于 AP 或 STA 对无线媒介的接入控制。例如，AP 与 STA 在发送数据之前确认无线媒介的控制权，接收端收到数据之后向发送端发送确认帧等。而管理帧用于实现 AP 与 STA 或者 STA 相互之间管理信息的交互。例如，设备发现、设备连接和认证等功能。

对于发送端，MAC 层接收到上层的管理控制指令后，转换成对应的管理帧和控制帧，经物理层封装后传输。在接收端，MAC 层接收到控制或管理帧后，转换成对应的管理控制消息给上层处理。

本节主要介绍 MAC 层的帧格式、MAC 层定义的不同帧类型和 MAC 层数据收发流程相关的概念。

1. MAC 层的帧格式

前面已经介绍过，802.11 协议的基本帧是由包含前导码的物理层头部和 MAC 层的数据部分组成，这里重点介绍 MAC 层格式信息。MAC 层的帧格式定义如图 1-42 所示。

在图 1-42 所示字段中，包含帧控制字段（Frame Control）、MAC 层帧传输所需要的时间、标识信息、地址信息等字段。其中，帧控制字段用于提供 MAC 层主要的控制信息，包含主要字段的说明及用途，如表 1-11 所示。

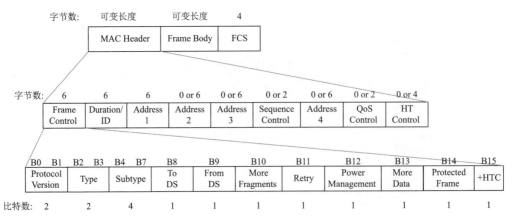

图 1-42　802.11 MAC 帧格式

表 1-11　帧控制字段

字段	比特位置	说明及用途
Protocol Version	B0 和 B1	表示 MAC 协议版本，通常设置为 0
Type	B2 和 B3	表示帧的类型：B2 和 B3 赋值为 00 时，表示管理帧；为 01 时，表示控制帧；为 10 时，表示数据帧；为 11 时，表示扩展帧类型
Subtype	B4-B7	表示帧的子类型定义，用 4 个比特位区分不同的子帧类型
To DS 和 From DS	B8 和 B9	指示帧传输的方向。To DS 或 From DS 为 00 时，用于 STA 之间的直接通信；为 10 时，表示数据从 STA 到 AP；为 01 时，表示数据从 AP 到 STA
More fragment	B10	表示是否有分段。如果为 1，表示该帧后边有其他数据或者管理帧的分段内容，否则为 0
Retry	B11	表示是否为重传的帧。如果为 1，表示是再次传输的数据或者管理帧，重传帧与原帧内容一致
Power management	B12	表示 STA 的电源管理模式。如果为 1，表示 STA 将处于省电模式，为 0 则表示 STA 将处于活跃模式
More data	B13	用于缓存数据指示。如果为 1，表示 AP 后续还有待发送给 STA 的缓存数据，该指示信息既可以用作单播缓存数据，也可以用作组播缓存数据
Protected Frame	B14	表示是否加密。如果为 1，表示对帧进行加密；如果为 0，表示帧未被加密。如果 MPDU 中不包含用户数据信息，比如，用于探测过程的 NDP 帧，则不需要进行加密，在这些情况下该比特为 0
+HTC	B15	在管理帧中，该比特为 1 表示 MAC 头部包含 HT 控制字段，否则置为 0

除了帧控制字段以外，其他字段的说明如表 1-12 所示。

表 1-12　帧格式说明

字段	字节数	说明及用途
Duration/ID	2	表示帧在无线媒介中持续时间或者标识信息。如果表示时间，则 B15 为 0，B0 ～ B14 表示当前及后续所有帧（除了 PS-POLL 帧）的持续时间（单位毫秒）。如果表示标识信息，则 B15 和 B14 均为 1，B0 ～ B13 表示在 PS-POLL 帧指示的 STA 连接 AP 后被分配的 ID，称为关联识别符（Association Identifier，AID），它的范围为 1 ～ 2007。PS-POLL 帧的用法在 1.2.7 节将做介绍

续表

字段	字节数	说明及用途
Address1、Address2、Address3 和 Address4	0 或 6	表示地址域。包括 BSSID 信息、源地址（Source Address，SA）、目的地址（Destination Address，DA）、发送地址（Transmitter Address，TA）和接收地址（Receiver Address，RA）。不是所有类型的帧都会同时用这些地址，其长度为 0 或者 6。根据目标接收端的数量，RA 又分为组播地址和单播地址。如果 RA 所有位均为 1，则表示广播地址
Sequence Control	0 或 2	表示顺序控制，包含 12 位的顺序编号（Sequence Number，SN）和 4 位的分片编号（Fragment Number，FN）。SN 用于指示每一个 MPDU 帧的顺序，FN 用于指示需要分片的 MSDU 的分片编号。接收端根据 SN 和 PN 来重新排序及过滤重复帧，控制帧不含该字段
Frame Body	可变长度	表示帧体，包含要传输的数据信息
FCS	4	表示 32 比特的循环冗余校验，用于数据帧的检错

2. MAC 层的帧类型

802.11 MAC 层定义了管理帧、控制帧和数据帧来实现无线设备之间的通信。

1）管理帧

管理帧用于实现 AP 与 STA 或者 STA 之间管理信息的交互，实现设备发现、设备连接和认证等功能。根据用途，可以对管理帧分类，如表 1-13 所示。

表 1-13　管理帧的分类

管理帧类型	发送方	用途
信标帧（Beacon）	AP	AP 周期性地向外广播发送信标帧来标识它的存在
探测请求帧（Probe Request）	STA	STA 主动发送探测请求帧来寻找周围的 AP
探测响应帧（Probe Response）	AP	AP 发送探测响应帧来回应探测请求帧，STA 收到探测响应帧后，可以解析 AP 的信息，包括 AP 的能力、鉴权方式、认证模式等
认证请求帧（Authentication Request）	STA	STA 向 AP 发起认证请求
认证响应帧（Authentication Response）	AP	AP 向 STA 发送认证响应帧，回应 STA 的认证请求
关联请求帧（Association Request）*	STA	STA 向 AP 发起关联请求帧，该帧用于说明 STA 的能力和选择的认证模式
关联响应帧（Association Response）	AP	AP 根据 STA 提供的能力集及认证模式字段，在关联响应帧中做出回应，并在状态位指示 STA 连接 AP 的请求是否成功
解除关联帧（disassociation）	AP 或 STA	AP 或者 STA 根据自身需要，断开关联关系，向对方发送解除关联帧
特殊功能帧（Action）	AP 或 STA	用于特殊用途，例如 Block Ack 协商中，发起方发送 BA 添加请求帧（ADDBA Request），或者接收方发送 BA 添加响应帧（ADDBA Response）
注：关联处理流程中有一种情况是重关联请求（Reassociation Request），它有单独的重关联响应帧（Reassociation Response）。			

此外，根据接收地址分类，管理帧分为单播管理帧和组播管理帧，如表 1-14 所示。

表 1-14　根据接收地址分类的管理帧

管理帧类别	发送方	MAC 地址范围	用途
单播管理帧	AP 或 STA	接收 MAC 地址的第 48 位为 0	AP 向单一的 STA 发送管理报文，或 STA 向 AP 发送管理报文
组播管理帧	AP	接收 MAC 地址的第 48 位为 1	向特定组的 STA 发送管理报文
广播管理帧	AP	接收 MAC 地址的所有位都为 1	向所有 STA 发送管理报文

2）控制帧

控制帧用于 AP 或 STA 对无线媒介的接入控制。帧类型及用途说明如表 1-15 所示。

表 1-15　控制帧的类型

控制帧类型	发送方	用途
请求发送（Request To Send，RTS）帧	AP 或 STA	AP 或 STA 向对端发送请求，表明将向对端发送数据，同时检测是否有冲突，如果没有收到对端的 CTS 响应报文，则可以重复发送
清除发送（Clear To Send，CTS）帧	AP 或 STA	AP 或 STA 接收到 RTS 后，向对端发送 CTS，表示允许对端发送数据。其他准备发送帧的设备收到 CTS 之后，将暂停回退窗口并根据 CTS 携带的 duration 字段重新设置等待时间。通过发送端和接收端的 RTS/CTS 交互，发送端获取媒介访问控制权限
确认（Acknowledge，Ack）帧和块确认（Block Ack，BA）帧	AP 或 STA	接收端收到数据后，向发送端发送确认帧，其中 Ack 帧用于非聚合帧 MPDU 确认，BA 帧用于聚合帧 A-MPDU 确认
块确认请求（Block Ack Request，BAR）帧	AP 或 STA	发送端向接收端发送完 A-MPDU 后，如未及时收到对方回复的 BA，可以重传整个 A-MPDU，或发送 BAR 帧，请求接收方对上次发送的 A-MPDU 接收状态进行响应，BAR 方式占用较小的无线资源
节电查询（Power Saving Poll，PS-POLL）帧	STA	省电模式下，当 STA 发现 AP 有缓存的单播数据时，STA 向 AP 请求获取这些缓存的单播数据
VHT 空数据包通告（VHT Null Data Packet Announcement，VHT NDPA）	AP	在波束成形技术中，Beamformer 向 Beamformee 发送 VHT 空数据包通告帧，表示发起信道信息查询过程
轮询信道信息帧（Beamforming Report Poll）	AP	在波束成形技术中，Beamformer 向多个 Beamformee 进行信道信息查询，从而完成探测过程

3）数据帧

网络中传送的业务数据对服务质量（Quality of Service，QoS）有不同的要求，例如语音业务需要实时被传送，它对时延的大小很敏感。当 Wi-Fi MAC 层在同时传输语音业务和普通业务的数据时，语音业务就需要被高优先级发送。

MAC 数据帧定义传输类别（Traffic Identifier，TID）字段，用于指示业务优先级。包含 TID 的 MAC 数据帧被称为 QoS 数据帧（QoS data）。不包含 TID 的 MAC 数据帧，则称为非 QoS 数据帧（Non-QoS data）。

MAC 层把数据业务分为 8 个类型，用 TID 0 ～ 7 来表示不同业务类型的优先等级。MAC 层按照优先级由高到低的次序传输不同的数据业务。

同时，从无线信道接入的角度，802.11 定义了 4 种无线接入类别（Access Category，AC），包括背景流业务（AC Background，AC_BK）、尽量传输业务（AC Best Effort，AC_BE）、视频业务（AC Video，AC_VI）和语音业务（AC Voice，AC_VO），其中，AC_VO 优先级最高，其次是 AC-VI，然后是 AC_BE 和 AC_BK，MAC 层标准规定了高优先级数据优先访问无线信道资源。业务数据的优先级与无线接入类型的映射关系如表 1-16 所示。

表 1-16　业务数据优先级与无线接入类型的映射

上层用户数据优先级	Wi-Fi 层优先级	说明
1（背景流，background，BK）	1（AC_BK）	背景流级别
2（默认等级）	1（AC_BK）	上层用户数据没有指示优先级时，采用该默认级别
0（尽量传输，Best effort，BE）	2（AC_BE）	尽量传输级别
3（普通，Excellent Effort）	2（AC_BE）	尽量传输级别
4（负载控制，Controlled Load）	3（AC_VI）	视频流级别
5（视频流，video，VI）	3（AC_VI）	视频流级别
6（语音业务，voice，VO）	4（AC_VO）	语音业务级别
7（网络控制，network control）	4（AC_VO）	语音业务级别
注：在"上层用户数据优先级"和"Wi-Fi 层优先级"中，数字越大代表优先级越高。		

根据 MAC 数据帧包含 TID 的情况，表 1-17 列出了相应的数据帧分类。

表 1-17　数据帧类型

帧类型	用途
Data	不包含 TID 信息的数据帧。如果收发双方有一方不支持优先级，例如，旧的 802.11b/g 设备，则需要使用该类型收发数据
Null	不包含数据部分的 Data 帧，它一般作为查询使用，例如，AP 发送 Null 查询每个 STA 的缓存状态。STA 也可以主动向 AP 发送 Null 来获取 AP 上的缓存数据
QoS Data	包含 TID 信息的数据帧。收发双方都需要支持优先级数据报文。例如，802.11n 及以后定义的设备需要使用 QoS Data 收发数据
QoS Null	不包含数据部分的 QoS Data 帧。功能等同于上面 Null 类型的数据帧

3. MAC 层数据发送和接收

Wi-Fi 数据收发流程采用一种消息应答确认的机制，即发送端发送报文后，接收端根据接收到报文的状态，在一定的时间间隔后，向发送端发送应答确认消息。

● 如果发送端发送数据或者管理帧，则接收端发送 ACK 帧进行确认。

● 如果发送端发送控制帧，例如 RTS 帧，表明将向对端发送数据，同时检测是否有冲突，则接收端发送 CTS 帧进行确认，然后是正常的数据帧的发送和接收。

一次发送和接收数据帧或者管理帧的完整过程需要占用信道的时长称为**一次发送机会**（Transmission Opportunity，TXOP）。

数据帧的发送方式包括两种，一种是侦听信道空闲直接发送的方式；另一种是基于 RTS/CTS 机制侦听信道空闲，抢占信道后发送数据的方式。RTS/CTS 帧长度较短，主要用于侦听信道状态，抢占信道和避免冲突，并不包含有效数据的发送，它需要和数据帧的收发联合起来，形成一次有效的发送机会。

RTS/CTS 机制是通过发送端和接收端的消息交互，使得发送端获取媒介访问控制权限，降低其他设备抢占无线媒介的冲突。但 RTS/CTS 帧交互也需要占用额外的信道资源。

在实际应用中，开发者可以根据待发送的 MPDU 长度，来决定采用何种数据帧发送的模式。例如，如果待发送的 MPDU 长度大于 1500 字节，即一个 MSDU 的最大长度，则启用 RTS/CTS 机制发送数据，使得一次 TXOP 中发送尽可能多的数据。

两种模式发送流程参考图 1-43。

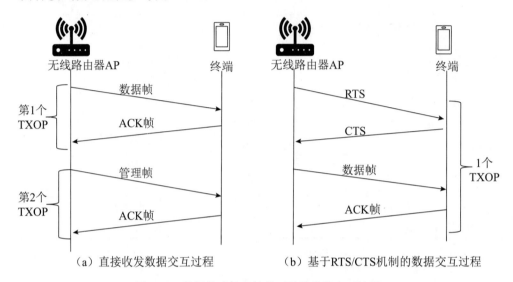

（a）直接收发数据交互过程   （b）基于RTS/CTS机制的数据交互过程

图 1-43   数据帧或管理帧的两种收发的交互过程

图 1-43 所示的基本流程中，一个 TXOP 中只包含一个数据帧和 ACK 帧的方式相对简单。但如果发送端有大量数据发送，则它需要频繁地抢占信道资源，以获取相应数量的 TXOP，来实现数据的多次传输，这将直接降低数据传送的效率。

为了提高数据传输的性能，MAC 层支持数据帧的聚合方式，即将多个数据帧聚合成一个"大数据帧"进行传输。如图 1-44 所示，帧聚合包括 MSDU 聚合和 MPDU 聚合两种不同的模式。

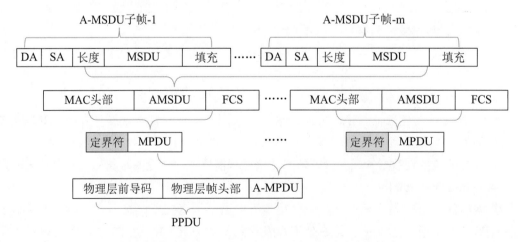

图 1-44   PPDU 包含的 A-MSDU 和 A-MPDU 聚合技术

1）减少 MAC 帧头部开销的 MSDU 聚合方式

MSDU 聚合是把多个 MSDU 通过一定的方式聚合成一个较大的数据报文，即 A-MSDU，原 MSDU 成为聚合后的 A-MSDU 子帧。如果 MSDU 是以太网报文，在 MSDU 聚合过程中，相应的以太网报文头将逐一被转换成 802.11 MAC 层报文头，并在报文尾部添加 FCS 校验信息。

MSDU 聚合技术减少了 MAC 数据帧的数量，减少了 MAC 帧头部开销，从而也就减少了 802.11 物理层前导码的信道资源开销，提高了数据传送效率。

2）减少物理层头部开销的 MPDU 聚合方式

MPDU 聚合技术是指多个 802.11 MAC 数据帧 MPDU 聚合在一起，形成一个 A-MPDU，原来的 MPDU 变成了 A-MPDU 的子帧，每个子帧前面插入用于识别边界的 4 字节定界符，后面添加 0 ～ 3 字节填充字段，以满足子帧 4 字节对齐的要求。

A-MPDU 添加一个物理层前导码，就形成了物理层 PPDU，然后发送到无线信道。这种方式减少了物理层前导码的开销，提高了信道利用的效率。

A-MPDU 中既可以包含 A-MSDU 聚合，也可以只是单独的 MSDU，即每个 MSDU 通过添加 MAC 头和 FCS 校验信息，分别形成 MPDU，然后添加定界符，聚合成 A-MPDU，接着添加物理层前导码，形成 PPDU，如图 1-45 所示。

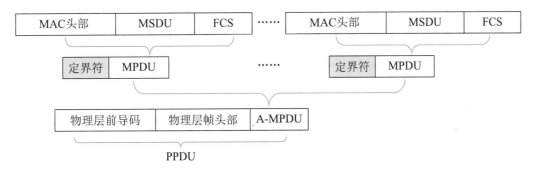

图 1-45　PPDU 不含 A-MSDU 技术

802.11n 和 802.11ac 标准下的 A-MSDU 和 A-MPDU 最大长度如表 1-18 所示，在实际应用中，A-MSDU 及 A-MPDU 的最大长度根据 Wi-Fi 芯片的支持能力以及收发双方的处理能力来决定。

表 1-18　不同标准下的 A-MSDU 和 A-MPDU 的最大长度

协议标准	A-MSDU 最大长度 / 字节	A-MPDU 最大长度 / 字节
802.11n	3839	65 535
802.11ac	7935	4 692 480

1.2.5　Wi-Fi 的无线媒介接入原理

在 Wi-Fi 网络中，AP 与相连的终端都是共享相同的无线媒介进行数据通信。Wi-Fi 的无线媒介接入原理就是如何使各个设备采取互相避让的机制，按照平等竞争的方式依次获得无线媒介的访问权，然后发送数据。

在 Wi-Fi 网络中，存在两种 Wi-Fi 信号冲突的情况：

- **一个 BSS 内部构成的冲突域**：AP 与连接的 STA 共享同一个无线信道进行数据通信，当其中两个设备同时在该信道上发送数据时，数据的接收方无法解析出叠加在一起的调制信号，如图 1-46 所示。
- **相邻 BSS 之间的冲突域**：一个 BSS 与临近的 BSS 工作在同一信道时，这两个 BSS 构成一个冲突域，当两个 BBS 中的设备同时发送数据时，接收方的信号产生冲突。

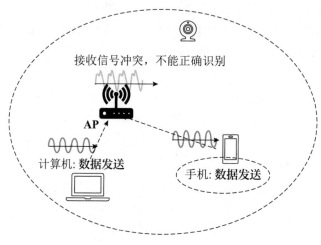

图 1-46   数据发送冲突的例子

为了解决共享无线媒介的数据冲突问题，**Wi-Fi 定义了载波侦听多路接入 / 冲突避免**（CSMA/CA），即当多个设备同时使用无线信道发送数据时，每个设备首先需要进行信道侦听，确定信道空闲时，在一个帧间隔后，通过竞争时间窗口的方式，获取向无线信道中发送数据的机会。

参考图 1-47，CSMA/CA 的方式可以理解为"先听后发"。"听"和"发"分别对应设备的监听模式和发送模式，在监听之后再进行发送，使得 Wi-Fi 设备的接收和发送是异步操作的。图 1-47 中，在手机发送数据的时候，网络摄像头和计算机都在监听无线媒介的繁忙情况，当手机结束数据发送的时候，网络摄像头和计算机就会竞争无线媒介的访问权。

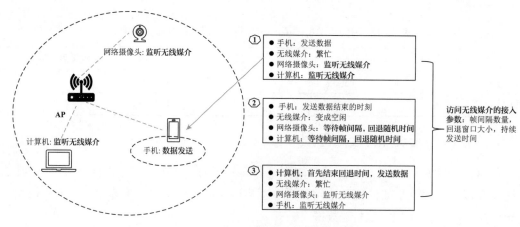

图 1-47   Wi-Fi 无线接入媒介的机制

CSMA/CA 机制包含的关键概念如下：

- **监听无线媒介的方式**：发送数据之前，设备通过物理载波和虚拟载波侦听方式监听无线媒介。
- **帧间隔概念**：上一个 Wi-Fi 帧结束之后与下一个 Wi-Fi 帧发送之前的间隔定义。
- **随机回退机制**（backoff）：当两个或多个设备同时检测到信道空闲时，随机选择一个回退时间（即回退窗口），在此基础上，每经过一个时隙时间减 1，回退窗口减为 0 并且此时信道仍然空闲，即可发送数据，因而避免数据发送冲突。
- **访问无线媒介的接入参数**：包括帧间隔数量、回退窗口大小和持续发送时间。

1. 无线媒介接入的信道侦听

Wi-Fi 通过物理载波和虚拟载波侦听两种方式来判断当前信道是否空闲。只要物理载波侦听和虚拟载波侦听有一个检测为繁忙，则判断媒介处于繁忙状态。

1）物理载波侦听

物理载波侦听由物理层来完成。物理层提供**空闲信道评估**（Clear Channel Assessment，CCA）的能力，用于检测无线信道的忙闲状态。CCA 有以下两种方式：

- **信号能量检测**（CCA-Energy Detection，CCA-ED）：检测非 Wi-Fi 信号强度来判断媒介是否繁忙。比如，通过 ED 方式检测工作在同一信道的蓝牙耳机、微波炉等设备产生的非 Wi-Fi 信号能量强度。
- **数据报文检测**（CCA-Packet Detection，CCA-PD）：接收端先通过 Wi-Fi 信号的前导码部分判断出 Wi-Fi 的信号特征。比如，成功解析前导码的 L-STF 和 L-LTF 字段固定编码，然后再根据 Wi-Fi 报文信号强度检查，来判断媒介是否繁忙。

其中，ED 默认门限值为 -62dBm，PD 默认门限值为 -82dBm。如果检测到非 Wi-Fi 能量或 Wi-Fi 信号能量大于指定的门限，则认为无线媒介繁忙，否则判断媒介为空闲。

2）虚拟载波侦听

虚拟载波侦听由 MAC 层来完成。物理层在空中捕获到 Wi-Fi 信号的前导码字段后，把对应的 MPDU 发给 MAC 层处理。MAC 层判断 MPDU 的接收地址，如果不是本机的地址，则认为是其他 Wi-Fi 设备正在传输的信号，并根据其 duration 字段来设置虚拟载波侦听的计时器**网络分配矢量**（Network Allocation Vector，NAV）并倒计时。当设备准备发送数据时，需要判断 NAV 是否已经减到 0，如果为 0，则认为虚拟载波空闲，否则，认为虚拟载波繁忙，需要等待其空闲后再尝试发送。

在 NAV 倒计时期间，设备可以进入瞌睡状态，而不需要通过物理层 CCA 保持侦听信道上传输的信号，因此，通过虚拟载波侦听技术可以节约设备的功耗。

图 1-48 是空闲信道检测技术的例子。AP1 检测到蓝牙音箱大于 -62dBm 的信号强度，同时 AP1 也检测到 AP2 大于 -82dBm 的 Wi-Fi 信号强度。AP1 向手机发送 Wi-Fi 信号时，AP1 可以根据虚拟载波检测机制来判断 NAV 是否为 0，如果为 0，则 AP1 可以竞争无线媒介的访问权。

2. 帧间隔

传输两个物理层帧之间的间隔称为**帧间隔**（Interframe Space，IFS）。设备需要在指定的帧间隔时间内通过载波侦听的方式确认无线媒介是否空闲。帧间隔的单位为微秒（μs）。

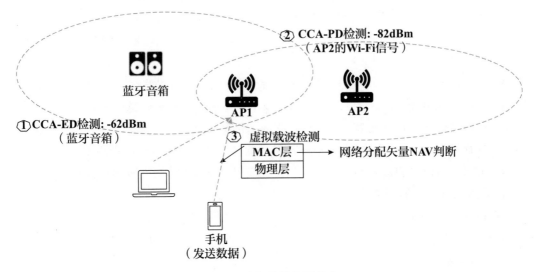

图 1-48   空闲信道检测技术

为了方便计算不同类型的帧间隔，802.11 标准定义了时隙（Slot time）的概念，时隙分为 9μs 短时隙和 20μs 长时隙，它包括电磁波在信道中的传播时延、MAC 层处理时延、CCA 过程侦听时延和 Wi-Fi 收发模块切换时延。短时隙和长时隙的应用场景取决于收发双方芯片支持能力。802.11 标准中帧间隔的说明及关系如图 1-49 所示。

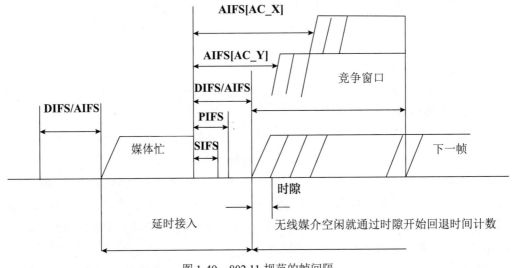

图 1-49   802.11 规范的帧间隔

（1）**短帧间隔**（Short Interframe Space，SIFS）：无线媒介传输中前一个帧的最后一个物理层符号到下一个帧的第一个物理层符号之间的间隔。它是时间最短的帧间隔，主要用于帧与帧之间的互为确认和响应的场景。例如，数据帧与对应的 ACK 响应帧，请求发送帧 RTS 和清除发送帧 CTS 之间的握手与响应等。

（2）**优先级帧间隔**（Priority Interframe Space，PIFS）：PIFS 用于特殊情况下对无线媒介的优先访问。例如，STA 在一个 TXOP 周期内重传因对方没有回应导致发送失败的数据帧，或者 AP 发送广播类型的帧等。PIFS 计算如下：

$$PIFS = SIFS + 时隙$$

（3）**分布式协调功能帧间隔**（Distributed Coordination Function Interframe Space，DIFS）：DIFS 为设备检测到无线媒介空闲的时候，并且此时回退窗口已经减小至零，此时设备就可以使用 DIFS 间隔发送非 QoS 数据帧、管理帧或控制帧。DIFS 是最常用的帧间隔，DIFS 计算如下：

$$DIFS = SIFS + 2 \times 时隙$$

（4）**仲裁帧间隔**（Arbitration Interframe Space，AIFS）：当设备发送 QoS 数据报文时，为了保证 QoS 数据报文按照优先级顺序发送，802.11 协议为不同优先级的 QoS 数据定义了不同的无线媒介接入参数。比如，高优先级的 QoS 数据报文具有更短的帧间隔，QoS 数据报文对应的无线媒介访问权限的间隔称为 AIFS。

AIFS 时间间隔由该 QoS 数据优先级对应的仲裁帧间隔数量（Arbitration Interframe Space Number，AIFSN）即时隙数量决定，AIFS[AC_X] 表示优先级为 X 的 QoS 数据对应的帧间隔，X 及 AC_X 取值参考表 1-19。AIFS 最小值为 DIFS 时间间隔。AIFS 计算如下：

$$AIFS[AC\_X] = AIFSN[AC\_X] \times 时隙 + SIFS$$

（5）**扩展帧间隔**（Extended Interframe Space，EIFS）：除了上述的帧间隔定义，802.11 标准还定义了非常规情况下扩展的帧间隔，即 EIFS。例如，当设备 A 收到设备 B 发送的错误帧时，如果设备 A 在 EIFS 时间间隔后发现无线媒介仍然空闲，设备 A 可以直接发送数据，而不用考虑 NAV 是否已经为 0。定义 EIFS 的目的是让设备 A 在发送数据之前，有足够的时间对设备 B 发送的错误帧进行确认。如果设备 A 在 EIFS 时间内对接收帧完成纠错，则设备 A 需要终止 EIFS 时间间隔，并恢复到之前的无线媒介检测状态。EIFS 计算如下：

$$EIFS = SIFS + DIFS + 确认帧发送时间（非 QoS 数据帧）$$
$$EIFS = SIFS + AIFS[AC\_X] + 确认帧发送时间（QoS 数据帧）$$

3. 随机回退机制

随机回退机制是指 AP 或者终端检测到信道空闲，并经过一个帧间隔后信道仍然空闲，则设备选择一个随机的时间长度并进行倒计时，同时监听信道。当倒计时为 0 时，如果信道仍然一直保持为空闲状态，则设备可以发送数据。如果在倒计时过程中，设备检测到信道中存在传输的信号，则倒计时暂停，等待信道中正在传输的信号完成，并等待一个帧间隔后，恢复倒计时。

回退机制通过为不同的设备选择不同等待时间，解决了两个设备同时检测到信道空闲需要发送数据而可能造成冲突的问题。

图 1-50 所示示例中，终端 B 和终端 C 检测到终端 A 发送完数据并且信道空闲后，等待一个帧间隔时间，并分别随机选择一个回退窗口 X 和 Y（Y>X），开始倒计时。终端 B 首先倒计时到 0 并发送数据给 AP，此时，终端 C 在其回退窗口内检测到终端 B 发送数据，倒计时暂停。等待终端 B 发送完成以及一个帧间隔后，恢复刚才的倒计时（Y-X），倒计时为 0 后，发送数据给 AP。

随机回退时间取值范围又称为**随机回退窗口**，以时隙为单位来表示回退窗口大小。当设备随机回退窗口较小时，设备更容易获取到信道访问权限，但多个设备在较小的回退窗口内随机到相同的回退时间而更容易产生冲突。当设备随机回退窗口取值较大时，多个设备节点的回退时间冲突的概率降低，但容易引起设备因长时间等待而造成吞吐量下降的问题。为了平衡回退窗口取值及高效地使用无线媒介资源，802.11 定义了如下的随机回退窗口选择算法。

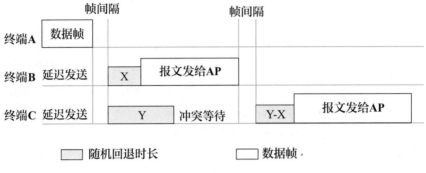

图 1-50　回退机制示例

（1）**竞争窗口**（Contention Window，CW）**定义**：随机回退窗口可以表示为 [0，竞争窗口]，设备在该范围内随机取值作为初始回退时间。

（2）**竞争窗口自动调整**：设备回退值倒计时为 0 后，在无线信道上发送数据，但未收到对方确认，则认为发生了一次冲突，即同时有其他设备在该信道上发送数据，竞争窗口按照二进制指数方式扩大，设备在增加了一倍的区间内再次重新初始回退值，并倒计时直至数据发送成功。

由于竞争窗口大小按照 2 的指数方式增长，导致设备高概率随机到很大的回退窗口而长时间等待，不利于及时获取信道资源并发送数据。因此，802.11 协议限制了竞争窗口取值的上下限，分别用**最小竞争窗口**（Minimum Contention Window，CWmin）和**最大竞争窗口**（Maximum Contention Window，CWmax）来表示，即 [CWmin，CWmax]。

CW 初始值等于 CWmin，因冲突导致发送失败后竞争窗口重置为 CW $=2 \times$ CW $+ 1$；CW 最大取值为 CWmax，当 CW 等于 CWmax 并且成功收到接收端回复的确认帧时，CW 被重置为 CWmin，依此循环。

在图 1-51 所示示例中，一个 STA 向 AP 发送视频流时，其 CW 的默认取值范围是 [7，15]（参考表 1-19 中 AC_VI 条目），CW 的初始值为 7，相应的随机回退窗口为 [0，7]，第 1 次传输失败并进行第 1 次重传时，CW 的取值变成了 15，相应的随机回退窗口为 [0，15]，此时 CW = CWmax。第 1 次重传失败并进行第 2 次重传时，仍然保持最大值 15，重传成功后，CW 重新赋值为 7。

4. QoS 数据帧无线媒介接入参数

为了提高 QoS 数据的传输质量，保证时延敏感型的 QoS 数据（例如，语音、视频数据）优先发送，802.11 提供了一种**增强型分布式信道接入机制**（Enhanced Distributed Channel Access，EDCA）。它为不同优先级的 QoS 数据定义了不同的无线媒介接入参数，称为 **EDCA 参数**，然后 QoS 数据按照其对应的帧间隔、回退窗口等 EDCA 参数访问无线媒介资源。

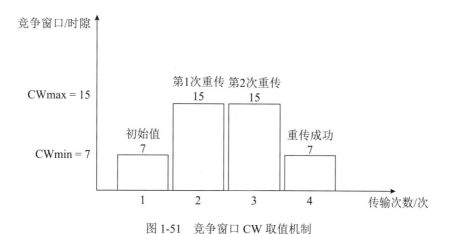

图 1-51　竞争窗口 CW 取值机制

　　EDCA 共定义四种不同的接入类别（Access Categories，AC），为 AC_BK、AC_BE、AC_VI 和 AC_VO，分别对应背景数据流（BK）、普通数据流（BE）、视频（VI）和语音（VO）数据流。

　　EDCA 参数包括仲裁帧间隔数量（AIFSN）、最小竞争窗口指数（Exponent form of CWmin，ECWmin）、最大竞争窗口指数（Exponent form of CWmax，ECWmax）和传送机会限制（Transmission Opportunity Limit，TXOP Limit）四个参数，这些参数的解释如表 1-19 所示。

表 1-19　EDCA 参数

EDCA 参数	参数长度（比特）	参数说明
仲裁帧间隔数量	8	在无线媒介上正在传输的 PPDU 完成并且等待 SIFS 时间间隔后，还需要等待 AIFSN 所定义的间隔数量，才可以启动新的窗口或者恢复之前回退窗口的计数。AIFSN 最小值为 2
最小竞争窗口指数	4	最小竞争窗口时间 CWmin = （$2^{ECWmin}-1$），CWmin 为非负整数，当 ECWmin 为 0 时，CWmin 为最大值 32767，以微秒级的时隙作为单位
最大竞争窗口指数	4	最大竞争窗口时间 CWmax = （$2^{ECWmax}-1$），CWmax 为非负整数，当 ECWmax 为 0 时，CWmax 为最大值 32767，以微秒级的时隙作为单位
传送机会限制	16	传送机会限制是指设备保持对无线媒介持续控制的时间，在控制时间内设备进行数据传送，传送机会限制包括了设备发送数据时间和对端响应所需的时间。传送机会限制是非负整数，以 32μs 为单位。拥有无线媒介控制权的发送方应确保数据传输的持续时间不超过传送机会限制。当某一优先级队列的传送机会限制设置为 0 时，该优先级队列获取到 TXOP 后，可以在 TXOP 时间内发送分片的 PPDU

　　802.11b/g 和 802.11n 的 EDCA 默认参数如表 1-20 所示，由此可见，优先级越高的 QoS 数据，其 EDCA 参数将更有助于获取信道访问权。

5. 多个设备竞争访问信道示例

　　多个设备之间竞争窗口发送非 QoS 数据的示例如图 1-52 所示，其过程解释如下。

表 1-20　802.11b/g 和 802.11n 的 EDCA 默认参数

接入类别（AC）	最小竞争窗口指数	最大竞争窗口指数	仲裁帧间隔数量	传送机会限制	
				802.11b/g PHY（非 OFDM）	802.11n PHY（OFDM）
AC_BK	aCWmin*	aCWmax*	7	0	0
AC_BE	aCWmin	aCWmax	3	0	0
AC_VI	（aCWmin +1）/2−1	aCWmin	2	6.016ms	3.008ms
AC_VO	（aCWmin +1）/4−1	（aCWmin +1）/2−1	2	3.264ms	1.504ms
注：aCWmin 和 aCWmax 只代表四种 AC 类型竞争窗口指数关系，协议中定义的默认值分别为 15 和 1023，具体值可由用户配置。					

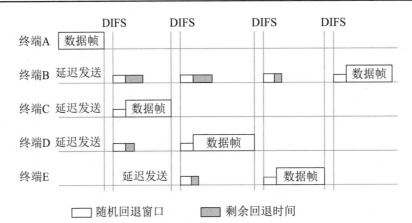

图 1-52　终端通过回退窗口机制来竞争无线媒介

（1）**多设备的冲突回退**：当设备 B、C、D 准备发送数据时，检测到设备 A 正在传输数据，则 B、C、D 需要根据 A 发送的数据帧的 Duration/ID 字段重新设置 NAV，并且持续检测无线媒介的状态。设备 A 的帧传输结束并经过一个 DIFS 间隔后，B、C、D 分别启动各自的一个回退窗口并倒计时。

（2）**检测空闲状态下的数据发送**：当设备 C 的回退窗口减小至零时，检测无线媒介为空闲状态，于是设备 C 开始发送数据。此时设备 B 和 D 需要停止回退窗口倒计时，并根据 C 发送数据帧的 Duration/ID 字段重新设置 NAV 开始载波检测。

（3）**冲突后的重新回退计时**：设备 E 加入并参与无线媒介的竞争，在设备 C 的数据发送完成并等待 DIFS 时间间隔之后，设备 B 和 D 恢复之前的回退窗口并重新倒计时，设备 E 需要选择一个新的回退窗口并开始倒计时。

（4）**检测空闲状态下的数据发送**：在设备 D 完成回退倒计时之后，此时检测无线媒介为空闲状态，立即发送数据。同理，设备 E 和设备 B 回退倒计时完成后分别发送数据。

1.2.6　Wi-Fi 设备的发现、连接和认证过程

当一个设备加入 Wi-Fi 网络的时候，即设备与 AP 实现相互之间的连接，双方需要经历发现、连接和密钥交互的四次握手过程。当设备与 AP 断开连接的时候，则需要解除关联和解除认证过程。

1. 发现过程

根据 802.11 标准，设备需要通过被动扫描或者主动扫描模式发现临近 AP 的存在，如图 1-53 所示。

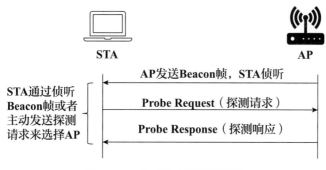

图 1-53　Wi-Fi 设备的发现过程

参考图 1-53，**被动扫描模式**是设备处于监听 AP 消息的状态，而 AP 周期性发送信标帧，信标帧中包含了 AP 的能力集及基本信息，比如最大支持带宽、最高速率、工作信道等信息。当设备接收到信标帧之后，就知道了 AP 的存在。

主动扫描模式是指设备主动发送探测请求帧，AP 接收到该请求帧后，在满足一定应答条件下将立即回复探测应答帧，因此主动扫描模式可以更快地发现 AP。

在主动扫描模式下，设备的探测请求帧携带 AP 的 SSID 信息。AP 接收到 STA 发送的探测请求帧，判断其携带的 SSID 信息是否与 AP 的 SSID 一致，如果 SSID 不匹配，则 AP 不会产生探测响应。如果探测请求帧携带的 SSID 匹配，或者携带非指定 SSID，AP 在其工作信道上直接发送探测响应，探测请求和响应可以是单播帧，也可以是广播帧。

2. 连接过程

在设备发现 AP 之后，需要完成双方的相互连接过程，它的步骤分为认证、关联和密钥相关的四次握手信息交互，参考图 1-54。认证过程主要完成双方认证信息的交互，防止未经允许的设备加入网络中；关联过程主要完成双方能力集信息的交互，AP 对关联的 STA 进行设备信息分配；密钥信息交互过程主要完成双方协商一组对等密钥信息，用于后续数据传输过程中的加密和解密。

1）认证过程

认证方式分为开放系统共享密钥方式（Open System or Shared Key authentication）和快速 BSS 切换方式（fast BSS

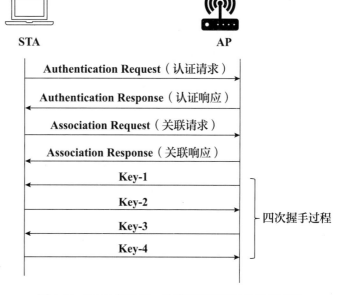

图 1-54　Wi-Fi 的认证、关联和密钥交互的连接过程

transition authentication），前者用于 STA 连接 BSS 内的一个 AP，后者用于在 ESS 内切换连接的 AP。

STA 向 AP 发送认证请求帧，当 AP 接收该请求时，向 STA 发送认证响应帧，并携带状态位为"successful"。开放系统认证方式帧格式如下：

- **认证请求帧格式**：STA 向 AP 发送认证请求帧示例，如图 1-55 所示。可以看到，认证方式为开放系统共享密钥方式，认证序列号为 0x001，状态为 successful。

```
v IEEE 802.11 Wireless Management
   v Fixed parameters (6 bytes)
        Authentication Algorithm: Open System (0)
        Authentication SEQ: 0x0001
        Status code: Successful (0x0000)
```

图 1-55   认证请求帧格式

- **认证响应帧格式**：AP 向 STA 发送认证响应帧示例，如图 1-56 所示。可以看到认证方式同样为开放系统共享密钥方式，序列为在原先认证请求基础上加 1，此时为 0x002。

```
v IEEE 802.11 Wireless Management
   v Fixed parameters (6 bytes)
        Authentication Algorithm: Open System (0)
        Authentication SEQ: 0x0002
        Status code: Successful (0x0000)
```

图 1-56   认证响应帧格式

2）关联过程

关联过程主要完成 STA 和 AP 能力集信息的交互，连接完成后，双方将根据对方的能力集支持范围调整发送速率、空间流数量等参数，完成数据的收发。

当认证过程成功后，STA 端向 AP 发送关联请求帧，关联请求帧中包含 802.11 定义的 STA 支持的速率、A-MSDU 和 A-MPDU 最大聚合度、收发天线工作速率、AP 的工作信道和 SSID、用于接收缓存数据的侦听间隔等信息。

AP 接收到 STA 的关联请求后，向 STA 发送关联响应帧，该帧中包含用于指示是否关联成功的状态信息，以及 AP 支持的速率、A-MSDU 和 A-MPDU 最大聚合度、收发天线工作速率、AP 为 STA 分配的连接 ID 信息。

3）密钥交互过程

密钥交互过程主要用于收发双方根据一定的密钥算法协商一组密钥信息，用于在通信过程中，对于信道中传输的数据进行加密和解密，目的是防止窃听，保护用户数据安全。

在家庭网络中，用户在连接 AP 之前，需要输入 AP 上配置的密码信息。在密钥交互过程中，AP 和 STA 在 AP 的密码基础上计算出一个共享密钥信息，然后加入各自产生的随机数发送给对方，双方计算出一组唯一的临时密钥。第 3 章将进一步介绍。

3. 断开连接过程

参考图 1-57，断开连接的过程包含 STA 与 AP 之间解除关联和解除认证的过程。STA

可以重新发现 AP，然后再经历认证、关联和密钥交互过程，完成与 AP 的连接。

图 1-57　Wi-Fi 的连接断开过程

1.2.7　Wi-Fi 省电模式管理机制

AP 通常由电源来供电，但 STA 可能是通过电池供电。电池的电能有限，STA 会经常进入节电模式以达到省电的目的。Wi-Fi 省电模式下的管理机制是指 AP 为处于节电模式的 STA 临时缓存数据，而 STA 周期性地醒来去获取缓存数据的过程。

为了支持这个管理机制，需要 AP 与 STA 进行消息交互，即 AP 在信标帧中把数据缓存的状态通知 STA，而 STA 需要发送查询消息，从 AP 那里获取缓存的数据。同时，STA 需要与 AP 保持时间同步，能够周期性地从瞌睡状态醒来，接收到 AP 的信标帧，参考图 1-58。

图 1-58　Wi-Fi 的省电模式机制

从 Wi-Fi 的省电模式的管理机制可以看到，它包含下面关键的技术内容：

（1）**Wi-Fi 网络的时间同步机制**：STA 周期性地接收 AP 发送的信标帧，实现 STA 与 AP 之间的时间同步，并计算下次 STA 醒来的时间。

（2）**STA 获取缓存数据的过程**：STA 根据 AP 信标帧中所携带的状态信息，判断是否有缓存数据，然后通过消息查询的方式，及时从 AP 那里获取缓存数据。

（3）**STA 的节电状态管理**：STA 需要维护正常工作和节电工作的两种电源模式，并把当前的工作状态及时告知 AP。

1. Wi-Fi 网络的时间同步机制

802.11 协议规定 STA 需要定期接收 AP 发送的信标帧，并同步信标中的时间，从而保证同一个 BSS 网络内所有设备时间的一致性。AP 发送信标帧的方式有两个和时间有关的术语定义，即**信标帧发送周期**和**信标目标发送时间**（Target Beacon Transmit Time，TBTT）。

参考图 1-59，信标帧发送周期指的是 AP 定期发送信标帧的时间间隔，比如每隔 100ms 发送一个信标帧，其携带的 TSF（Timing Synchronization Function）域中的时间被设定为第一个数据符号发送到天线的时间。为了保证 TSF 数值精确，AP 需要校准发送路径上的时延，例如从 MAC 到 PHY 的时延。

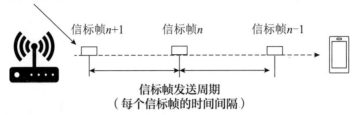

图 1-59　Wi-Fi 网络的时间同步机制

信标目标发送时间（TBTT）是指信标帧发送的时间点。为了确保信标帧按照设定的时间点及时传输，在每个 TBTT 时间点上，AP 需要优先调度信标帧作为下一个要发送的帧，在信标帧传输之后可以继续发送其他帧。由于 Wi-Fi 的无线媒介的竞争机制以及拥挤的网络环境，信标帧的发送时间可能晚于预期时间，但后续信标帧的发送时间还是按照之前设定的时间发送。

为了接收到 AP 发送的信标帧，STA 也需要在 TBTT 时间被唤醒，提前等待需要接收的信标帧。STA 接收到信标帧后，自动从其中同步时间，并计算下次醒来的 TBTT 时间。如果 STA 发现没有信标帧有对应的数据缓存指示，则自动进入瞌睡状态。

2. STA 的缓存信息指示

当 STA 进入节电模式的时候，AP 把发给 STA 的数据进行缓存，直到 STA 被唤醒后来获取数据。但 AP 缓存数据的能力有限，如果发给 STA 的数据超出了缓存的容量大小，则后续到达的数据将会被丢弃。

802.11 为 AP 缓存数据状态定义了两个术语，即**传输指示映射**（Traffic Indication Map，TIM）和**延迟传输指示映射**（Delivery Traffic Indication Map，DTIM），分别用于指示单播缓存数据和组播缓存数据的状态。单播缓存数据是指接收地址为特定 STA 地址的数据，组播缓存数据是指接收地址为组播地址的组播数据或广播数据，如图 1-60 所示。

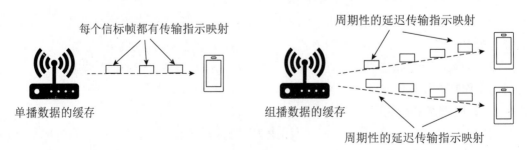

图 1-60　单播和组播数据缓存指示的方式

1）传输指示映射 TIM

参考图 1-60，传输指示映射字段出现在 AP 发送的每一个信标帧中，用于指示是否有单播数据的缓存。TIM 包含字段的长度、DTIM 当前值（count）、周期（period）和缓存位图（Partial Virtual Bitmap）字段等信息。其中缓存位图中的每一位对应一个 STA 的缓存状态，这里用 STA 的关联标识符（Association ID）来表示。如果一个比特为 1，则表示 AP 上有对应 STA 的单播缓存数据。如图 1-61 所示包含 TIM 字段信标帧的例子，由于 AID=0x02 的设备处于节电模式，需要 AP 缓存报文数据，所以缓存位图字段对应的比特为 1，显示为 $2^2 = 0x04$。

```
∨ Tag: Traffic Indication Map (TIM): DTIM 1 of 0 bitmap
     Tag Number: Traffic Indication Map (TIM) (5)
     Tag length: 4
     DTIM count: 1
     DTIM period: 3
  ∨ Bitmap control: 0x00
        .... ...0 = Multicast: False
        0000 000. = Bitmap Offset: 0x00
     Partial Virtual Bitmap: 04
     Association ID: 0x02
```

图 1-61　TIM 字段的例子

2）延迟传输指示映射 DTIM

DTIM 为特殊的 TIM，除了可以用缓存位图字段指示每个 STA 的单播缓存状态外，还可以利用第一个比特位指示是否有组播缓存报文。802.11 协议设计为 DTIM 字段在信标中周期性的出现，利用 DTIM 当前值和周期两个值来表示其出现的时间点。如图 1-62 所示，DTIM 当前值字段为 0，表示该 TIM 为 DTIM；DTIM 周期为 3，表示以 3 个信标周期为一个周期。

```
∨ Tag: Traffic Indication Map (TIM): DTIM 0 of 1 bitmap
     Tag Number: Traffic Indication Map (TIM) (5)
     Tag length: 4
     DTIM count: 0
     DTIM period: 3
  ∨ Bitmap control: 0x01
        .... ...1 = Multicast: True
        0000 000. = Bitmap Offset: 0x00
     Partial Virtual Bitmap: 04
     Association ID: 0x02
```

图 1-62　DTIM 字段的例子

在 DTIM 时刻，如果 AP 上有缓存组播和单播的数据，则 AP 要优先调度缓存的组播数据发送，缓存的单播数据在组播数据传输结束后才可以继续发送。

STA 加入 BSS 之前，通过接收信标帧或者探测响应帧获取 AP 的信标帧周期和 DTIM 时间，STA 同时也设置接收信标的监听间隔。

- **DTIM 时间** = 信标周期 × AP 端配置的 DTIM 间隔信息
- **监听间隔** = 信标周期 × STA 端通过关联请求所配置的信息

在业务空闲时，STA 不需要通过 TBTT 周期性地监听并接收信标，只需要在自己的监听间隔接收信标，并通过信标的 TIM 或者 DTIM 字段检查是否有缓存的数据——如果有，则按照缓存数据接收步骤来接收；如果没有，则继续瞌睡等待下一个监听间隔，从而达到节电的效果。

对于 AP 来说，AP 可以根据每个 STA 的监听间隔设置缓存数据的超时时间，如果缓存数据超时之后还没有被发送，则可以直接丢弃处理。

3. Wi-Fi 网络的工作状态管理

很多支持 Wi-Fi 功能的 STA 是移动设备，例如手机、平板式电脑等，Wi-Fi 所引起的功耗大小对于它们来说很重要。在 Wi-Fi 技术中，如何处理功耗模式或者如何在省电模式下进行 Wi-Fi 数据报文的收发，是 Wi-Fi 标准中的一个重要部分。下面从 STA 的工作状态和电源模式出发，介绍 Wi-Fi 技术下的节电模式管理。

1）STA 的电源模式和工作状态

根据 STA 功耗状态和数据收发情况，在任一时刻，正常工作的 STA 总是处于**唤醒状态**（Awake）或**瞌睡状态**（Doze）的两种状态之一。唤醒状态的 STA 属于正常功耗状态，可以收发 Wi-Fi 消息或数据帧；而瞌睡状态的 STA 属于低功耗状态，不收发 Wi-Fi 消息或数据帧。

为了让 STA 与 AP 一起配合，在省电模式下进行数据传送，802.11 又定义了两种用于指示 STA 的电源工作模式，即**活跃模式**（Active mode）和**节电模式**（Power Save mode，PS mode）。两种工作状态和电源模式的对应关系如表 1-21 所示。

表 1-21　STA 电源模式和工作状态

索引	STA 电源模式	STA 工作状态
1	活跃模式	唤醒状态
2	节电模式	既可以处于唤醒状态，也可以处于瞌睡状态

STA 通过数据帧或者管理帧的电源管理字段，向 AP 报告当前的工作模式。电源工作模式和工作状态之间的关系请参考图 1-63。

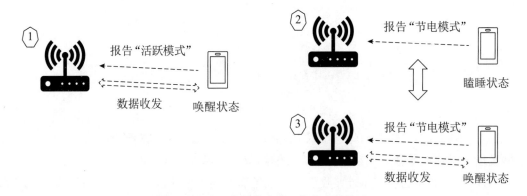

图 1-63　STA 电源模式和工作状态的关系

当 STA 向 AP 报告"**活跃模式**"的时候，AP 能向 STA 直接发送数据，此时 STA 处于唤醒状态。

当 STA 向 AP 报告"**节电模式**"的时候，AP 不能直接给 STA 发送数据，此时 STA

既可以选择唤醒状态，也可以处于瞌睡状态，STA 支持两者之间的自行切换。如果 STA 处于唤醒状态，则可以从 AP 那里接收数据；如果处于瞌睡状态，则不能从 AP 那里接收数据。

2）STA 获取缓存的单播与组播接收示例

单播缓存与组播缓存帧的接收流程示例如图 1-64 所示，这里假设 DTIM 为 3 个 TIM 周期。

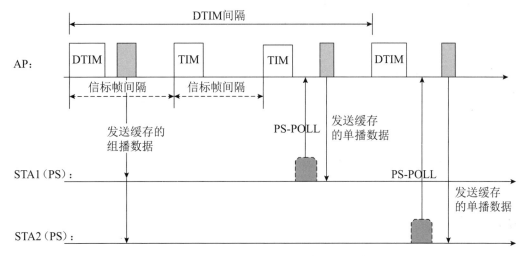

图 1-64　STA 获取 AP 缓存数据帧交互示意图

（1）处于节电模式的 STA1、STA2 在 TBTT 时间点之前醒来，等待并接收信标帧，并根据信标帧中 DTIM 携带的 bitmap 字段信息，发现 AP 端有缓存的组播帧，但没有缓存的单播帧。

（2）STA1、STA2 保持唤醒状态直到所有缓存组播帧接收完成后，转入瞌睡状态。

（3）STA1 在第 2 个 TIM 的 TBTT 时间醒来，接收信标帧，发现其对应的单播缓存指示置 1 后，向 AP 发送具有缓存信息查询功能的 PS-POLL 帧，以获取其单播缓存数据，AP 收到 PS-POLL 帧，随后向 STA1 发送其对应的单播缓存帧。

（4）同样的，STA2 在第 2 个 DTIM 的 TBTT 时间醒来，接收到信标帧，发现其对应的单播缓存指示置 1，按照 STA1 类似的操作完成单播数据的接收。

本章小结

本章介绍了 Wi-Fi 网络运行的基本原理、关键技术和相关标准，这些内容是后面学习 Wi-Fi 6 和 Wi-Fi 7 技术的基础，也可作为 Wi-Fi 开发的基本指南，以及 Wi-Fi 业务应用的技术参考。

Wi-Fi 通信的基本原理：Wi-Fi 网络就是 Wi-Fi AP 与多个 STA 构成的无线网络，所有设备共享无线媒介的自由空间。建立 Wi-Fi 连接和通信的前提是，各个设备通过载波侦听多路接入和冲突避免机制获得无线媒介的访问权。Wi-Fi MAC 协议栈的定义和管理帧的交互以这个机制为主要基础，而 Wi-Fi 通信的性能和效率也与设备竞争无线媒介的机制密切相关。

　　物理层的关键技术：首先要掌握频谱和信道的规范定义，它们是 Wi-Fi 通信的前提条件，是物理层技术的核心概念。接着，802.11 为了持续提升 Wi-Fi 物理层上的性能，在调制技术上引入了正交振幅调制的 QAM 技术，在信道调制复用上引入了正交频分复用的 OFDM 技术，以及支持多天线的多输入多输出的（MIMO）技术。在后面 Wi-Fi 6 和 Wi-Fi 7 技术介绍中，将看到 QAM、OFDM 和 MIMO 的规范定义将继续往前演进，为 Wi-Fi 新技术的性能提升发挥更大的作用。

　　Wi-Fi 标准概述：物理层标准和 MAC 层规范的介绍占了本章较大的篇幅，因为它们对于后续章节的技术理解以及 Wi-Fi 的开发指南都有非常重要的作用。Wi-Fi 技术标准的演进的关键思路是兼容以前标准的基本概念和规范定义，从而确保升级为新 Wi-Fi 标准的 AP 或 STA 仍然能够与原先的设备进行互通。与旧设备的兼容是 Wi-Fi 普及率非常高的原因之一。

　　本章最后介绍了 Wi-Fi 网络的时间同步概念和省电模式的管理机制，对于 Wi-Fi 开发者来说，如果花时间了解相关的细节，可以更有效地实现 Wi-Fi 产品开发和测试。

第 2 章 Wi-Fi 6 技术的性能转型

第 1 章介绍 Wi-Fi 技术的基本概念和 Wi-Fi 网络的运行机制，本章主要介绍目前已经在市场上得到快速普及的 Wi-Fi 6 技术以及相应的原理和标准。

随着全球宽带接入的普及，Wi-Fi 无线局域网络也得到了快速的发展，每年市场上新的 Wi-Fi 设备层出不穷，办公室、家庭、公寓或者公共场所通过 Wi-Fi 接入的需求越来越多，在有限的数十米的空间内可能有几十个甚至更多的 Wi-Fi 设备在访问互联网。高密度的 Wi-Fi 设备使得 2.4 GHz 或 5 GHz 信道非常拥挤，它们为竞争空间资源而常常导致相互冲突，从而性能下降，用户的体验不可避免地受到了影响。

2019 年开始商业化的 Wi-Fi 6 标准对物理层和 MAC 层都进行了改进，其中主要目标之一就是关注高密集场景下的性能和业务质量。而后续的 Wi-Fi 7 又在 Wi-Fi 6 技术基础上继续全面提升高速率下的性能和用户体验。

通过学习本章 Wi-Fi 6 的内容，读者可以理解 Wi-Fi 6 如何在传统 Wi-Fi 技术上进行物理层和数据链路层的演进，从而可以同时支持更多的设备连接，以及达到高密度场景的性能提升。本章主要涉及下面的内容：

- Wi-Fi 6 引入的正交频分复用多址接入等关键技术。
- Wi-Fi 6 在物理层和 MAC 层规范上的变化。
- Wi-Fi 6 支持 6GHz 频段所带来的技术变化。

2.1　Wi-Fi 6 技术概述

Wi-Fi 6 之前的 Wi-Fi 设备通过载波侦听多路接入和冲突避免机制（CSMA/CA）获得无线媒介的访问权。虽然 Wi-Fi 5 的 Wi-Fi 数据传送速率可以达到 1Gbps 以上，但 Wi-Fi 通信方式始终是典型的单用户在有限的自由空间范围内独占信道的接入。当一个 Wi-Fi 设备获得无线媒介并传送数据时，其他设备只能等待信道空闲时才有机会竞争媒介访问权。如果在空间范围内有众多 Wi-Fi 设备，这种传统的竞争信道的机制就会造成很大的网络拥塞和数据传输延迟。

Wi-Fi 6 之前的技术标准演进一直关注如何提高单个 Wi-Fi 设备与 AP 之间的数据发送和接收速率，而 Wi-Fi 6 的技术标准更重视多个设备同时连接时每个设备具有的性能。在 IEEE 标准中，Wi-Fi 6 又被称为**高性能**（High Efficiency，HE），从名称中可以看到，Wi-Fi 6 标准更关注的是如何高效利用频谱资源。Wi-Fi 6 对应着 IEEE 802.11ax 标准，参考图 2-1 的 IEEE 标准制定和 Wi-Fi 联盟认证 Wi-Fi 6 的历史。

图 2-1　IEEE 标准制定和 Wi-Fi 联盟认证 Wi-Fi 6 的历史

2013 年 3 月 IEEE 成立 802.11ax 的工作组，2014 年工作组开始正式标准研究和定义，2016 年 11 月 IEEE 发布了 Wi-Fi 6 的 1.0 版本，再到 2019 年 1 月份发布了 Wi-Fi 6 的 4.0 版本。

Wi-Fi 联盟则在 2017 年 5 月成立 Wi-Fi 6 的认证测试小组，2019 年 9 月份开始对 Wi-Fi 6 的产品进行认证，2020 年 Wi-Fi 6 设备在市场上成为 Wi-Fi 新一代产品的焦点。

此外，Wi-Fi 联盟在 2020 年宣布，在 6GHz 频段运行的 Wi-Fi 6 设备被命名为 Wi-Fi 6E。E 代表 Extended，即把原有的 2.4GHz 和 5GHz 频段扩展至 6GHz 频段。从 Wi-Fi 6E 开始，不管是 Wi-Fi AP 还是 Wi-Fi 终端，都可以同时支持三个独立频段。

2020 年 4 月美国联邦通信委员会（Federal Communications Commission，FCC）率先放开 6GHz 频段作为 Wi-Fi 的新免受权频段。欧洲邮电管理委员会（Confederation of European Posts and Telecommunications，CEPT）紧跟其后，宣布 6GHz 的一部分频段可以为 Wi-Fi 所使用。加拿大、巴西、韩国、阿联酋等 39 个国家也先后宣布支持 6GHz 频段的免受权使用。其他国家或地区对于 6GHz 频段是否开放为免受权频段正处于研究阶段。

2.1.1　传统 Wi-Fi 技术上的局限

通常传统家庭中使用 Wi-Fi 的设备主要包括几部手机和计算机。但是随着智能家居的演进、物联网的发展、居家办公或学习的需求，家庭中支持 Wi-Fi 的产品逐年增加，比如，支持 Wi-Fi 连接的网络打印机、网络摄像头、智能电视机、智能音响、智能门锁、智能插座、更多的平板电脑或智能手机等，家庭 Wi-Fi 连接的设备数量从寥寥几个到数十个不等，参考图 2-2。在这些设备中，既有低速率的数据传输，也有大容量、高速率的多媒体流量的实时传送，如何能保证更多终端数量下的 Wi-Fi 连接的性能，成为 Wi-Fi 技术发展要满足的紧迫需求。

在城市公共场所，例如体育馆、餐厅、机场、酒店公寓、咖啡吧等场所，人们随时随地都会使用智能终端连接 Wi-Fi 热点，上网页、影音娱乐、视频通话等越来越频繁的 Wi-Fi 连接需求，给 Wi-Fi 网络带来了非常大的流量压力。人们可能经常发现，虽然手机上显示的 Wi-Fi 的信号质量很好，但是 Wi-Fi 连接经常容易断开，需要重新连接，或者数据流量比较低。如何提升 Wi-Fi 连接的用户体验，成为 Wi-Fi 应用场景的一个关键话题。

然而，参考图 2-3 的模拟测试的例子，对 Wi-Fi 设备进行流量测试，在 Wi-Fi 的连接数量上升的情况下，发现 Wi-Fi AP 所支持的实际业务流量却出现下降。连接数量越多，下降的幅度越明显。

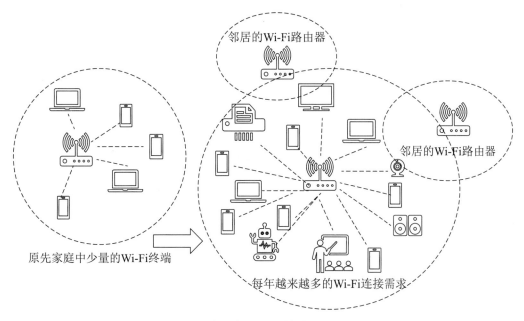

图 2-2　高密度 Wi-Fi 连接数量的需求

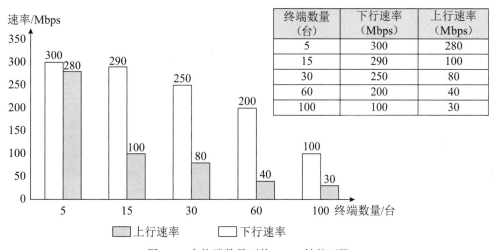

终端数量 （台）	下行速率 （Mbps）	上行速率 （Mbps）
5	300	280
15	290	100
30	250	80
60	200	40
100	100	30

图 2-3　多终端数量下的 Wi-Fi 性能下降

从图 2-3 中可以看到，在 5 个 Wi-Fi 终端连接到同一个路由器的情况下，下行速率是 300Mbps，上行速率是 280Mbps，但当 Wi-Fi 终端连接数量达到 30 个以后，Wi-Fi 性能已经有非常明显的下降，下行速率的下降幅度超过了 15%，上行速率的下降幅度超过了 70%。

可见，Wi-Fi 终端数量越多，有效数据传输的总吞吐量就越低。产生这种问题的关键原因是来自 Wi-Fi AP 或者 Wi-Fi 终端的**载波侦听多路接入和冲突避免机制（CSMA/CA）机制**，Wi-Fi AP 或者 Wi-Fi 终端在发送数据前对无线媒介进行监听，判断媒介是否处于忙碌状态。如果是忙碌状态，则需要继续等待；如果是空闲状态，则在一定的帧间隔时间之后，再等待一个随机的退避时间，如果媒介仍然是空闲状态，则 Wi-Fi 设备开始发送数据。

在随机退避的机制下，不同设备有可能出现相同的退避时间。当 Wi-Fi 设备数量较少时，不同的设备选择到相同退避时间的概率很低。但当 Wi-Fi 设备数量上升的时候，不同的设备之间选择到**相同退避时间**的可能性就会增加，由此产生设备之间发送数据的冲突，使得吞吐量下降变得越来越明显。

图 2-4 给出传输报文冲突的示例，具体步骤描述如下：

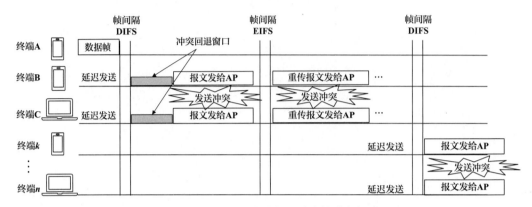

图 2-4　Wi-Fi 设备在随机退避中的冲突问题

（1）终端 B 和终端 C 准备向 AP 发送数据时，侦听到终端 A 正在发送数据。

（2）终端 B 和终端 C 等待终端 A 发送数据。

（3）在终端 A 发送数据完成之后，终端 B 和终端 C 经过 DIFS 帧间隔，两者随机选择退避时间，然而它们有一定的概率选择到了相同的退避时间。

（4）在退避时间结束后，终端 B 和终端 C 同时向 AP 发送报文，报文间产生冲突，导致 AP 无法正常解析。

（5）在 EIFS 帧间隔后，终端 B 和终端 C 再次同时重传，但 AP 仍然无法解析报文。

（6）经过一段时间后，终端 B 和终端 C 只能放弃发送，并重新随机选择一个更大的退避窗口。

由此可见，因为终端 B 和终端 C 选择了相同的退避窗口，导致发送数据冲突，在一段时间内无线媒介没有被有效使用，使得 Wi-Fi AP 的吞吐量下降。同样，终端 k 和终端 n 也出现了相同退避窗口，产生相同的吞吐量下降问题。

从这个例子看到，如果要改进高连接密度下的 Wi-Fi 数据传输性能问题，就需要在新的 Wi-Fi 标准中引入新的无线媒介的访问机制。

2.1.2　Wi-Fi 6 标准的新变化与技术规格

以提高 Wi-Fi 频谱效率为目标的 Wi-Fi 6 标准，核心技术就是利用已有的频段和信道，通过新技术的引入或已有技术的改进，从而最大程度地提升 Wi-Fi 连接的性能。Wi-Fi 6 带来的新变化包括高速率、高并发、低时延和低功耗的技术特点。

（1）**高速率**。

Wi-Fi 6 支持更高阶的 1024-QAM 调制方式，这是指每个符号表示 10 个二进制的数据组合，即 $2^{10}=1024$。基于这种调制方式以及其他带宽提升的技术组合，Wi-Fi 6 的最大连接速率可以达到 9.6Gbps，相比 Wi-Fi 5 速率提升了 39%。

（2）**高并发**。

Wi-Fi 5 之前，在每一时刻，每个设备在发送数据或接收数据的时候，将占据整个信道的频谱带宽，设备之间不能共享相同信道。而从 Wi-Fi 6 开始，单个信道所包含的数十个子载波可以分成不同的频谱上的资源组，不同的资源组有不同数量的子载波，每一个设备占用各自的资源组而进行数据传送，从而实现了多个设备在频谱上的并发。这种新技术称为**正交频分多址**（Orthogonal Frequency Division Multiple Access，OFDMA），它显著提升了频谱的利用效率。

（3）低时延。

Wi-Fi 6 在提升速率和多用户数据并发情况下，降低了数据在转发过程中的等待时间，从而降低了 Wi-Fi 的数据传送时延。另外，如果在多个 AP 同时存在的情况下，Wi-Fi 6 引入的**空间复用技术**（Spatial Reuse，SR）可以减少 AP 相互之间的干扰。属于不同 BSS 的 AP 或者 STA，可以各自在空间中传送数据，而彼此不受干扰，这样就减少了多个 AP 情况下的数据传送的时延。

（4）低功耗。

Wi-Fi 6 支持基于**目标唤醒时间**（Target Wake Time，TWT），AP 与 STA 协商唤醒时间和数据传输周期的机制，AP 可以将 STA 分到不同的唤醒周期组，减少唤醒后同时竞争无线媒介的设备数量。TWT 技术改进设备睡眠管理的机制，从而提高设备的电池寿命，降低终端功耗。

此外，Wi-Fi 联盟从 Wi-Fi 6 开始支持 **6GHz 频段**的产品认证，北美可以拓展使用 5925MHz 与 7125MHz 之间的频段范围，共有 1200MHz，而欧洲可以拓展使用 5945MHz 与 6425MHz 之间的频段范围，共有 480MHz。Wi-Fi 6 拓展支持 6GHz 频段给高速率业务带来非常好的前景。

相关的 Wi-Fi 6 技术规格参见表 2-1，详细情况将在后面章节介绍。

表 2-1　Wi-Fi 6 主要的技术规格

类别	关键技术	Wi-Fi 6 技术规格	Wi-Fi 6 之前标准
物理层	调制方式	最高支持 1024-QAM	Wi-Fi 5 最高支持 256-QAM
	OFDM 信号长度	12.8μs	3.2μs
	保护间隔（GI）	0.8μs、1.6μs、3.2μs（分别是 5%、10%、20% 开销）	0.4μs、0.8μs（分别是 10%、20% 开销）
	多输入多输出（MIMO）流的数量	8	Wi-Fi 4 是 4，Wi-Fi 5 是 8
	MIMO 并发用户数量	8	4
	频谱宽度	2.4GHz 上最大支持 40MHz，在 5GHz 上支持 160MHz	802.11n 最大支持 40MHz，802.11ac 最大支持 160MHz
	物理层速率	9.6Gbps	6.9Gbps
MAC 层	基本信道访问	CSMA/CA，触发方式	CSMA/CA
	多用户接入方式	MU-MIMO，OFDMA	MU-MIMO（802.11ac）
	多用户接入方向	支持上行和下行 MU-MIMO	支持下行 MU-MIMO
	A-MPDU 聚合度	256	64
	抗干扰处理	支持两个 NAV 以及动态 CCA-PD 门槛值等	NAV，RTS/CTS，静态 CCA-PD 门槛值

2.2   Wi-Fi 6 主要的核心技术

与高速率、高并发、低延时和低功耗的典型特征相对应，Wi-Fi 6 定义的核心技术包括 OFDMA（Orthogonal Frequency Division Multiple Access，正交频分多址）接入技术、1024-QAM 的调制技术、支持上下行的多用户输入输出技术（MU-MIMO）、空间复用和着色技术，以及基于目标唤醒时间（Target Wake Time，TWT）的低功耗技术等。

1024-QAM 的调制技术主要与物理层有关，其他核心技术的实现则涉及 Wi-Fi 的物理层和 MAC 层的帧格式、控制管理等变化。只有在 Wi-Fi AP 与终端之间消息交互的配合下，这些核心技术才能发挥 Wi-Fi 连接下的效率与性能的提升，以及功耗降低的作用。

2.2.1   核心技术概述

Wi-Fi 6 核心技术与所支持典型技术特征的关系参考图 2-5。Wi-Fi 6 新的核心技术有两个特点：

- 把其他领域的技术应用在 Wi-Fi 标准中，例如，Wi-Fi 6 支持的 OFDMA 多址技术来自移动通信。
- 在传统 Wi-Fi 基础上的技术演进和增强，例如，Wi-Fi 6 支持 1024-QAM 的调制技术、支持上下行 MU-MIMO 技术、空间复用和着色技术、基于目标唤醒时间 TWT 的低功耗技术等。

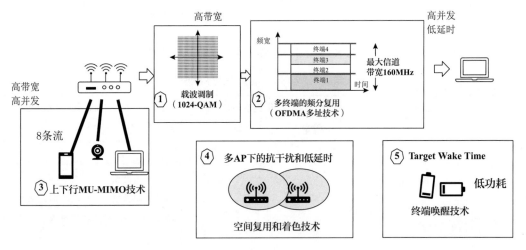

图 2-5   Wi-Fi 6 主要的核心技术

1）OFDMA 接入技术

Wi-Fi 6 之前的标准采用 OFDM 调制技术，但每一个 Wi-Fi 终端在某一个时刻完全占用整个信道的所有子载波并进行数据发送和接收。

而 OFDMA 是 OFDM 基础上的多址技术，它可以给每一个连接的 Wi-Fi 终端分配信道中的一个或多个子载波的组合，这些 Wi-Fi 终端能够利用这些子载波同时发送和接收数据，实现多个 Wi-Fi 终端在频谱上的复用，并且相互之间不干扰，从而更高效地使用有限的信道资源，提升 Wi-Fi 数据并发处理效率，并降低数据等待时延。

OFDMA 技术来自蜂窝移动通信，把它应用在 Wi-Fi 标准中，意味着从 Wi-Fi 6 技术开始，Wi-Fi 已经向高容量、高性能的通信技术演进，而不再仅仅是短距离的较简易的数据连接技术。

2）1024-QAM 的调制技术

Wi-Fi 5 支持的最高调制等级为 256-QAM，每个 OFDM 符号对应 8 位数据，即 $2^8=256$。Wi-Fi 6 进一步支持 1024-QAM 的调制方式，每个 OFDM 符号对应 10 位数据，即 $2^{10}=1024$。仅从调制的角度来看，Wi-Fi 6 的性能可以提升 1.25 倍。

Wi-Fi 6 之后调制技术的优化依然是 Wi-Fi 标准演进的方向之一。

3）支持上下行的 MU-MIMO 技术

Wi-Fi 5 支持下行 MU-MIMO，这是指 AP 把多个空间数据流同时发送给不同的 Wi-Fi 终端。在多天线配备的情况下，AP 通过波束成形技术，将不同空间数据流的波束指向不同的终端，实现向不同终端同时发送不同的数据流。而从 Wi-Fi 6 开始，除了下行 MU-MIMO 技术外，还扩展支持上行 MU-MIMO，即 AP 可以处理不同的 Wi-Fi 终端同时发送过来的上行空间流数据，在有限的带宽资源条件下，进一步实现不同终端的数据流在空间上的并发传送，提升 Wi-Fi 传输的吞吐量。Wi-Fi 6 最多支持 8 个数据流的 MIMO 技术。

Wi-Fi 6 之后的标准演进会继续增加空间并发数据流的数量，并把 MIMO 技术与多频段技术相结合，从而持续提升 Wi-Fi 传输的性能。

4）空间复用和着色技术

随着 Wi-Fi 路由器在家庭的广泛普及，相邻住户的 AP 或者终端之间可能会有信号强度的重叠空间，即临近的不同基本服务集（BSS）的电磁波信号有交集，使得 Wi-Fi 网络的数据传送干扰变得日益明显。

根据 Wi-Fi 的载波侦听多路接入和冲突避免机制（CSMA/CA）机制，当检测到信道中有其他信号时，AP 或终端需要进行退避和等待信道空闲。从数据报文的角度上来看，每一个 AP 或终端会收到其他设备的报文，它们通过 MAC 层进行报文分析，接收自己的报文，丢弃其他无关的报文。但干扰越多，AP 或终端处理无关报文的开销就越大。

Wi-Fi 6 定义的**空间复用技术**，是指一个 AP 或终端在检测到一个临近 BSS 的信号后，如果该信号的强度低于一定门限值，则该设备仍可以在无线媒介中发送数据，而发送数据的信号强度并不会干扰临近 BSS 的正常工作。

Wi-Fi 6 定义的**着色技术**，则是通过在物理层报文头部的 BSS 着色字段来区分来自不同 BSS 的数据，Wi-Fi 设备在物理层上识别这个字段，就可以在物理层上直接进行分析，而不必通过 MAC 层才知道是否临近 BSS 的干扰报文。

这种空间复用与着色技术提升多 BSS 情况下 Wi-Fi 传送数据的效率，降低 Wi-Fi 设备发送和接收数据的延时。

5）目标唤醒时间 TWT 的低功耗技术

Wi-Fi 5 的低功耗技术实现的是 Wi-Fi 终端在规定的时间内从低功耗的状态中直接被唤醒。

而 Wi-Fi 6 的 TWT 技术是借鉴了 IEEE 802.11ah 标准，定义了 AP 与 STA 协商其唤醒时间和发送、接收数据周期的机制。该机制允许 AP 可以将 STA 分到不同的唤醒周期组，减少唤醒后同时竞争无线媒介的设备数量。TWT 技术增加了设备睡眠时间，从而提升电池寿命，降低终端功耗。

下面是这些核心技术的详细介绍。

2.2.2 OFDMA 接入技术

OFDMA 属于频分复用的多址接入技术。**多址接入**是指通信系统给多个用户动态分配资源，使得它们能同时进行数据传送。以频分多址为例，频谱资源划分为多个互不重叠的子信道，当有用户提出通信需求的时候，系统就在可用的子信道中进行动态分配。

在大量 Wi-Fi 终端同时连接 AP 的情况下，终端利用传统的自由竞争无线媒介机制使得 Wi-Fi 信道利用率明显下降。在 Wi-Fi 频谱带宽不变的前提下，如何提高 Wi-Fi 频谱的利用率，支持 Wi-Fi AP 所连接的大量 Wi-Fi 终端仍具有较好的数据传送性能，这就是 Wi-Fi 6 引入 OFDMA **多址技术**的关键原因。

OFDMA 在 OFDM 基础上，它把信道中的子载波分成一个或多个组，每个组作为独立的**资源单元**（Resource Unit，RU）承载数据并传输。在下行方向，不同的 RU 承载不同终端的接收数据；在上行方向，RU 承载不同终端的发送数据。

OFDMA 技术使得 AP 可以为每个 Wi-Fi 终端进行细颗粒度的信道资源分配，从而实现多个 Wi-Fi 终端同时通过不同的子载波组合进行数据传输，这种多用户接入的方式其实就是 Wi-Fi 的频分复用的机制。

参考图 2-6，左面是 Wi-Fi 5 之前基于 OFDM 的单信道数据传送方式，右面是 Wi-Fi 6 基于 OFDMA 方式的多址接入技术下的数据传送方式，单信道带宽是 80MHz。

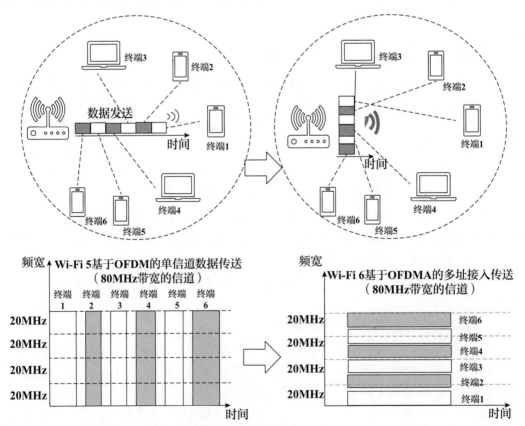

图 2-6　Wi-Fi 5 之前的单信道数据传送与 Wi-Fi 6 的 OFDMA 方式对比

从图 2-6 可以看到，在 Wi-Fi 5 之前，每一个终端在一个时刻完全独占了整个信道，无线媒介中只有一个终端的数据在发送和接收。而 Wi-Fi 6 的 OFDMA 方式下，多个终端在一个时刻下共享了一个信道，但分别占据信道的不同的频率范围，在高密度终端的 Wi-Fi 环境下，这种技术明显提升了信道的利用率，提高了整个网络的性能，减少了数据传送的等待时延。

与 OFDMA 技术相关的内容主要包括**资源单位的分配管理**、**基于 OFDMA 上下行接入方式**以及**聚合帧确认模式**。

其中，**基于 OFDMA 的下行接入方式**（Down Link，DL）指的是 AP 通过不同资源单位同时向多个终端传输数据，提高了单位时间内的数据吞吐量，减少 AP 竞争信道导致的等待时延和冲突次数。

而**基于 OFDMA 的上行接入方式**（Up Link，UL）指的是 AP 协调多个终端同时在不同资源单位中发送上行数据，终端不再通过传统竞争信道方式使用无线媒介资源，减少 STA 由于信道竞争而导致的等待时延和冲突次数。

根据是否由 AP 指定每个 STA 分配的 RU 位置和大小的区别，基于 OFDMA 的上行接入方式进一步分为 AP 指定 RU 分配方式和随机 RU 分配方式。

1. OFDMA 下的资源单位 RU 分配

Wi-Fi 6 的 OFDMA 技术中的关键概念是多个连续子载波所组成的资源单位 RU。参考图 2-7，这是 20MHz 信道中的所有子载波所组成的资源单位的示例图。

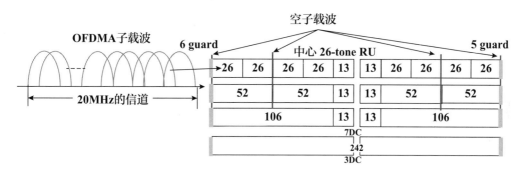

图 2-7　20MHz 信道下的子载波与资源单位的关系

图 2-7 左面显示的是信道中的相互正交的子载波，而图的右面是不同数量的子载波构成的资源单位 RU。例如，最上面一层是每 26 个子载波构成一个资源单位 RU，在 20MHz 的信道中，一共有 9 个以 26 个子载波为组的 RU，而其他各层分别是 52 个子载波、106 个子载波、242 个子载波所分别构成的 RU，其中 tone 表示为子载波。图中的子载波分为三种类型：

（1）**数据子载波**：用于承载用户数据信息。

（2）**导频子载波**：用于承载物理层调制解调时需要的相位和频率信息，接收端利用导频子载波进行相位和频率偏移的估算和纠正。导频子载波与数据子载波一起构成了 RU，图中显示的 26、52、106 和 242 个子载波，包含了数据子载波与导频子载波，对应的 RU 分别称为 26-tone RU、52-tone RU、106-tone RU、242-tone RU 等。

每种类型的 RU 包含的数据子载波和导频子载波数量如表 2-2 所示。

表 2-2   RU 与数据子载波以及导频子载波的数量关系

RU 类型	数据子载波数量（个）	导频子载波数量（个）
26-tone	24	2
52-tone	48	4
106-tone	102	4
242-tone	234	8
484-tone	468	16
996-tone	980	16
2×996-tone	980×2	16×2

（3）**未使用子载波**：包括空子载波（Null Subcarriers）、直流子载波（Direct Current Subcarriers，DC）和边界保护子载波（Guard Band Subcarriers）。这些子载波不承载任何数据信息，而是分别用于消除子载波间的干扰、降低信号的峰均比对功率放大器的影响和消除信道间的干扰。

根据 Wi-Fi 6 协议的规定，**每个终端每次只能分配一个 RU**。当信道带宽越大时，同时并发的终端数量就可能越多，例如，在 160MHz 的信道带宽下，理论上可以支持 74 个终端在各自分配的 26-tone 的 RU 上同时传送数据。RU 类型、RU 数量与信道带宽对应关系如表 2-3 所示，其中 N/A 表示不存在，例如 20MHz 带宽无法分配 484-tone 的 RU。

表 2-3   RU 类型与带宽之间的关系

RU 类型	20MHz 带宽	40MHz 带宽	80MHz 带宽	80+80MHz 或 160MHz 带宽
26-tone RU（个）	9	18	37	74
52-tone RU（个）	4	8	16	32
106-tone RU（个）	2	4	8	16
242-tone RU（个）	1	2	4	8
484-tone RU（个）	N/A	1	2	4
996-tone RU（个）	N/A	N/A	1	2
2×996 tone RU（个）	N/A	N/A	N/A	1

图 2-8 是 80MHz 带宽下的各种 RU 类型以及相应数量的例子。从图中可以看到，如果 AP 要给一个终端分配一个 RU，那么就需要 AP 把 RU 类型、RU 在信道中的位置告诉终端。

由图 2-7 和图 2-8 可知，在 RU 分配方式中，最简单的分配方式是将所有的带宽资源作为一个整体分配给一个用户，而并不是 OFDMA 传统的频分多用户技术，这种方式在 Wi-Fi 6 中称为非 OFDMA 技术。

在 Wi-Fi 6 技术中，OFDMA 技术与非 OFDMA 技术都是基于带宽为 78.125kHz 的子载波，但两者的用户数量不同，OFDMA 技术将带宽在频域上分配给多个不同用户，而非 OFDMA 技术将带宽资源在频域上分配给一个用户。

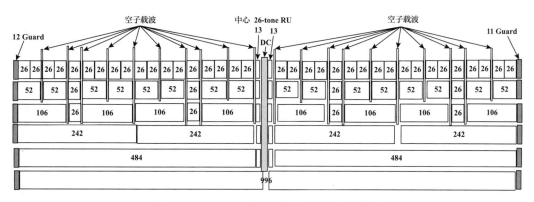

图 2-8　80MHz 下的 RU 类型以及相应的数量

2. 基于 OFDMA 技术的无线媒介接入方式

基于 OFDMA 技术的无线媒介接入下的数据传送方式，包括 AP 通过不同 RU 同时向多个终端传输下行数据，以及 AP 协调多个终端同时在不同 RU 中发送上行数据。

）AP 向多个终端发送下行数据

在一个 Wi-Fi 6 的网络中，可能既有 Wi-Fi 6 的 AP 与 Wi-Fi 5 终端通过 CSMA/CA 竞争无线信道的接入方式进行数据传送，也有 Wi-Fi 6 的 AP 与 Wi-Fi 6 终端通过 RU 方式进行数据交互。图 2-9 给出了基于 CSMA/CA 竞争无线媒介方式的下行数据传送，以及基于 Wi-Fi 6 OFDMA 技术下的下行数据传送的帧交互的例子。

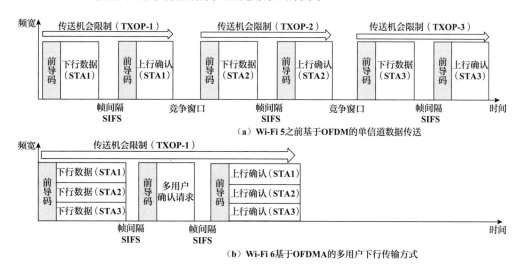

图 2-9　OFDM 与 OFDMA 技术下行多用户数据传送

基于 CSMA/CA 竞争的数据接入：AP 向三个终端发送下行数据时，分别至少需要三次无线媒介竞争方式，并且只有在每次成功竞争到信道后，才可以获得发送数据的机会，从而完成向三个不同 STA 传送下行数据。这种竞争方式在高密度设备接入的网络环境下，AP 成功竞争到信道的次数必然受到 STA 接入数量以及周围 BSS 的影响，AP 需要通过多次尝试后，才可以获得信道并发送下行数据，导致下行数据的时延显著增加。

基于 OFDMA 技术的数据传送：AP 在成功通过一次无线媒介接入的竞争后，即可利用分配 RU 的方式同时向三个 STA 发送下行数据。AP 利用数据帧前导码中的 RU 信息，指示每个 STA 所分配的 RU 的位置和类型。在 SIFS 帧间隔后，AP 向三个 STA 发送多用户确认请求，并指示每个用户确认信息的 RU 信息。STA 收到该帧并在 SIFS 帧间隔后，通过 RU 的方式一起向 AP 发送确认帧。

2）STA 向 AP 发送上行数据

参考图 2-10，AP 首先向多个 Wi-Fi 6 的 STA 发送包含 RU 资源分配信息的控制帧，称为**触发帧**（Trigger frame），它包含每个 STA 可用的 RU 类型和位置信息，以及其他控制信息。

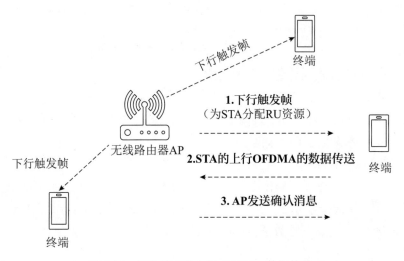

图 2-10　触发帧下的上行 OFDMA 数据传送

STA 接收到触发帧，并在 SIFS 间隔后，根据触发帧中携带的 RU 分配信息发送上行数据。AP 同时收到多个 STA 发送的上行数据后，在 SIFS 时间间隔后回复确认消息。

在 Wi-Fi 6 标准中，AP 触发帧的 duration/ID 字段表示 STA 可以使用的 TXOP 时间长度。AP 通过触发帧，把它获得的 TXOP 直接分配给 STA，STA 利用 AP 分配的 TXOP 时间，直接向 AP 发送上行数据。在这种情况下，STA **不再需要通过 CSMA/CA 机制获得信道访问权**，避免由于无线媒介竞争而导致信道利用率下降的问题。

图 2-11 所示为 STA 发送上行数据帧交互的例子。AP 发送触发帧，为三个 STA 分配不同的 RU 资源，STA 收到触发帧后，在 SIFS 时间间隔后，向 AP 同时发送 Wi-Fi 6 新定义的 TB-PPDU 物理帧格式的数据。

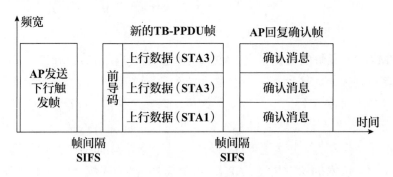

图 2-11　上行 OFDMA 示例

AP 收到 STA 发送的上行数据之后，向 STA 回复确认消息，这里的确认消息既可以是传统的压缩块确认（Compressed Block Ack，C-BA）方式，也可以是 Wi-Fi 6 新定义的多用户块确认（Multi-STA Block Ack，M-BA）方式。C-BA 和 M-BA 技术将在本节的"A-MPDU 聚合和确认技术"部分介绍。

通过上述两个例子可以看到，在高密度设备接入的网络场景下，利用上下行 OFDMA 技术可以减少竞争信道的次数，降低冲突的概率，从而提升网络效率和性能。

3. 上行 OFDMA 随机接入技术

在 OFDMA 机制下，AP 向 STA 发送触发帧来分配 RU 资源，然后 STA 利用分配的 RU 资源进行数据传送。但由 AP 直接给 STA 配置 OFMDA 的 RU 资源的方式也有不足之处，参考图 2-12 列出的三种情况，分别是 RU 资源分配不能满足 STA 业务实时需求、RU 资源分配与 STA 信道状态冲突，以及 RU 分配方式不支持无连接业务。

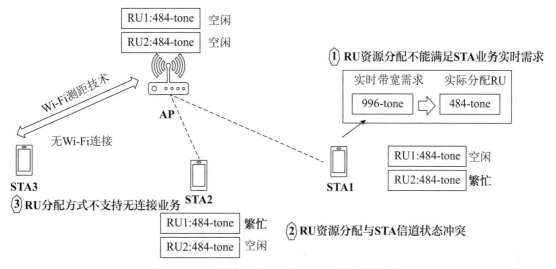

图 2-12　AP 分配 OFMDA 的 RU 方式的不足之处

1）RU 资源分配不能满足 STA 业务实时需求

AP 给 STA 分配固定的 RU 资源，但 STA 的应用业务多种多样，例如，STA 在文件传送时需要 996-tone 的信道频宽，但 AP 给 STA 分配的是 484-tone，只是满足初始的上网需求。AP 无法随时获取 STA 实时的数据缓存信息，所以 AP 分配的资源类型就无法满足 STA 业务实时需求。

2）RU 资源分配与 STA 信道状态冲突

在多个 Wi-Fi 网络，即多个 BSS 并存的无线环境中，不同位置的 AP 与 STA 检测到的环境中的信道忙碌或空闲状态并不完全一致，AP 与 STA 之间的距离越远，两者对信道状态判断的结果就越有区别。比如，图 2-12 中，AP 判断 RU1 和 RU2 都处于空闲状态，然而 STA2 判断 RU1 繁忙，STA1 判断 RU2 繁忙。如果 AP 将 RU1 分配给 STA2，把 RU2 分配给 STA1，则 STA1 和 STA 2 都不能有效利用 RU 资源发送上行数据。

3）RU 分配方式不支持无连接业务

在 Wi-Fi 标准中，只有 STA 与 AP 建立连接之后，AP 给 STA 分配了关联 ID（Association Identifier，AID），然后 AP 才能通过触发帧向 STA 分配 RU。但是，有些业务并不需要

STA 与 AP 建立连接，例如基于 Wi-Fi 测距技术的业务，STA 与 AP 之间虽然没有建立连接，但可以通过无连接的帧交互相互获取位置和距离信息。如果 AP 不能给 STA 分配 RU，那么 STA 就不能利用 OFDMA 技术与 AP 交互位置等相关数据。

针对 AP 给 STA 直接分配 RU 的不足之处，Wi-Fi 6 协议定义了**上行 OFDMA 随机接入方式**（UL OFDMA-based Random Access，UORA），即 AP 在触发帧中提前预留**可以随机接入的 RU**（Random Access Resource Unit，RA-RU），无论 STA 与 AP 是否已经建立连接，STA 可以根据自身业务需求抢占相应的 RU，并发送上行数据。

图 2-13 通过示例给出上行 OFDMA 随机接入方式的特点。包括**根据业务量竞争获取 RU**，**根据信道状态竞争获取** RU，以及**支持无连接的 STA 使用 RU 资源**。在图 2-13 中，为了区分用途不同的 RA-RU，AP 将 RU1 对应的 RA-RU 的 AID 标记为 2045，表示该 RA-RU 仅供无连接 STA 使用；AP 将 RU3 对应的 RA-RU 的 AID 标记为 0，表示该 RA-RU 仅供建立连接的 STA 使用。

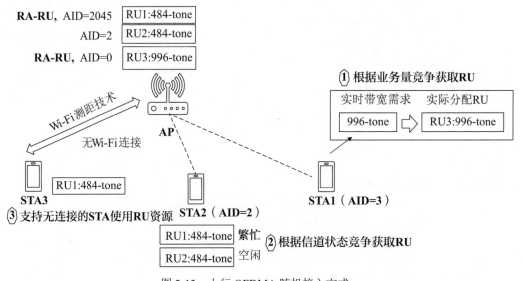

图 2-13　上行 OFDMA 随机接入方式

（1）**根据业务量竞争获取** RU：在图 2-13 中，AP 通过触发帧将 RU1 和 RU3 标记为 RA-RU 资源。其中 STA1 实际需要 996-tone RU 才能满足业务需求，STA1 就竞争获取 RU3，并发送上行数据。

（2）**根据信道状态抢占** RU：AP 在触发帧中将若干 RU 资源标记为 RA-RU，STA 可以根据其信道状态竞争获取相应的 RA-RU。在图 2-13 中，STA 获取了空闲的 RU2，并发送数据。

（3）**支持无连接的 STA 使用 RU 资源**：在图 2-13 中，STA3 获取 AID 标记为 2045 的 RU1，作为无连接情况下的数据传送。

为了降低 STA 自由竞争 RU 所引起冲突的概率，Wi-Fi 6 标准规定如下的退避方法：

（1）**随机初始化回退值**：每个需要抢占 RA-RU 的 STA 从 AP 处首先获取回退值范围，并在该范围内随机初始化一个整数回退值，回退值范围为 $[0,m]$，m 范围由 AP 厂商自定义。

（2）**回退避免冲突**：STA 接收到 AP 发送的触发帧后，对当前回退值和 RA-RU 的数量进行比较，如果 RA-RU 数量大于或等于当前回退值，则 STA 自由竞争获取 RU，并重新初始化回退值。

（3）重新计算回退值：如果 RA-RU 数量小于 STA 当前回退值，假设 RA-RU 数量为 n，则当前回退值减去 RA-RU 数量，得到新的回退值 [0,m-n]。然后等待下一个触发帧，再对其中的 RA-RU 数量进行比较。

4. A-MPDU 聚合和确认技术

第 1 章介绍过 **A-MPDU 聚合技术**，是将多个 MAC 层数据帧封装在一个物理帧 PPDU 里面，并通过一次发送机会（TXOP）将该 PPDU 传输出去的聚合技术。该技术显著提高了信道利用率，降低竞争信道的次数并提高吞吐量。

Wi-Fi 6 之前的 A-MPDU 聚合技术只能将相同优先级的 MAC 层数据帧封装成一个 PPDU。如果 AP 或者终端运行不同优先级的业务，A-MPDU 技术需要将不同业务数据分部封装在不同 PPDU 里面，通过多次竞争信道资源，分别传输出去。

Wi-Fi 6 进一步拓展，提出一种**多业务 A-MPDU 聚合技术**，即发送端将不同优先级的业务数据聚合在一个 A-MPDU 中进行传送，比如语音数据和视频流数据聚合成一个 A-MPDU 进行传输，降低混合业务下的时延，提高吞吐量。参考图 2-14，其中图（a）是 Wi-Fi 6 之前的 A-MPDU 聚合技术下的不同业务分别进行传送的例子，在 A-MPDU1 和 A-MPDU2 之间发送端需要通过竞争方式获取无线媒介，而图（b）是 Wi-Fi 6 标准中把不同业务类型的数据聚合在一起进行传送。

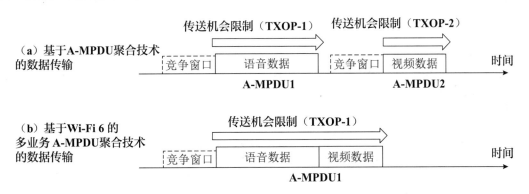

图 2-14　A-MPDU 聚合技术和多业务 A-MPDU 聚合技术比较

相应的，Wi-Fi 6 定义了两种对于多业务 A-MPDU 聚合帧的确认帧，分别为**多业务块确认帧**和**多用户多业务块确认帧**。两者的应用场景描述如下。

1）多业务块确认帧

多业务块确认帧是在传统的压缩块确认帧的基础上，将多个不同业务流确认信息聚合到一起形成一个块确认帧。以上行方向多业务为例，多业务块确认帧应用于单用户多业务和多用户多业务的应用场景，如图 2-15 所示。

图 2-15（a）所示是单用户多业务场景，发送端在无线信道上传输多业务 A-MPDU，在帧间隔 SIFS 之后，接收端发送一个多业务块确认帧，其中包含对每个业务流的确认信息。

图 2-15（b）所示是多用户多业务场景，STA1 和 STA2 在 RU1 以及 RU2 上分别发送多业务信息的聚合帧 A-MPDU1 和 A-MPDU2。在帧间隔 SIFS 之后，AP 在 RU1 和 RU2

上分别传输多业务块确认帧 1 和多业务块确认帧 2。STA1 和 STA2 接收多业务块确认帧，并解析各自的确认信息。

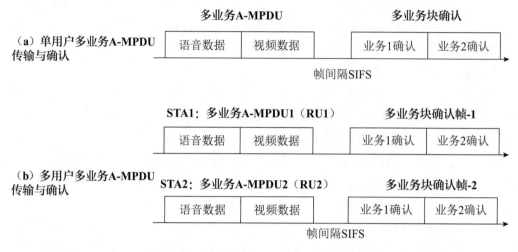

图 2-15　多业务块确认帧应用场景

2）多用户多业务块确认帧

多用户多业务块确认帧又称为多用户块确认帧（Multi-STA Block Ack，M-BA）。每个 STA 将不同业务流聚合成一个 A-MPDU 后，通过分配的 RU 资源同时将各自的多业务 A-MPDU 发送给 AP。AP 发送一个包含多用户多业务信息的 M-BA 帧进行确认。

图 2-16 给出了多用户确认帧的结构信息和两个 STA 发送多业务数据以及确认方式。STA1 和 STA2 在各自 RU 上发送语音和视频业务的 A-MPDU1 和 A-MPDU2，经过帧间隔之后，AP 发送 M-BA 帧，STA1 和 STA2 从 M-BA 帧中获得各自 A-MPDU 对应的确认信息字段，从而确认每个数据子帧的接收状态。

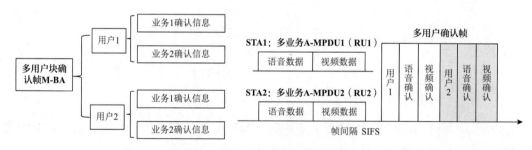

图 2-16　多用户确认帧结构与应用例子

当多用户确认帧中只包含一个用户信息时，其应用方式与多业务确认帧相同。因此，多业务确认帧和多用户确认帧均可以应用于单用户和多用户多业务场景，具体使用方式由厂商自定义。

2.2.3　多输入多输出技术

在 Wi-Fi 6 标准中，多输入多输出技术在 Wi-Fi 5 基础上得到扩展，如图 2-17 所示。

- Wi-Fi 6 支持更多并发的空间流数量，把原先只有下行的 MU-MIMO 拓展到了上行 MU-MIMO 技术；Wi-Fi 6 的 OFDMA 技术提升了波束成形过程中对多用户的信道探测效率，AP 可以利用资源单位 RU 同时对多用户进行信息收集和接收反馈；Wi-Fi 6 标准支持 OFDMA 在频域上的多用户接入与 MU-MIMO 在空间上的多条数据流并发技术的混合，使得每条天线的空间流都可以独立传送 AP 分配的多用户的资源单位。

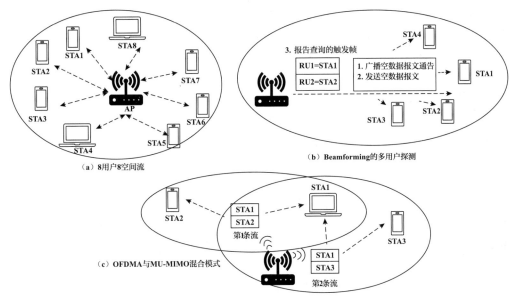

图 2-17　Wi-Fi 6 多输入多输出技术的更新

（1）提高空域上并发用户数量。

Wi-Fi 5 协议定义了 4 用户 8 个下行空间流，MU-MIMO 仅支持下行方向，在此基础上，Wi-Fi 6 协议支持上行和下行方向最多 8 用户 8 个空间流，提高了空间复用的上行和下行并发用户数量，降低多用户在上行或下行传送数据上的等待时延，如图 2-17（a）所示。

（2）提高信道探测过程的效率。

在 Wi-Fi 5 的信道探测过程中，AP 向多个接收端广播空数据包通告的控制帧，接着发送空数据报文，然后 AP 需要依次发送报告轮询帧（Beamforming Report Poll，BFRP）查询信道信息，每个接收端也相应地给出反馈。

而在 Wi-Fi 6 标准中，AP 发送 Beamforming 报告查询的触发帧为多用户分配不同的RU，多个用户根据 BFRP 触发帧中的 RU 分配信息，同时向 AP 发送信道的反馈信息。显然，基于 RU 分配方式提高信道探测过程中的并发用户数量，提升了信道探测过程的效率，如图 2-17（b）所示。

（3）支持 OFDMA 与 MU-MIMO 技术混合。

OFDMA 和 MU-MIMO 分别是频域和空间上的多用户复用与接入，Wi-Fi 6 标准支持两种技术的混合使用，空间上的每一条独立传送的数据流包含 AP 分配的多用户的资源单位，每一个终端从对应的空间流中接收与自己相关的 RU。OFDMA 与 MU-MIMO 技术混合使得 Wi-Fi 6 标准具有更灵活的多用户接入方式，如图 2-17（c）所示。

本节将详细介绍上行与下行 MU-MIMO、Beamforming 信道探测技术，以及 OFDMA与 MU-MIMO 混合技术。

1. 下行与上行 MU-MIMO

Wi-Fi 5 支持的下行 MU-MIMO 是指 AP 在相同信道的情况下，通过不同空间流同时向多个 STA 发送下行数据。而 Wi-Fi 6 把 MU-MIMO 拓展至上行 MU-MIMO，这是指 AP 在相同信道的情况下，通过不同空间流同时接收多个 STA 发送的上行数据。因为空间流数越多，产品实现的复杂程度就越高，所以 Wi-Fi 6 议规定 MU-MIMO 的空间流总数不超过 8 条，每个 STA 分配的空间流数不超过 4 条，STA 总数不超过 8 个。

下行 MU-MIMO 与上行 MU-MIMO 在信道信息获取方式和空间流位置信息指示两个方面有区别。

1）信道信息获取方式

图 2-18 给出了下行 MU-MIMO 和上行 MU-MIMO 的例子，AP 通过两条空间流与 STA1 和 STA2 同时在上行和下行方向上传送数据。

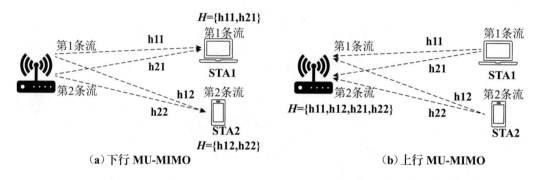

图 2-18　下行 MU-MIMO 与上行 MU-MIMO 信道矩阵信息示例

在图 2-18（a）中，AP 通过信道探测方式搜集各个 STA 反馈的信道信息，合成一个发送矩阵，各个发送天线上的数据需要根据该矩阵的参数进行调整，保证 STA 只收到自己的数据。STA1 反馈的信道矩阵信息为 $H=\{h11, h21\}$，即 STA1 能够从 h11 和 h21 路径上接收 AP 发送的两条空间流，其中 h11 路径上的空间流为 STA1 期望接收的数据，而 h21 路径上的空间流为干扰信息。同样的，STA2 信道矩阵为 $H=\{h12, h22\}$，其中 h22 路径上的空间流为 STA2 期望接收的数据，而 h12 路径上的空间流为干扰信息。

AP 接收到 STA1 和 STA2 反馈的信道信息之后，AP 需要利用信道反馈信息降低通过 h21 路径发往 STA1 的空间流能量，降低通过 h12 路径发往 STA2 的空间流能量。理想状态 h21 和 h12 的空间流能量为 0，即完全没有干扰。

上行 MU-MIMO 过程中，信道探测过程不是必需的，因为 AP 可以从 STA1 或 STA2 直接获取到完整的信道矩阵信息，如图 2-18（b）所示，AP 获取的信道信息 $H=\{h11, h12, h21, h22\}$，AP 可以利用该矩阵信息解析出 STA1 和 STA2 发送给 AP 的任何空间流。

2）空间流位置信息指示

在下行 MU-MIMO 过程中，AP 利用物理帧中的前导码 HE-SIG-B 字段指示空间流信息。AP 向多用户发送 HE MU PPDU 格式（2.3.3 节中介绍 Wi-Fi 6 的 PPDU 格式和新的前导码）的数据报文，其中 HE-SIG-B 字段中包含每一个用户的空间流位置和数量信息，终端设备根据 HE-SIG-B 字段的指示信息，调整对应的物理层接收参数，比如解调速率、解码方式等，接收并解调解码各自的下行数据。

上行 MU-MIMO 过程中，AP 首先发送触发帧，通过 RU 分配信息指示空间流信息，然后多个 STA 根据触发帧指定的空间流位置信息同时传输上行数据。

2. Beamforming 信道探测技术

波束成形（Beamforming）支持信道探测技术，即获取接收端的信道信息，然后根据接收端反馈的信道信息对发送信号做相应的处理，从而保证 AP 朝着特定的方向发送信号。

Wi-Fi 6 支持多用户的 RU 资源分配，在信道探测过程中，根据 AP 是否发送触发帧分配 RU 资源，Wi-Fi 6 信道探测技术包括两种模式，即**非触发模式**和**触发模式**，非触发模式用于 AP 与一个用户完成信道探测过程，而触发模式用于 AP 与多个用户完成信道探测过程。

Wi-Fi 5 定义了 VHT 信道探测技术，为了与 VHT 信道探测技术区分，Wi-Fi 6 定义的信道探测技术称为 HE 信道探测技术，相应的管理帧称为 HE 空数据包通告（HE Null Data PPDU Announcement，HE NDPA）、HE 空数据报文（HE Null Data PPDU，HE NDP）和 HE 信道反馈信息（HE Compressed Beamforming）。

1）**非触发模式**

在 Wi-Fi 6 非触发模式中，单用户信道探测过程与 Wi-Fi 5 定义的信道探测交互过程基本相同。

如图 2-19 所示，发送端 Beamformer 首先发送空数据包通告的控制帧，接着发送空格数据报文，其中，Wi-Fi 6 AP 在空数据报文的前导码的 HE-LTF 字段来传递信道信息，接收端也是基于 HE-LTF 字段计算信道信息，而 Wi-Fi 5 AP 和接收端是基于空数据报文中 VHT-LTF 字段完成信道信息的传递和计算。在接收端完成信道信息之后，向发送端发送信道反馈信息。

图 2-19　单用户信道探测过程

2）**触发模式**

为了提高多用户场景下信道探测技术的信道利用率，Wi-Fi 6 定义了基于 RU 分配信道资源的**触发模式**，即 AP 向多用户发送空数据包通告的控制帧以及空数据报文之后，再次发送包含 RU 分配信息的 Beamforming 报告查询（BFRP）帧，不同用户分配不同的 RU，当这些用户收到 BFRP 帧后，将各自的信道反馈信息按照 RU 位置指示同时发送给 AP。

如图 2-20 所示，基于触发模式的多用户探测过程，与 Wi-Fi 5 定义的轮询方式相比，降低了 Beamforming 报告查询的信道开销，提高信道利用率。

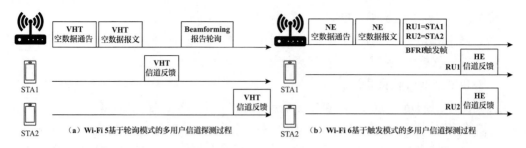

图 2-20　多用户信道探测过程

3. OFDMA 与 MU-MIMO 的混合模式

Wi-Fi 6 的 OFDMA 技术是多个终端连接情况下的数据流在频率上的并发复用，而 MIMO 技术是多天线下的多个终端的数据流在空间的并发复用，在 Wi-Fi 6 标准中，把两者结合起来的机制称为 MU-MIMO + OFDMA **混合模式**，即 AP 将每个空间流中的频宽资源分配给多个用户，支持它们的上行和下行方向的数据传输。

从 Wi-Fi 6 开始支持 OFDMA，Wi-Fi 多用户接入技术就有了更多选择。参考图 2-21 中的 4 个图示，分别表示 Wi-Fi 6 支持的 4 种多用户接入的方式：

- 图（a）是 Wi-Fi 基于载波侦听多路接入 / 冲突避免（CSMA/CA）的时分复用下的多用户接入方式。
- 图（b）是 Wi-Fi 5 之后在多天线配置下，基于多条空间流的空间复用的多用户接入（MU-MIMO）。
- 图（c）是 Wi-Fi 6 通过 OFDMA 进行资源单位分配，支持频分复用的多用户接入。
- 图（d）是 Wi-Fi 6 在多天线配置下，把空间复用与 OFDMA 混合在一起的多用户接入技术。

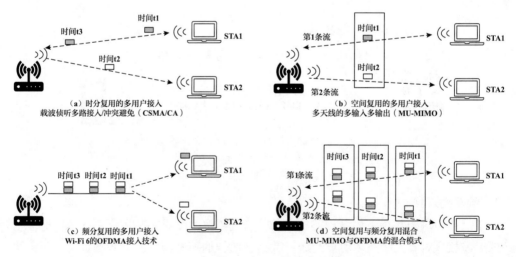

图 2-21　Wi-Fi 6 支持的四种多用户接入技术

图 2-22 是 OFDMA 与 MIMO 混合模式下，支持 2 条空间流和 6 个终端通过 OFDMA 接入的例子。第 1 条空间流包含 STA1、STA2、STA3 和 STA4 的 RU 的分配，第 2 条流则包含 STA5、STA2、STA6 和 STA4 的 RU 的分配。

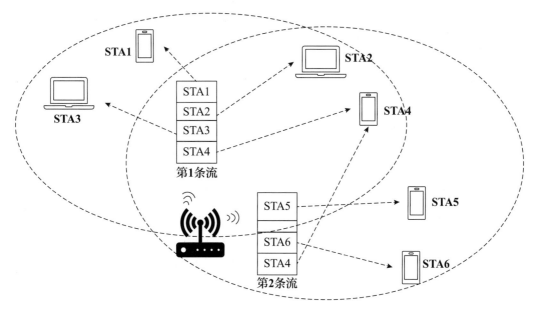

图 2-22　Wi-Fi 6 支持的 OFDMA 与 MIMO 混合模式的接入技术

在 OFDMA 与 MIMO 混合模式下，Wi-Fi 标准规定每个空间流保持相互一致的信道中的资源单位 RU 的分配方式，但每个空间流的同一位置的 RU 可以分配给不同用户。图 2-23 是图 2-22 中的多终端下的 RU 分配方式，可以看到，第 1 条空间流与第 2 条空间流的 RU 分配顺序都是 484-tone、26-tone、242-tone 和 242-tone，但对应的 RU 可以分给相同或不同的终端（26-tone RU 除外）。图中的 DL 是 Downlink，表示下行方向。

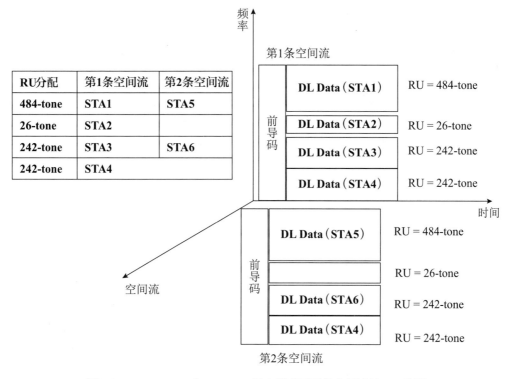

RU分配	第1条空间流	第2条空间流
484-tone	STA1	STA5
26-tone	STA2	
242-tone	STA3	STA6
242-tone	STA4	

图 2-23　MU-MIMO 与 OFDMA 混合模式下两条空间流的 RU 分配

在 MU-MIMO+OFDMA 混合模式下，在芯片上基于 26-tone 或者 52-tone RU 实现 MIMO 有较大的复杂度，Wi-Fi 6 协议规定混合模式下应用 MIMO 的 RU 要大于或等于 106-tone。

2.2.4　Wi-Fi 6 的低功耗技术

Wi-Fi 6 不仅为用户上网提供了高速率和低延时的 Wi-Fi 性能，而且也为电池供电的终端或者物联网设备引入了更低功耗的电源节能技术，即**目标唤醒时间**（Target Wake Time，TWT）技术。通过 TWT 提供的机制，AP 可以与 STA 协商唤醒收发数据的时间，AP 将 STA 分到不同的唤醒周期组，这样减少了多个 STA 唤醒后同时竞争无线媒介的冲突。

在传统的 Wi-Fi 省电模式下，STA 在**信标目标发送时间**（Target Beacon Transmit Time，TBTT）周期性地醒来，接收 AP 广播的信标帧，根据信标帧中的 TIM/DTIM 字段来判断是否有缓存的单播报文。如果有缓存信息指示，STA 就会发送 PS-POLL 帧向 AP 查询缓存信息，然后 AP 将缓存的下行数据发送给 STA，STA 接收完毕后，就会重新进入瞌睡状态。

与传统的节电方式相比，TWT 技术使得 STA 不用在固定周期醒来，而是可以协商周期更长的唤醒时间，这对于低功耗的物联网设备的节能效果尤其明显。另外，不同的 STA 有不同的唤醒周期，有效减少了 STA 在唤醒过程中进行缓存状态查询、消息收发等的无线媒介竞争冲突。

1. Wi-Fi 6 TWT 技术与传统省电模式的比较

图 2-24 给出了传统 Wi-Fi 省电模式下 STA 周期性唤醒接收数据的过程。在多个 STA 同时醒来的过程中，它们会同时竞争无线媒介发送 PS-POLL 帧来获取缓存数据。但最多只能有一个设备竞争无线媒介成功，而其他设备只能等待下一个发送窗口再次竞争信道和发送 PS-POLL 帧。

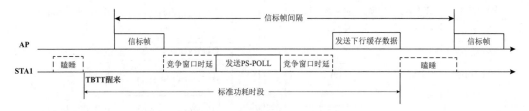

图 2-24　传统 Wi-Fi 在省电模式下的周期唤醒方式

当 AP 发送下行缓存数据的时候，所有醒来的 STA 需要再次竞争无线媒介。在高密度部署的网络中，在固定周期到来的时候，有更多唤醒的 STA 进行竞争窗口，使得 STA 需要更长的醒来时间完成缓存数据的接收，从而降低了 STA 的省电效果。

图 2-25 给出了 Wi-Fi 6 TWT 技术下的 AP 与 STA 交互过程。AP 与不同的 STA 协商不同的唤醒时间，STA 彼此可以错开唤醒周期。例如，STA1 在 T1 的时间醒来，由于此刻没有其他唤醒的 STA，STA1 发送前的竞争信道的等待时延就可以忽略，STA1 向 AP 发送 PS-POLL 帧来获取缓存数据，而 AP 发送缓存数据的时候，也不会与多个已经醒来的 STA 有信道竞争的冲突。之后，STA2 在 T2 的时间醒来，继续同样的过程。

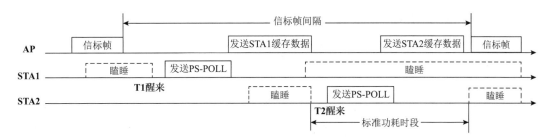

图 2-25　Wi-Fi 6 TWT 技术下的省电模式的示例

TWT 技术就减少了唤醒的 STA 之间因为信道竞争而引起的额外功耗。另外 TWT 错开 STA 唤醒周期的方式也提高了信道的利用率。

2. Wi-Fi 6 TWT 的三种关键技术

Wi-Fi 6 的目标唤醒时间 TWT 技术最初来自 802.11ah 协议，用于支持工作频段在 1GHz 以下，且带宽为 1MHz、2MHz、4MHz、8MHz 和 16MHz 等物联网设备的省电需求。Wi-Fi 6 引入了该技术，并在此基础上结合自身的技术特点做了进一步的扩展，例如，Wi-Fi 6 的 OFDMA 技术与它相结合，扩展为支持基于触发帧的上行多设备同时进行数据传输的 TWT 技术。

根据 AP 与 STA 进行协商唤醒时间的方式，参考图 2-26，TWT 技术包含三种不同的唤醒协商情况。

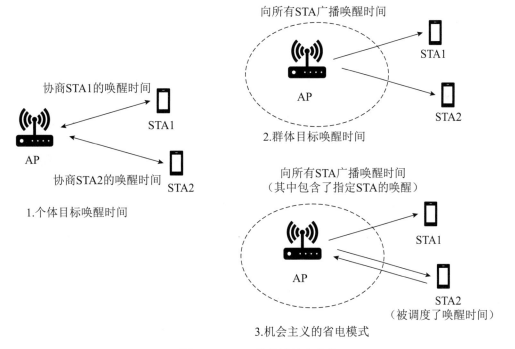

图 2-26　TWT 的关键技术分类

- **个体目标唤醒时间**（Individual TWT，i-TWT）：每个 STA 与 AP 协商唤醒时间，该时间存放在 AP 维护的表格中，相互之间不重复，然后 STA 在相应的时间醒来，完成与 AP 的数据传送。

- **群体目标唤醒时间**（Broadcast TWT，b-TWT）：AP 事先划分了多个不同的服务时间段，每个服务时间段为一个 TWT 组，然后 AP 利用信标帧将服务信息广播出去，STA 只能和 AP 协商加入某个 TWT 组，而不能协商具体服务时间段。
- **机会主义的省电模式**（Opportunistic Power Saving，OPS）：AP 与 STA 没有协商过程，AP 在向所有 STA 发送 Beacon 帧的时候，为特定的若干个 STA 宣告一个 TWT 时间，STA 就在这个 TWT 时间醒来，完成与 AP 之间的数据发送和接收。

3. Wi-Fi 6 的个体目标唤醒时间技术

个体目标唤醒时间是 AP 和不同的 STA 单独协商唤醒的时间。AP 需要本地维护一张服务时间表格，便于 AP 在对应的时间与相应的 STA 进行数据交互。STA 并不知道其他终端与 AP 协商的服务时间。

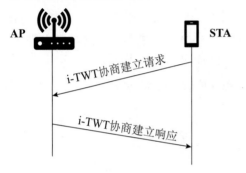

图 2-27　i-TWT 服务时间协商过程

AP 与 STA 之间的协商过程可以在连接过程中完成，例如通过关联请求帧和关联响应帧携带 i-TWT 参数方式，同时完成 Wi-Fi 连接和 i-TWT 协商过程。另外，AP 与 STA 之间的协商过程也可以在连接完成之后再进行协商。如图 2-27 所示，在连接完成之后，STA 作为 i-TWT 协商过程的发起端，向 AP 发送协商请求，AP 接收到请求后，给出相应的响应。

1）i-TWT 的唤醒协商模式

根据协商过程中是否确认下一次的唤醒周期，i-TWT 分为显式协商和隐式协商两种方式。

（1）**显式协商方式**：AP 与 STA 协商的唤醒时间是非周期性的，在 STA 唤醒收发数据并在进入瞌睡状态之前，AP 与 STA 需要协商下一次唤醒的时间。

（2）**隐式协商方式**：AP 与 STA 协商的唤醒时间是周期性的，即每隔一段固定时间，STA 唤醒并与 AP 进行数据交互，而不需要协商下次的醒来时间。隐式协商的时间一般以 AP 的一个或多个信标帧间隔为单位。

显式协商方式适合非周期性的业务。AP 可以灵活地根据缓存大小和缓存数据量与 STA 协商下一个唤醒时刻，例如，当 STA 的业务数据量比较大时，AP 可以及时调整 STA 的唤醒时间，使得缓存数据尽快发送给 STA。显式协商的缺点在于每次都要占用信道资源来协商唤醒时间。

隐式协商方式适合周期性的业务。例如，当 STA 缓存数据量比较稳定时，不需要每次调整 STA 的唤醒时间。这种方式减少了协商信息对于信道资源的占用，但它缺少灵活性，不能应对突发业务。具体使用显示还是隐式协商方式，厂家根据实际业务情况而定义。

2）i-TWT 的信道接入方式

TWT 技术使得 STA 在不同时间唤醒，分别与 AP 进行数据交互，减少了唤醒 STA 相互之间的无线媒介的竞争冲突。但在一个 Wi-Fi 网络中，仍有 Wi-Fi 6 之前的 STA 以及不支持 TWT 功能的 STA，或者附近有其他网络的 Wi-Fi 设备在传送数据，因此唤醒的 STA 或者 AP 发送缓存数据之前，需要与它们进行无线媒介信道竞争。

根据 STA 在唤醒之后获取无线信道的方式，i-TWT 技术中信道接入方式分为基于 CSMA/CA 竞争信道接入方式和 Wi-Fi 6 定义的基于触发帧接入方式。

（1）**基于 CSMA/CA 竞争信道接入方式。**

属于 802.11ah 定义的传统 TWT 方式，唤醒的 STA 通过竞争无线媒介方式获得信道之后，就可以向 AP 直接发送数据，或者发送 PS-POLL 帧向 AP 查询缓存数据，从而完成与 AP 数据交互的整个过程。

图 2-28 所示是传统信道接入方式下，两个 STA 与 AP 之间支持 i-TWT 而进行交互的例子。

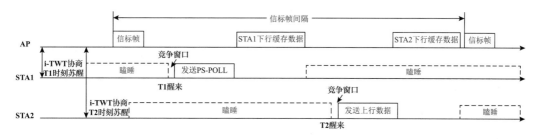

图 2-28　i-TWT 技术的基于无线媒介竞争的信道接入方式

① **STA1 与 AP 协商 i-TWT 服务时间**，协商结果是 STA1 在 T1 时刻唤醒。随后 STA1 进入瞌睡状态，不再定期监听信标帧。

② **STA2 与 AP 协商 i-TWT 服务时间**，协商结果是 STA2 在 T2 时刻唤醒，T2>T1。随后 STA2 进入瞌睡状态，不再定期监听信标帧。

③ **STA1 在 T1 时刻唤醒之后**，STA1 通过竞争方式获得信道访问权限，由于没有上行数据发送，STA1 发送 PS-POLL 帧，查询 AP 上的缓存信息，并从 AP 获取缓存的数据后，随即进入瞌睡状态。

④ **STA2 在 T2 时刻唤醒之后**，STA2 通过竞争方式获得信道访问权限后，发送上行数据，并从 AP 获取下行缓存的数据后，随即进入瞌睡状态。

（2）**基于触发帧的接入方式。**

STA 在唤醒之后，AP 通过竞争无线媒介方式抢占信道，然后向 STA 发送触发帧实现 TXOP 的转交，接着 STA 利用 AP 给予的 TXOP 发送上行数据，或者 STA 可以直接发送 PS-POLL 帧向 AP 查询缓存数据，AP 随后发送数据给 STA。这种方式节约了 STA 需要竞争信道而产生的额外功耗开销。

参考图 2-29，STA1 与 STA2 分别与 AP 完成基于触发帧的 i-TWT 交互。

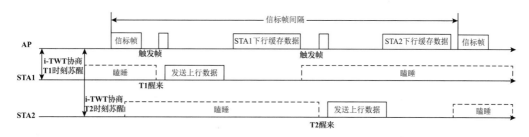

图 2-29　基于触发帧的 i-TWT 交互过程

在图 2-29 中，首先 AP 与 STA1、STA2 分别协商 i-TWT 服务时间，在每个 i-TWT 服务时间开始的时候，AP 发送触发帧，把信道访问权 TXOP 转交给对应的 STA。然后 STA 利用这段 TXOP 的时间，发送各自的上行数据以及接收下行缓存数据。

具体利用 CSMA/CA 还是触发帧方式获取 i-TWT 服务时间段的无线信道访问权，由厂商根据实际应用自定义。

4. 群体目标唤醒时间

群体目标唤醒时间是把 STA 放到不同的时间组来进行唤醒，即 AP 事先将整个传输时间段分成多个不同的服务时间段，每个服务时间段为一个 b-TWT 组，分别用 TWT_ID 来标识，然后利用信标帧将 b-TWT 服务信息广播出去，STA 通过与 AP 协商或者非协商方式加入其中一个 b-TWT 组，但 STA 不能与 AP 协商具体服务时间段。

由于 b-TWT 技术中每个 TWT 组调度周期固定，所以，与 i-TWT 技术相比，AP 端不需要频繁更新每个 TWT 组的调度周期，降低了在实际开发中 AP 端调度复杂度。而且 b-TWT 技术支持在每个 b-TWT 组服务周期内，利用 OFDMA 或者 MU-MIMO 技术同时调度多个设备，降低每个设备的等待时延。

如图 2-30 所示，b-TWT 技术特点主要包括以下 4 个方面：

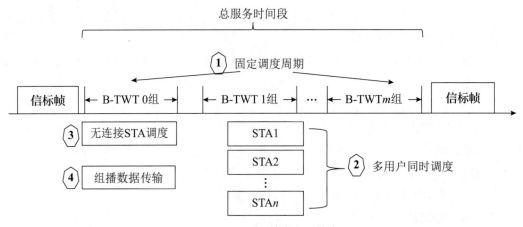

图 2-30   b-TWT 技术主要特点

（1）**固定调度周期**。如果把两个信标帧之间的时间间隔看作总的服务时长，那么 AP 将整个服务时间分成多个 b-TWT 组，AP 周期性调度每个 b-TWT 组内的一个或者多个用户。

（2）**多用户同时调度**。当多个用户同时加入一个 b-TWT 组内时，Wi-Fi 6 的 AP 可以基于 OFDMA 技术或者 MU-MIMO 技术同时调度多个用户的上下行数据，提高信道利用率。

（3）**无连接 STA 调度**。与 AP 未建立连接的 STA 不需要与 AP 协商即可加入预留的 b-TWT 0 组，并与 AP 完成上下行的数据传输。

（4）**组播数据传输**。在 b-TWT 0 组中，AP 不但可以调度用户的单播数据，而且还支持 AP 向 STA 发送组播数据。

本节将从 b-TWT 的服务时间分组与广播、STA 协商加组与退组、b-TWT 服务时间段信道接入方式以及支持无连接 STA 服务时间的 b-TWT 0 组 4 个方面，对这些技术点进一步说明，并在最后给出两个 b-TWT 技术应用的完整示例。

1）b-TWT 的服务时间分组与广播

实现 b-TWT 技术的第一步，是 AP 以信标帧的发送周期为一个服务周期，将整个通信时间段分成多个互不重叠的服务时间段，每个服务时间段分配给一个 b-TWT 组，每个 b-TWT 组用一个 b-TWT ID 标识，比如 b-TWT 0 表示第 0 个分组。然后 AP 利用信标帧将 b-TWT 服务信息集广播出去，b-TWT 信息集中包含每个 b-TWT ID 服务时间段及周期信息。

例如，在图 2-31 中，AP 划分了三段不同的 b-TWT 服务时间，每个组都包含服务起始时间及时长信息，分别用 b-TWT 0、b-TWT 1 和 b-TWT 2 标识每个分组。三个分组的服务时间段依次为 50ms、20ms 和 20ms。

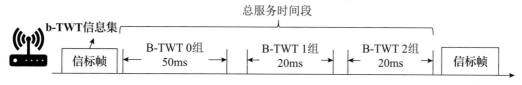

图 2-31　b-TWT 的服务时间分组与广播示例

为了避免因为每一个信标帧携带 b-TWT 信息导致过长问题，在实际应用中，Wi-Fi 协议允许厂商不必在每一个信标帧都包含 b-TWT 字段，即允许 b-TWT 信息字段在间隔几个信标帧之后携带。例如，在图 2-31 中，b-TWT 字段只在第 1 个信标帧中携带。

2）STA 协商加组与退组

根据是否由 STA 主动发起协商或者由 AP 直接指定 STA 加入 b-TWT 组过程，b-TWT 协商加组包括两种方式，即**全协商方式**和**半协商方式**。具体采用哪种协商方式，由厂商自定义。

- **全协商方式**：STA 发起 b-TWT 加组申请，加入一个不等于 0 的 b-TWT 组，AP 对该申请进行响应，允许或拒绝该申请，该协商过程需要两次交互。帧交互过程如图 2-32（a）所示。
- **半协商方式**：AP 指定一个 STA 加入一个 b-TWT ID 不等于 0 的服务时间对应组。相对于全协商方式，半协商方式减少一个帧的交互，提高协商效率。帧交互过程如图 2-32（b）所示。

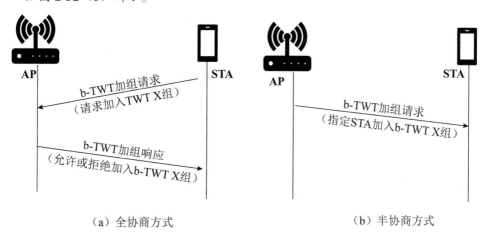

（a）全协商方式　　　　　　　（b）半协商方式

图 2-32　加入 b-TWT 组的两种方式

在加组协商过程中，AP 给 STA 发送的帧中既可以直接携带 b-TWT 组分配的服务时间，也可以给出包含 b-TWT 信息集的信标帧的发送周期信息。对于后者，STA 需要从下次携带 b-TWT 信息集的信标帧中解析出对应 b-TWT 组的服务时间。两种方式的应用由厂商自行定义。

与 b-TWT 加组操作相对应的操作称为 b-TWT **退组操作**，即 STA 从一个 b-TWT 服务组中离开。AP 或 STA 都可以向对方主动发出退组的消息，完成 STA 的 b-TWT 退组操作。

3）b-TWT 服务时间段信道接入方式

b-TWT 服务时间段内信道接入方式与 i-TWT 相同，即**支持基于无线媒介竞争的接入方式和基于 Wi-Fi 6 触发帧的接入方式**。

在实际场景中，多个 STA 可能申请加入同一个 b-TWT 分组，即一个 b-TWT 分组服务时间中有多个 STA 同时工作。在这种应用场景下，如果使用基于触发帧的方式接入信道，可以降低多个 STA 竞争无线媒介而导致的冲突问题。

如图 2-33 所示，STA1 和 STA2 加入到某一个 b-TWT 组，AP 首先向 STA1 和 STA2 发送触发帧，分配的资源单位 RU 分别为 RU1 和 RU2，接着 STA1 和 STA2 在指定的 RU1 和 RU2 上发送上行数据给 AP，完成上行数据传输。随后，AP 通过 RU1 和 RU2 向 STA1 和 STA2 发送下行数据，完成下行方向数据传输。

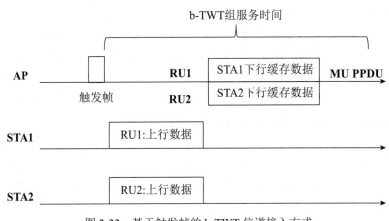

图 2-33　基于触发帧的 b-TWT 信道接入方式

4）支持无连接 STA 服务时间的 b-TWT 0 组

b-TWT 0 组为 b-TWT 技术中特殊的 b-TWT 组，它为无连接的 STA 提供服务时间，STA 不需要协商即可加入该组。另外，b-TWT 0 组也用于传输组播数据。

通常 STA 只有与 AP 建立连接之后，才可以与 AP 协商是否能够加入 b-TWT 组或退出该组，而没有建立连接的 STA 则没有办法与 AP 进行协商。为了在 Wi-Fi 低功耗模式中支持无连接 STA，Wi-Fi 标准规定这些 STA 可以直接使用 b-TWT 0 组对应的服务时间，而不需要加组或退组的协商过程。

从 AP 角度来看，由于没有 b-TWT 协商过程，AP 无法获取需要提供服务的 STA 信息，因此，对于触发帧接入方式，b-TWT 0 组只能采用触发帧携带随机接入 RU（RA-RU）方式，实现非连接的 STA 上行数据传输。

具体来说，在服务时间开始时，AP 向 STA 发送携带 RA-RU 信息的触发帧，即触发帧中不指定具体分配的 RU，允许非连接的 STA 自由竞争这些 RA-RU，然后发送上行数据，如果 AP 有对应 STA 的下行数据，就会接着向这些 STA 发送下行数据。

如图 2-34 所示，AP 与 STA1 及 STA2 没有建立 Wi-Fi 连接。AP 分配了两个用于非连接 STA 传输上行数据的 RA-RU，即 RU1 和 RU2。STA1 和 STA2 进行竞争，分别获得 RU1 和 RU2 之后发送上行数据。接着，AP 向 STA1 发送其缓存的下行数据，从而完成与非连接 STA 的数据交互。

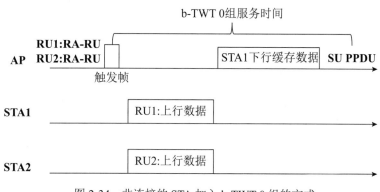

图 2-34　非连接的 STA 加入 b-TWT 0 组的方式

另外，Wi-Fi 标准规定只有 b-TWT 0 组可以用于传输组播数据，组播数据接收对象为所有 STA。b-TWT 0 服务时间段需要分配到 DTIM 后面，保证处于瞌睡状态的 STA 在 DTIM 时刻醒来接收数据。

5）Wi-Fi 6 的 b-TWT 技术的应用例子

本节通过以下两个完整的示例，进一步说明 b-TWT 每个技术点的应用方法，以及在实际开发中如何使用 b-TWT 功能。

第一个例子，STA 通过协商和半协商方式加入一个 b-TWT 组。

如图 2-35 所示，STA1、STA2 分别与 AP 通过全协商和半协商方式加入 b-TWT 1 组，并在该组对应的服务时间内完成数据交互，具体步骤如下。

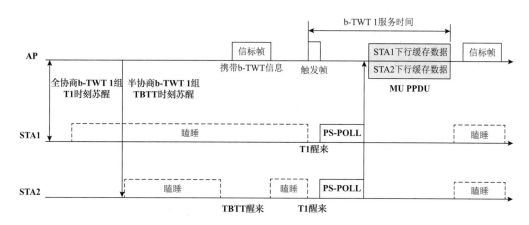

图 2-35　STA 协商加入 b-TWT 组并完成数据传送

（1）**全协商加组**。STA1 通过与 AP 协商方式加入 b-TWT 1 组，并且该组的服务开始时间为 T1，STA1 随即进入瞌睡状态。

（2）**半协商加组**。AP通过半协商方式指定STA2加入与STA1相同的组b-TWT 1组，该组的具体服务时间信息会在第二个信标帧中携带，STA2随即进入瞌睡状态。

（3）**通过信标帧查询服务时间**。STA2在第二个TBTT时间醒来，接收信标帧信息并查询到b-TWT 1组的开始时间为T1后，再次进入瞌睡状态。

（4）**基于触发方式的信道接入**。STA1与STA2在T1时间醒来，接收到AP发送的触发帧后，按照触发帧分配的RU信息，分别在对应的RU上发送PS-POLL缓存报文查询帧，AP接收到两个STA的PS-POLL帧之后，将STA1和STA2的下行缓存报文一起发送出去。STA1和STA2收到各自的缓存报文后，重新进入瞌睡状态。

第2个例子，无连接的STA通过非协商方式加入b-TWT 0组。

如图2-36所示，STA1、STA2为两个未与AP建立连接的STA，分别与AP通过非协商方式加入b-TWT 0组，并在该组对应的服务时间内完成数据交互，具体步骤如下。

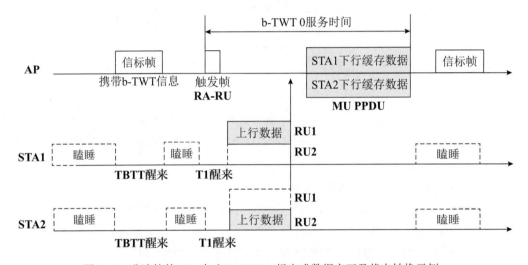

图2-36　非连接的STA加入b-TWT 0组完成数据交互及状态转换示例

（1）**非协商加组**。STA1与STA2在携带b-TWT信道的信标帧发送之前的TBTT时间醒来，接收信标帧并获取b-TWT 0组的调度信息。

（2）**基于触发方式的信道接入**。STA1与STA2从信标帧中解析b-TWT 0组的调度信息，随机进入瞌睡状态，并在b-TWT 0组服务时间开始前再次醒来，准备接收AP发送的触发帧。

（3）**AP通过RA-RU方式分配资源**。AP广播发送触发帧，并且携带的RU全部指示为RA-RU，允许非连接的STA自由抢占资源单位。

（4）**STA竞争RA-RU**。苏醒的STA1和STA2竞争RA-RU，STA1竞争到RU1，STA2竞争到RU2，STA1与STA2在各自的RU上发送上行数据给AP，并且接收AP下发的下行缓存数据，接着重新进入瞌睡状态。

5. 机会主义省电模式

机会主义省电模式（Opportunistic Power Saving，OPS）是指利用1.2.7节中介绍的传输指示映射字段TIM，指示本次服务时间中哪些STA有机会被调度，哪些STA没有机会被调度。

在服务周期开始前，AP 向所有 STA 广播发送携带 TIM 字段的 OPS 帧，其中被调度的 STA 所对应的 TIM 字段中的位置为 1，没有机会被调度的 STA 在 TIM 中的位置为 0。未被调度的 STA 将进入瞌睡状态，并在下次服务时间时醒来，查看 OPS 帧中的对应位置的 TIM 字段，这样的 STA 不需要一直保持唤醒状态，因而达到了省电的目的。

Wi-Fi 6 引入 OPS 主要为了优化 b-TWT 0 组无协商加组时的调度效率。在 b-TWT 0 的应用中，STA 不需要与 AP 进行协商就可以直接加入 b-TWT 0 组，这种方式虽然减少了加组退组的帧交互带来的信道资源开销，但 AP 无法控制 STA 加组的规模，当 STA 加组数量超过 AP 调度能力时，AP 就不能对额外的 STA 及时调度，结果使得 STA 仍然长时间保持唤醒状态，没有起到省电的效果。

图 2-37 所示的例子为 b-TWT 0 组的调度效率的限制情况。

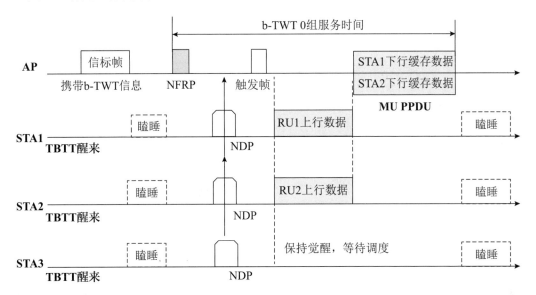

图 2-37　b-TWT 0 组的调度效率的限制

在图 2-37 中，AP 发送信标帧，其中 TIM 字段指示 STA1、STA2 和 STA3 有下行缓存数据。但 AP 不知道三个 STA 是否会醒来参与 b-TWT 0 组的调度，于是 AP 发了一个用于查询 STA 当前工作状态的 NDP 反馈信息查询（NDP Feedback Report Poll, NFRP）触发帧，把 RU1、RU2 和 RU3 分别分配给 STA1、STA2 及 STA3。STA1、STA2 和 STA3 在各自分配的 RU 上均回复了 NDP 帧。

由于 AP 缓存的数据量较多，一次只能完成两个 STA 的下行缓存数据发送，因此在 b-TWT 0 组的服务时间开始的时候，AP 发送触发帧，向 STA1、STA2 分配 RU1 和 RU2，当 AP 完成 STA1 和 STA2 的上行数据接收后，AP 向它们发送下行缓存数据。而 STA3 在整个服务时间内没有机会得到调度，只能保持唤醒状态直到服务时间结束，没有起到省电的效果。

Wi-Fi 6 引入 OPS 功能后，在 b-TWT 0 组服务时间开始前，AP 通过 OPS 帧向所有 STA 提前广播本次调度计划，没有机会参与本次调度的 STA 随即进入瞌睡状态，而不用保持唤醒状态一直等待调度。

如图 2-38 所示，AP 在 b-TWT 0 组服务时间开始前，向所有 STA 广播 OPS 帧中的调度计划指示本次服务时间内只为 STA1 和 STA2 调度服务，STA1 和 STA2 收到 OPS 帧的调度信息后，保持唤醒状态直到服务周期结束，在这个过程中完成与 AP 的上下行数据交互。STA3 通过 OPS 帧提前获知本次服务时间内没有机会调度，随即进入瞌睡状态，减少了不必要的功耗。

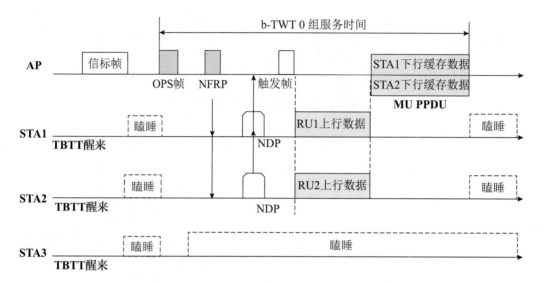

图 2-38　OPS 功能优化 b-TWT 0 组存在的调度效率

2.2.5　空间复用技术

Wi-Fi 6 主要目标之一是关注高密集场景下的性能和业务质量。高密度场景有两种情况，一种是有较多数量的终端同时连接到同一个 AP，另一种情况是有限距离的空间内多个 AP 同时工作，不同的 Wi-Fi 终端连接各自的 AP，属于不同基本服务集 BSS 的 AP 和终端分别使用各自独立控制的信道。例如，在高密度 Wi-Fi 终端部署的商场、车站候车室等场景，在一个地方部署多个 AP 来为不同的终端提供网络服务，多 AP 部署的方案不仅降低了每个 AP 的负载，也扩展了 Wi-Fi 的覆盖范围。但如果不同 AP 选择的是相同的信道，则相互之间可能因为距离较近而产生信号冲突，因而影响数据传送。

如图 2-39 所示，AP1 与 AP2 所在的 BSS-1 和 BSS-2 部署在相同信道，彼此独立传送数据。但与 AP1 连接的 STA-2 处于两个 BSS 信号强度范围的重叠覆盖区，这个区域被称为**重叠基本服务集**（Overlapping Basic Service Sets，OBSS）。STA2 收到的 BSS-1 内部的 Wi-Fi 信号，不管是 AP1 发给 STA1，还是 STA1 发送给 AP1，都称为本身 BSS 的物理层协议单元 PPDU，而收到的 BSS-2 的 Wi-Fi 信号称为邻居 BSS 的 PPDU。STA2 在发送数据之前，必须检测两个 BSS 的无线媒介是否都处于空闲状态，从而使得它传送数据的效率下降。

Wi-Fi 6 引入的新技术 OFDMA，支持 AP 在同一信道上给不同终端分配资源单位，使得它们在相同信道上能同时传送数据。但对于有限距离的空间内多个 AP 并行工作的场景，AP 相互之间不能协同资源单位的分配，不同 AP 给终端分配的资源单位在信道上可能有冲突。为了提高多 AP 在相同的空间范围内传送数据的效率和性能，减少 OBSS 带来的干扰，Wi-Fi 6 提供的新技术称为**空间复用**（Spatial Reuse，SR）**技术**。

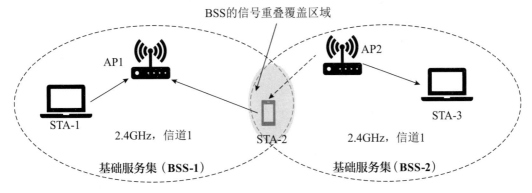

图 2-39　相同信道的 BSS 带来的信号重叠区域

空间复用技术是指 Wi-Fi 物理帧中增加新的 BSS 着色（BSS coloring）字段，不同的 BSS 有不同的着色定义，当 Wi-Fi 设备接收到 Wi-Fi 数据报文的时候，通过物理层的 BSS 着色字段就可以快速识别这个 Wi-Fi 报文是否与自己所在的 BSS 一致，如果该报文来自其他 BSS，但信号强度低于某个门限值，则允许 Wi-Fi 设备不用竞争信道而直接传送数据。

图 2-40 给出了两个 BSS 情况下的无线媒介竞争方式以及空间复用技术引入后的变化。

（a）基于CSMA/CA的无线媒介竞争方式

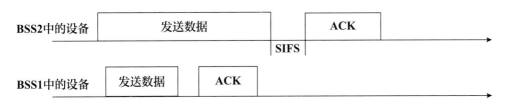

（b）基于空间复用技术使用信道方式

图 2-40　空间复用技术提升多 BSS 下的数据传送效率

在图 2-40（a）中，相同信道并相邻的 BSS1 和 BSS2，当 BSS1 中的设备检测到 BSS2 正在传送数据的时候，只能等待信道上的来自 BSS2 的数据传输结束之后，才能再次在 DIFS 时间间隔后尝试发送数据。

在图 2-40（b）中，基于空间复用技术接入方式，当 BSS2 中正在传送数据的时候，BSS1 内的设备在检查 BSS2 的信号强度低于一定门限后，可以直接使用当前信道发送数据和完成确认，因而这种情况在物理空间中形成了空间资源复用，解决了重叠部署区域下的设备性能下降的问题，从而提高了频谱利用率和数据传送性能。

1. 空间复用关键技术

空间复用技术工作流程如图 2-41 所示，即在传统的 CCA 检测流程基础上，增加了虚线所示的空间复用技术应用判断流程，包括判断正在传输信号的来源、信号强度以及两个网络分配矢量值的判断流程，来决定是否可以使用空间复用技术发送数据。

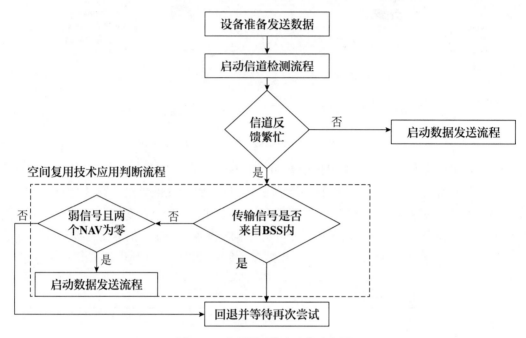

图 2-41   空间复用技术工作流程图

（1）信号来源提前判断。

设备检测正在传送的 Wi-Fi 数据报文的前导码字段，判断它来自邻近 BSS 还是本身 BSS，以及该报文的传输时间，如果数据报文来自临近 BSS，则进一步判断信号强度是否满足当前门槛值。

（2）动态信号强度门限值。

如果正在传送的邻近 BSS 的数据报文的信号强度低于一定的门限值，就可以采用空间复用技术发送本身 BSS 的数据报文，确保空间复用的 Wi-Fi 信号不会对正在传送的数据报文产生反向干扰。Wi-Fi 6 引入动态信号强度门限值来界定这种较低的信号强度。

（3）两个网络分配矢量。

当设备识别出来正在传送的 Wi-Fi 数据报文的时候，需要利用两个网络分配矢量，分别用于更新本身 BSS 和邻近 BSS 的数据报文传输时间，只有两个网络分配矢量计时均为零时，才可以真正启动空间复用技术发送 PPDU。

以下将对三个技术点进一步介绍。

2. 信号来源设计及判断

判断 Wi-Fi 信号来自哪个 BSS 的技术是基于 Wi-Fi 6 引入的 BSS **着色技术**。

AP 或者 STA 发送的物理帧中添加了识别 BSS 类型的字段信息，它被称为 BSS **着色信息**，当其他 STA 接收到该帧的时候，把它带有的 BSS 类型与本身 BSS 的信息进行比较，就能判断物理帧是否属于该 BSS。

在 Wi-Fi 6 之前，Wi-Fi 设备需要接收完整的数据报文，从 PPDU 中解析出 MPDU，然后根据 MAC 头部上的 BSSID 信息，判断该 PPDU 是来自本身 BSS 还是邻居 BSS。Wi-Fi 6 的 BSS 着色技术不再需要解析 MAC 层中的 BSSID 字段信息，因而节省了解析数据报文的额外开销，使得设备可以尽快判断能否使用空间复用技术传送数据。

BSS 着色信息字段和 BSSID 信息字段的位置如图 2-42 所示。

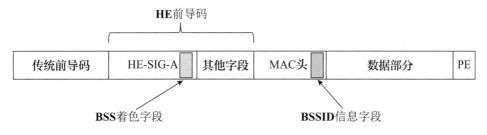

图 2-42　Wi-Fi 6 的 HE PPDU 格式

BSS 着色技术最初来自 802.11ah 协议，在那里被定义为 3 个比特，用来识别最多 $2^3=8$ 不同的 BSS，用来满足物联网设备部署的需求。由于 Wi-Fi 网络的部署越来越密集，Wi-Fi 6 在此基础上将 BSS 着色技术进一步扩展到 6 比特，用来标识最多 $2^6=64$ 个不同的 BSS，可以满足大部分场景需求。

在一个 BSS 内，AP 和 STA 的 BSS 着色需要保持一致。每个 AP 通过信标帧或者探测响应帧指示其 BSS 着色值，当一个新的 AP 开始工作时，首先收集周围相同信道 AP 的信标帧所携带的 BSS 着色值，然后配置一个不同的 BSS 着色值。而 STA 发送的 HE PPDU 中携带与连接的 AP 一致的 BSS 着色值。

AP 正常工作以后，可以通过主动收集，或者通过连接的 STA 协助收集周围 AP 广播的信标帧以及探测响应帧，判断是否存在 BSS 着色冲突。如果存在冲突，AP 就通过在信标帧、探测响应帧中携带的 BSS 着色修改通告字段，告知连接的 STA 一起切换到一个新的 BSS 颜色值。如图 2-43 所示，AP 所工作的 BSS4 发现它的着色值与 BSS7 相同，随后 AP 启动 BSS 着色切换流程，完成 BSS 着色切换。

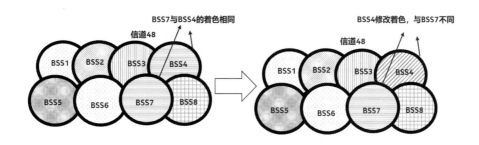

图 2-43　相同 BSS 颜色的切换过程

由于 AP 和 STA 的覆盖范围并不一致，AP 可能无法检测到较远距离的 BSS 颜色，位于交叉区域的 STA 可以把相关的着色信息告知 AP，然后 AP 进行着色切换。

3. 动态信号强度门限值

在第 1 章已经介绍过，对于物理载波侦测，802.11 标准中为 CCA 设置两个默认值，用于检测能量强度的 CCA-ED 门限值为 −62dBm，用于检测 Wi-Fi 信号强度 CCA-PD 的门限值为 −82dBm。对于虚拟载波侦测，802.11 协议中设置了一个用于计算当前 PPDU 传输时间的计数器 NAV。只要高于一个物理载波侦测的门限值，或者 NAV 不为 0，则判断信道繁忙。本节首先讨论物理载波侦听门限值问题。

空间复用技术的核心之一是提高 CCA-PD 的门限值，最高可以提升到和 CCA-ED 一样的 −62dBm 的门限值，拓展了对邻居 BSS 的 Wi-Fi 信号的强度范围的限制，允许在更大范围内判断信道是否空闲并使用无线媒介资源。

为了避免对正在传输的来自邻居 BSS 的 PPDU 造成干扰，使用空间复用技术时需要控制 PPDU 的最大发射功率，依据 Wi-Fi 6 协议，定义参考最大发射功率为 21dBm，空间复用技术下的最大发射功率如式 2-1 所示：

$$\text{TX\_PWR}_{max} = \text{TXPWR}_{ref} - (\text{OBSS\_PD}_{level} - \text{OBSS\_PD}_{min}) \qquad (2\text{-}1)$$

其中，TX_PWR_{max} 为空间复用技术允许的最大发射功率，TXPWR_{ref} 为空间复用技术参考发射功率，为 21dBm，OBSS_PD_{level} 为 CCA-PD 调整的门限值，范围为 [−82dBm，−62dBm]，OBSS_PD_{min} 为最低的 CCA-PD 门限值，为 −82dBm。

由式 2-1 可以看到，CCA-PD 调整的门限值越低，$(\text{OBSS\_PD}_{level} - \text{OBSS\_PD}_{min})$ 值越趋向于 0，可以允许使用空间复用技术的发射功率越高。

在图 2-44 中，支持空间复用技术的 STA-2 将 CCA-PD 值调整到 −74dBm，STA-2 准备向 AP1 发射数据时，检测到空间中 AP2 正在向 STA-3 传输数据，并且该 PPDU 的信号强度为 −76dBm，满足空间复用技术条件。STA-2 启用空间复用技术计算最大的发送功率，为 21dBm−(−74dBm+82dBm)=13dBm，STA-2 利用该发送功率同时向 AP1 发送数据。

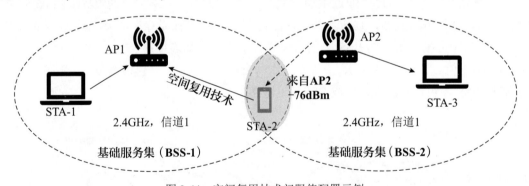

图 2-44　空间复用技术门限值配置示例

Wi-Fi 6 协议还提供了另外一个与邻居 BSS 的 PPDU 信号强度无关的空间复用技术发送功率的公式，这为厂商具体实现提供了更加广阔的操作空间，但不同厂商的设备之间在部署的时候可能存在兼容性问题，这里不再具体讨论。

4. 两个 NAV 的设计

在 Wi-Fi 设备应用空间复用技术前，需要判断接收到的 PPDU，是来自本 BSS 的 PPDU 还是邻居 BSS 的 PPDU。Wi-Fi 6 在原来一个 NAV 的基础上，进一步扩展形成两个 NAV，即内部 NAV（intra-NAV）和基本 NAV（Basic-NAV）。intra-NAV 用于记录本身

BSS 的 PPDU 的传输时间，Basic-NAV 用于记录邻近 BSS 的 PPDU 的传输时间。如果有一个 NAV 不为 0，那么就判断虚拟媒介繁忙。

如果信道中传输的 PPDU 来自本身 BSS 的 PPDU，设备就启动 intra-NAV 并更新计数器，此刻无法使用空间复用技术。

如果信道中传输的 PPDU 来自邻居 BSS 的 PPDU，设备并不会立刻启动 Basic-NAV 计数，而是判断物理媒介是否空闲。如果物理媒介空闲，设备就启动空间复用技术流程，发送自己的数据；如果判断物理媒介繁忙，即接收到的信号强度高于定义的门限值，例如，检测到的邻居 BSS 的 PPDU 信号强度为 -58dBm，大于原先定义的门限值 -62dBm，那么就启动 Basic-NAV 开始计数。

2.2.6　多 BSSID 技术

不同 Wi-Fi AP 创建不同的 BSS 网络，但一个 Wi-Fi AP 也可以同时支持多个 BSS 网络，它是通过创建多个 SSID 来标识不同的 BSS 的。SSID 作为 BSS 网络的接入的标识符，不同的 STA 连接这些 SSID，就形成各自的 BSS 网络，而每一个 BSS 网络也包含各不相同的 BSSID。

参考图 2-45，AP 创建了两个 BSS 网络，SSID 分别是"Home"和"Guest"。不同的终端连接至不同的 BSS 网络中，比如家里的计算机、摄像头和家人的手机连接到 SSID 为"Home"的 BSS，可以进行网页浏览、上传资料、下载文件等服务，而来访客人的手机连接到"Guest"的 BSS，可以实现浏览网页服务。

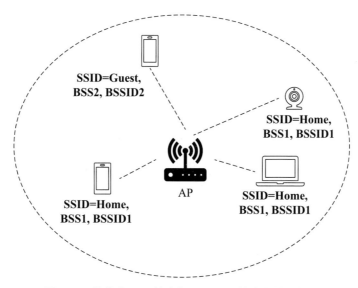

图 2-45　传统多 BSS 技术与 MBSSID 技术广播信标帧

AP 支持多个 BSS 网络，不同的 BSS 可以设置不同的登录密码，用于对不同的终端进行访问控制。这种多 BSS 的方式使得同一个 AP 可以对不同终端的访问进行分类，厂家可以开发 AP 上的应用，对终端设置不同的权限控制，甚至实现不同业务质量的要求。

每一个 BSS 网络都是独立并且同时工作在同一个信道上的，对应的终端仍然遵循载波侦听多路接入和冲突避免机制（CSMA/CA）机制，通过无线信道竞争的方式获得数据

传送的无线媒介资源并依次发送数据。AP 需要周期性地为每一个 BSS 网络发送相应的
BSS 的信标帧。AP 创建的 BSS 越多，周期性的信标帧就会发送得越多，这样对无线信道
占用得也就越多。

Wi-Fi 6 引入了**多 BSSID 技术**（Multiple-BSSID，MBSSID），是指把这些不同的 BSS
网络所传送的信标帧都集中到一个 BSS 的信标帧中进行传输，同样地，AP 也把不同的
BSS 所发送的探测响应帧集中到同一个 BSS 的探测响应帧中进行传输。这种在一条消息
中汇聚不同 BSS 网络帧的方式降低了无线信道中的 BSS 信标帧和探测响应帧的数量，在
不影响 BSS 基本功能的情况下，提高了无线信道的利用率。

MBSSID 最早在 2012 年发布的 802.11V 协议中定义，由于其技术特点在于提高信道
利用效率，符合 Wi-Fi 6 技术提升 Wi-Fi 效率的目标，因此 MBSSID 技术在 Wi-Fi 6 中得
到进一步演进，Wi-Fi 协议也规定 Wi-Fi 6 的终端必须支持该技术。

Wi-Fi 联盟制定的认证标准规定 Wi-Fi 6 AP 产品在每个信道上最多可以创建 16 个
BSS，不同 BSS 分别对应不同的 SSID、BSSID 和连接密码。如图 2-46（a）所示，AP 创
建了 16 个 BSS，每个 BSS 需要定期发送信标帧来广播各自的 SSID 等信息，假设每个
BSS 发送信标帧的周期均为 100ms，间隔时间相同，那么在无线信道中检测到不同 BSS
的信标帧之间的周期为 100ms/16=6.25ms。

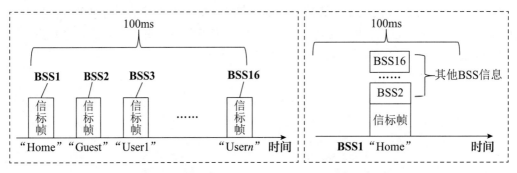

（a）传统多BSS方式广播信标帧　　　　　　　　　（b）利用MBSSID技术广播信标帧

图 2-46　传统多 BSS 技术与 MBSSID 技术广播信标帧

利用 MBSSID 技术，可以将多个 BSS 定期发送的信标帧集中到一个 BSS 信标帧上
进行传输，如图 2-46（b）所示，将周期为 100ms 的 16 个 BSS 的信标帧信息集中到一个
信标帧中进行传输。于是在同样的 100ms 内，无线信道上只有一个信标帧在传送，显然，
MBSSID 技术降低了无线信道上信标帧传输的数量，即降低了周期性发送的信标帧对于无
线资源的占用。

1. MBSSID 关键技术

AP 在同一个信道上创建多个 BSS，然后利用其中一个 BSSID，携带其他 BSS 的信
标帧或者探测响应帧中的相关字段信息，这个 BSSID 被称为**传输 BSSID**（Transmitted
BSSID）。如图 2-47 所示，BSS1 为传输 BSSID。相应地，被信标帧或者探测响应帧中所
携带的其他 BSS 被称为**非传输 BSSID**（nontransmitted BSSID）。如图 2-47 所示的 BSS2 至
BSS*n* 为非传输 BSSID。

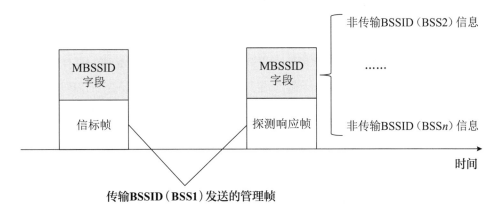

图 2-47　MBSSID 的传输与非传输 BSSID

802.11 设计了一个 MBSSID 字段，用来存放非传输 BSSID 的信息集，字段中可以包括 MBSSID 字段 ID、长度信息、最大 BSSID 数量，以及一个或者多个非传输 BSSID 信息集，每个非传输 BSSID 信息集相对独立。

MBSSID 技术具有 MAC 地址推导、元素继承和统一 AID 三个特点，其目的在于对 MBSSID 字段的优化，降低 MBSSID 字段对于信标帧增加的额外负载信息。

1）MAC 地址可推导设计

由于每个 BSS 都有其唯一 48 位的 MAC 地址，即 BSSID，为了降低非传输 BSSID 的 MAC 地址所占用的字节数，802.11 协议定义了一种可推导的 MAC 地址方式，这是指为每个非传输 BSSID 定义一个 8 位长度的索引值，非传输 BSSID 的 MAC 地址可以通过传输 BSSID MAC 地址 + 索引值计算出来，以此解决 MBSSID 字段中 MAC 地址长度带来的冗余问题。

非传输 BSSID MAC 地址计算如式 2-2 所示：

$$\text{A0-A1-A2-A3-A4-A5} = \textbf{传输 BSSID MAC 地址} \tag{2-2}$$
$$B = \text{A5} \bmod 2^n$$
$$\text{A5}(i) = \text{A5} - B + ((B + i) \bmod 2^n)$$
$$\text{BSSID}(i) = \text{A0-A1-A2-A3-A4-A5}(i)$$

其中，2^n 为非传输 BSSID 的最大数量，BSSID（i）为第 i 个非传输 BSSID 的 MAC 地址信息。

从式 2-2 可以看出，非传输 BSSID 的 MAC 地址只有最后一个字节与传输 BSSID 的 MAC 地址不一样。

例如，如果传输 BSSID 的 MAC 地址信息为 88:b3:62:36:05:5f，每个信道最多支持创建 16 个 BSSID，包括非传输 BSSID 与传输 BSSID，那么根据式 2-2 可以计算出第 5 个非传输 BSSID 的信息，即 $2^n=16$，B=f，A5(i)=54，所以其 MAC 地址 BSSID（5）=88:b3:62:36:05:54。

2）相同元素的继承技术

非传输 BSSID 与传输 BSSID 创建在同一个信道上，则天线数量、最高速率等能力相关的字段是相同的。802.11 协议定义了一种**相同元素的继承技术**，即相同元素不再出现在非传输 BSSID 相应字段中，比如工作信道、带宽、射频最高支持速率等信息，而只携带与传输 BSSID 不同的字段，比如服务设备标识信息 SSID 信息、加密方式等信息。通过相同元素继承，可以减少 MBSSID 字段多个非传输 BSSID 所携带的重复信息。

例如，如图 2-48 所示，AP 工作在信道 36 和 80MHz 带宽，创建三个 BSS，即 BSS1、BSS2 和 BSS3。图 2-48 的左图显示三个 BSS 的基本配置信息。利用相同元素继承技术，即在 BSS1 发送的信标帧中，MBSSID 字段只携带 BSS2 和 BSS3 的索引信息和 SSID 信息，而信道、带宽等信息从 BSS1 的信息集中进行继承，这种方式降低了 MBSSID 字段的长度。

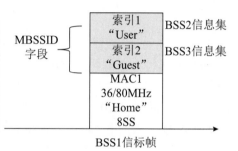

	BSS1	BSS2	BSS3
MAC地址	MAC1	MAC2	MAC3
工作信道/带宽	36/80MHz	36/80MHz	36/80MHz
SSID	User	Guest	Home
最大空间流	8	8	8

图 2-48   多个 BSS 广播信标帧与 MBSSID 广播信标帧对比

3）统一 AID 的处理方式

统一 AID 是指当 STA 连接传输 BSSID 或者非传输 BSSID 对应的 BSS 时，为 STA 分配统一的 AID 信息。这种方式在于利用传输 BSSID 对应的 BSS，统一维护记录 STA 缓存状态的位图信息，每个非传输 BSSID 对应的 BSS 不需要在 MBSSID 字段中维护各自的位图信息，降低位图字段的开销。

在传统方式中，STA 连接到 AP 后，AP 为其分配该 BSS 中唯一的 AID 信息，并利用 TIM/DTIM 的位图字段来指示连接其上 STA 的缓存信息，如图 2-49（a）所示。在位图字段中，第 0 位用来指示是否含有缓存的组播信息，其他字段分别用对应的 AID 信息指示不同的 STA 的缓存单播信息。

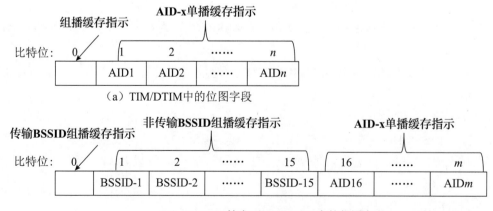

图 2-49   TIM/DTIM 中的位图字段

在图 2-49（a）所示的位图字段基础上，MBSSID 技术对于组播缓存和单播缓存指示两个方面进一步拓展。

（1）组播缓存扩展。

位图字段的前 n 个比特分别用来指示不同的 BSS 的组播缓存状态，n 的取值取决于射频支持创建 BSS 的最大数量。

（2）单播缓存扩展。

STA 的 AID 统一分配，是从 $n+1$ 开始统一分配，对应第 $n+1$ 比特开始用于指示每个 STA 的缓存状态。如图 2-49（b）所示，前 16 位用于指示每个 BSS 的组播缓存状态，从第 17 位开始即 AID16 为每个 STA 的单播缓存状态。

2. Wi-Fi 6 对于 MBSSID 技术的改进

为了降低 MBSSID 技术在信标帧中的负载开销，提高信道利用率，Wi-Fi 6 对于 MBSSID 技术进一步优化，主要改进是定义**增强型 MBSSID 字段**和**信标帧中携带部分 BSS 的信息集**两个方面。

1）增强型 MBSSID 字段

增强型 MBSSID 字段是指 BSS 信息集中只包含每个非传输 BSSID 的索引信息，终端设备接收并解析该字段后，根据式 2-2 即可推算出每个非传输 BSSID 的 MAC 地址信息。

与传统的 MBSSID 字段相比，增强型 MBSSID 字段进一步减少其携带的每个非传输 BSSID 信息量，压缩 MBSSID 字段所占的字节数，降低了该字段在信标帧和探测响应帧的负载，提高了信道利用率。

图 2-50 给出了 MBSSID 与增强型 MBSSID 字段的差别。

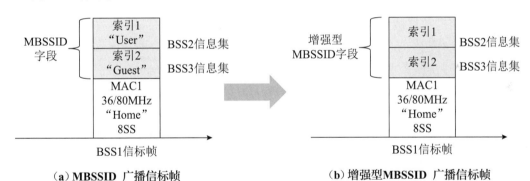

图 2-50　MBSSID 与增强型 MBSSID 字段比较

如果 STA 需要从增强型 MBSSID 字段获取非传输 BSSID 的完整信息，则需要进一步通过探测请求帧和探测响应帧交互。比如，STA 发送探测请求帧给 AP，并在其 MAC 头中 BSSID 字段携带期望检索的 BSSID 的 MAC 地址信息，AP 根据该 MAC 地址信息，提供对应的非传输 BSSID 的详细信息，填充到探测响应帧后发送给 STA。

2）MBSSID 字段携带部分 BSS 信息集

MBSSID 字段携带部分 BSS 信息集，是指不同信标帧中携带不同非传输 BSSID 信息集并依次发送，STA 通过接收多个信标帧，并将这些信标帧中非传输 BSSID 信息集进行整合，即可获得完整的非传输 BSSID 信息集。

与传统的信标帧中携带完整的 BSS 信息集相比，这种方式降低了非传输 BSSID 信息在每个信标帧中的负载量，提高了通信的效率。

图 2-51 给出了 MBSSID 字段携带完整 BSS 信息集与部分 BSS 信息集的情况。

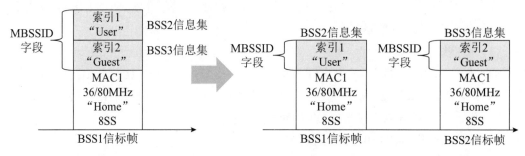

（a）**MBSSID 字段携带完整BSS信息集**　（b）**MBSSID 字段携带部分BSS信息集**

图 2-51　MBSSID 字段携带完整 BSS 信息集与部分 BSS 信息集

2.2.7　非连续信道捆绑技术

第 1 章介绍过 Wi-Fi 信道的捆绑技术，如图 2-52 的左半部分所示，两个相邻的 20MHz 的信道绑定成一个 40MHz 带宽的信道，两个相邻 40MHz 信道绑定构成一个 80MHz 带宽的信道，甚至两个相邻 80MHz 信道绑定构成一个 160MHz 带宽的信道，带来的效果是增加了数据通道的频宽。

Wi-Fi 6 增强了这种捆绑技术，在新引入的信道捆绑中，除了主 20MHz 信道必须保留以外，其他 20MHz 信道可以组合捆绑成新的信道频宽。如图 2-52 的右半部分所示，其中 1 个 20MHz 信道被屏蔽掉，而其他 3 个 20MHz 信道组成了新的 60MHz 信道频宽，尤其是第 2 种和第 3 种情况，3 个 20MHz 信道在非连续频谱的情况下组成了 60MHz 信道，这种在连续频谱中屏蔽个别信道的技术被称为**前导码屏蔽技术**（Preamble Puncturing）。

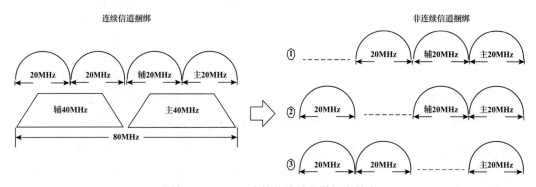

图 2-52　Wi-Fi 6 支持非连续信道捆绑技术

Puncturing 字面意思是穿孔，从 Wi-Fi 信号发射的角度来看，被屏蔽的 20MHz 信道的信号功率很低，接收端不能检测和接收到被屏蔽信道的数据。由于技术复杂度及工艺成本问题，Wi-Fi 6 标准只要求 AP 在下行方向数据传输中支持该技术，而上行方向不支持。

1）前导码屏蔽技术提升 Wi-Fi 6 信道的使用效率

在 1.2.2 节介绍过，如果要使用 20MHz 以上的带宽，802.11 标准规定 AP 或者 STA 必须以 20MHz 为单位，在多个捆绑的信道上同时竞争无线媒介资源。只有同时竞争成功，才可以使用绑定带宽。如果其中一个或者多个 20MHz 的信道竞争不成功，则只能在竞争成功的信道中选择包含主 20MHz 或主 40MHz 的频宽上发送数据。

参考图 2-53，在 5GHz 的 36、40、44、48 的连续 4 个 20MHz 信道中，如果 44 信道处于忙碌状态，那么即使 Wi-Fi 5 AP 在 36、40、48 信道上竞争成功，也只能使用主 20MHz 的 48 信道来发送数据，频宽只有 20MHz。而 Wi-Fi 6 AP 则可以仍然捆绑 36、40 和 48 信道，形成 60MHz 频宽并进行数据发送。

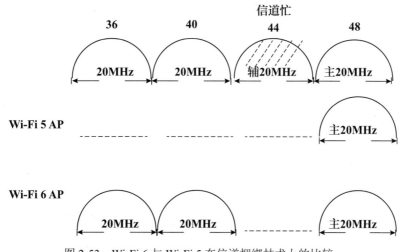

图 2-53　Wi-Fi 6 与 Wi-Fi 5 在信道捆绑技术上的比较

2）前导码屏蔽技术下的信号功率

在 Wi-Fi 设备中，调制后的信号经过功率放大器和天线的增益之后，被传送到无线媒介中。图 2-54 是 80MHz 信道频宽下的 Wi-Fi 信号的发射功率的例子，可以看到 [-39.5MHz，39.5MHz] 的 79MHz 频宽范围内的功率密度保持在常值，而 [-40.5MHz，-39.5MHz] 或者 [39.5MHz，40.5MHz] 范围内的功率密度呈线性下降。

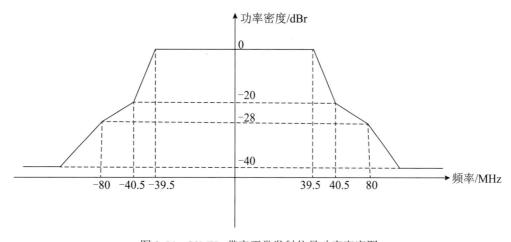

图 2-54　80MHz 带宽正常发射信号功率密度图

图 2-55 是基于前导码屏蔽技术下，Wi-Fi 发射信号经过放大和滤波后的信号功率密度图，频谱中 [-20MHz，0] 范围内的 20MHz 频宽的信号被屏蔽掉。但从图中可以看到，屏

蔽的子信道上仍然有较低功率的信号。这是因为在实际工程中，所采用的滤波器并不能完全过滤相邻信道信号，因而导致部分信号泄漏到屏蔽信道。Wi-Fi 6 标准规定，泄漏到屏蔽子信道的信号比正常信号至少低 20dB 即可。

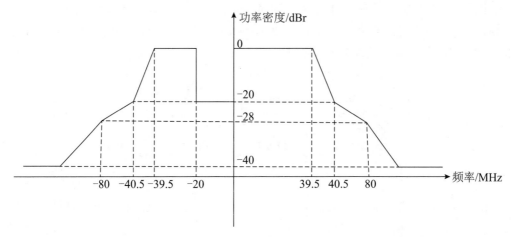

图 2-55   80MHz 带宽第二子信道屏蔽后的发射信号功率密度图

2.3   Wi-Fi 6 物理层技术与标准更新

本章中介绍的 OFDMA 技术、空间复用技术、非连续信道捆绑技术、多输入多输出技术和新的 6GHz 频段等都与 Wi-Fi 6 的物理层技术有关。但如果从物理层传送 Wi-Fi 信号的基本功能来看，Wi-Fi 6 标准在物理层上的主要更新是**信道编码、调制方式**以及**频分复用**的支持。

如图 2-56 所示，Wi-Fi 6 设备在物理层上依次对原始信号进行信道编码、载波调制和 OFDMA 下的多终端的资源单位 RU 复用，然后数据发送给接收端，接收端进行相应的解调和解码过程，从而获得发送的数据。

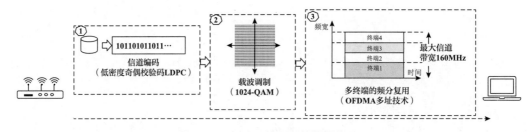

图 2-56   Wi-Fi 6 物理层的数据传送

与 Wi-Fi 5 相比，Wi-Fi 6 标准带来的变化如下：

（1）**信道编码**：Wi-Fi 6 采用**低密度奇偶校验码**（LDPC），而 Wi-Fi 5 采用的是码率卷积编码。

（2）**调制方式**：Wi-Fi 6 最大可以支持 1024-QAM 调制方式，每个传输符号可以承载 10 比特信息；而 Wi-Fi 5 最大支持 256-QAM 调制方式，每个传输符号承载 8 比特的信息。

（3）**频分复用**：Wi-Fi 6 AP 支持 OFDMA 多址技术，给不同终端分配不同的 RU，这些 RU 占据同一个信道的不同频谱范围，同时传送数据；而 Wi-Fi 5 的一个终端需要占用整个信道进行数据发送，不支持多址频分复用。

Wi-Fi 6 的低密度奇偶校验码使得接收端解码复杂度较低，解码时延短且吞吐量高；1024-QAM 的调制方式比 Wi-Fi 5 的 256-QAM 提升了 25% 的效率；OFDMA 多址技术提升了频谱的利用效率，提高了密集场景下的多终端传送数据的性能。

本节主要介绍 1024-QAM 调制技术和 OFDMA 给 Wi-Fi 6 标准带来的变化，以及 Wi-Fi 6 所支持的新的 PPDU 格式。

2.3.1   Wi-Fi 6 物理层技术的特点

1. 1024-QAM 的信道调制方式

Wi-Fi 4 以后的技术都支持调制与编码方式（Modulation and Coding Scheme，MCS），MCS 根据不同编码、调制、信道带宽、OFDM 符号间隔等参数，有不同等级的速率设定。Wi-Fi 6 支持 1024-QAM，则 MCS 要做相应的调整。图 2-57 以一条空间流为前提，展示 Wi-Fi 4、Wi-Fi 5 和 Wi-Fi 6 所支持的 MCS 以及最大速率的演进。

- Wi-Fi 4：支持 MCS 0 到 MCS 7 的 8 种速率，其中 MCS 7 的最高速率为 150Mbps。
- Wi-Fi 5：新增了 MCS 8 和 MCS 9，最高速率达到 433.3Mbps。
- Wi-Fi 6：在 1024-QAM 的情况下，新增了 MCS 10 和 MCS 11，最高速率达到 600.5Mbps，比 Wi-Fi 5 速率提升了 38.6%。

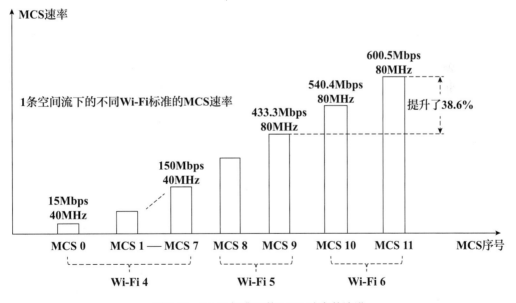

图 2-57   Wi-Fi 标准下的 MCS 速率的演进

表 2-4 给出了 Wi-Fi 6 的 MCS 10 和 MCS 11 在不同信道带宽、不同 OFDM 符号间隔组合下的速率信息。如果信道带宽是 80MHz，OFDM 符号间隔是 0.8μs，且在一条空间流，则 MCS 11 的最高速率可以达到 600.5Mbps。

表 2-4　Wi-Fi 6 新引入的 MCS 值及对应的速率

物理层数据传输速率 /Mbps									编码方式	调制方式
MCS	20MHz 带宽			40MHz 带宽			80MHz 带宽				
Gl/μs	0.8	1.6	3.2	0.8	1.6	3.2	0.8	1.6	3.2		
10	129.0	121.9	109.7	258.1	243.4	219.4	540.4	510.4	459.4	3/4	1024-QAM
11	143.4	135.4	121.9	286.8	270.8	243.8	600.5	567.1	510.4	5/6	1024-QAM

在 Wi-Fi 通信系统中，发射端的性能容易受到射频部分设计选择、电路板布局和实现方法的影响，导致在调制过程中，在星座图上出现的理想点位与实际发送点位存在一定的相对星座偏差，该偏差包括幅度偏差和相位偏差，进而导致接收端星座图出现一定程度的"模糊性"。

在实际工程中，常采用**矢量误差幅度**（Error Vector Magnitude，EVM）或者**相对星座图误差**（Relative Constellation Error，RCE）来量化实际星座点位与理想星座的点位的向量差。EVM 用百分比来衡量实际信号点位与基准点位之间的偏差，在图 2-58 所给示例中，基准信号点位为 P_1（I_1，Q_1），实际信号点位为 P_2（I_2，Q_2）。

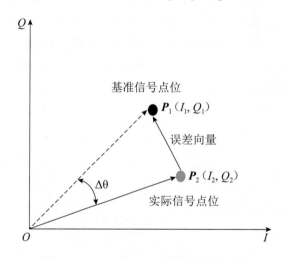

图 2-58　EVM 在 QPSK 调制方式下示例

计算 EVM 百分比如式 2-3 所示：

$$\text{EVM}（\%）= \frac{\sqrt{(I_2 - I_1)^2 + (Q_2 - Q_1)^2}}{|P_1|} \tag{2-3}$$

由于 EVM 并不是只计算单个点位的偏差，而是计算多个点位的平均值，假设 Q_i 为实际点位，P_i 为对应的基准点位，所以 EVM 多点平均误差如式 2-4 所示：

$$\text{EVM}（\%）= \frac{\sqrt{\sum_{i=1}^{i=k}(Q_i - P_i)^2}}{\sum_{i=1}^{i=k}|P_i|} \tag{2-4}$$

EVM 也可以用 dB 来表示，百分数与 dB 的换算如式 2-5 所示：

$$\text{EVM}（\text{dB}）= 20 \times \log \text{EVM}（\%） \tag{2-5}$$

比如，在 BPSK 调制方式中，EVM 为 −5dB 时，根据式 2-5，可算出对应的 EVM（%）为 56%。

　　显然，EVM 越大，发射端系统性能越差。对于低阶调制方式，比如 QPSK 方式，每个象限只有一个星座点，点位边界较大，允许采用较高的 EVM 值而不会影响系统判定。但随着调制等级增加，每个点位允许误差的边界即**判决区**出现成倍缩小。图 2-59 给出了 256-QAM 与 1024-QAM 星座点位示意图，可以看到，1024-QAM 星座图中的点与点之间的距离（点距）比 256-QAM 中的点距缩小了 50%。

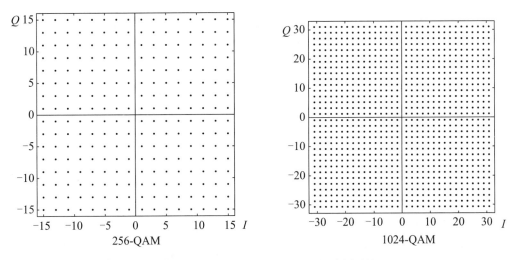

图 2-59　256-QAM 与 1024-QAM 星座图对比

　　EVM 允许的最大值不能超出每个点位的判决区，否则将导致解调出现错误。

　　图 2-60 给出了 Wi-Fi 标准中不同调制方式对于 EVM 的最低要求，可以看到，Wi-Fi 6 协议要求 1024-QAM 相对星座误差值要小于等于 –35dB，即 EVM（%）= 1.77%；而 256-QAM 5/6 码率的相对星座误差值要小于等于 –32dB，即 EVM（%）= 2.5%，所以 Wi-Fi 6 对 PHY 层提出了更高的设计要求。

Wi-Fi协议	调制方式	EVM（dB）	EVM（%）
Wi-Fi 4	BPSK	–5	56
Wi-Fi 4	64-QAM	–27	4.4
Wi-Fi 5	256-QAM	–30	2.5
Wi-Fi 6	1024-QAM	–35	1.77

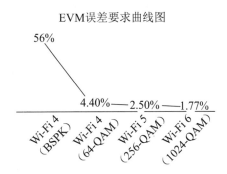

图 2-60　Wi-Fi 不同标准下的 EVM 要求

2. Wi-Fi 6 OFDMA 带来的新变化

　　Wi-Fi 6 之前协议定义的 OFDM 子载波间隔（即**子载波带宽**）为 312.5kHz，而 Wi-Fi 6 OFDMA 子载波带宽为 78.125kHz，显然，OFDM 子载波带宽为 OFDMA 方式的 4 倍。由于带宽 = 子载波间隔 × 子载波个数，在相同带宽下，OFDMA 方式的子载波个数更多，例如 20MHz 带宽时，OFDM 方式数据子载波数量为 52 个，而 OFDMA 方式下数据子载波数量增加到 234 个，因而在频域方向上划分不同 RU 的方式将更加灵活，也更有利于多用户的并发操作。

图 2-61 给出了 802.11a/g/n/ac 标准中 OFDM 技术子载波和 Wi-Fi 6（802.11ax）定义的 OFDMA 技术子载波间隔特点。

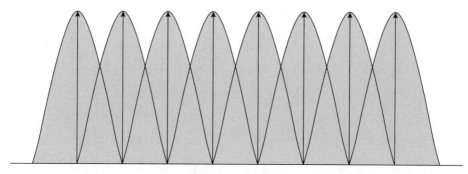

（a）802.11a/g/n/ac子载波（子载波间隔：312.5kHz）

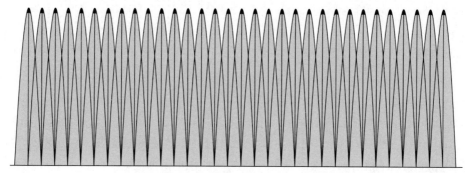

（b）802.11ax子载波（子载波间隔：78.125kHz）

图 2-61　802.11ac 与 802.11ax 子载波对比

在时域方向上，一个 OFDM 符号是多个子载波正交而形成的，即一个 OFDM 符号是各个正交的子载波在时延方向的叠加，子载波间隔的变化必然造成 OFDM 符号产生一定的改变。本节将介绍 OFDMA 技术为 OFDM 符号周期和 OFDM 符号间隔带来的变化。

1）OFDM 符号周期变化

如图 2-62 所示，相互正交的子载波调制公式可以表示为 $\{\sin(2\pi \times wt), \sin(2\pi \times 2wt),$ $\sin(2\pi \times 3wt), \cdots, \sin(2\pi \times kwt)\}$，其中，$w$ 为初始子载波频率，同时相邻载波间频率差值 $\Delta f = w$，第 k 个子载波调制频率为第一个子载波调制频率的 k 倍。一个 OFDM 符号周期需要选取在所有子载波归零的位置，这样才能够保证子载波的正交性。当选取第一个子载波归零位置 $wt=1$ 时，该位置上第 k 个子载波的振幅为 $\sin(2\pi \times kwt)=\sin(2\pi \times k)=0$，即该位置也是第 k 个子载波的归零位置。因此，第一个子载波的周期 "$t=1/w$，也是一个 OFDM 符号周期。

综上，子载波间隔 Δf 与一个 OFDM 符号周期的关系可以表示为式 2-6：

$$子载波间隔 = \frac{1}{OFDM符号周期} \tag{2-6}$$

由于 OFDM 和 OFDMA 子载波间隔分别为 312.5kHz 和 78.125kHz，根据式 2-6 分别

计算出 OFDM 符号周期为 3.2μs，OFDMA 符号周期为 12.8μs。

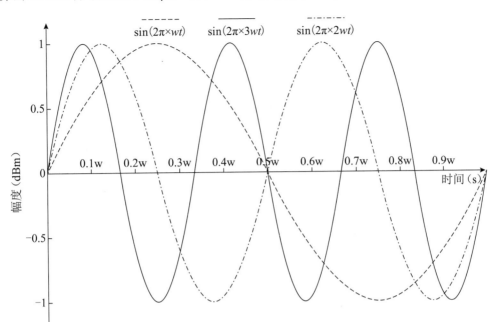

图 2-62　一个 OFDM 符号内的正交子载波

2）OFDM 符号间隔变化

在第 1 章介绍过，OFDM **符号间隔**（GI）用于解决多径问题造成的 OFDM 符号间相互干扰的问题，符号间隔越大，抗干扰性越好，但会导致吞吐量降低。Wi-Fi 5 及之前的协议分别定义 0.8μs 标准符号间隔和 0.4μs 短符号间隔，而后者用于干扰较小的环境。Wi-Fi 6 继续沿用 0.8μs 符号间隔，并在此基础上，扩展支持 1.6μs 和 3.2μs，用于多径问题严重的室内环境或者室外环境下传输 PPDU。

在室外环境下，Wi-Fi 信号传输的距离比在室内环境下远，对于每个 OFDM 符号来说，通过多径到达接收端有较大的时差。为了减少相同 OFDM 符号不同路径造成的重叠及干扰，就需要更长的 GI 来作为 OFDM 符号之间的间隔。Wi-Fi 6 定义的三种 GI 的用法总结如表 2-5 所示。

表 2-5　Wi-Fi 6 下的 GI 类型和应用场景

GI 长度 /μs	场景用途说明
0.8	用于多数室内环境，与 12.8μs 的 OFDM 符号一起构成的符号长度为 13.6μs
1.6	在多径现象比较明显的室内环境或室外环境，与 12.8μs 的 OFDM 符号一起构成的符号长度为 14.4μs，从而确保上行 OFDMA 或者 MU-MIMO 的可靠传输
3.2	用于室外环境下的通信，与 12.8μs 的 OFDM 符号一起构成的符号长度为 16.0μs。更长的符号提供传输的可靠性

Wi-Fi 5 的 OFDM 技术与 Wi-Fi 6 定义的 OFDMA 技术参数，对比如表 2-6 所示。

表 2-6　Wi-Fi 5 OFDM 与 Wi-Fi 6 OFDMA 参数对比

参数类型	Wi-Fi 5	Wi-Fi 6
20MHz 带宽子载波数量	64 个	256 个
20MHz 带宽数据子载波数量	52 个	234 个
子载波间隔	312.5kHz	78.125kHz
OFDM 符号时间	1/312.5kHz=3.2μs	1/78.125kHz=12.8μs
SGI	0.4μs	不存在
GI	0.8μs	0.8μs
2×GI	不存在	1.6μs
4×GI	不存在	3.2μs
效率：OFDM 符号时间 /（OFDM 符号时间 +GI 时间）	80%，89%	80%，89%，94%

1.2.3 节中给出过 Wi-Fi 理想情况下最大速率的计算公式，如下所示：

$$传输速率 = \frac{传输比特数量×传输码率×数据子载波数量×空间流数量}{载波符号的传输时间}$$

依据 Wi-Fi 6 的参数列表，对 Wi-Fi 6 的理想速率进行计算，如表 2-7 所示，可以计算 Wi-Fi 6 的最大速率为 9.6Gbps。

表 2-7　Wi-Fi 6 速率计算的相关参数

协议标准	802.11ax（Wi-Fi 6）
空间流数量（条）	8
传输比特数量（位）	10
传输码率	5/6
数据子载波的数量（个）	980×2（频宽 160MHz）
载波符号传输时间（μs）	12.8μs + 0.8μs 最小间隔
最大速率（Mbps）	9607

2.3.2　Wi-Fi 6 新的 PPDU 帧格式

由于 Wi-Fi 6 引入了 1024-QAM 调制技术、OFDMA 多用户频分技术等，需要引入相应的前导码字段来指示这些新技术。Wi-Fi 6 定义的前导码字段包括 HE-SIG-A、HE-SIG-B、HE-STF 和 HE-LTF，另外 Wi-Fi 6 增加了位于物理帧尾部为接收端处理时延而延伸的字段 PE（Packet Extension）。

此外，Wi-Fi 6 定义包含了新的前导码字段的物理帧格式来满足不同场景下新技术的应用，共定义 4 种 PPDU 帧格式，分别为 HE SU PPDU、HE MU PPDU、HE TB PPDU 和 HE ER PPDU，并增加了一种新的 MAC 层的控制帧，即**触发帧**。新的 PPDU 与新的前导码的对应关系如表 2-8 所示。

表 2-8　Wi-Fi 6 的 PPDU 格式和新增的前导码

Wi-Fi 6 PPDU 帧格式	包含新增的前导码	对应的技术支持
HE SU PPDU	HE-SIG-A、HE-STF、HE-LTF 和 PE	单用户场景下的上下行数据传输
HE MU PPDU	HE-SIG-A、HE-SIG-B、HE-STF、HE-LTF 和 PE	OFDMA 下行多用户的数据传输以及上下行 MU-MIMO 的数据传输
HE TB PPDU	HE-SIG-A、HE-STF、HE-LTF 和 PE	支持 OFDMA 上行多用户的数据传输
HE ER PPDU	HE-SIG-A、HE-STF、HE-LTF 和 PE	远距离传输的 PPDU

1. Wi-Fi 6 的前导码字段

如图 2-63 所示，Wi-Fi 6 标准带来的物理帧格式变化是分别替换 Wi-Fi 5 中的前导码，并且增加物理帧尾部的延伸字段 PE。

- HE-SIG-A：用于指示 Wi-Fi 6 的调制编码技术、信道带宽、空间复用技术等。
- HE-SIG-B：用于指示 Wi-Fi 6 的多用户 RU 位置和大小。
- HE-STF 和 HE-LTF：用于 Wi-Fi 6 的 MIMO 系统下信道信息评估。
- **延伸字段 PE**：为 Wi-Fi 6 接收端提供额外的处理时延，字段长度取值为 0μs、4μs、8μs、12μs 或 16μs，具体时长取决于前面数据字段内的填充字段信息和相应的参数。

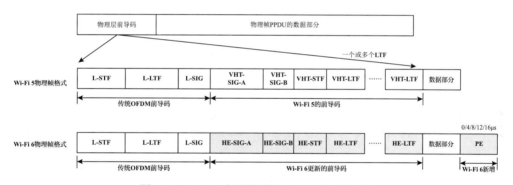

图 2-63　Wi-Fi 6 标准带来的 PPDU 格式的变化

下面说明 HE-SIG-A 和 HE-SIG-B 字段的含义和用途，以及前导码字段在 HE PPDU 中的带宽设计。

1）HE-SIG-A 字段

HE-SIG-A 字段在不同 HE PPDU 格式中定义的基本功能类似，但相同位置的比特的含义不完全相同，以 HE MU PPDU 中的 HE-SIG-A 字段为例，HE-SIG-A 用途如表 2-9 所示。

表 2-9　HE MU PPDU 中的 HE-SIG-A 字段

字段	比特位	用途
UL/DL	B0	指示 MU PPDU 方向性，赋值为 1 表示上行，为 0 表示下行
HE-SIG-B-MCS	B1-B3	HE-SIG-B 字段的 MCS 值，设置较高的 MCS 值有助于提高吞吐量
HE-SIG-B DCM	B4	赋值为 1 表示 HE-SIG-B 采用双载波调制（Dual Carrier Modulation，DCM）模式，否则不采用 DCM 调制模式，参考 2.4.3 节

续表

字段	比特位	用途
BSS 着色	B5-B10	指示 BSS 的颜色区分，参考 2.2.5 节
空间复用	B11-B14	指示空间复用技术采用的类型，参考 2.2.5 节
带宽	B15-B17	指示该 PPDU 传输的带宽，比如 20MHz、40MHz 等
HE SIG-B 符号数量或者 MU-MIMO 用户数量	B18-B21	指示 HE SIG-B 字段中 OFDM 符号的数量。在不分配 RU 的情况下，例如每个 STA 独占所有带宽资源，该参数表示 MU-MIMO 的用户数量
HE-SIG-B 压缩	B22	指示 HE-SIG-B 是否携带公共字段，设置为 1 表示不携带，即不携带 RU 分配信息
HE-LTF 中 GI 长度	B23-B24	指示 HE-LTF 字段中的 GI 信息，Wi-Fi 6 引入了 1.6μs 和 3.2μs
多普勒效应	B25	指示多普勒效应造成的影响，一般用于高速移动的设备

2）HE-SIG-B 字段

STA 根据 HE-SIG-B 字段提供的信息计算出其对应下行数据的 RU 位置和大小，从而筛选出对应的下行数据。HE-SIG-B 字段包括两部分：公共字段和用户特定字段，如图 2-64 所示，这两个字段的具体含义如下。

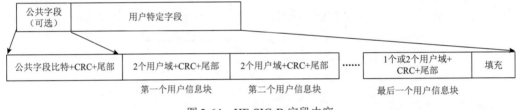

图 2-64　HE-SIG-B 字段内容

（1）**公共字段**：包括公共字段信息、CRC 校验信息和尾部信息。其中公共字段主要包括 RU 的分配信息，通过 8 个比特位指示 RU 的不同组合方式，以及 MU-MIMO 中用户数量信息。需要注意的是，当用户独占所有带宽资源时，比如 MU-MIMO 模式下不再需要 RU 分配信息，此时公共字段不再出现在 HE-SIG-B 字段中。

（2）**用户特定字段**：划分成多个用户信息块，为了减少前导码的长度，每个用户信息块均包含 2 个用户域、CRC 校验字段和尾部字段。并发用户数量为奇数时，最后一个用户信息块只包含一个用户域。其中，用户域包含用户 ID 字段，指示用户如何根据相关信息解码出相应的数据部分。

2. HE 四种 PPDU 帧格式

除触发帧之外，Wi-Fi 6 还定义了四种新的帧格式，为 HE SU PPDU、HE MU PPDU、HE TB PPDU 和 HE ER PPDU 分别用于单用户的上下行数据传输、多用户上下行数据传输、多用户上行数据传输和单用户远距离上下行数据传输。四种帧格式介绍如下。

1）HE SU PPDU

HE SU PPDU 用于 AP 与 STA 在 1 对 1 单用户场景下的上下行数据传输，HE SU PPDU 帧格式图 2-65 所示。其中 HE-SIG-A 部分为 8μs，HE-STF 为 4μs，HE-LTF 字段个数与空间流数量有关，比如空间流数量为 8 时，HE-LTF 字段为 8 个。

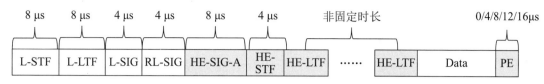

图 2-65　HE SU PPDU 帧格式

2）HE MU PPDU

HE MU PPDU 主要用于支持 OFDMA 下行的单 / 多用户的数据传输，以及上下行 MU-MIMO 的数据传输。如图 2-66 所示，可以看到，和 HE SU PPDU 格式相比，HE MU PPDU 中多了一个用户指示多用户信息的 HE-SIG-B 字段。

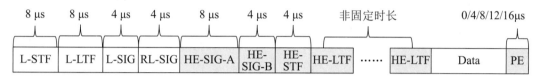

图 2-66　HE MU PPDU 帧格式

3）HE TB PPDU

HE TB PPDU 主要用于支持 OFDMA 上行多用户的数据传输，作为 STA 收到 AP 发送的触发帧之后承载上行数据的响应帧。同时，为了保证 AP 能够解析出多个 STA 通过各自的 RU 向 AP 发送承载数据 HE TB PPDU，HE TB PPDU 中同步信息需要保持一致，比如传输速率 MCS、接收功率 RSSI、上行数据长度等。

TB PPDU 格式如图 2-67 所示，与 HE MU PPDU 相比，区别包括两个方面：

● HE TB PPDU 中缺少包含多用户信息及 RU 分配信息的 HE-SIG-B 字段，因为这部分内容在 AP 发送的触发帧中已经包含。

● HE TB PPDU 中的 HE-STF 时间长度从 4μs 增加到 8μs，目的是为从多用户同时接收 HE-STF 字段提供足够的时间冗余。

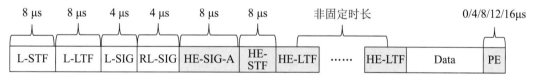

图 2-67　HE TB PPDU 格式

HE TB PPDU 传统前导码部分以 20MHz 为单位对齐，便于传统 STA 能够识别出 Wi-Fi 信号。然而，Wi-Fi 6 定义的 HE 字段在分配的 RU 频段范围内传输，而不是以 20MHz 为单位传输，例如，提供信道评估信息的 HE-STF 和 HE-LTF 字段。

当分配的 RU 小于 20MHz 时，传统前导码按 20MHz 频宽来发送，此时不同终端的传统前导码在相同的 20MHz 频宽上会出现重叠现象，由于 AP 在触发中已经规定了传统前导码相关规则，即所有的 STA 发送的 HE TB PPDU 中的传统前导码都是一样的，并且同时发送，所以重叠并不会影响 AP 对这部分信息的解析。当 RU 大于 20MHz 时，比如 RU 大小为 484-tone，则在对应的两个 20MHz 子信道上发送相同的传统部分的前导码。

如图 2-68 所示示例中，工作在 20MHz 带宽的 AP，给 STA1、STA2 和 STA3 分别

分配了 106-tone、26-tone 和 106-tone 的 RU，每个 STA 实际发送 HE TB PPDU 的情况如图 2-68（a1）、（a2）和（a3）所示，而 AP 端接收到的 HE TB PPDU 如图 2-68（b）所示。

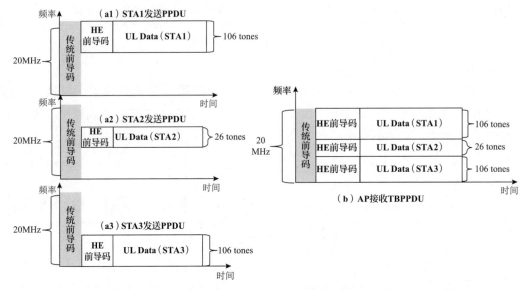

图 2-68　HE TB PPDU 的发送（STA）和接收（AP）

HE-SIG-A 和 HE-SIG-B 字段也是以传统前导码方式发送，即以 20MHz 为单位在多个信道上复制多份进行传输，便于一些只能工作在主 20MHz 的设备（例如低功耗的窄带宽的物联网设备）正确解析 HE 信号信息。

STA 收到 AP 发送的非 MU-RTS 类型的触发帧后，根据 RU 指示信息把上行数据放到对应的频宽资源上，并封装在 HE TB PPDU 中发送出去，如果 STA 数据长度不足以填补触发帧指示的长度，则需要加填充字段，确保所有 STA 发送的 HE TB PPDU 对齐，以降低 AP 解调 HE TB PPDU 的难度。

如图 2-69 所示，STA2 的上行数据比触发帧指示的数据少，需要在数据部分末尾加填充字段（Padding），保证 STA2 和其他 STA 发送上行数据的长度是对齐的。这里的填充字段是数据部分的末尾，而不是 PPDU 的末尾。在 1.2.4 节介绍过，MPDU 之后是校验字段，填充字段需要在校验字段之前添加。

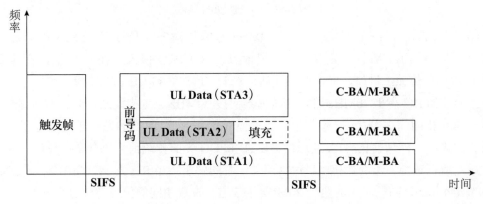

图 2-69　UHE TB PPDU 中的填充字段

4）HE ER PPDU

HE ER PPDU 用于远距离传输的 PPDU，远距离传输的特点是距离远、信号弱和信道衰落较大，接收端解调、解码困难。协议规定 HE ER PPDU 采用 MCS0-MCS2 对应的编码方式编码，以提高发送功率。而工作带宽限制在 20MHz，仅支持 242-tone 和 106-tone 两种 RU 格式，并且只用于和单个 STA 通信的远距离场景，以提高传输可靠性。

HE ER PPDU 前导码字段中关键字段，例如，协议规定，L-STF、L-LTF、HE-STF 和 HE-LTF 字段增强 3db 发送，便于前导码部分更容易被接收端成功解析，并根据前导码信息进一步解析后面的数据字段部分，进而提高接收端的解码性能。并且一些前导码字段高功率发射并不会影响整个 PPDU 的发射功率，即不会违反当地无线电管理部门规定的功率限制。

HE ER PPDU 格式如图 2-70 所示，由于 HE ER PPDU 的 HE-SIG-A 字段前后都出现了高功率发送字段，为了保证 HE-SIG-A 能够被接收端成功解析出来，需要重复发送一次。因此，HE ER PPDU 的 HE-SIG-A 为 16μs，而其他字段则没有差别。

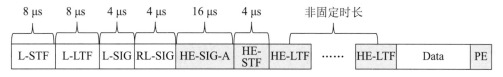

图 2-70　HE ER PPDU 格式

HE ER PPDU 对自动增益控制（AGC）提出了特殊的处理要求，所以需要收发双方都支持该功能才可以使用。

发送信标帧时采用 HE ER PPDU 格式的 BSS 称为 HE ER BSS，显然，HE ER BSS 将比普通的 BSS 具有更大的覆盖范围，但不支持 HE ER PPDU 格式的 STA 无法解析 HE ER BSS，针对这样的问题，在实际应用中，一般在 HE ER BSS 所在的信道上，另外建一个普通 BSS，这样不支持 HE ER PPDU 的 STA 可以连接到该射频对应的普通 BSS 上，避免射频资源浪费。

3. 触发帧

Wi-Fi 6 定义了基本触发帧和特殊触发帧，用于满足不同的应用场景下为上行方向数据分配 RU 资源。触发帧的分类及用途说明如表 2-10 所示。

表 2-10　触发帧类型的说明

触发帧类型	字段值	用途
基本类型	0	基本触发类型，用于指示多用户 RU 分配信息，触发多用户发送上行数据
Beamforming 报告查询（Beamforming Report Poll，BFRP）	1	用于多用户信道信息探测过程，AP 发送 BFRP 帧后，一次可以获取多个用户的信道反馈信息
多用户确认请求（Multi-User Block Ack Request，MU-BAR）	2	用于获取多用户的 BA 信息，AP 利用 OFDMA 技术发送下行数据，随后发送 MU-BAR，多个 STA 按照 MU-BAR 中所指示的 RU 位置发送各自的 BA 信息

续表

触发帧类型	字段值	用途
多用户请求发送（Multi-User Request to Send，MU-RTS）	3	向多个 STA 发送 MU-RTS 后，STA 按照 RU 位置，以 20MHz 带宽为单位回复 CTS 帧，由于 CTS 发送必须以主 20MHz 为中心，所以 STA 根据 RU 分配的位置，在包含主 20MHz 及 RU 对应的 20MHz 连续带宽上发送 CTS，所以实际的 CTS 帧可能相互覆盖。 CTS 目的是告知发送方信道可用，并抢占一段时间内的信道资源。其他终端根据接收到 CTS 的 duration 字段设置 NAV 的定时器的时间并回退等待。协议规定 AP 发送 MU-RTS 时，STA 发送 non-HT PPDU 格式的 CTS 作为响应，以兼容传统设备
缓存状态查询（Buffer Status Report Poll，BSRP）	4	用于 AP 查询 STA 上行缓存信息以决定如何分配上行 RU 资源，STA 可以在发送的任何类型帧中响应 BSRP，上报当前上行数据缓存状态
重传功能组播的多用户确认请求（Groupcast with Retries MU-BAR，GCR MU-BAR）	5	与 MU-BAR 用法类似，但 GCR MU-BAR 只应用于 AP 向多个终端传输均有重传功能组播帧的场景
带宽查询（Bandwidth Query Report Poll，BQRP）	6	AP 查询 STA 每个 20MHz 子信道的繁忙与空闲情况，然后根据 STA 反馈情况分配上下行 RU，从而保证 STA 传送数据时不会受到周围设备的干扰。AP 通过 BQRP 可一次向多个 STA 发送查询信息
NDP 反馈信息查询（NDP Feedback Report Poll，NFRP）	7	AP 利用 NFRP 查询处于瞌睡状态的 STA，如果 STA 回应了 NFRP，则 AP 认为该 STA 可以正常接收数据，AP 可以向其发送缓存的数据

触发帧基本格式如图 2-71 所示，其中 MAC 头部分与之前定义的帧格式一致，这里重点关注触发帧的公共信息字段（Common Info）和用户信息列表（User Info List）。

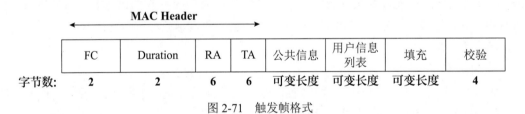

图 2-71　触发帧格式

1）公共信息字段

公共信息字段主要的字段及说明如表 2-11 所示。

表 2-11　公共信息字段主要字段说明

字段	比特位	说明及用途
触发帧类型	B0-B3	触发帧的具体类型，Wi-Fi 6 共定义了 7 种类型的触发，参见表 2-10
UL 长度	B4-B15	STA 发送 HE TB PPDU 的长度信息
CS 要求	B17	如果该字段为 1，则 STA 需要用 CCA-ED 探测信道是否空闲，如果空闲，则可以发送 HE TB PPDU。否则该 STA 不能在该 RU 上传送任何信息
UL BW	B18-B19	HE TB PPDU 的 HE-SIG-A 填充的总带宽信息
UL STBC	B26	要求 STA 发送的 HE TB PPDU 是否采用 STBC 方式编码，如果为 1，则要求采用该方式；如果为 0，则不要求

续表

字段	比特位	说明及用途
AP 发射功率	B28-B33	AP 发送该触发帧时的发射功率。STA 接收到触发帧以后，根据 AP 端的发射功率和实际接收功率，并根据公式（路径损耗 = 发射功率 − 实际接收功率）计算出路径损耗。然后根据 AP 要求 HE TB PPDU 的 RSSI 信息，计算出 STA 需要发射 HE TB PPDU 的实际功率，从而保证 AP 从多个 STA 接收到的 PPDU RSSI 大致相同，才可以保证 AP 解调出所有的 HE TB PPDU
注：这里提到利用 CCA-ED 直接探测信道上能量的方式判断信道是否空闲，而不是利用 CCA-PD 方式先探测是否为 Wi-Fi 信号，再对比门限值的方式。这是因为触发帧发送之后，给 STA 的判断信道空闲的时间只有 16μs 的 SIFS 时间间隔，而 CCA-PD 方式需要接收完整传统前导码才可以判断是否是 Wi-Fi 信号，由于传统前导码至少占 20μs，因此 STA 没有足够的时间做 CCA-PD 检测。		

2）用户信息列表

用户信息列表字段格式如图 2-72 所示。

B0	B11 B12	B19	B20	B21	B24	B25	B26	B31 B32	B38	B39
AID12	RU 分配		上行纠错码类型	上行 MCS 值		UL DCM	空间流分配 /RA-RU 信息	UL目标接收功率	预留	独立用户信息
比特数：12	8		1	4		1	6	7	1	可变长度

图 2-72　用户信息列表字段

其主要的字段及说明如表 2-12 所示。

表 2-12　用户信息列表字段主要字段说明

字段	比特位	说明及用途
AID12	B0-B11	STA 的 AID 信息，某一个 STA 根据 AID 即可知道是否可以发送 UL Data
RU 分配	B12-B19	RU 位置及大小信息，STA 根据 Common 字段的带宽信息和 RU 分配表即可算出其对应的 RU 的位置及大小信息
上行向前纠错码类型	B20	为 0 表示 BCC 方式，为 1 表示 LDPC 方式
空间流分配 /RA-RU 信息	B26-B31	作为空间流分配字段时，在非 OFDMA+MIMO 模式下，SS 为 1；在 OFDMA+MIMO 模式下，则需要指定每个 STA 分配的空间流的数量和起始位置信息
上行目标接收功率	B32-B38	上行目标 RSSI 信息，触发帧中的上行目标接收功率要保持一致，这样才可以保证 AP 成功解析 HE TB PPDU

3）STA 的发射功率的设置

对于 STA 来说，从触发帧中获取到 AP 的发送功率 TX power，以及实际接收信号强度 RSSI，则可以计算出 AP 的功率在传播路径上的损耗，如式 2-7 所示：

$$\textbf{路径损耗}（Path\ Loss）= TX\ power - RSSI \tag{2-7}$$

AP 规定了它的接收功率 RSSI，那么 STA 根据上述的路径损耗以及 AP 对 RSSI 的要求，可以计算出 STA 发送 HE TB PPDU 所需要的发射功率，如式 2-8 所示：

$$TX\ power = Path\ Loss + RSSI \tag{2-8}$$

由于 AP 到每个 STA 的路径损耗并不一致，但又要求 AP 获取 HE TB PPDU 时的 RSSI 一致，这样的结果是每个 STA 的实际发送功率不一样，根据式 2-9 所示：

$$Loss = 32.44 + 20\lg d（km）+ 20\lg f（MHz）\tag{2-9}$$

Lost 是传播损耗，单位为 dB。d 为距离，单位为 km。f 为频率，单位为 MHz。

可以看到，在同一信道即频率相同时，路径损耗与距离成正相关，所以在多个 STA 一起发送 HE TB PPDU 时，离 AP 越远，实际需要的发射功率越高。

2.4 Wi-Fi 6 支持 6GHz 频段的技术

Wi-Fi 联盟把工作在 6GHz 频段的 Wi-Fi 设备命名为 Wi-Fi 6E。E 代表 Extended，即把原有的 2.4GHz 和 5GHz 频段扩展至 6GHz 频段。Wi-Fi 6 标准开始支持 6GHz 频段，这意味着一个 Wi-Fi 6 的无线路由器或终端最多可以同时支持 2.4GHz、5GHz 和 6GHz 的三个频段，参考图 2-73 所示新的 Wi-Fi 6 设备，它可以支持更多的终端通过不同的频段同时连接到该设备。

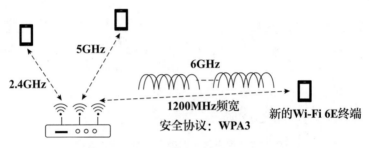

图 2-73　支持三频段的 Wi-Fi 6 设备

与 Wi-Fi 设备工作在 2.4GHz 或 5GHz 频段相比，Wi-Fi 标准支持 6GHz 频段有下面的技术特点。

（1）6GHz 频段具有更大的带宽。

Wi-Fi 在 6GHz 上的总频宽资源高达 1200MHz，包括 7 个可选的 160MHz 信道，能够满足更多高带宽、低时延的新兴业务需求。

（2）6GHz 频段有更好的性能优化。

6GHz 是 Wi-Fi 新的免受权频谱，原先工作在 2.4GHz 的大量非 Wi-Fi 设备不再对 6GHz 频段的 Wi-Fi 性能产生影响，同时 Wi-Fi 标准对于 6GHz 频段的 Wi-Fi 发现、连接等过程中的消息进行了优化，从而使得 6GHz 频段的 Wi-Fi 运行效率更高。

（3）6GHz 频段有更安全的数据传送保障。

工作在 6GHz 频段的设备都是最新的 Wi-Fi 6 AP 或者 STA，它们直接支持最新的 WPA3 加密保护协议，不再需要兼容前一代 Wi-Fi 设备的安全协议，所以能够为无线信道数据传送提供更加安全的保障。

下面讲述 Wi-Fi 6GHz 频段的需求和定义、6GHz 频段上的发现和连接过程、6GHz 频段上的双载波调制技术，从而介绍 6GHz 频段的应用特点。

2.4.1 6GHz 频段的需求和定义

频谱资源一直是无线通信发展的核心资源，获得相应的频段分配，就能让无线通信构建新的传输通道和建立新的业务。Wi-Fi 技术得以快速发展，关键原因之一是免授权频谱的应用，众多厂家在低门槛的频谱资源面前，开发了大量的 2.4GHz 或 5GHz 的 Wi-Fi 设备。然而，层出不穷的 Wi-Fi 设备的商业化，各种新的无线业务的蜂拥而起，使得室内的数据流量急速增加，Wi-Fi 的应用面临着越来越拥挤的信道资源的瓶颈，作为短距离的数据传送的关键技术，Wi-Fi 在提升速率和降低时延上面临着巨大的技术挑战，而拓展频谱资源很自然地就成为很多国家关注的重点。

1. 当前 Wi-Fi 频谱资源的紧缺

如图 2-74 所示，以美国频段资源划分为例，在 2.4GHz 频段上，只存在信道 1、信道 6 和信道 11 三个不重叠的 20MHz 带宽的信道，在 5GHz 频段上存在 25 个 20MHz 带宽的信道，但只有 9 个非雷达天气信道。对于非雷达天气信道，Wi-Fi AP 可以不受限制地使用所有资源。但对于雷达天气信道，AP 必须包含雷达天气信号干扰检测功能，一旦检测到雷达或者天气信号后，就立刻停止使用该信道。所以，一方面对于不支持雷达信号检测功能的 AP 来说，无法使用这些信道；另一方面，对于部署在机场、空管部门或气象站附近的 AP 设备，即使具备雷达检测功能，也因为雷达信号的传输导致这些设备只能使用非雷达天气信道。

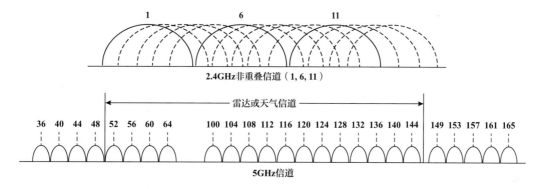

图 2-74　Wi-Fi 设备在 2.4GHz 和 5GHz 上的可用信道

另外，高速率或低时延的新业务对于 Wi-Fi 性能有很高的要求。例如，增强现实（Augmented Reality，AR）和虚拟现实（Virtual Reality，VR）需要通过 Wi-Fi 传送数据，它们更适用于 80MHz 或者 160MHz 带宽。虽然 Wi-Fi 在 5GHz 频段上的信道总带宽高达 700MHz，但是只有 2 个不受雷达天气影响的 80MHz 信道，并且没有 Wi-Fi 可以完全独立使用的连续 160MHz 带宽。因此，对于 Wi-Fi 性能要求更高的新业务对新的频段资源有迫切的需求。

2. 6GHz 频谱与信道划分

美国联邦通信委员会（FCC）率先放开了 6GHz 的免受权频谱，范围为 5.925 GHz ～ 7.125 GHz，共 1200MHz 带宽，如图 2-75 所示。

整个频谱资源的用途划分为：

- UNII-5（5925 ～ 6425MHz），固定微波服务工作，固定卫星服务。
- UNII-6（6425 ～ 6525MHz），移动服务，固定卫星服务。
- UNII-7（6525 ～ 6825MHz），固定微波服务工作，固定卫星服务。
- UNII-8（6875 ～ 7125MHz），固定微波服务工作。

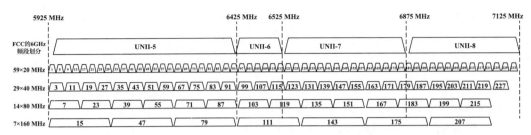

图 2-75　FCC 在 6GHz 频谱资源上信道的划分

6GHz 频段资源共划分成 233 个信道，其中包括不重叠的 20MHz 带宽信道 59 个、40MHz 带宽信道 29 个、80MHz 带宽信道 14 个和 160MHz 带宽信道 7 个，FCC 规定 Wi-Fi AP 和 STA 分别使用部分或全部的频谱资源，详细分配情况参见后面介绍的 FCC 的标准内容。

在欧洲地区，欧洲邮政和电信会议（CEPT）在 6GHz 频段上开放了 5945 ～ 6425MHz，总带宽达到 480MHz。如图 2-76 所示，共划分成 93 个信道，包括不重叠的 20MHz 带宽信道 24 个、40MHz 带宽信道 12 个、80MHz 带宽频段 6 个和 160MHz 带宽频宽 3 个。

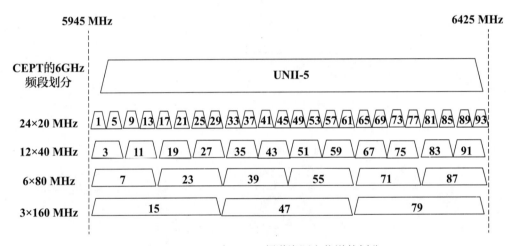

图 2-76　CEPT 在 6GHz 频谱资源上信道的划分

由于 CEPT 在 6GHz 频段上技术标准细则还未公布，下面以 FCC 的标准为例，介绍 6GHz 频谱资源的使用规则。

3. FCC 对于 6GHz 频谱资源在 Wi-Fi 设备上的分类

FCC 根据 Wi-Fi 设备的发射功率，定义了两种类型的 AP 设备，即标准功耗设备（Standard-power）和室内低功耗设备（Indoor Low-power），FCC 也同时对连接到两种 AP 的 STA 设备定义了发射功率的要求。

- **标准功耗**的 AP 和 STA：支持频段 UNII-5 和 UNII-7，最大功率为 36dBm，最大功率密度（Power Spectral Density，PSD）为 23dBm/MHz。
- **连接到标准功耗** AP 的 STA：最大功率和最大功率密度比 AP 低 6dB，即 30dBm 和 17dBm/MHz。
- **室内部署的低功耗** AP：支持所有频段，最大功率为 30dBm，最大功率谱密度为 5dBm/MHz。
- **连接到低功耗** AP 的 STA：最大功率和最大功率密度比 AP 低 6dB，即 24dBm

和 −1dBm/MHz。

四种 AP 和 STA 的详细情况参见表 2-13。

表 2-13　FCC 规定的设备分类情况

设备分类	工作频段	最大功率（dBm）	最大功率谱密度（dBm/MHz）	信道带宽（MHz）/最大功率（dBm）
标准功耗	U-NII-5（5.925~6.425 GHz）U-NII-7（6.525~6.875 GHz）	36	23	320/36 160/36 80/36 40/36 20/36
连接到标准功耗 AP 的 STA		30	17	320/30 160/30 80/30 40/30 20/30
室内部署的低功耗 AP	U-NII-5（5.925~6.425 GHz）U-NII-6（6.425~6.575 GHz）U-NII-7（6.525~6.875 GHz）U-NII-8（6.875~7.125 GHz）	30	5	320/30 160/27 80/24 40/21 20/18
连接到低功耗 AP 的 STA		24	−1	320/24 160/21 80/18 40/15 20/12

4. FCC 定义的自动频率协调系统

在标准功耗的 AP 所工作的频段 UNII-5 和 UNII-7 上，已经存在了大量点对点的无线微波服务设备，这些设备的可靠传输率要求为 99.999% ～ 99.9999%，如果有任何设备不经授权直接使用这些频段，都有可能影响微波设备的可靠性。为了避免 6GHz 放开之后更多的设备引入对现有工作设备造成干扰，FCC 定义了**自动频率协调**（Automated Frequency Coordination，AFC）**系统**，它是自动为标准功耗的 AP 提供 UNII-5 和 UNII-7 频段上可用或不可用信道列表的系统。

如图 2-77 所示，每个标准功耗的 AP 通过互联网连接到 AFC 系统数据库上。在使用 UNII-5 和 UNII-7 频段之前，标准功耗的 AP 每隔 24 小时需要向 AFC 系统提出申请，并通报 AP 所处的物理位置、AP 的序列号等信息。AFC 根据 AP 所在的区域位置，查询数据库并判断当地的无线信道使用情况，然后向 AP 发送 UNII-5 和 UNII-7 频段上可用工作信道的列表，标准功耗的 AP 只能在可用工作信道列表中选择一个工作信道。

这种方式可以保证标准功耗的设备在不干扰微波产品正常工作的前提下，使用这些频段中的信道资源，这些标准功耗的 AP 可以部署在任意地点，比如城市热点地区、农村等。

室内低功耗 AP 不需要向 AFC 系统申请工作信道。低功耗的 AP 或者 STA，比如笔记本、台式机、智能手机和物联网设备等，可以像使用 2.4GHz 或者 5GHz 频段资源一样，利用整个 6GHz 带宽资源进行数据传送。

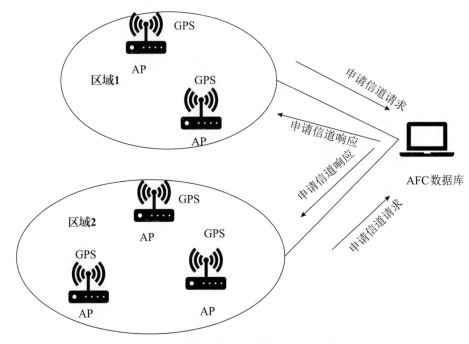

图 2-77   标准功耗 AP 与 AFC 系统网络拓扑

2.4.2   6GHz 频段上的发现和连接过程

6GHz 对于 Wi-Fi 来说，是全新的高带宽的免授权频段，不再像 2.4GHz 或 5GHz 那样需要兼容原有的 Wi-Fi 设备，所以 Wi-Fi 在 6GHz 频段上面能够优化原先的管理或控制消息，使得 Wi-Fi 工作效率更高、更安全可靠。Wi-Fi 6E 的设备在 6GHz 频段的发现和连接有以下特点，如图 2-78 所示。

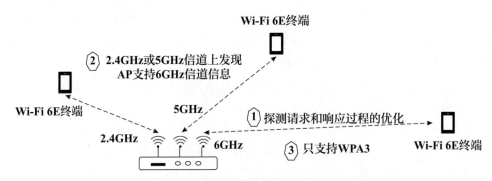

图 2-78   Wi-Fi 6E 设备的发现和连接的技术特点

（1）6GHz 信道上的发现过程的优化。STA 在 6GHz 的信道上通过主动扫描和被动接收信标帧等方式发现 AP，这种方式也称为带内发现（In-band Discovery），Wi-Fi 6 标准在 6GHz 信道上优化了这种发现过程，减少探测请求帧和响应帧的数量，提高了 Wi-Fi 在 6GHz 频段上的发现和连接效率。

（2）支持非 6GHz 信道上发现 6GHz 的信道信息。AP 在 2.4GHz 和 5GHz 信标帧中携带了 6GHz 频段的连接信息，STA 通过 2.4GHz 或 5GHz 就可以直接发现 6GHz 的信道等信息，从而在 6GHz 上实现 Wi-Fi 连接，这种发现方式也称为**带外发现**（Out of Band Discovery），它减少了 STA 在 6GHz 频段上的探测请求帧发送，优化了发现过程。

（3）**6GHz 上的安全模式**。Wi-Fi 6E 设备在 6GHz 上只支持最新的 WPA3 安全模式，提高了 Wi-Fi 通信的信息安全性。

1. 6GHz 频段上的带内发现过程

STA 在 6GHz 频段上的带内发现过程，与 STA 在 2.4GHz 频段或 5GHz 频段上的主动、被动扫描方式基本相同，都是通过 AP 的信标帧接收、探测请求及探测响应帧的交互来发现 AP。但是 6GHz 频段上只存在 Wi-Fi 6E 的设备，所以可以用更有效率的方式来发现 Wi-Fi 6E 的 AP。为此 Wi-Fi 6E 标准做了新的规定，表 2-14 给出了减少信道上的探测请求和探测响应帧的数量的方式，从而提高 6GHz 的带内发现过程效率和信道利用率。

表 2-14　6GHz 上探测请求和响应帧的规则

索引	探测请求和响应的规则	规则说明及目的
1	STA 只能发送指定 SSID 和 BSSID 的探测请求帧	所有 AP 会回复非指定 SSID 和 BSSID 的探测请求帧。如果探测请求帧指定了 SSID 和 BSSID，则只有相关 AP 才回复，因而减少了探测响应帧数量
2	如果 STA 已经收到该 AP 发送的探测响应帧或者信标帧，则不能再次发送相同 BSSID 的探测请求帧	减少探测请求帧数量
3	STA 在 20ms 内只能发送一个指定 SSID 信息的探测请求帧	减少探测请求帧数量
4	STA 在 20ms 内只能发送最多三个指定 BSSID 信息的探测请求帧	减少探测请求帧数量
5	AP 发送的探测响应帧为广播地址	该信道的 STA 都会收到探测响应帧，增加了 STA 发现 AP 的概率，减少 STA 发送探测请求帧数量
6	AP 每隔 20ms 广播发送一个非请求的探测响应帧	增加 STA 发现 AP 的概率，减少 STA 发送探测请求帧的数量

此外，Wi-Fi 6 还定义了**优先信道扫描**（Preferred Scanning Channels），即每隔 4 个 20MHz 信道扫描一次。6GHz 频段上共 59 个 20MHz 的信道，如果扫描每个信道需要 20ms，则在 Wi-Fi 6 的优先信道扫描的情况下，完成所有信道扫描的时间为 15×20ms=300ms；而如果依次扫描所有信道，则需要 59×20ms=1180ms。显然优先信道扫描方式提高了扫描效率，可以快速发现 AP。

2. Wi-Fi 6 支持的带外发现方式

Wi-Fi 6 通过引入**邻居节点报告技术**（Reduced Neighbor Report，RNR）来实现带外发现功能，它指的是 Wi-Fi AP 在一个频段上广播其他频段上的报告信息。例如，AP 支持 2.4GHz、5GHz 和 6GHz 三频段，它在 6GHz 上的信息可以通过 2.4GHz 或者 5GHz 上的信标帧或者探测响应帧发送出去。

RNR 报告中只包含其他频段的必要信息，比如工作信道、BSSID、SSID，以及计算信标帧发送周期的 TBTT 差值等信息。STA 根据这些信息可以直接切换到相应的工作信道，然后进一步获得 AP 的其他信息，并计算相关信标帧的发送时间和周期。

带外发现方式如图 2-79 所示，三频段 AP 在 2.4GHz、5GHz 和 6GHz 频段上分别创建了 SSID 为 "Home" "Guest" 和 "User" 的三个 BSS，对应的 BSSID 分别为 BSSID-1、BSSID-2 和 BSSID-3，其中

- BSSID-1：工作在 2.4GHz 的信道 4，20MHz 带宽。
- BSSID-2：工作在 5GHz 的信道 36，80MHz 带宽。
- BSSID-3：工作在 6GHz 的信道 233，80MHz 带宽。

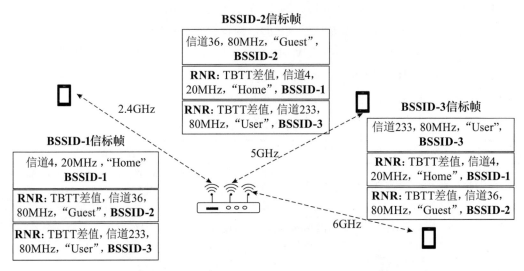

图 2-79　包含 RNR 字段的多频段 AP 广播信标帧

每个频段的信标帧都广播其他频段的信息。以工作在 2.4GHz 频段上 BSSID-1 的信标帧为例，它的 RNR 字段携带了分别工作在 5GHz 和 6GHz 频段的 BSSID-2 和 BSSID-3 的信息，比如 TBTT 差值、工作信道带宽、SSID 及 BSSID 等。工作在 2.4GHz 频段的 STA，就可以通过信标帧中的 RNR 字段携带的信息发现一个 6GHz 频段的 BSS，然后就在 6GHz 频段上发送探测请求帧，接着通过 AP 的探测响应帧获取到更多信息，进入下一步的连接操作。

2.2.6 节介绍的 MBSSID 技术支持在一个频段上创建多个 BSS，多个 BSS 传输的信标帧可以在同一个 BSS 的信标帧中进行传输，而 RNR 技术是在多频段 AP 的不同频段发送其他频段的连接信息，它们的区别可以参考表 2-15。如果一个多频段 AP 在每个频段上需要创建多个 BSS，那么可以同时应用 RNR 技术和 MBSSID 技术来提高信道利用率。

表 2-15　MBSSID 与 RNR 技术特点对比

技术特征	MBSSID 技术	RNR 技术
频段与 BSS 关系	同一个频段上创建多个 BSS	不同频段创建不同 BSS
AP 发送信标帧和探测响应帧	只有传输 BSSID 可以发送信标帧和探测响应帧，非传输 BSSID 不能发送	在每个 BSS 中，都可以在相应工作信道上发送信标帧和探测响应帧
信息完整性和可继承性	传输 BSSID 携带完整的非传输 BSSID 信息，相同信息可以从传输 BSSID 继承	RNR 中只携带其他频段的部分信息，STA 需要通过下一步的带内发现过程获取 AP 其他频段的完整信息
TBTT 时间差	同一个频段上不存在 TBTT 时间差，但传输 BSSID 和非传输 BSSID 可以有不同的信标间隔	不同频段发送的信标帧周期不同，发送时间也不同，存在 TBTT 时间差

3. 6GHz 频段上的连接安全性

Wi-Fi 在 6GHz 频段上不再需要兼容旧 Wi-Fi 设备的安全协议，所以连接过程中具有更好的安全性。

（1）6GHz **频段只支持 WPA3 模式**。

为了支持 2.4GHz 和 5GHz 频段上的旧 Wi-Fi 设备能够连接到 Wi-Fi 6 AP，AP 需要配置成兼容旧设备的安全模式，即 WPA3/WPA2 兼容模式。当 Wi-Fi 6 AP 与旧的 Wi-Fi 终端通信时，只能采用前一代的 WPA2 加密模式。详细的安全模式介绍参考 3.5 节。

而在 6GHz 频段上只有新的 Wi-Fi 6 设备，所以工作在 6GHz 频段的 AP 不再需要考虑兼容性问题，AP 可以直接配置成最新的 WPA3 安全模式，WPA3 是比 WPA2 更安全的标准协议。

（2）6GHz **频段上对管理帧进行加密**。

Wi-Fi 6 之前使用 WPA2 加密技术，默认情况下仅支持数据帧的加密，而管理帧则通过明文传输。在 6GHz 频段上，为了提升管理帧传输的安全性，Wi-Fi 联盟规定 6GHz 的频段上必须对管理帧进行加密。

2.4.3　双载波调制技术

根据 FCC 对于 Wi-Fi 设备的发射功率的规定，标准功耗设备的最大发射功率 36dBm，而室内低功耗设备的最大发射功率是 30dBm。显然，当 AP 工作在低发射功率模式时，其最大覆盖范围也会比标准功率的 AP 覆盖范围缩小很多。

为了改善 AP 工作在低发射功率时的覆盖情况，Wi-Fi 6 引入了基于**双载波调制**（Dual Carrier Modulation，DCM）的传输方式，如图 2-80 所示，基本原理就是将一份相同的数据在两个不相邻的子载波上进行调制，接收端通过两个子载波来解调同一份数据，从而降低误码率。

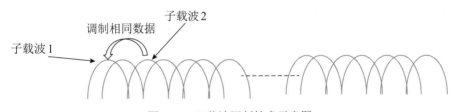

图 2-80　双载波调制技术示意图

1. 双载波调制技术原理

双载波调制技术是一种基于子载波的频率分集技术，即在一对子载波上调制相同的信息，用于改善信道的选择性衰落的影响。接收端收到 DCM 调制的 PPDU 后，通过将两个子载波上的相同信息叠加后进行解调和解码，获得原先发送的数据。为了减小相互间的干扰和增加分集效果，用于 DCM 的两个子载波并不相邻，而在频域上要保持一定的距离。

参考图 2-81，以 20MHz 信道带宽为例，当多个终端利用 OFDMA 技术传输上行数据时，假定按照 26-tone 大小划分成 9 个 RU，每个 STA 分得约 2MHz 带宽。它们的前导码占用了 20MHz 频宽，而数据部分则在分配的 RU 上进行传输。其中 STA1 支持 DCM 模式，它的数据在 RU 中的子载波上进行复制和传送。

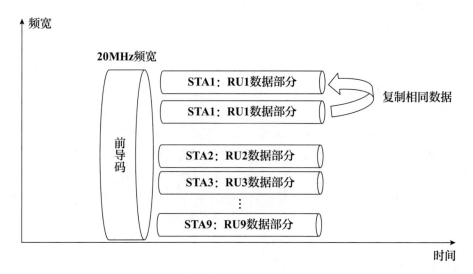

图 2-81   双载波调制技术下的 RU 分配方式

有仿真测试结果说明，利用 DCM 技术能够在接收端获得大于 3.5db 的增益，进而扩大了覆盖范围。但是，由于在一对子载波上承载相同的信息，实际承载数据的容量也就减少了一半。目前 Wi-Fi 6 标准只在 BSPK、DPSK 和 16-QAM 调制方式上支持 DCM 模式。

参考图 2-82，这是 DCM 模式下以 26-tone 为 RU 的数据复制的示意图，可以看到一个 RU 平均分成两半，前后两半 RU 上通过比特位的逐个复制而实现双载波调制技术。

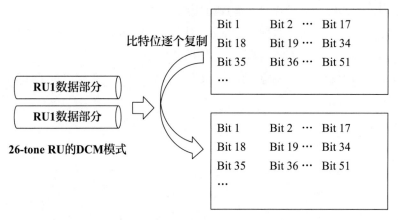

图 2-82   支持 DCM 技术的 RU 数据部分的复制示意图

2. DCM 技术在 HE PPDU 上的应用

在 2.3.2 节介绍了 HE SU PPDU、HE MU PPDU、HE TB PPDU 和 HE ER PPDU 的帧格式，这些 HE PPDU 支持部分或者全部实现 DCM 调制方式。

如图 2-83 所示，支持 40MHz 带宽的设备发送 DCM 模式的 HE SU PPDU 时，在辅 20MHz 信道上的数据部分重复主 20MHz 信道上数据部分内容，但前导码字段并不复制。另外，在下行或上行的 OFDMA 情况下，如果有一部分 STA 支持 DCM 模式，则 AP 在该 STA 对应的 RU 中使用 DCM 模式。

如图 2-84 所示，下面举例说明在 OFDMA 上行和下行方向，对其中部分 STA 采用 DCM 技术，从而增强它的覆盖范围。

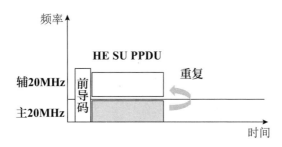

图 2-83　DCM 技术应用于 40MHz 带宽的 HE SU PPDU 示意图

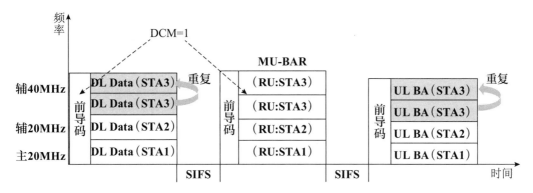

图 2-84　DCM 技术在上行和下行方向应用于部分 STA 示例

（1）**AP 在 OFDMA 下行方向上的数据发送**。AP 支持 80MHz 带宽，它向 STA1、STA2 和 STA3 发送 HE MU PPDU，通过 HE-SIG-B 字段，指示 RU 分别为 242-tone、242-tone 和 484-tone，并且指示 STA3 的数据用于 DCM 方式传输，即 484-tone 由两个相同的 242-tone 数据组成。

（2）**STA 的数据接收**。STA1 和 STA2 分别从 RU 中获取到下行的数据，STA3 根据 DCM 模式指示信息，将两个 242-tone 的重复数据放在一起进行解析，获取原先的发送数据。

（3）**AP 发送触发帧**。AP 向所有 STA 发送 MU-BAR 触发帧，同样指示 STA1、STA2 和 STA3 的 RU 信息分别为 242-tone、242-tone 和 484-tone，并且指示 STA3 的数据用于 DCM 方式传输。由于 MU-BAR 为控制报文，需要以 Wi-Fi 6 定义的触发（Triggering）PPDU 方式在每个 20MHz 子信道上发送相同的 PPDU。

（4）**STA 发送数据确认**。STA1 和 STA2 根据 RU 位置信息发送 BA 的确认消息，STA3 根据 RU 位置信息和 DCM 模式指示信息，将 RU 分为两个 242-tone 进行发送，而两个 242-tone 中的信息相同。

本章小结

Wi-Fi 6 以提高 Wi-Fi 频谱效率为目标，通过新技术引入或已有技术改进，尤其关注高密度终端连接情况下的用户场景，最大程度地提升 Wi-Fi 连接的性能。其中，Wi-Fi 6 通过引入高阶调制方式，进一步改善每个用户的峰值速率；通过提高多用户并发操作，降低每个用户数据等待信道接入的时延；通过提高信道利用效率，改善整个 Wi-Fi 网络系统的吞吐量；Wi-Fi 6 引入新的省电技术，进一步降低电池供电设备的功耗。因此，Wi-Fi 6 的核心技术特点是高速率、高并发、低时延和低功耗，并且 Wi-Fi 6 引入新的 6GHz 频段，拓展了 Wi-Fi 带宽，从此 Wi-Fi 进入三频段的时代。

高速率：Wi-Fi 6 支持更高阶的 1024-QAM 调制方式，Wi-Fi 6 单台设备最大连接速率可以达到 9.6Gbps，相比 Wi-Fi 5 速率提升了 39%。在中间部分子信道繁忙状态下，通过引入**非连续信道捆绑技术**，利用非连续信道发送下行数据，提高了捆绑信道利用效率及速率。

高并发：通过引入 OFDMA **技术**，实现多个终端上下行数据在不同子载波同时传输，降低了每个设备等待信道接入的时延。同时，通过引入基于**触发帧的信道接入方式**，降低了多设备竞争信道导致冲突的概率。通过引入**多 BSSID 技术**，减少多 BSS 位于同一个物理 AP 时信标帧和探测响应帧的交互，提高信道利用效率。

低时延：对于多个相邻 AP 工作在相同信道的场景，Wi-Fi 6 引入**空间复用**（Spatial Reuse，SR）**技术**，实现两个 BSS 内的 AP 和 STA 在各自空间中传送数据，而彼此不受干扰，降低了多个 AP 情况下的数据传送的时延。同时，通过引入 OFDMA 方式多用户同时反馈信道信息，降低了多用户信道探测过程的时延。

低功耗：Wi-Fi 6 支持基于**目标唤醒时间**（TWT），AP 与 STA 协商唤醒时间和发送、接收数据周期的机制，其中，AP 通过 i-TWT **技术**与 STA 协商不同的唤醒时间，也可以通过 b-TWT **技术**将 STA 分到不同的唤醒周期组，减少了唤醒后同时竞争无线媒介的设备数量。TWT 技术改进了设备睡眠管理的机制，STA 不需要定期醒来接收信标信息以及查看缓存信息，从而提高了设备的电池寿命，降低了终端功耗。

新频段：Wi-Fi 6 支持 6GHz **频段**，新频段上不存在 Wi-Fi 5 等传统设备，协议设计不需要考虑对于 Wi-Fi 5 等旧设备的兼容性，Wi-Fi 6 通过**新的探测流程**减少探测请求帧和响应帧的交互，提高信道利用率。6GHz 频段上只支持 Wi-Fi 联盟定义的 WPA3 **认证方式**，进一步提升设备接入信道的安全性。

通过本章的学习，读者可以初步掌握 Wi-Fi 6 技术演进方向和关键技术特点，为下一步学习 Wi-Fi 7 技术演进打下坚实的技术基础。

第 3 章 Wi-Fi 7 技术原理和创新

从 2020 年左右开始，随着全球逐渐开始部署基于 10Gbps 带宽的光纤宽带到户，室内 Wi-Fi 终端就有了更高的互联网接入速率，反过来又成为 Wi-Fi 技术向更高速率演进的场景需求。同时，8K 超高清视频、AR/VR 等高带宽的业务越来越吸引人们的关注和使用，基于元宇宙业务的扩展现实（Extended Reality，XR）也将在全球得到更多应用。这些设备对 Wi-Fi 技术的低延时、高吞吐量有非常高的要求，具有超高带宽的 Wi-Fi 技术已经成为下一代 Wi-Fi 标准的核心需求。

IEEE 任务组在 Wi-Fi 6 的 OFDMA 多址接入机制及其他相关技术基础上继续寻找提升性能的手段，在调制方式、信道带宽、频带或信道聚合等各方面进一步挖掘潜力，这个新一代的 Wi-Fi 标准被 IEEE 定义为 802.11be，IEEE 又把它称为**极高吞吐量**（Extremely High Throughput，EHT），Wi-Fi 联盟则把 802.11be 命名为 Wi-Fi 7。

截至 2023 年 1 月，IEEE 已经完成了 802.11be 的第一阶段技术的规范制定，在 2024 年将完成 802.11be 最后版本的发布，同时 Wi-Fi 联盟会在 2023 年同步制定相应的认证规范。图 3-1 所示为 Wi-Fi 4 到 Wi-F 7 的各个标准演进。

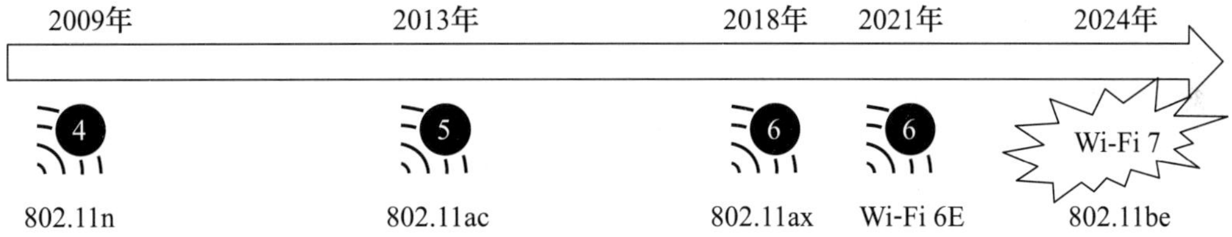

2009年	2013年	2018年	2021年	2024年
④	⑤	⑥	⑥	Wi-Fi 7
802.11n	802.11ac	802.11ax	Wi-Fi 6E	802.11be

图 3-1　从 Wi-Fi 4 到 Wi-Fi 7 的标准演进

本章主要介绍 Wi-Fi 7 第一阶段的主要内容，也兼顾正在讨论的第二阶段中的部分关键技术的情况。通过本章的学习，读者可以掌握以下 Wi-Fi 7 的主要技术内容。

- Wi-Fi 7 的核心技术概念和原理。
- Wi-Fi 7 的物理层和 MAC 层的规范定义。
- Wi-Fi 7 相对于 Wi-Fi 6 以及之前技术的区别和联系。
- Wi-Fi 7 对于 Wi-Fi 的安全以及无线组网技术的影响和变化。

3.1　Wi-Fi 7 技术概述

Wi-Fi 6 之前每一代技术演进关注的是带宽的持续提升，Wi-Fi 6 则把重点放在了连接更多终端数量下的性能保证，引入的 OFDMA 技术使得 Wi-Fi 具备了一部分移动通信的技术特征，能够支持高密度连接下的大量终端以频分复用方式传送数据，提升了终端并发的性能，而 Wi-Fi 7 技术在 Wi-Fi 6 的基础上，同时提升带宽和终端并发连接数量，在高带宽、高并发、低时延等性能领域全面超越已有的 Wi-Fi 6 技术标准。

3.1.1　Wi-Fi 7 技术特点

Wi-Fi 7 标准被称为**极高吞吐量**（EHT），这是指它作为短距离无线通信技术，能达到极高的数据传输速率，因此 Wi-Fi 7 首要特点就是**超高速率**。

Wi-Fi 7 在提升速率的同时，也通过拓展信道带宽和 OFDMA 下的资源单位分配等方式，以支持更多终端的同时连接以及相应的数据传送性能。所以，Wi-Fi 7 的**超高并发**是与**超高速率**同时并存的两个高性能技术特征。另外，像高清视频、虚拟现实、网络游戏等业务，提升用户体验不仅需要更高带宽，也需要更低时延，作为下一代高性能 Wi-Fi 标准，Wi-Fi 7 把**超低时延**也作为它的关键技术特点之一。

图 3-2 是 Wi-Fi 7 的超高速率、超高并发和超低时延的图示，Wi-Fi 7 的最高速率可以达到 30Gbps，超过 Wi-Fi 6 最高速率 9.6Gbps 的 3 倍，超过 Wi-Fi 5 最高速率 6.9Gbps 的 4 倍；Wi-Fi 7 的最大终端连接数量能够达到 Wi-Fi 6 的 2 倍；而 Wi-Fi 7 的超低时延特点可以使语音、视频等实时业务的延时至少降低 50%。

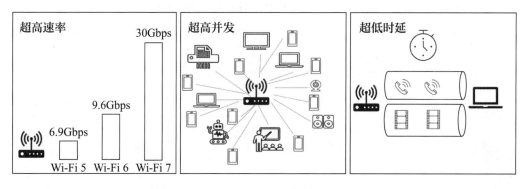

图 3-2　Wi-Fi 7 的技术特点

1. Wi-Fi 7 超高速率的特点

Wi-Fi 7 支持 30Gbps 的最高速率，将支持超宽带接入下的家庭无线网络的快速发展，将极大提升人们在高性能业务下的 Wi-Fi 使用体验，比如，Wi-Fi 7 在速率上可以匹配 10Gbps 或者 25Gbps 以上的光纤宽带接入，可以为移动 5G 在室内的无线覆盖延伸提供更高带宽的技术支撑，人们通过室内 Wi-Fi 无线连接的方式流畅地观看 8K 超高清的直播节目，可以感受到 VR 的舒适甚至理想的用户体验。

Wi-Fi 7 超高速率主要来自信道带宽扩展、调制效率提升以及多链路捆绑技术。

1）信道带宽扩展

Wi-Fi 7 支持 2.4GHz、5GHz 和 6GHz 频段，其中，6GHz 频段可以支持最大带宽为 320MHz 的信道。参考图 3-3，Wi-Fi 4 最大信道带宽是 40MHz，Wi-Fi 5 和 Wi-Fi 6 分别在 5GHz 频段上达到 80MHz 和 160MHz 信道带宽，而 Wi-Fi 7 在 6GHz 频段上的信道带宽则达到了 320MHz。

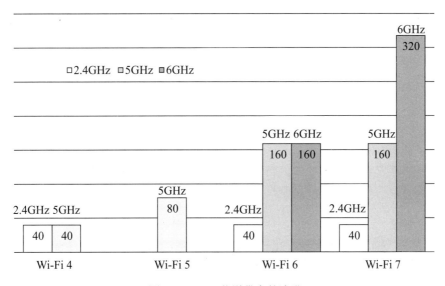

图 3-3　Wi-Fi 信道带宽的演进

图 3-4 则给出了 80MHz、160MHz 以及 320MHz 不同信道带宽情况下对于速率影响的示例，可以看到速率随着信道带宽增加而提高。而随着室内距离的增加，不同信道带宽的 Wi-Fi 信号出现衰减，速率逐渐下降，但 320MHz 信道的性能在不同距离情况下一直高于 160MHz 和 80MHz。图中速率数据仅为示例，实际速率由具体的 Wi-Fi AP 配置来决定，例如，增加 Wi-Fi 空间流数量、提升调制阶数等都会影响速率。

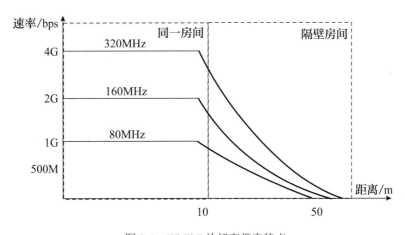

图 3-4　Wi-Fi 7 的超高带宽特点

2）调制效率提升

每次 Wi-Fi 技术的演进，都会在调制技术上进行突破，从而提升传输速率。Wi-Fi 4 引入的正交振幅调制（QAM），支持每个传输信号最多承载 6 比特的信息，即 2^6=64，表示为 64-QAM，Wi-Fi 5 和 Wi-Fi 6 则达到了每个传输信号最多承载 8 比特和 10 比特信息，实现了 256-QAM 和 1024-QAM。而 Wi-Fi 7 更进一步实现了每个传输信号最多 12 比特信息的承载，调制阶数达到了 2^{12}=4096，即 4096-QAM，又称为 4K-QAM，参考图 3-5 的演进过程。

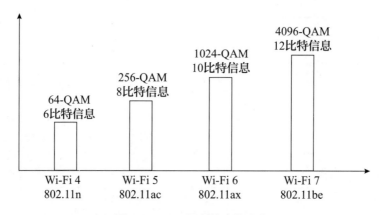

图 3-5　Wi-Fi 调制技术的演进

调制信息的增加，直接就对带宽和速率产生影响，Wi-Fi 7 的 12 比特比 Wi-Fi 6 的 10 比特增加了 2 比特，这就意味着物理层的最大理想速率增加了 20%。

3）多链路捆绑提升带宽

Wi-Fi 6 之前的设备可以同时支持 2.4GHz 和 5GHz 两个频段，Wi-Fi 6E 则增加了 6GHz 频段。支持多个频段的 AP 或 STA，被称为**多频 AP 或多频 STA**。但多频 AP 与多频 STA 之间只能在一个频段上的信道建立连接，只能在这一个连接上进行数据传送。

而 Wi-Fi 7 的 AP 与 STA 支持同时在 2.4GHz、5GHz 和 6GHz 频段上的信道上建立相应的连接，AP 与 STA 就在多条连接上同时传送数据，显然 AP 与 STA 之间的吞吐量将会成倍增长。

每一个信道的物理通道称为**链路**（link），Wi-Fi 7 支持多连接的数据传送被称为**多链路同传技术**。对应于 Wi-Fi 7 引入的多链路概念，Wi-Fi 7 之前的多频 AP 与 STA 之间只能在一个频段上的信道建立连接，本书在后面就称之为**单链路连接**方式。

图 3-6 的左半部分是 Wi-Fi 6 之前的 AP 与每一个 STA 在一个频段上建立连接，而右半部分则是 Wi-Fi 7 AP 与 STA 在多频段上同时连接的多链路同传技术。

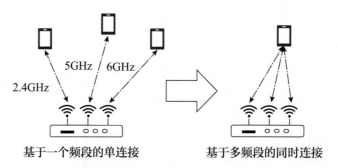

图 3-6　Wi-Fi 7 设备的 Wi-Fi 连接变化

多链路同传技术类似于频段捆绑，把 2.4GHz、5GHz 和 6GHz 频段上的信道捆绑在一起进行数据传送，使得 AP 与 STA 之间的数据通道得到更大拓展。但多链路同传不等同于带宽直接变大，它带来的数据传送方式的影响、链路管理技术等的变化，是下面将要详细介绍的内容。

2. Wi-Fi 7 超高并发的特点

并发数量是 Wi-Fi 作为短距离无线接入技术在实际场景应用中的一个关键指标，在人流密集的室内区域，比如体育馆、机场、火车站、大型商场等地区，有大量的人群会使用 Wi-Fi 上网，都需要畅通的 Wi-Fi 连接体验。Wi-Fi 7 支持超高并发的终端连接，可以为高密度人群所在区域提供非常实用的解决方案。

Wi-Fi 7 并发数量主要来自 OFDMA 技术下的频分复用和信道捆绑技术的提升。

1) OFDMA 技术下的频分复用

Wi-Fi 6 支持最多 74 个用户数据通过 OFDMA 频分复用方式并发传送，每个用户以 26-tone 为最小的资源单位（RU），具体可以参考 2.2.2 节关于资源单位（RU）的介绍。

Wi-Fi 7 在 Wi-Fi 6 基础上增加了 1 倍的并发用户数量，支持 148 个用户并发操作，具有**超高并发**的技术特点。如图 3-7 所示，Wi-Fi 6 在 160MHz 带宽下，最多支持 74 个终端并发操作；而 Wi-Fi 7 在 320MHz 带宽下，最多支持 148 个终端并发操作。

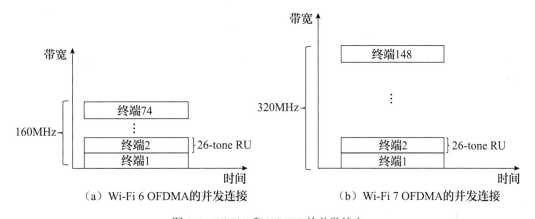

图 3-7　Wi-Fi 6 和 Wi-Fi 7 的并发特点

2) 信道捆绑技术的提升

信道捆绑是 Wi-Fi 4 之后拓展信道带宽的关键技术，除了信道带宽本身从 20MHz 拓展到 40MHz、80MHz、160MHz 以及 320MHz 以外，信道捆绑的方式也在不断发展。

- **Wi-Fi 4 和 Wi-Fi 5 的信道捆绑**：多个子信道捆绑，每个以 20MHz 为单位，其中某个 20MHz 为主子信道，所有子信道必须在频谱上连续。只有所有子信道都处于空闲状态时，才可以使用该捆绑信道。当捆绑信道的一些子信道检测到干扰信号时，就只能使用主子信道所在的部分连续子信道的捆绑。
- **Wi-Fi 6 的信道捆绑**：第一次支持非连续信道捆绑技术，仅支持下行方向，每个子信道仍以 20MHz 为单位。如果下行方向出现子信道的干扰，Wi-Fi 6 能够在频谱中选择没有干扰、包含主子信道在内但允许非连续的子信道进行捆绑。
- **Wi-Fi 7 的信道捆绑**：支持下行方向和上行方向的非连续信道捆绑技术，并且支持以资源单位（RU）为方式的信道组合，因而全面支持捆绑信道技术的各种方式，提升干扰情况下的信道带宽拓展和并发用户数量。

图 3-8 给出了信道捆绑方式的技术演进，从图中可以看到，基于 Wi-Fi 5 的技术只能使用连续的空闲子信道传输数据，Wi-Fi 6 实现了下行方向上非连续信道捆绑和数据传输，

Wi-Fi 7 实现了双向非连续信道捆绑和数据传输。

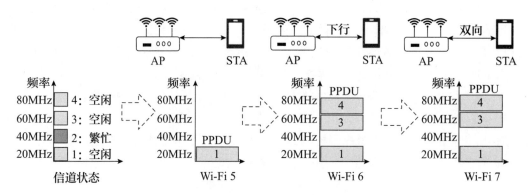

图 3-8   提高捆绑信道利用效率技术演进

3. Wi-Fi 7 超低时延的特点

随着 VR、视频、在线会议等对时延敏感的业务越来越多，**低时延**已经成为数据传送技术的关键指标。如果数据传送存在延迟，人们就会发现视频出现卡顿、不流畅等现象，直接影响人们对于业务或服务的体验和接受程度。例如，VR 对于家庭 Wi-Fi 网络的时延要求低于 10ms 甚至 5ms。演进的 Wi-Fi 新技术需要支持更低的时延才能胜任新的指标要求。

超低时延技术和超高速率、超高并发技术密不可分。比如，Wi-Fi 7 在提升了数据传输速率的同时，也就降低了数据等待接入信道的时延，而多用户并发技术提高同时接入的用户数量，也就意味着降低了并发用户之间的数据冲突，降低了用户等待信道接入的时延。

另外，Wi-Fi 7 在**多链路同传技术下的业务分类传送、支持低时延业务识别**和**严格唤醒时间技术**，使得 Wi-Fi 7 对低时延技术的应用更加灵活和有效。

1）多链路管理技术实现业务分类传送

Wi-Fi 7 之前的多频 AP 与 STA 之间只能在一个频段上的信道建立连接，即单链路连接方式，不同业务数据都是在相同无线信道上依次传送，物理信道不会区分它们的优先级，不会对时延区别对待。

而 Wi-Fi 7 的多链路同传技术支持在多个频段上进行连接和数据传送，那么 Wi-Fi 7 AP 就可以将不同业务数据映射到不同链路上进行传输。比如，低时延业务在带宽最大和信道状态最好的 6GHz 链路上优先传输，从而保证低时延业务的时延要求，同时也保证其他业务在 2.4GHz 和 5GHz 上的正常传输。参考图 3-9，Wi-Fi 7 支持视频、语音和上网等业务分别在不同链路上同时进行传送。

图 3-9   Wi-Fi 7 多链路支持超低时延

2）低时延业务识别技术支持分类调度

第 1 章介绍过传统 Wi-Fi 技术支持 4 种访问类型来区分数据流的优先级，当语音、视频、普通数据流和背景数据流转发到 MAC 层的时候，它们就会根据优先级进入相应的队列中等待发送。

但 4 种优先级分类的方式较为简单，没有针对业务对于时延的需求做进一步区分。**Wi-Fi 7 支持低时延业务识别技术**，它能基于业务来识别最大时延时间、服务起止时间、服务间隔、最高误包率等业务参数，AP 根据低时延业务特征来进行调度，保证该业务数据在最小时延内送达到接收端，提高用户体验。参考图 3-10，左边是传统 Wi-Fi 的 4 种优先级队列方式，右边则是 Wi-Fi 7 AP 能识别业务最大时延和其他参数，然后根据低时延业务特征进行业务调度。

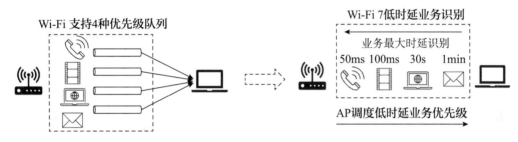

图 3-10　Wi-Fi 7 支持低时延业务识别

例如，一个用户的手机可能包含不同时延业务，通过低时延业务识别技术可以帮助 AP 识别每个应用程序的最大传输时延，并根据时延信息进行相应调度，进而保证应用程序与服务器交互的流畅性，改善应用程序的用户体验。

3）严格唤醒时间技术

Wi-Fi 6 引入群体目标唤醒时间 b-TWT 技术，支持 AP 与多个 STA 协商不同的服务时间组，不同的 STA 在指定的服务时间醒来，访问信道进行数据传送和接收。

Wi-Fi 7 在 b-TWT 的基础上，支持**严格唤醒时间技术**（restricted TWT，r-TWT），AP 仍然将整个服务时间分成多段，其中某些时间段专门用于低时延业务数据传输，低时延业务在这些时间段能够被高频次地调度，使得它们有更多机会访问信道和进行数据传送，从而降低了业务数据传送时延。r-TWT 技术还为这些特殊的时间段增加了静默时间窗口机制，在静默时间窗口中不允许其他 STA 参与信道竞争，从而为 AP 调度低时延业务提供了保护机制。

图 3-11 是 Wi-Fi 7 基于 r-TWT 技术的低时延业务访问信道的示例，图中电话业务是低时延的实时业务，它需要频繁访问信道并传输数据。Wi-Fi 7 的 AP 可以根据电话业务的特点，增加相应的低时延服务时长和频次，从而保证该业务所需要的时延要求。

图 3-11　Wi-Fi 7 的信道接入机会分配

3.1.2 Wi-Fi 7 标准的演进

IEEE 对于 Wi-Fi 7 标准的时间规划如图 3-12 所示，从 2018 年 6 月成立 Wi-Fi 7 的研究组，至 2024 年 5 月发布最终版本，前后经历 6 年。其中，草案版本的主要发布时间是从 2021 年 5 月至 2023 年 11 月。而对应的 Wi-Fi 联盟认证项目是从 2021 年开始建立市场任务组，至 2023 年底预计完成认证项目。

图 3-12　IEEE 对于 Wi-Fi 7 标准的时间规划

从 Wi-Fi 7 标准演进的过程中可以看到，2023 年预计将有设备厂家基于 Wi-Fi 7 芯片的演示产品，而 2024 年由于 Wi-Fi 联盟认证项目就绪，市场上将逐渐开始出现商用 AP 和终端设备。

主要的时间路标说明如下：

- 2018 年 6 月，成立了 Wi-Fi 7 的研究组（Study Group，SG）。
- 2019 年 3 月，项目授权请求（Project Authorization Request，PAR）获准投票并通过后，研究组变成了工作组（Task Group，TG），负责起草 Wi-Fi 7 的技术标准。
- 2020 年 9 月，Wi-Fi 7 工作组发布草案 0.1 版本，包含新标准的基本框架。
- 2021 年 5 月，Wi-Fi 7 工作组发布草案 1.0 版本，完成基本功能的定义。
- 2022 年 5 月，Wi-Fi 7 工作组发布草案 2.0 版本，对 1.0 版本中定义的新功能进行完善，并投票确认该版本是否可以进行发布。
- 2022 年 11 月，Wi-Fi 7 工作组发布草案 3.0 版本，初步包含一些复杂功能。
- 2023 年 11 月，Wi-Fi 7 工作组发布草案 4.0 版本。
- 2024 年 5 月，Wi-Fi 7 工作组发布最终版本。至此，Wi-Fi 7 标准研究制作的工作完成，工作组解散。

3.2 Wi-Fi 7 主要的核心技术

Wi-Fi 7 技术特点的核心是**极高吞吐量**（EHT），它的技术特征是超高速率、超高并发和超低时延，它的核心技术和标准规范主要是围绕着这三个特征来进行定义的。Wi-Fi 7 不仅在物理层上对原有调制技术、频宽等指标进行超越和提升，而且充分利用 Wi-Fi 7 设备的多频段、多信道特点，进行技术创新和突破，从而为 Wi-Fi 7 设备在传统技术上的性能跨越和大幅度提升提供了关键支撑。

3.2.1　Wi-Fi 7 关键技术概述

　　IEEE 在制定 Wi-Fi 7 标准的时候定义了很多关键技术和对应的技术指标，并且把标准发布分成两个阶段，分别包含相关的技术内容。从最新的标准制定进展来看，原先第二阶段的主要内容放在后面的 Wi-Fi 8 标准中，本书介绍的 Wi-Fi 7 内容主要是原先第一阶段的关键技术，而在最后的第 8 章将简要介绍一部分曾放在第二阶段的关键技术。Wi-Fi 7 的关键技术如表 3-1 所示。

表 3-1　Wi-Fi 7 引入的关键技术

序号	分类	Wi-Fi 7 核心技术	对应的关联技术
1	超高速率	高阶调制技术	支持 4096-QAM
2	超高速率 超高并发	超高带宽的信道捆绑	6GHz 频段的 320MHz 信道带宽
3	超高速率 超低时延	多链路同传技术	多链路的发现、连接和认证方式；多链路安全技术；多链路 Mesh 组网等
4	超高并发	非连续信道捆绑	上行或下行方向捆绑
5	超高并发	多资源单位捆绑技术	上行或下行方向捆绑；多用户输入输出技术与多资源单位技术的组合
6	超低时延	低时延业务的支持	低时延业务识别
7	超低时延	低时延业务的信道访问	严格唤醒时间技术（r-TWT）
8	超低时延	紧急业务服务	紧急业务的优先级接入

　　相关的 Wi-Fi 7 和 Wi-Fi 6 技术的物理层和 MAC 层规格参见表 3-2，详细情况将在后面章节介绍。

表 3-2　Wi-Fi 7 和 Wi-Fi 6 技术规格

类别	关键技术	Wi-Fi 7 技术规格	Wi-Fi 6 技术规格
物理层	调制方式	最高支持 4096-QAM	最高支持 1024-QAM
	OFDM 符号长度	12.8μs	12.8μs
	保护间隔（GI）	0.8μs、1.6μs、3.2μs（分别是 5%、10%、20% 开销）	0.8μs、1.6μs、3.2μs（分别是 5%、10%、20% 开销）
	多输入多输出（MIMO）流的数量	8	8
	多输入多输出的并发用户数量	8	8
	信道宽度	6GHz 频段最大支持 320MHz	2.4GHz 频段最大支持 40MHz，5GHz 频段最大支持 160MHz
	OFDMA 并发用户数	148	74
	物理层速率	30Gbps	9.6Gbps
MAC 层	基本信道访问	CSMA/CA，触发方式	CSMA/CA，触发方式
	多用户接入方式	MU-MIMO，OFDMA	MU-MIMO，OFDMA
	多用户接入方向	支持上行和下行 MU-MIMO	支持上行和下行 MU-MIMO
	A-MPDU 聚合度	1024	256
	抗干扰处理	支持两个 NAV 以及动态 CCA-ED 门槛值，非连续信道捆绑	支持两个 NAV 以及动态 CCA-ED 门槛值等

3.2.2   Wi-Fi 7 新增的多链路设备

在 Wi-Fi 7 标准中，把具有多链路同传的设备称为**多链路设备**（Multiple Link Device，MLD）。其中，具有多链路功能的 AP 设备被称为**多链路 AP**（AP MLD），具有多链路功能的 STA 设备被称为**多链路 STA**（non-AP MLD）。

如图 3-13 所示，多链路 AP 与多链路 STA 建立了两条无线链路的连接，并在两条链路上同时进行数据传送。在多链路 AP 中，把两条无线链路的端点分别标记为 AP1 和 AP2；而在多链路 STA 中，把相应链路的端点分别标记为 STA1 和 STA2。AP1 与 STA1 在链路 1 上进行数据发送和接收，AP2 与 STA2 在链路 2 上进行数据发送和接收。

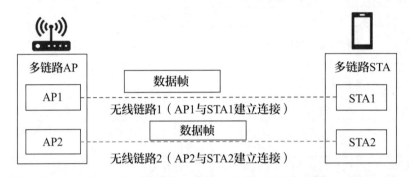

图 3-13   多链路 AP 与多链路 STA 的多链路连接

多链路数据传送的方式可分为同步和异步两种主要情况。**多链路异步同传模式**是指多链路设备的每个链路独立获取信道并收发数据，相互之间不需要任何同步。**多链路同步同传模式**是指多链路设备的多个链路同时接收数据或者同时发送数据，多个链路之间数据收发时间需要严格对齐。

多链路异步或同步同传模式在一定条件下可以相互转换。例如，当两个链路工作信道在频谱上距离比较近时，比如一个链路工作在 5GHz 频段 36 信道，另外一个链路工作在 5GHz 频段 100 信道时，会耦合其中旁瓣与谐波过滤不彻底的信号，从而对本链路上的信道侦听产生干扰，此时两个链路就建议工作在同步同传模式。当两个链路工作信道在频谱上距离比较远时，两个链路之间互不干扰，比如一个链路工作在 2.4GHz 频段，另外一个链路工作在 5GHz 频段，此时该多链路设备可工作在异步同传模式。

图 3-14 给出多链路设备的链路在异步情况下的信号干扰示例。多链路设备在两个链路上同时进行随机回退窗口并倒计时，链路 1 首先计数到零并发送数据，但设备的滤波器无法完全过滤链路 1 上的能量，而有信号泄露到链路 2 上，导致链路 2 检测到该信号并反馈信道繁忙，因而等待下一次回退窗口恢复计数，无法实现异步收发模式。但如果两个链路上同时传送信号，则可以规避干扰问题。

参考表 3-3，为了降低设计复杂度，Wi-Fi 7 标准规定具有 MLD 功能的 AP 为多链路异步同传设备。比如，家庭 AP、企业网 AP 等，而具有 MLD 功能的移动热点为同步同传设备。

对于终端来说，在只有一个物理链路进行数据收发的前提下，根据是否在多个逻辑链路上进行信道侦听，又分为单射频模式与增强单射频模式。

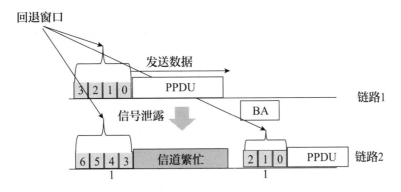

图 3-14　异步多链路 STA 发送 PPDU 时干扰其他信道 CCA 检测示例

表 3-3　多链路设备类型

索引	设备类型	链路同传分类	链路同传功能说明
1	多链路 AP	异步多链路同传	不同链路分别独立传送或接收数据
2	多链路 AP	同步双链路同传	最多只支持两个链路，双链路发送或接收数据必须保证同步进行
3	多链路 STA	异步多链路同传	不同链路分别独立传送或接收数据
4	多链路 STA	异步多链路同传增强	支持动态调整每个链路上的天线数量并进行数据传送
5	多链路 STA	同步多链路同传	不同链路必须同步发送或接收数据
6	多链路 STA	单射频模式	只支持一个物理链路层进行数据传送，但包括多个逻辑链路
7	多链路 STA	增强单射频模式	只支持一个物理链路层进行数据传送，但支持在多个链路上同时进行信道侦听

下面是 Wi-Fi 7 标准定义的多链路设备的详细介绍。

1）支持异步多链路同传的多链路 AP

异步多链路同传的多链路 AP 就是通常的**多链路 AP**，每个无线链路发送和接收数据的时候，在时间上不需要同步，分别按照实际需求竞争和使用信道。

在图 3-15 给出的示例中，多链路 AP 与多链路 STA 建立两个链路，在时间段 t 范围内，AP1 在无线链路 1 上向 STA1 发送数据。同时，AP2 在无线链路 2 上接收 STA2 发送的数据。

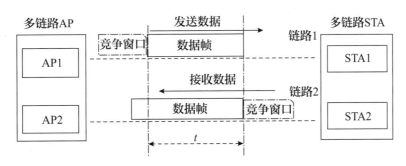

图 3-15　异步多链路同传模式

2）支持同步双链路同传的多链路 AP

同步双链路同传的多链路 AP 又称为**同步移动多链路 AP**，支持在**两条链路上**同步发送或者同步接收数据，并且收发数据的起始时间和终止时间始终需要保持同步。它的典型应用场景是移动设备的热点，比如，手机作为 Wi-Fi 热点，同时与多链路 STA 建立两条链路，并在两个链路上传输数据。

同步移动多链路 AP 支持的两条链路分别称为**主链路**和**辅链路**，主链路负责完成链路的连接过程和数据传送，而辅链路只能与主链路一起同步收发数据，不能单独工作。传统单链路的 STA 也只能连接到主链路上并收发数据。

如图 3-16 所示，同步移动多链路 AP 有主链路和辅链路，分别对应 AP1 和 AP2。AP1 和 AP2 在两个链路同时传输数据，数据帧的发送和接收在时间上完全保持一致。

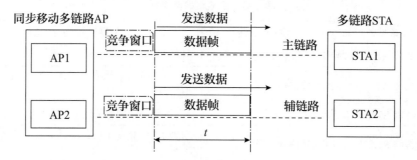

图 3-16　同步移动多链路 AP 双链路同传

3）支持异步多链路同传的多链路 STA

支持异步多链路同传的多链路 STA 就是通常所说的**多链路 STA**，它与多链路 AP 一样，在多链路上进行数据传输时不需要时间同步。

4）支持异步多链路同传增强型的多链路 STA

支持每个链路上的天线数量可动态调整的多链路 STA 称为**增强型异步多链路 STA**。相比每个链路上的天线数量固定的多链路 STA 更加灵活，以适应不同的应用场景。

如图 3-17 所示，一个增强型异步多链路 STA 在两个链路共有 6 根天线，在 T1 时刻两个链路上的天线分配方案为 3:3，而在 T2 时刻天线分配方案为 4:2，即把链路 2 的天线 4 分配给了链路 1。增强型异步多链路 STA 在建立连接情况下动态调整每个链路天线数量

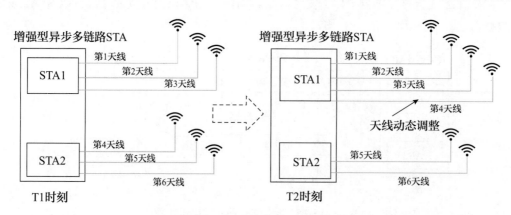

图 3-17　增强型异步多链路 STA 天线动态分配

时，需要提前与多链路 AP 进行消息交互，便于双方及时更新每个链路上的空间流数量、发送速率等信息。

5）支持同步多链路同传功能的多链路 STA

与同步移动多链路 AP 类似，支持同步多链路同传类型的多链路 STA 称为**同步多链路STA**，即在每个链路上接入信道并收发数据的时间需要保持一致。

如图 3-18 所示，多链路 AP 与多链路 STA 在两个链路上建立连接，AP1 和 AP2 在两个链路同时传输数据，并且同时接收到 STA1 和 STA2 回复的确认帧。

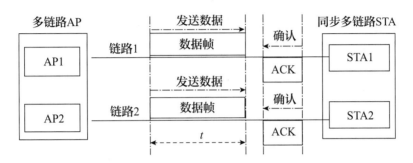

图 3-18　多链路 AP 与同步多链路 STA 多链路同步同传模式

6）单射频多链路 STA

单射频多链路 STA 是一种只有一个射频模块，但又和多链路 AP 建立多个逻辑链路的多链路 STA。它只有一个物理层，同一时刻只能有 1 条链路在收发数据，其他链路处于瞌睡状态。它的特点是支持多链路动态选择功能，选择信道条件最好的链路与多链路 AP 进行通信，而又不需要重新建立连接。

如图 3-19 所示，多链路 AP 与单射频多链路 STA 在两个链路上建立连接，在 T1 时间段，AP1 与 STA1 在链路 1 上进行数据通信，链路 2 处于瞌睡状态；而在 T2 时间段，多链路 AP 与单射频多链路 STA 切换到链路 2，AP2 与 STA2 在链路 2 上进行数据通信，链路 1 处于瞌睡状态，即任意一个时刻只有 1 条链路在收发数据。

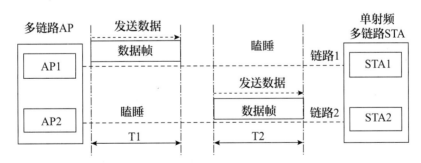

图 3-19　多链路 AP 与单射频多链路 STA 的多链路通信

当单射频多链路 STA 切换链路的时候，需要在该链路上先进行侦听，等待信道空闲时才发送数据，单射频多链路 STA 不支持在多个链路上同时侦听信道状态。如图 3-20 所示，单射频多链路 STA 在链路 1 上侦听信道，如果信道繁忙，则切换到链路 2 上重新侦听信道；如果信道空闲，则开始发送数据。

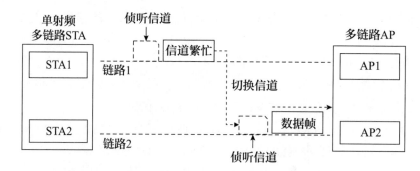

图 3-20   单射频多链路 STA 的链路切换方式

7）增强型单射频多链路 STA

增强型单射频多链路 STA 是一种支持多个链路上同时进行信道侦听，但每次只能选择一个链路进行数据传输的多链路 STA。

相对于单射频多链路 STA 需要先侦听信道再决定切换链路的局限，增强型单射频多链路 STA 支持多个链路上同时进行信道侦听，然后选择一个空闲的信道发送数据，节约侦听信道所需要的等待时延。

如图 3-21 所示，增强型单射频多链路 STA 在链路 1 和链路 2 上同时侦听信道状态，链路 1 上的信道繁忙，而链路 2 上的信道空闲，则选择链路 2 发送数据。

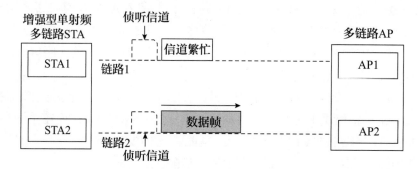

图 3-21   增强型单射频多链路 STA 的链路切换方式

如图 3-22 所示，增强型单射频多链路 STA 包含**信道侦听**和**数据收发**两种状态。

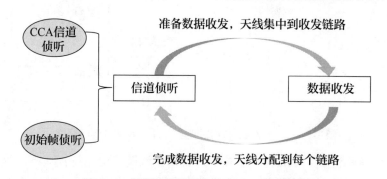

图 3-22   增强型单射频多链路 STA 状态转换

（1）**信道侦听状态**。对于上行方向，增强型单射频多链路 STA 发送上行的数据之前，每条链路处于侦听状态，并且每个链路上至少分配一个天线，用来接收并检查信道上的

Wi-Fi 和非 Wi-Fi 信号，侦听结束并检查到一个信道空闲时，增强型单射频多链路 STA 结束侦听状态，进入数据收发状态。

对于下行方向，处于信道侦听状态的增强型单射频多链路 STA 还可以接收和处理多链路 AP 发送的特定初始帧。在一条链路上接收到多链路 AP 发送的初始帧之后，增强型单射频多链路 STA 从信道侦听状态切换到数据收发状态，然后接收多链路 AP 发送的下行数据帧或者触发帧。

（2）**数据收发状态**。首先将其他链路的天线切换到用于传输数据的链路上，然后进入数据交互状态并发送数据，通过充分利用一个链路的多天线技术来提高吞吐量。数据收发完成后，再次返回信道侦听状态。

当一条链路处于数据收发状态时，其他链路由于没有可用的天线而不能用于监听信道，处于链路不可用状态。

如图 3-23 所示的示例中，处于信道侦听状态的增强型单射频多链路 STA 在 STA1 上分配一个天线，在 STA2 上分配两个天线，两个 STA 分别在各自信道侦听信道状态或者接收对应的 AP 发送的初始化帧。完成信道侦听过程后，增强型单射频多链路 STA 将 STA2 上的天线切换到 STA1，并转换到数据交互状态，然后与多链路 AP 通过 STA1 交互数据。

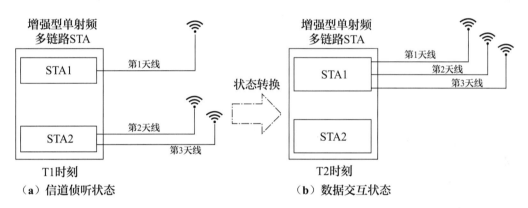

图 3-23　增强型单射频多链路 STA 状态转换图

3.2.3　Wi-Fi 7 多链路同传技术

多链路同传技术是指多链路 AP 与多链路 STA 之间建立多条 Wi-Fi 连接，从而实现数据并发传送。不同于原先多频 AP 与 STA 之间的单链路连接，多链路同传技术有新的数据传送特点，参见图 3-24。

（1）**负载均衡**：多链路设备根据每条链路上的负载情况和当前信道条件，动态调整每个链路上的数据流量，实现链路的负载均衡。

（2）**多链路的数据聚合**：多链路设备在多条链路上同时发送或接收数据，从而提高数据传输的吞吐量。

（3）**不同链路的上行或下行数据传送**：多链路设备在不同链路上分别实现上行和下行的数据传输，比如多链路 AP 在一条链路上接收数据，在另外一条链路上发送数据。

（4）**控制报文和数据报文传输在不同链路上**：不同链路上传输不同类型的帧，比如位于 2.4GHz 频段的链路上传输控制和管理帧，位于 6GHz 频段的链路上传输数据帧。

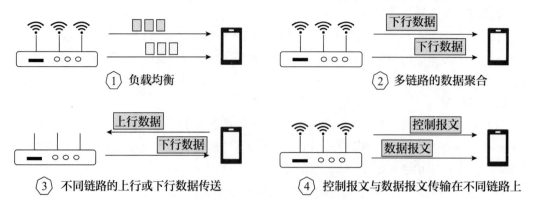

① 负载均衡   ② 多链路的数据聚合

③ 不同链路的上行或下行数据传送   ④ 控制报文与数据报文传输在不同链路上

图 3-24   多链路同传技术的特点

多链路同传技术重点关注 MAC 层架构的变化、MAC 层帧传输和重传的特点、MAC 层的发现和连接过程、链路管理以及不同类型的多链路设备同传特点。其中多链路下的连接过程在 3.2.4 节中介绍。

1. 多链路同传技术的 MAC 层架构

Wi-Fi 支持多链路同传技术的同时，需要对原先的媒介访问控制（MAC）层的规范进行更新。图 3-25 给出了单频 STA、双频 AP 以及双链路 Wi-Fi 7 AP 的 MAC 层的图示。

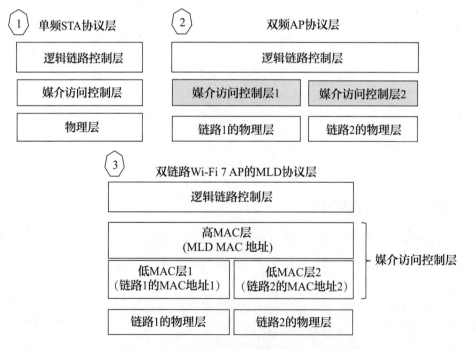

图 3-25   三种不同 Wi-Fi 设备的二层架构

（1）**单频 STA 协议层**：具有单独的媒介访问控制层与物理层。

（2）**双频 AP 协议层**：有两个物理上独立的频段，所以有两个对应的媒介访问控制层与物理层，各自完成 Wi-Fi 的连接和数据通信。

（3）**双链路 Wi-Fi 7 AP 的 MLD 协议层**：仍然有两个物理上独立的频段，有对应的两个物理层，但媒介访问控制层只有一个，它分为一个**高 MAC 层**和两个**低 MAC 层**，对应着一个 MLD MAC 地址和两个低 MAC 层的 MAC 地址。

- **高 MAC 层**：又称为公共 MAC 层，它与逻辑链路层对接，对数据报文进行成帧前的处理，或者接收下层上传的数据报文并做解析处理。例如，A-MSDU 聚合、帧编号、帧加密、帧解密、帧排序等。它对应着多链路设备的 MAC 地址，称为 **MLD MAC 地址**。
- **低 MAC 层**：又称为链路相关 MAC 层，它对应着每一个物理链路，主要处理数据报文收发直接相关的流程以及控制帧收发。例如，填充 A-MPDU 的发送和接收地址，根据地址过滤 A-MPDU 报文，发送 RTS/CTS 等控制报文。每个低 MAC 层有对应链路的 MAC 地址，称为**链路 MAC 地址**。

多链路 AP 支持在不同链路上创建不同的 BSS，分配不同的 BSSID，允许 Wi-Fi 7 之前的 STA 在任意一条链路上能与多链路 AP 建立连接，或者允许多链路 STA 通过多个链路连接到多链路 AP，实现多链路数据同传。

如图 3-26 所示，多链路 AP 与多链路 STA 在两个链路建立连接，基本的数据帧封装、数据帧解析的过程以及术语与第 1 章介绍的内容一致，区别在于发送端的 MLD MAC 层需要在两个物理层调度数据并传送，接收端的 MLD MAC 层也要从两个物理层上同时接收数据，重新排序后发送给逻辑链路层。

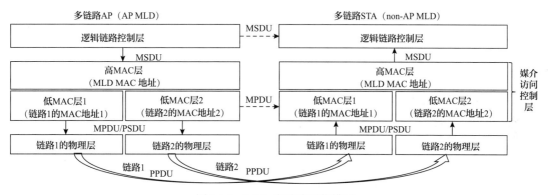

图 3-26　MLD 多链路通信模型

多链路 AP 既要与多链路 STA 进行通信，也要兼容与传统只支持单链路 STA 的连接。在 Wi-Fi 7 标准中，多链路 MLD 设备为每个链路分别添加一个高 MAC 层来处理传统的单链路 STA 的连接以及数据传送流程。

参考图 3-27，在多链路 AP 的协议架构中，高 MAC 层有两种情况。

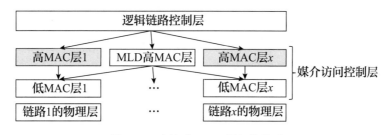

图 3-27　多链路 AP 二层架构模型

- **MLD 的高 MAC 层**：支持多链路的公共 MAC 层，多链路 AP 中只有一个这样的高 MAC 层，对应着所有的低 MAC 层。
- **每个链路对应的高 MAC 层**：处理与其连接的传统单链路 STA 的 MAC 层，AP 的每条链路有一个链路高 MAC 层，对应着相关的每一个低 MAC 层。

图 3-28 表示多链路 AP 与多链路 STA 在每一条链路上建立连接，同时多链路 AP 也与传统单链路 STA 建立连接，即 Wi-Fi 7 AP 与以前的 STA 保持连接的兼容性。从图中右侧虚线可以看到，数据在多链路 AP 的高 MAC 层、低 MAC 层以及单链路 STA 的 MAC 层之间进行传送。

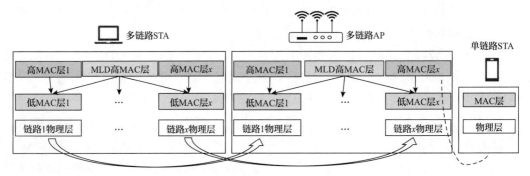

图 3-28　多链路 AP 与多链路 STA 以及传统 STA 的连接模型

2. 多链路上传送 Wi-Fi 帧的特点

第 1 章介绍过 Wi-Fi 帧类型，帧分为数据帧、管理帧和控制帧。另外，根据帧的接收地址分类，数据帧和管理帧又分别分为单播数据帧、组播数据帧和单播管理帧、组播管理帧。

单播数据帧具有重传和聚合功能，到达接收端的次序可能不一致，因而接收端需要将乱序的单播数据帧进行排序后转发到上层协议栈。

不同类型的帧在多链路传送中有各自不同特点，参见表 3-4。

表 3-4　多链路设备与单链路设备的传输特征差别

帧类型	帧来源	接收地址	是否重传	多链路传输特征	典型帧例子
数据帧	上层协议栈	单播	可重传	任意链路传送	业务数据帧
		组播	不重传	每个数据帧复制到所有链路上进行传输	广播 ARP 报文
控制帧	低 MAC 层	单播	不重传	当前链路传送	CTS/RTS、ACK、BA 帧等
管理帧	高 MAC 层	单播	可重传	任意链路传送	连接请求和响应帧等
管理帧	低 MAC 层	单播	可重传	当前链路传送	探测请求和响应帧等
	低 MAC 层	组播	不重传	当前链路传送	信标帧

- **数据帧**：来自上层协议栈，通过逻辑链路控制层发送给高 MAC 层，可以在多链路中的任一条上传输，如果传输失败，单播数据帧会重传，但组播数据帧不会重传。
- **控制帧**：在媒介访问控制层的低 MAC 层生成，比如 CTS/RTS、ACK、BA 帧等。控制帧只能在当前链路上传输，并且不支持重传。

- **管理帧**：部分管理帧在媒介访问控制层的低 MAC 层生成，比如信标帧、探测请求和响应帧。部分管理帧在高 MAC 层产生，比如连接请求和响应帧。单播管理帧支持重传。

多链路 AP 在发送组播数据时，接收端可能为传统 STA 或多链路设备，为了保证多链路 STA 和传统单链路 STA 都可以收到同一个组播数据帧，Wi-Fi 7 标准规定多链路 AP 在所有链路上都复制同一个组播数据帧，并分别发送出去，这样传统 STA 在连接的链路上能收到该组播帧。而对于多链路 STA，能够从任意一个连接的链路上接收该组播帧，也支持从多个链路上接收同一份组播帧，多链路 STA 在转发给上层协议栈之前，通过检查机制丢掉重复报文。

在第 1 章和第 2 章介绍过，单个数据帧可以通过 A-MPDU 技术聚合成一个包含多个数据帧的 PPDU，在信道中传输到接收端，提高信道利用效率。同时，发送端数据帧在传输过程中可能因信道干扰导致传输失败，进而重新传输该数据帧，因此到达接收端的先后次序存在随机性，即存在"后发先到"的可能性。为了保证接收端按照次序接收所有的数据帧，并丢弃重复数据帧，发送端在发送数据前为每个帧进行编号，以便于接收端按照帧编号重新排序，并转发给上层协议栈。

另一方面，接收端接收到 A-MPDU 后，向发送端发送块确认帧（Block ACK，BA），来告知接收端 A-MPDU 中每个 MPDU 的接收状态。

图 3-29 给出 A-MPDU 的发送与接收示例。其发送与接收的步骤如下。

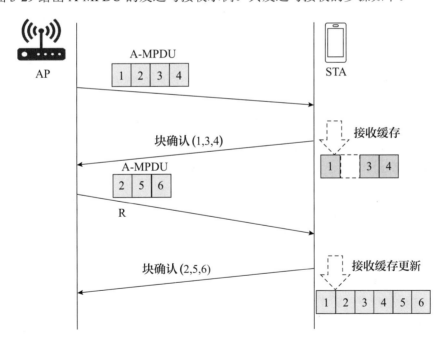

图 3-29　A-MPDU 发送与接收

（1）**发送端发送 A-MPDU**：AP 向 STA 发送聚合帧 A-MPDU，包含编号 1、2、3、4 的数据帧。

（2）**接收端回复块确认**：STA 向 AP 发送块确认帧，包含对编号为 1、3、4 的数据帧的确认，并本地保存接收到的数据帧。

（3）**发送端再次发送 A-MPDU**：AP 向 STA 再次发送聚合帧 A-MPDU，包含编号 2、5、6 的数据帧，其中编号为 2 的数据帧标记为重传类型。

（4）**接收端再次回复块确认**：STA 向 AP 发送块确认帧，包含对编号 2、5、6 的数据帧的确认，并按照编号顺序排序，转发给上层协议栈。

Wi-Fi 7 引入多链路同传技术后，单播数据帧在多链路上的帧编号、重传和确认三个方面的变化如图 3-30 所示，具体解释如下。

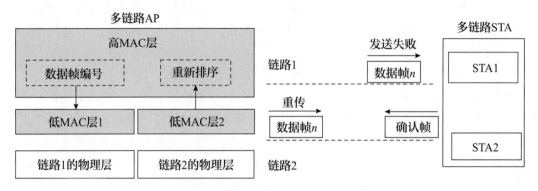

图 3-30　多链路传输数据帧的帧编号、重传和确认

（1）**帧统一编号**：待发送的单播帧在 MLD 高 MAC 层统一编号，然后调度到不同链路上进行传输。由于每个链路的信道条件及发送速率并不一致，所以每个包到达接收端对应链路的先后顺序不一定按照包的序号顺序接收，接收端从多链路收到帧后，送到 MLD 高 MAC 层，然后按照帧编号顺序重新排序并缓存。确认无误后，一起发送给上层。

（2）**多链路重传**：当一个数据帧在一条链路上发送失败时，不仅支持在该链路上重传该数据帧，而且支持在另外一条链路上重新发送，为了保证重传帧的唯一性，帧在重传时保持帧编号不变。具体如何应用多链路重传机制，由芯片或者设备厂商来定义。

（3）**跨链路确认**：当接收端从两个或更多链路上接收到报文后，将在每个链路上分别发送块确认帧进行确认，块确认帧的位图信息中包含当前帧的接收信息，也支持包含其他链路接收信息，具体实现方式由厂商自定义，但多链路上传输的块确认帧的信息要保证一致性。

图 3-31 给出单播数据帧在多链路上传输和跨链路确认的示例。多链路 AP 在链路 1 和链路 2 上与多链路 STA 建立连接，多链路 AP 在两个链路上分别竞争无线信道资源，获取发送机会后在链路 1 上发送包含序列号为 1、2、5 的数据帧的 A-MPDU，在链路 2 上发送包含序列号为 3、4、6 的数据帧的 A-MPDU。

多链路 STA 在两个链路上接收到数据帧后，分别回复块确认帧，对接收到的数据帧进行确认。链路 1 的块确认帧中包含帧号为 1、2、3 的帧确认信息，链路 2 的块确认帧中包含帧号为 4、5、6 的帧确认信息。

多链路 STA 从两个链路上接收的数据帧按照序列号重新排序，并发送给上层协议栈。

3. Wi-Fi 7 多链路管理方式

Wi-Fi 7 AP 与 STA 建立多链路连接后，为了实现不同业务类型的数据帧在不同链路上传输，保证时延敏感性业务在信道状态最好的链路上优先传输，同时降低移动终端的功耗，Wi-Fi 7 引入了多链路管理功能。

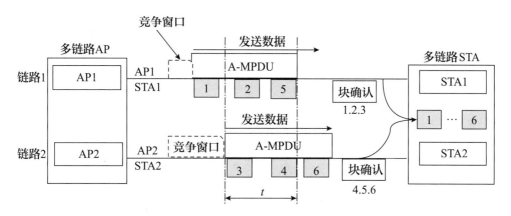

图 3-31　多链路 AP 向多链路 STA 在两个链路上发送数据帧

多链路管理包括链路与业务类型绑定、链路状态管理和缓存数据在多链路上的传输三个方面，如图 3-32 所示。

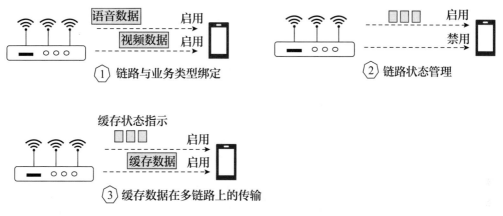

图 3-32　多链路管理的类型

（1）**链路与业务类型绑定**：多链路 AP 和多链路 STA 通过协商，将业务类型和链路绑定，在某些链路上只允许特定业务数据传输，例如，低时延业务在链路状态最好或带宽最大的链路上传输，满足特定业务对于低时延需求。

（2）**链路状态管理**：多链路 AP 通过将 1 条或者多条链路的状态设置为禁用或者启用，实现在多链路上数据的调度和负载均衡的目的。

（3）**缓存数据在多链路上的传输**：对于处于节电模式状态的多链路 STA，根据多链路 AP 缓存的不同业务数据状态，从不同链路上获取对应的缓存数据，从而实现节电效果。

下面就这三部分内容做进一步介绍。

1）链路与业务类型绑定

在第 1 章介绍过，当 AP 或者 STA 从上层协议栈接收到不同业务类型的数据帧时，将按照业务类型对数据帧进行分类，并把不同类型的数据帧放入 BE（普通数据流）、BK（背景流）、VI（视频流）、VO（语音流）四个不同的优先级队列中，按照优先级从高到低的顺序进行调度，比如将语音数据作为高优先级发送。

对于多链路 AP 与多链路 STA 建立的多链路，每个链路包括启用和禁用状态。当链路处于**启用**状态时，将不同业务类型数据帧与链路绑定，实现不同链路上传输不同业务的数据帧，同一业务类型的数据也可以绑定到不同的链路上进行传输。当链路处于**禁用**状态时，该链路上不绑定任何类型的数据帧，即不允许数据帧传输。

图 3-33 给出了多链路 STA 向多链路 AP 在不同链路上发送不同类型数据的示例。

● 链路 1 与 BK、BE 类型的数据绑定。
● 链路 2 与 BE、VI、VO 类型的数据绑定。
● 链路 3 处于禁用状态，无任何业务类型数据绑定。

多链路 STA 通过链路 1 向多链路 AP 发送业务类型为 BK、BE 的数据帧，在链路 2 上发送 BE、VI、VO 类型的数据帧。多链路 AP 在对应的链路上接收到不同类型的数据帧后，放入相应的队列中。

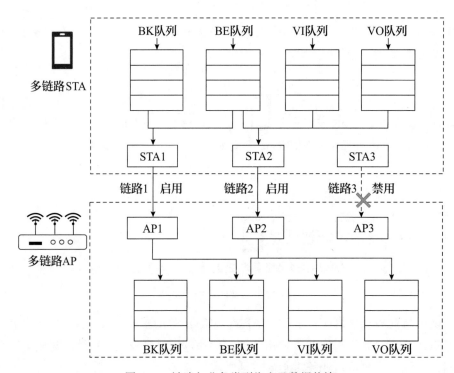

图 3-33   链路与业务类型绑定及数据传输

默认情况下，每条处于启用状态的链路允许所有类型的数据进行传输，这种方式与传统的单链路连接方式类似。多链路 AP 与多链路 STA 通过协商实现业务数据与链路进行绑定，这种协商方式包括两种情况：

（1）多链路关联帧中携带链路与业务类型的绑定信息。

多链路 STA 发送多链路关联请求，同时携带链路与业务类型捆绑信息，这种方式节约了协商过程所需要的额外帧交互的开销，是一种典型高效的协商方式。

接收到多链路 STA 携带业务类型与链路捆绑信息关联请求帧后，多链路 AP 发送多链路关联发送响应，并通过多链路字段中的捆绑信息相应字段显示允许或者拒绝该请求。如果 AP 拒绝，则需要提供新的业务类型与链路捆绑信息，供多链路 STA 参考，以便于多链路 STA 再次发起关联请求。

图 3-34 给出多链路 AP 和多链路 STA 通过关联帧协商绑定信息的示例。多链路 STA 向多链路 AP 发起 3 条链路关联请求及绑定策略协商过程如下：

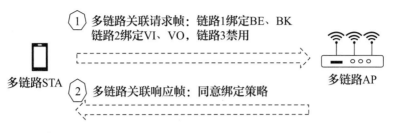

图 3-34　基于多链路关联请求过程中的绑定策略的协商示例

（a）多链路 STA 发送多链路关联请求帧，其中多链路字段显示的绑定策略为：BE 和 BK 类型数据绑定到链路 1，VI 和 VO 类型数据绑定到链路 2，链路 3 处于禁用状态。

（b）多链路 AP 接收到请求后，向 STA 发送多链路关联响应帧，在多链路字段中显示接受该绑定策略。

多链路 STA 与多链路 AP 建立多链路连接后，根据上述协商结果，在链路 1 和链路 2 进行数据发送，链路 3 处于禁用状态，不能发送任何数据，直接进入瞌睡状态。

（2）**通过 action 帧协商链路与业务类型的绑定信息。**

多链路 AP 或者多链路 STA 在连接之后，通过发送 action 请求和响应帧，进行业务类型与链路的绑定信息协商，或者对已有的绑定策略重新进行协商，实现动态绑定目的。

这种 action 帧方式用于数据传输过程中出现的突发状态。例如，当一条链路状态由启用状态变为禁用状态时，则与该链路相关的绑定策略也要随之变化，通过重新协商，将原先链路上的数据业务绑定到处于启用状态的链路。

图 3-35 给出利用 action 帧重新协商绑定策略的示例。多链路 STA 与多链路 AP 建立三条链路，其当前的业务类型与链路的策略为：

● 链路 1 与 BK、BE 类型数据绑定。

● 链路 2 与 VI、VO 类型数据绑定。

● 链路 3 处于禁用状态。

多链路 STA 为了节电，需要禁用链路 2，只在链路 1 上交互数据，就利用 action 帧发起重绑定请求。

（a）多链路 STA 发送 action 帧，绑定策略为 BE、BK、VI 和 VO 类型数据绑定到链路 1，链路 2 和链路 3 上不绑定任何业务类型，处于禁用状态。

（b）多链路 AP 接收到请求后，发送 action 帧作为响应，绑定策略字段中显示接受该绑定策略。

STA 与 AP 协商之后，链路 1 上发送所有类型的数据，而链路 2 和链路 3 处于禁用状态。

2）链路状态管理

链路状态包括禁用和启用两种状态。处于禁用状态的链路，不能传输任何单播数据帧和管理帧，但可以传输组播数据帧和管理帧。处于启用状态的链路，单播数据帧和管理帧都可以传输，但要依据上述 AP 与 STA 之间对业务类型与链路绑定的协商结果来进行。

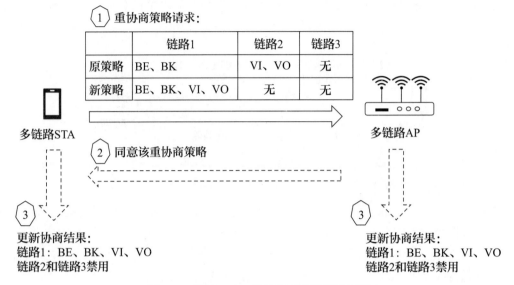

图 3-35　通过 action 帧重协商绑定策略示例

对于多链路 AP 来说，同一条链路针对不同的多链路 STA，可能同时存在两种不同的链路状态。例如，如图 3-36 所示，多链路 AP 包含三条链路，分别对应 AP1、AP2 和 AP3。两个多链路 STA，即多链路 STA-a 和多链路 STA-b，也分别包含三条链路，对应 STA1、STA2 和 STA3。

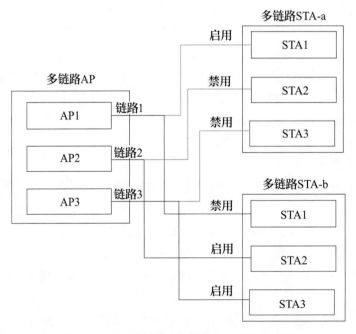

图 3-36　多链路 AP 与多链路 STA 的链路状态

两个多链路 STA 与多链路 AP 在三条链路上建立连接，多链路 STA-a 的链路状态分别为启用、禁用和禁用状态；多链路 STA-b 的链路状态分别为禁用、启用和启用状态，则多链路 AP 只能在链路 1 上向多链路 STA-a 发送管理帧和数据帧，在链路 2 和链路 3 向多链路 STA-b 发送管理帧和数据帧。

链路的两个状态之间可以相互切换，通过链路状态的管理，多链路 AP 实现在不同链路上调度不同的多链路 STA。

此外，当多链路 STA 仅有少量数据需要与多链路 AP 交互时，多链路 STA 可以通过将一条链路设置为启用状态，保持与多链路 AP 的正常通信，而其他链路状态设置为禁用状态，以节约电能。当多链路 STA 有大量数据需要与多链路 AP 交互时，多链路 STA 可根据需求随时启用处于禁用状态的链路，而不需要重新建立连接。

3）缓存数据在多链路上的传输

在第 1 章介绍过，处于节电模式中的 STA，相应下行的数据包将缓存在 AP 端，AP 通过 TIM 字段指示缓存状态，STA 在 TBTT 时间醒来接收信标帧信息，如果 STA 发现信标帧中指示有该 STA 缓存信息，则 STA 向 AP 发送 PS-Poll 或者 QoS-Null 数据包，从 AP 获取缓存的数据包。

在 Wi-Fi 7 的多链路同传机制下，处理节电 STA 缓存数据的方式如下：

- 多链路 AP 在每条链路上发送信标帧，每个信标帧指示是否有多链路 STA 或者传统 STA 的缓存信息。
- 处于节电模式的多链路 STA，只需要在一条链路上定期醒来监听信标帧，而其他链路处于深度休眠状态，不需要周期性醒来接收信标帧信息，从而尽量节电。
- 当多链路 STA 从信标帧发现多链路 AP 有对应的缓存信息后，可以在任何一个没有业务类型限制的链路上，发送 PS-Poll 或者 QoS-Null 数据帧，获取缓存数据。
- 如果某条链路上绑定了特定业务类型，多链路 STA 就只能从该链路上获得对应业务的缓存数据，而其他缓存数据则只能从其他链路上获取。

如图 3-37（a）所示，多链路 STA 与多链路 AP 在三条链路上建立连接，链路与业务类型捆绑策略为：

- 链路 1 与 BK、BE 类型数据绑定。
- 链路 2 与 VI、VO 类型数据绑定。
- 链路 3 处于禁用状态。

处于节电模式的多链路 STA 接收信标帧，发现多链路 AP 上有对应缓存数据，就在链路 1 上发送 QoS Null 数据帧，接收 BK 和 BE 对应数据报文，而在链路 2 上发送 QoS Null 数据帧，接收 VI 和 VO 对应的视频和语音数据。

4. 多链路同传技术的类型

由于多链路 AP 和多链路 STA 包含多种不同类型的设备，因此多链路同传有各自不同的特点。参考图 3-38，本节介绍几种常见的多链路同传方式，其中多链路 AP 分别与 4 种多链路 STA 连接，同步多链路 AP 与多链路 STA 连接。

1）多链路 AP 与多链路 STA 的同传机制

图 3-39 给出多链路 AP 与多链路 STA 在两条链路上的数据传送。多链路 AP 在链路 1 上竞争到信道，然后向多链路 STA 发送数据，并接收多链路 STA 在链路 1 上回复的响应消息。

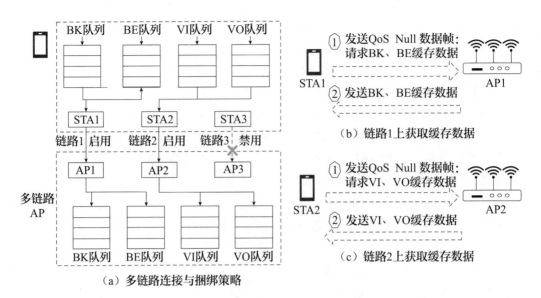

（a）多链路连接与捆绑策略

（b）链路1上获取缓存数据

（c）链路2上获取缓存数据

图 3-37　多链路获取节电 STA 的缓存数据示意图

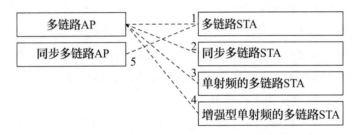

图 3-38　不同类型的多链路 AP 与多链路 STA 的连接

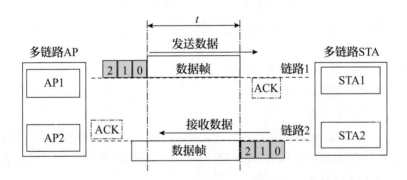

图 3-39　多链路 AP 与多链路 STA 在两条链路上同传数据

　　同时，多链路 STA 在链路 2 上竞争到信道，然后向多链路 AP 发送数据，并接收多链路 AP 在链路 2 上回复的响应消息。从图 3-39 中可以看到，多链路 AP 与多链路 STA 在多链路上的通信为异步传输方式，每个链路各自独立竞争信道资源，然后各自直接发送数据和接收数据，链路之间相互不影响。

2）多链路 AP 与同步多链路 STA 的同传机制

　　多链路通过侦听信道方式分别竞争信道访问权限，但获取信道访问权的时间先后会有差异。另外，在传输数据帧结束的时候，由于每个链路速率、带宽及帧长度并不一致，导致不能同时结束发送。

为了实现链路之间的发送时间同步和结束时间同步，Wi-Fi 7 标准采取以下两种方式：

- **同步发送时间的计数器归零延时等待方式**：当一条链路的回退窗口计数器已经为 0 时，仍然保持 0 值状态，直到其他链路的回退窗口计数器也为 0，以此保证多链路发送时间的完全同步。

- **同步结束时间的结尾填充方式**：如果一条链路已经结束数据帧传送，而其他链路正在发送数据，则在这条链路的 PPDU 末尾添加填充信息，实现多链路 PPDU 结尾对齐。

图 3-40 给出同步多链路 STA 接收数据示例。多链路 AP 与同步多链路 STA 在两个链路上建立连接，多链路 AP 在两个链路上同时启动 CCA 信道侦听状态，尝试接入信道，链路 2 首先回退窗口减到 0，但仍保持为 0，同时等待链路 1 上的回退窗口倒计时为 0，接着两条链路同时发送数据。

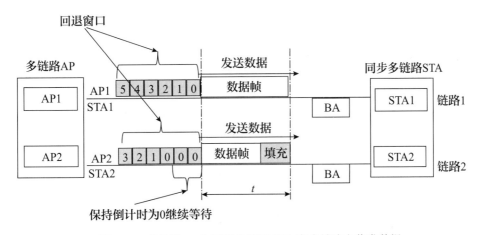

图 3-40　多链路 AP 与同步多链路 STA 在多链路上收发数据

在链路 2 上数据提前发送完毕之后，在末尾添加填充字段，直到链路 1 发送结束。

同步多链路 STA 在两条链路上接收到数据，在 SIFS 时间间隔后，同时发送块确认（BA）帧进行确认，从而完成一次双链路上的数据同传过程。

3）多链路 AP 与单射频多链路 STA 的同传机制

单射频多链路 STA 在每一个时刻只能在一条链路上收发数据，但它支持在不同时刻传送数据的工作链路切换。

单射频多链路 STA 在发给多链路 AP 的数据帧的 MAC 头字段中，通过节电标识位字段指示其当前发送数据的工作信道。多链路 AP 根据节电标识获取每个链路的节电信息，然后选择处于正常工作模式的链路进行数据传送。

如图 3-41 所示，多链路 AP 与单射频多链路 STA 在两条链路上建立连接，在 T1 时段，多链路 STA 通过发送的数据帧指示链路 1 处于正常工作模式，链路 2 处于节电模式，于是多链路 AP 在链路 1 上与多链路 STA 交互数据。在 T2 时段，单射频多链路 STA 通过发送的数据帧指示链路 2 处于正常工作模式，而链路 1 处于节电模式，于是多链路 AP 在链路 2 上与单射频多链路 STA 交互数据。

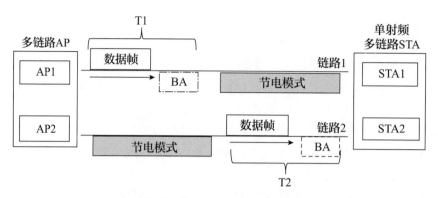

图 3-41　多链路 AP 与单射频多链路 STA 在多链路上收发数据

4）多链路 AP 与增强型单射频多链路 STA 同传机制

在单射频多链路 STA 的基础上，增强型单射频多链路 STA 在所有链路上增加了 CCA 侦听信道功能，它的工作状态分为**多链路同时信道侦听状态和单链路数据交互状态**。

● **多链路同时信道侦听状态**：在这个状态下，增强型单射频多链路 STA 在每个信道至少利用一个天线侦听信道忙碌状态，主要任务是接收和解析固定格式的初始化帧。

● **单链路数据交互状态**：增强型单射频多链路 STA 把所有天线集中在一条链路上，在这一条链路上正常进行数据收发，而其他链路由于没有天线则处于不工作状态。

Wi-Fi 7 标准定义了信道侦听状态和单链路数据交互状态的相互切换过程。图 3-42 是两种工作状态切换的例子，多链路 AP 与多链路 STA 在链路 1 和链路 2 上分别建立连接，多链路 AP 在链路 1 上向多链路 STA 发送数据。

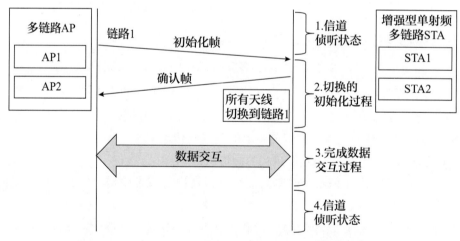

图 3-42　多链路 AP 与增强型单射频多链路 STA 数据交互过程

（1）**信道侦听状态**：多链路 STA 侦听信道，并接收多链路 AP 发送的初始化帧。Wi-Fi 7 沿用了 Wi-Fi 6 中定义的具有触发功能的两种特殊初始化帧，即 MU-RTS 帧和 BSRP 帧，用于初始化增强型单射频多链路 STA。芯片厂商和设备厂商决定具体使用哪种初始化帧。

（2）**切换的初始化过程**：多链路 STA 接收多链路 AP 的初始化帧请求后，发送确认帧，并进行硬件初始化及把天线集中在一条链路上，以此实现最大吞吐量。

（3）**完成数据交互过程**：多链路 AP 与多链路 STA 在切换初始化后的链路上进行数据

交互，完成数据传输过程，此时其他链路处于不可用状态。

（4）**信道侦听状态**：完成数据传送后，多链路 STA 回到多链路信道侦听状态。

对于上行方向，当处于侦听状态的增强型单射频多链路 STA 要向多链路 AP 发送数据时，如果它侦听到某条链路空闲，就将所有天线切换到该信道，直接向多链路 AP 发送数据。

5）同步移动多链路 AP 与多链路 STA 的同传机制

同步移动多链路 AP 包含主辅两个链路，辅链路只能和主链路同步同传数据，不能单独传送数据。辅链路的作用是通过同步同传提高吞吐量，并且节省设备功耗。

同步多链路 AP 与多链路 STA 建立连接后，两者既支持利用双链路同步同传数据，也支持只利用主链路发送数据。

如图 3-43 所示，同步移动多链路 AP 与多链路 STA 在两个链路上建立连接，其中 AP1 对应主链路，AP2 对应辅链路。图 3-43（a）所示为多链路 AP 在主链路上向多链路 STA 发送数据；图 3-43（b）所示为多链路 AP 在双链路上同时向多链路 STA 发送数据。具体如何使用这两种传输方式，由芯片厂商和设备厂商来决定。

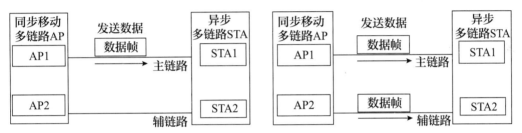

（a）同步移动多链路AP在主链路上传输数据　　（b）同步移动多链路AP在主辅双链路上同时传输数据

图 3-43　同步移动多链路 AP 的两种数据传送方式

3.2.4　Wi-Fi 7 多链路下的发现、连接和认证过程

Wi-Fi 7 标准定义的多链路设备在发现、认证和连接过程中，通过一条链路就完成多链路 AP 与多链路 STA 之间的操作，而不是在每一条链路都重复相同的过程，从而提升多链路设备的连接效率和起到省电的效果。而在需要进行数据传送时，多个链路同时工作，提供整体吞吐量。

图 3-44 为 Wi-Fi 7 多链路设备发现、认证和连接过程的参考示意。

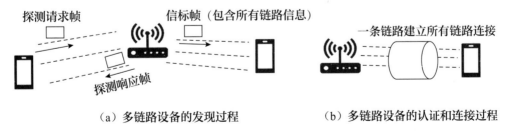

（a）多链路设备的发现过程　　　　（b）多链路设备的认证和连接过程

图 3-44　多链路设备的发现、认证和连接过程的示意

多链路设备的发现过程：通过一条链路上的信标帧或探测响应帧，多链路 STA 就能发现多链路 AP 的所有链路的基本信息。在此基础上，通过一次多链路探测请求帧和响应

帧的交互，可以获取所有链路的所有信息，从而快速建立连接。

- **被动侦听方式**：多链路 STA 在一条链路上接收 AP 周期性广播的信标帧，信标帧中携带了多条链路的 AP 基本信息，从而使得 STA 同时获得多链路 AP 的所有信息。
- **主动扫描方式**：多链路 STA 在一条链路上发送探测请求帧，通过探测响应帧获取其他 AP 的基本信息，然后在这条链路上通过多链路探测请求帧和多链路探测响应帧，实现所有链路的发现过程。

多链路设备的认证连接过程：在 Wi-Fi 7 之前，一次认证连接过程只能实现一条链路的连接，而 Wi-Fi 7 在一条链路上能同时完成多个链路的认证和连接。

1. 多链路发现过程

为了实现多链路设备的发现过程，在原先 Wi-Fi 的信标帧、探测响应帧等基础上，Wi-Fi 7 标准做了相应的帧格式或内容的调整，包括多链路 AP 的信标帧和探测响应帧，以及多链路探测请求帧与响应帧，并且 Wi-Fi 7 标准也更新了多链路发现的交互过程。

1）多链路 AP 信标帧与探测响应帧的改进

Wi-Fi 7 标准在信标帧中增加了一个协议新定义的**多链路字段**。并强制支持精简邻居报告（RNR）字段，用于支持信标帧中携带多条链路的 AP 基本信息。

如图 3-45 所示，Wi-Fi 7 信标帧在传统信标帧的基础上，增加的多链路字段包含了多链路 AP 的公共信息，而精简邻居报告字段存放其他 AP 的基本字段信息，比如信道、带宽、SSID、链路索引值等信息。

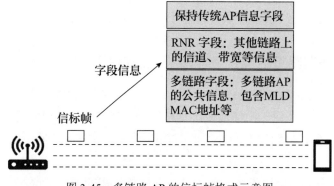

图 3-45　多链路 AP 的信标帧格式示意图

针对信标帧格式的变化，Wi-Fi 7 给多链路设备的探测响应帧也做了相同定义，即多链路字段包含多链路 AP 的公共信息，而精简邻居报告字段存放其他 AP 的基本字段信息。

2）多链路探测请求帧和响应帧的设计

多链路探测请求帧是在 STA 发送的探测请求帧中包含了多链路字段，请求其他 AP 信息。AP 在这条链路上收到多链路探测请求帧后，发送多链路探测响应帧作为回应，该响应帧不仅包含当前链路的 AP 信息，而且包含所请求的其他 AP 信息。

如图 3-46 所示，**多链路探测请求帧**格式在传统 STA 信息集、能力集等相关字段基础上，增加了包含请求其他 AP 信息的多链路字段。而多链路探测响应帧格式在信标帧或探测响应帧格式的基础上，在多链路字段中增加了所请求 AP 的详细信息。

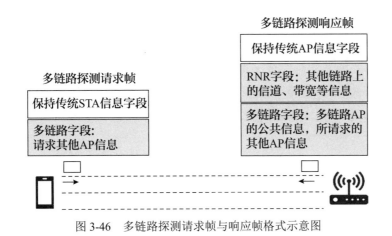

图 3-46　多链路探测请求帧与响应帧格式示意图

3）多链路发现交互过程

Wi-Fi 7 标准中的多链路设备发现过程包括被动侦听方式和主动扫描方式。多链路被动侦听方式就是多链路 STA 在一条链路上接收 AP 发送的信标帧，从而发现所有链路的AP 信息。主动扫描方式则有两种：

（1）**一条链路的探测响应过程**：多链路 STA 在一条链路上发送探测请求帧，并接收探测响应帧，获取所有 AP 链路索引值，然后多链路 STA 在该链路上发送携带这些 AP 索引值的多链路探测请求帧，并接收多链路探测响应帧，从而获取所有 AP 的详细信息。

（2）**多条链路的探测响应过程**：多链路 STA 在每一条链路上发送探测请求帧，并在每一条链路上接收探测响应帧，获取所有 AP 的详细信息。

图 3-47 给出多链路 STA 主动发现多链路 AP 的过程示例。多链路 STA 包含三条链路，分别用 STA1、STA2 和 STA3 表示。多链路 AP 也包括三条链路，分别用 AP1、AP2和 AP3 表示。STA1 在 AP1 所在的链路上发起探测请求，交互过程描述如下：

（1）STA1 主动向 AP1 发送传统的探测请求帧。

（2）AP1 发送探测响应帧作为回应，同时在 RNR 字段中携带 AP2 和 AP3 的基本信息。

（3）STA1 收到该探测响应帧后，获得 AP2 和 AP3 的基本信息，并解析每个 AP 相应的链路索引值后，并将 AP2 和 AP3 的链路索引值填入多链路字段，然后发送多链路探测请求帧给 AP1。

（4）AP1 接收到多链路探测请求帧后，根据链路索引值获取 AP2 和 AP3 的完整信息，并将其填充到多链路字段中，组成多链路探测响应帧，发送给 STA1。

自此，多链路 STA 获取多链路 AP 所以链路的全部信息，即可以发起认证和关联请求。

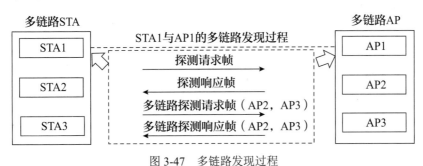

图 3-47　多链路发现过程

2. 多链路设备的连接过程

多链路设备在一条链路上认证、关联和连接过程中，交互管理帧携带其他链路 AP 或者 STA 信息，因此能够同时完成多链路连接过程，而不在每条链路上重复相同的步骤。图 3-48 中多链路 AP 与多链路 STA 在 2.4GHz 频段上完成认证、连接过程，就实现了三条链路的数据传送。

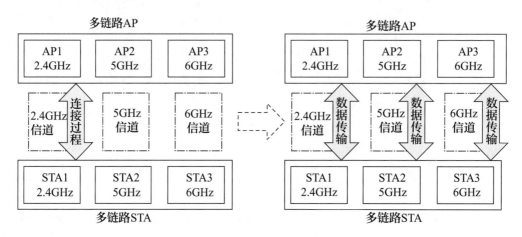

图 3-48　MLD 设备多链路连接和通信过程

下面介绍多链路认证请求和响应帧的格式、多链路关联请求帧和响应帧的格式，以及多链路认证、关联的交互过程。多链路四次握手帧格式的设计及交互过程在 3.5 节中介绍。

1）多链路认证请求和响应帧的格式

多链路 STA 向多链路 AP 发送认证请求帧，其中除了携带当前链路对应的 STA 的信息字段，还携带了包含多链路 STA MLD MAC 地址的多链路字段，用来表示该认证请求帧为多链路请求帧。

多链路 AP 接收到多链路请求帧后，向多链路 STA 发送多链路认证响应帧，其中携带了包含多链路 AP 的 MLD MAC 地址的多链路字段。

参考图 3-49 所示的多链路 STA 发送的认证请求帧格式和多链路 AP 发送的认证响应帧格式。多链路 STA 向多链路 AP 发送认证请求帧后，多链路 AP 向多链路 STA 发送认证响应帧。

图 3-49　多链路认证请求 / 响应帧格式示意图

2）多链路关联请求和响应帧的格式

多链路 STA 向多链路 AP 发送关联请求帧，其中除了携带当前 STA 信息及能力集以外，还携带了多链路字段，该字段中包含多链路 STA 的 MLD MAC 地址，以及请求其他链路上同时建立连接的 STA 的能力集和信息集，用来表示该关联请求为多链路关联请求帧。

多链路 AP 接收到多链路 STA 的多链路关联请求后，向其发送多链路关联响应帧，其中该帧中除了携带当前 AP 的信息以外，还携带了多链路字段，该字段中包含多链路 AP 的 MLD MAC 地址和其他链路上的 AP 的能力集、信息集及状态，其中，其他链路上 AP 的状态用于指示是否允许在相应其他链路上建立连接，参考图 3-50。

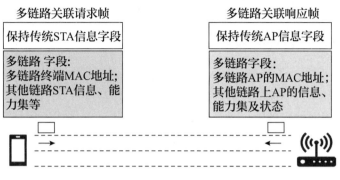

图 3-50 多链路关联请求 / 响应帧格式示意图

3）多链路认证、关联的交互过程

多链路认证、关联的交互过程包括多链路认证请求帧和多链路认证响应帧的交互，以及多链路关联请求帧和多链路关联响应帧的交互。

其中，多链路关联请求帧中通过多链路字段指示显示请求建立链路的数量及链路位置，多链路关联响应帧中则通过在多链路字段中显示标识在请求的范围内所允许建立链路的位置。如果多链路 AP 不允许关联请求帧所在的链路与其建立连接，那么整个多链路关联请求就失败了。

图 3-51 给出多链路认证关联请求与响应交互示例。多链路 STA 包含三条链路，分别用 STA1、STA2 和 STA3 表示。多链路 AP 也包括三条链路，分别用 AP1、AP2 和 AP3 表示。

图 3-51 多链路认证、关联帧的交互过程

多链路 STA 通过 STA1 向多链路 AP 的 AP1 发起多链路认证关联请求，交互过程如下：

（1）多链路 STA 通过 STA1 所在链路，向多链路 AP 发送多链路认证请求帧。

（2）多链路 AP 通过 AP1 所在的链路接收到该请求，并在该链路上发送多链路认证响应帧作为回应。

（3）多链路 STA 收到该认证响应帧后，向多链路 AP 发送多链路关联请求帧，其中多链路字段包含多链路 STA 的 MAC 地址，以及所有 STA 的能力集等信息字段，表示请求建立三条连接。

（4）多链路 AP 在 AP1 所在的链路上接收到多链路关联请求后，向多链路 STA 回复多链路关联响应。由于调度策略等原因，多链路 AP 只允许在 AP1、AP3 所在链路上建立连接，因此多链路关联响应帧中的 AP1 和 AP3 对应的状态置位成功，表示允许 AP1 和 AP3 所在的链路建立连接，而 AP2 的状态置位失败。

（5）最后，多链路 STA 与多链路 AP 建立双链路连接。

3.2.5　Wi-Fi 7 的多资源单位捆绑技术

频谱信道的捆绑是 Wi-Fi 标准制定中的关键技术之一。Wi-Fi 6 之前，支持以 20MHz 为单位的连续信道进行捆绑，因此只有所有信道都空闲后才能够发送数据。

Wi-Fi 6 定义的**前导码屏蔽技术**支持以 20MHz 在内的非连续信道捆绑。如果需要捆绑的频谱信道中有子信道处于忙碌状态，则 AP 或者 STA 的前导码屏蔽技术能够屏蔽忙碌的子信道，然后将非连续的空闲信道捆绑在一起，进行数据发送。显然，前导码屏蔽技术提高了信道利用效率和吞吐量。

Wi-Fi 6 只支持 AP 给 STA 发送数据的下行方向的前导码屏蔽技术，在 AP 与 STA 建立连接之后，根据信道忙碌情况动态地进行非连续信道的绑定。

Wi-Fi 7 标准中的新信道捆绑技术有以下特点：

（1）**支持多资源单元**（Multiple Resource Unit，MRU）**技术**：Wi-Fi 7 在 OFDMA 的资源单位（RU）的基础上，支持对不连续的多个 RU 进行组合捆绑，分配给一个 STA，或利用 MU-MIMO 技术分配给多个 STA。

（2）**基于 MRU 技术的上行方向前导码屏蔽**：AP 给 STA 发送触发帧，其中含了前导码屏蔽子信道的 RU 信息，然后 STA 根据所分配 RU 和前导码屏蔽信息向 AP 发送上行数据报文。

（3）**基于 MRU 技术的静态前导码屏蔽**：Wi-Fi 7 AP 将非连续信道捆绑信息通过信标帧广播出去，STA 与 AP 建立连接的时候就开始使用非连续信道捆绑。

1. Wi-Fi 7 前导码屏蔽技术的增强

图 3-52 给出了 Wi-Fi 7 的多资源单元技术与 Wi-Fi 6 标准之间的比较。Wi-Fi 6 利用三个非连续的 20MHz 信道进行信道捆绑，而 Wi-Fi 7 则以 RU 为单位，给 STA 分配不同数量的 RU，尤其是给 STA1 分配了 106 tone+26 tone 的 RU 绑定组合。可见，Wi-Fi 7 信道绑定技术具有更灵活的颗粒度和更高的信道利用率。

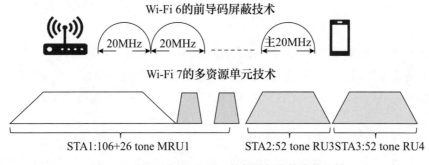

图 3-52　Wi-Fi 7 与 Wi-Fi 6 的信道捆绑技术的比较

　　图 3-53 是 Wi-Fi 7 上行方向的前导码屏蔽技术的例子，AP 在下行方向的数据报文中给 STA 分配带宽为 80MHz 的 RU，其中有一个 20MHz 子信道被标识为屏蔽。STA 根据该 RU 分配及指示信息，在不连续的 80MHz 带宽上发送上行数据给 AP。

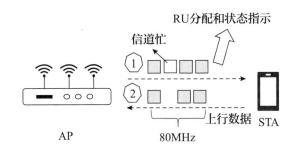

图 3-53　Wi-Fi 7 支持上行方向的前导码屏蔽

　　图 3-54 是 Wi-Fi 7 静态前导码屏蔽技术的例子。AP1 和 AP2 为相邻 AP，AP2 工作在第 2 个 80MHz 信道上，AP1 的静态前导码屏蔽技术是将不连续的第 1、3、4 个 80MHz 信道捆绑在一起，形成 240MHz 的信道频宽，并把非连续信道捆绑信息通过信标帧广播出去。之后 AP1 与 AP2 所在的 BSS 就可以避免信道冲突，在各自工作信道上同时进行数据传送。

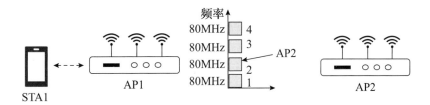

图 3-54　Wi-Fi 7 的静态捆绑技术的应用

　　AP 与 STA 建立静态非连续信道捆绑进行数据传送，它们也可以在这个新的信道基础上，根据子信道的忙碌情况，动态地调整子信道的组合，形成新的前导码屏蔽方式。

　　图 3-55（a）是在 320MHz 的频宽中，屏蔽掉第 2 个 80MHz 子信道，建立静态非连续信道捆绑，并进行数据传送。图 3-55（b）是在图 3-55（a）的基础上，再动态屏蔽掉第 3 个 80MHz 子信道后数据传送的例子。

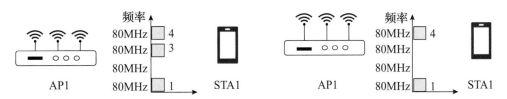

（a）基于静态前导码屏蔽技术的数据传输　　（b）静态+动态前导码屏蔽技术的数据传输

图 3-55　基于静态前导码屏蔽技术的数据传送方式

2. Wi-Fi 7 的多资源单元技术中的分配方式

　　在支持 Wi-Fi 7 的多资源单元技术的前提下，AP 可以给 STA 分配一个或多个不连续资源单元 RU，STA 根据实际信道状态，使用相应的 RU 来发送上行数据给 AP。

　　每个 RU 通过索引值和类型两个参数来指定，索引值指示了 RU 在整个带宽中的位置，类型指 RU 包含子载波的个数，AP 通过这两个参数为每个 STA 分配不重叠的 RU 资源。Wi-Fi 6 标准支持给每个 STA 只分配一个 RU 资源，而 Wi-Fi 7 标准的 MRU 技术支持给每个 STA 分配一个 RU 或者一个 MRU。

　　Wi-Fi 7 支持 320MHz 带宽，与 Wi-Fi 6 相比，RU 类型及分配变化如表 3-5 所示。

表 3-5　Wi-Fi 6 与 Wi-Fi 7 的 RU 类型区别

RU 类型	Wi-Fi 6 160MHz 带宽下 RU 数量（个）	Wi-Fi 7 320MHz 带宽下 RU 数量（个）
26-tone RU	74	148
52-tone RU	32	64
106-tone RU	16	32
242-tone RU	8	16
484-tone RU	4	8
996-tone RU	2	4
2×996 tone RU	1	2
4×996 tone RU	N/A	1

　　从表 3-5 中可以看到，Wi-Fi 7 增加了 4×996 tone 的 RU 类型。同样，在 Wi-Fi 7 的 MU-MIMO 方式下，增加了 4×996 tone 的 RU 分配。

　　根据多资源单位（MRU）的容量特点，Wi-Fi 7 的 MRU 分为小 MRU 和大 MRU 两种情况。

1）MRU 由 20MHz 内相邻的 RU 组合而成

　　20MHz 内的 RU 包括 26 tone、52 tone 和 106 tone。图 3-56 是 20MHz 的 RU 分布，可以看到，52 tone 与 106 tone RU 不相邻。小 MRU 的定义是相邻 RU 的组合，因此，20MHz 的小 MRU 的组合方式包括 52+26 tone MRU 和 106+26 tone MRU。

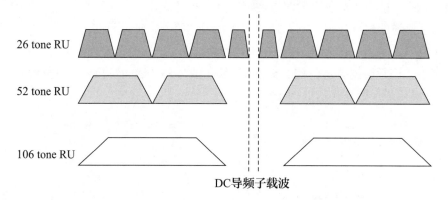

图 3-56　20MHz 的 RU 分布方式

　　AP 将小 MRU 分配给一个 STA，该 STA 在 OFDMA 工作方式下，通过分配的小 MRU 进行数据发送和接收。

　　MRU 由不同类型和位置的 RU 来进行定义。在图 3-57 所示示例中，MRU 106+26 tone 有两种方式：106 tone RU1 与 26 tone RU5 组合，用 102+26 tone MRU1 表示；106 tone RU2 与 26 tone RU5 组合，用 102+26 tone MRU2 来表示。

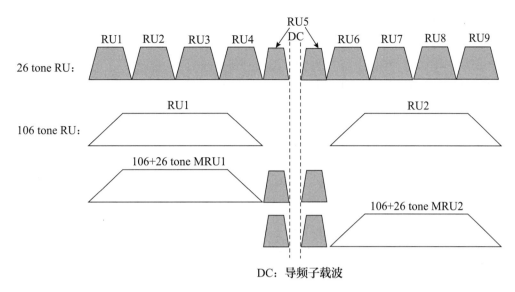

DC：导频子载波

图 3-57　106+26 tone MRU 在 20MHz 频宽中位置分布关系

Wi-Fi 7 同时支持 MRU 和 RU 分配，因此在 OFDMA 工作方式下，AP 给 STA 分配 20MHz 带宽的时候，就可能出现小 MRU 和 RU 的混合分配方式。

如图 3-58 所示，在 20MHz 频宽资源有 9 个 26 tone RU，或 4 个 52 tone RU，或 2 个 106 tone RU，AP 分配 RU 和 MRU 的原则是相互之间不重叠，AP 给 STA1 分配 106+26 tone MRU1，给 STA2 分配 52 tone RU3，给 STA3 分配 52 tone RU4。AP 与 3 个 STA 同时进行数据传送。

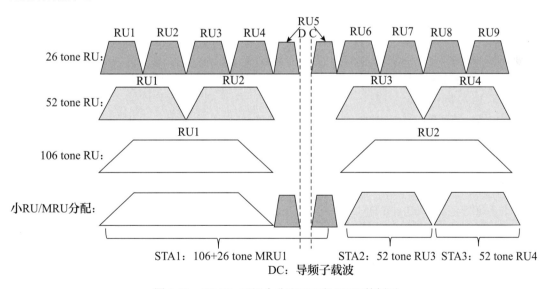

DC：导频子载波

图 3-58　20MHz 下混合分配 RU 和 MRU 的例子

2）大 MRU 由 20MHz 及以上的多个大 RU 组合而成

大 MRU 由多个大 RU 组合而成，大 RU 指频宽在 20MHz 或以上的 RU，包括 242 tone、484 tone、996 tone 和 2×996 tone 的 RU。图 3-59 给了 160MHz 频宽下的 996+484 MRU 的不同组合的例子。大 MRU 也是由 RU 类型和位置索引两个参数来指示和分配的，在图 3-59 中有 4 种情况，其中：

- 996+484 tone MRU1：由 996 tone RU2 + 484 tone RU2 组成。
- 996+484 tone MRU2：由 996 tone RU2 + 484 tone RU1 组成。
- 996+484 tone MRU3：由 996 tone RU1 + 484 tone RU3 组成。
- 996+484 tone MRU4：由 996 tone RU1 + 484 tone RU4 组成。

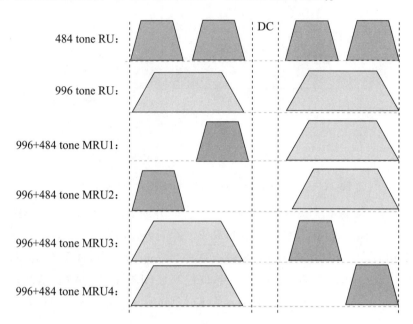

图 3-59　160MHz 频宽 996+484 MRU 分布

　　Wi-Fi 7 协议规定，在频域方向上，一个大 MRU 分配给一个 STA。在 MU-MIMO 场景下，即空域方向上，支持分配给多个 STA。

　　在 2.2.2 节介绍过，在频域方向上，将整个带宽资源作为一个 RU 资源分配给一个终端的方式称为**非 OFDMA 模式**；将整个带宽分成多个 RU 资源分配给不同的 STA 的方式称为 **OFDMA 模式**。对于 MRU 而言，整个带宽资源上只有一个可用的 MRU，其他 RU 资源因信道繁忙而不可用，这种模式称为**非 OFDMA 模式 MRU 分配方式**；另外一种是在整个带宽资源上，除了切割出一个 MRU 给一个 STA 以外，还可以切割出其他 RU 资源分配给其他 STA，这种模式称为 **OFDMA 模式 MRU 分配方式**。

　　图 3-60 分别给出非 OFDMA 模式与 OFDMA 模式下的 996+484 MRU3 分配示例，可以看到在图 3-60（a）中，996+484 MRU3 分配给 STA1，最后一个 484-tone 因信道繁忙而被屏蔽掉。在图 3-60（b）中，996+484 MRU3 分配给 STA1，最后一个 484-tone 分配给了STA2。

　　除了图 3-60 示例中给出的 996+484 tone MRU 以外，Wi-Fi 7 标准还规定以下 4 种大 MRU 的组合方式：

- 484+242 tone MRU
- 996+484+242 tone MRU
- 2×996+484 tone MRU

- $3 \times 996 + 484$ tone MRU

注意，996+484+242 tone MRU 只能用于非 OFDMA 模式下的数据传送。

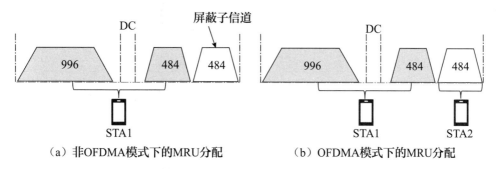

（a）非OFDMA模式下的MRU分配　　（b）OFDMA模式下的MRU分配

图 3-60　非 OFDMA 模式与 OFDMA 模式下的 MRU 分配示例

3. Wi-Fi 7 基于大 MRU 的前导码屏蔽技术

在前面章节介绍过，在 80MHz、160MHz 和 320MHz 带宽上，使用前导码屏蔽技术捆绑不连续的 RU 资源，以提高吞吐量。前导码屏蔽技术以 20MHz 为单位，处于屏蔽状态的子信道不能分配给 STA，不能用于数据或前导码信息传送。

对于大 MRU 来说，AP 工作在 80MHz、160MHz 或 320MHz 时，可分别屏蔽任意的 20MHz、40MHz 和 80MHz 带宽资源后再分配 MRU 与 STA 交互数据。例如，AP 工作在 160MHz 时，可能屏蔽掉 8 个 242 tone 中任意一个 RU，然后组成一个大 MRU，即可支持 996+484+242 tone MRU。图 3-61 所示为屏蔽掉第 2 个 20MHz 后组成的位置为 MRU1 的 996+484+242 tone MRU，其中前导码部分以 20MHz 为单位，因而看到第 2 个 20MHz 的前导码和对应的 RU 缺失。

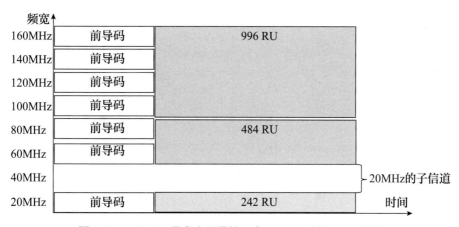

图 3-61　160MHz 带宽上屏蔽第 2 个 20MHz 后的 MRU 位置

虽然前导码屏蔽技术在理论上支持屏蔽多个非连续子信道，被屏蔽的子信道不会有信号发送出去，但为了减少任意子信道都能被屏蔽的实现复杂度，Wi-Fi 7 标准对前导码屏蔽子信道的大小和位置定义了很多规则，如表 3-6 所示。

表 3-6　前导码屏蔽技术应用规则列表

整个带宽资源	屏蔽子信道的频谱	允许屏蔽子信道的位置
80MHz	20MHz	任意 20MHz 子信道位置
	40MHz	不支持屏蔽
160MHz	20MHz	任意 20MHz 子信道位置
	40MHz	任意 40MHz 子信道位置
	80MHz	不支持屏蔽
320MHz	20MHz	不支持屏蔽
	40MHz	任意 40MHz 子信道位置
	80MHz	任意 80MHz 子信道位置
	40MHz + 80MHz	80MHz 子信道屏蔽只在第一个子信道或最后一个子信道位置；40MHz 子信道屏蔽可以在任意位置
	160MHz	不支持屏蔽

在表 3-6 的子信道屏蔽规则基础上，Wi-Fi 7 标准规定以信道起始位置开始信道捆绑，比如，在 80MHz 带宽下，前两个 20MHz 捆绑成 40MHz，后两个 20MHz 捆绑成另外一个 40MHz，但不能中间任意两个 20MHz 捆绑成 40MHz。

图 3-62 给出 320MHz 带宽的情况下屏蔽 40MHz+80MHz 的方式，图 3-62（a）为屏蔽非连续的 40MHz 和 80MHz 子信道的例子。图 3-62（b）为屏蔽连续的 40MHz 和 80MHz 子信道的例子。

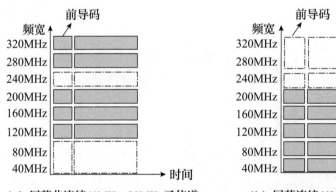
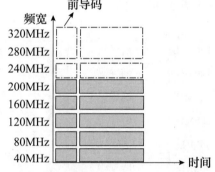

（a）屏蔽非连续 40MHz+80MHz 子信道　　　（b）屏蔽连续 40MHz+80MHz 子信道

图 3-62　屏蔽 40+80MHz 子信道示例

4. Wi-Fi 7 标准中的 RU 预留方式

AP 在给 STA 分配 MRU 或 RU 资源的时候，可能有 RU 资源没有全部分配给 STA。例如，工作在 160MHz 带宽的 AP 给 STA1、STA2、STA3 分配的 RU 资源分别为 996 tone、484 tone 和 242 tone，这样就会出现 242 tone RU 资源被预留，没有分配给任何 STA。

在 RU 资源被预留的情况下，虽然对应的子信道没有数据传送，但仍然存在前导码信号，如果其他 STA 检测到预留 RU 的前导码字段，就会进行退避而不会抢占该信道。

由于 Wi-Fi 7 分配 RU 及 MRU 的类型和位置有多种组合，Wi-Fi 7 标准规定了两种 RU 资源的预留方式。

1）通过定义 RU 的 ID 来预留 RU 资源

Wi-Fi 7 标准规定，以 20MHz 频宽为基本单位，使用不同 RU 的 ID 来指示不同的 RU 及 MRU 组合方式，一个 RU 的 ID 对应一组固定的分配方式。Wi-Fi 7 标准规定分配 RU 的 ID 为 0 时，则表示 20MHz 频宽被分成 9 个 26 tone RU；而 RU 的 ID 为 27 时，则是没有被分配的 RU 资源。

如图 3-63 所示示例中，AP 工作在 160MHz 带宽，向 STA1、STA2 和 STA3 发送下行数据，996 tone RU 分配给了 STA1，484 tone RU 分配给了 STA2，242 tone RU 分配给了 STA3，预留 242 tone RU，相应 RU 的 ID 为 27。注意图中预留的 242 tone RU 是由前导码传送的。

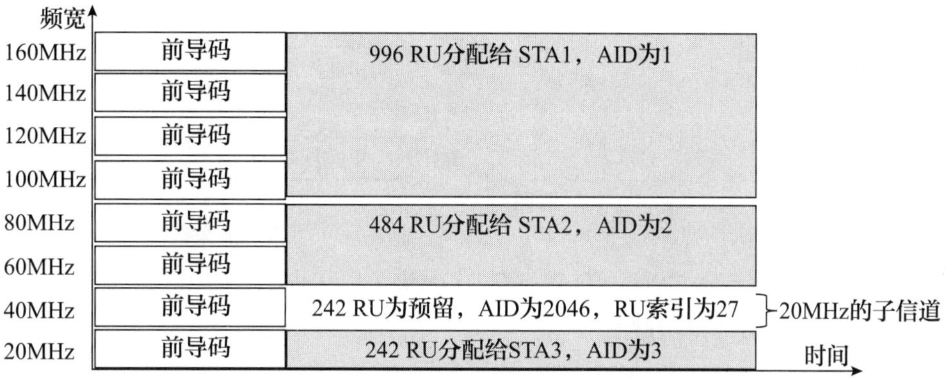

图 3-63　160MHz 频宽上预留 RU 分配示例

2）通过定义 AID 的方式来预留 RU 资源

标准中规定 RU 的 ID 以 20MHz 为最小分配资源，即 242 tone RU，因此小于 20MHz 的 RU 不能通过这种方式来预留。标准提供了另外一种 AID 定义的方式，即将预留的 RU 资源分配给指定预留的 AID，来解决小于 20MHz 的 RU 预留问题。具体来说，AP 是利用 STA 对应的 AID 来分配 RU 信息，但 2046 是预留 AID，即 AP 不会将该 AID 分配给任何连接的 STA，所以将 AID 2046 分配给预留的 RU，就可以实现 RU 资源预留。

AP 在分配 RU 资源的时，通过 RU 索引值和 STA 的 AID 的信息绑定，实现将不同的 RU/MRU 分配给不同 STA。

3.2.6　Wi-Fi 7 的多用户输入输出技术

由于 Wi-Fi 7 物理层引入了基于 MRU 技术的上行方向前导码屏蔽技术，因此 STA 可以使用非连续的捆绑信道与 AP 交互信息。与 Wi-Fi 6 相比，Wi-Fi 7 的多用户输入输出技术变化体现在信道探测过程和上行方向空间流传输方式两个方面。

1. 信道探测过程的变化

Wi-Fi 7 信道探测过程的变化主要体现为：AP 和 STA 使用非连续捆绑信道完成信道探测过程。具体来说，原因包括两个方面。

1）捆绑信道中间子信道不可用

Wi-Fi 6 支持非连续信道捆绑的下行方向，但不支持上行方向，所以信道探测过程中的 STA 反馈信息不能使用非连续信道捆绑。而 Wi-Fi 7 的 STA 支持上行和下行的非连续信道捆绑，所以 STA 能在非连续信道上发送信道反馈信息。当捆绑信道的部分子信道不可用时，Wi-Fi 7 的 AP 和 STA 在非连续捆绑信道完成整个信道探测交互过程。

图 3-64（a）是非触发模式下 Wi-Fi 6 的连续捆绑信道探测过程，图 3-64（b）是 Wi-Fi 7 的非连续捆绑信道探测过程。在 Wi-Fi 6 探测过程中，空数据 NDP 通告报文为控制帧，在每个 20MHz 子信道上复制一份，空数据报文和信道反馈信息在整个带宽上进行传输。在 Wi-Fi 7 探测过程中，空数据通告报文只在可用的子信道上复制，而空数据报文和信道反馈信息报文在可用非连续子信道捆绑后进行传输。

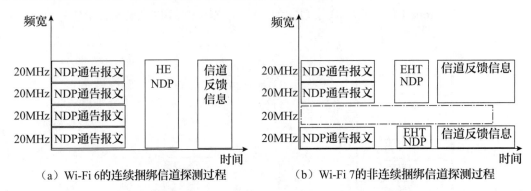

图 3-64　Wi-Fi 6 与 Wi-Fi 7 非触发模式下信道探测过程差别

2）降低信道探测过程信息量

由于一个信道反馈信息帧中最大承载数据量为 11 454 字节，超过该门限值后，信道反馈信息帧将分成两帧或者两帧以上依次传输。而信道反馈信息帧中的数据量由带宽、空间流数量和压缩精度三个因素决定，在非压缩方式的信道反馈信息中，Wi-Fi 协议给出数据量计算方式如式 3-1 所示：

$$非压缩信息量（比特）=N_c \times 8+N_s \times（2 \times N_b \times N_c \times N_r） \qquad (3-1)$$

其中，N_c 代表空间流数量，N_s 表示子载波数量，N_r 表示发射天线数量，N_b 表示为 MIMO 控制域的计算信息量大小的比特数。

以最大空间流 8×8、最大带宽 320MHz 为例，320MHz OFDM 方式下包含子载波数量为 1024，代入式（3-1）可以计算出非压缩信息量（比特）=8×8+1024×（2×8×8×8）= 1 048 640 比特，即 131 080 字节，远大于门限值。

实际信道探测过程中，STA 返回的是经压缩的信道反馈信息，该压缩算法比较复杂，这里就不再具体介绍。

由式（3-1）可知，信息反馈信息量随着空间流数据和带宽增加而增加。因此，为了降低信道反馈信息帧的数据量，Wi-Fi 7 协议允许 STA 只反馈部分 RU/MRU（包括频率和空间资源）上的信道信息，以降低信息反馈信息量，节约信道资源。

图 3-65 给出在非连续的 MRU 上反馈信道信息示例。可以看到，AP 发出的 NDP 通告报文和 EHT NDP 报文在整个 80MHz 上传输，而信道反馈信息在 484+242 MRU 上反馈，根据式（3-1）可知，信道反馈信息量比全带信道反馈信息量减少了四分之一。

2. 上行方向空间流传输方式的变化

在上行方向空间流传输方式上，Wi-Fi 7 的 STA 在一个 MRU 或 RU 上通过若干空间流传送上行数据，而 Wi-Fi 6 的 STA 只在一个 RU 上通过若干空间流传送上行数据。

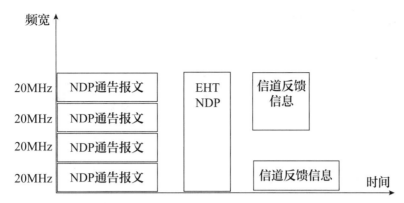

图 3-65　连续捆绑信道反馈部分信道信息

如图 3-66 所示，工作在 160MHz 频宽上的 AP，将 RU 和 MRU 分配给 STA1、STA2 和 STA3，其 RU/MRU 分配表如图 3-66（a）所示，即 996+484+242 tone MRU 分配给 STA1 和 STA2，分别用于在第 1 和第 2 空间流上交互数据；分配 242 tone RU 给 STA3，用于在两个空间流上交互数据。三个 STA 在频域上基于分配的 RU/MRU 位置与 AP 交互数据如图 3-66（b）所示，在空间流上基于分配的 RU/MRU 位置与 AP 交互数据如图 3-66（c）所示。

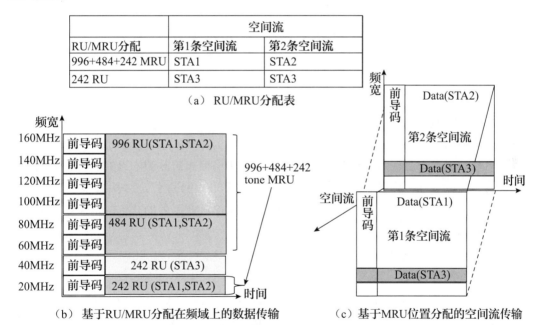

图 3-66　MU-MIMO 下的 RU/MRU 分配及数据传输示例

3.2.7　Wi-Fi 7 支持低时延业务的技术

时延是指用户发出一条指令并收到服务器对应响应的整个过程的时间。比如，用户浏览网页时，单击一个链接即向服务器发出打开链接的请求，服务器根据链接地址为用户加载相应的网页内容即完成对应的响应。当整个过程花费时间较长时，将给用户造成"网络卡顿"的感觉。

影响时延的要素包括传输距离、网络连接类型、网站加载内容和设备入网方式四个方面，如图 3-67 所示。

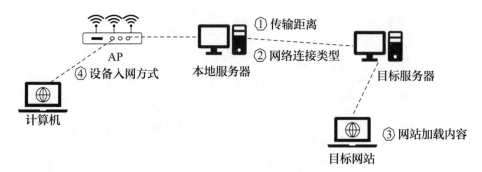

图 3-67　影响业务时延的四个方面

（1）**传输距离**。

传输距离是造成时延的主要原因，信息以光速在介质中传输，比如通过光纤进行传输。当目标服务器距离客户很远时，比如客户笔记本电脑在中国上海，目标网站连接的服务器在美国芝加哥，两地之间物理距离为 11385km，最小理论时延为 $\frac{11385\times2}{3\times10^6}$ s=75ms，如果算上中间各级服务器转发处理信息的时间，整体时延将远远大于理论值。当目标服务器和客户笔记本电脑处于同一局域网时，传输距离造成的时延可以忽略不计。

（2）**网络连接类型**。

Internet 网络连接类型包括 DSL 拨号上网、同轴电缆、光纤和卫星通信，不同网络介质自身的时延也不相同，比如相同物理距离通过光纤通信的时延为 10 ～ 15ms，通过卫星通信时延在 600ms 左右。

（3）**网站加载内容**。

目标网站加载内容决定了目标网站处理信息和传输信息的时间。比如，当目标网站包含大量的大文件信息，比如图片信息、音视频信息时，目标网络需要利用一定的时间将相关内容传输给用户。如果目标网站包含大量的需要从第三方服务器获取的信息，比如需要加载第三方的广告信息，那么等待收集第三方服务器的信息，再转发给用户也需要一定的时间。

（4）**设备入网方式**。

一般家庭或者办公室环境下，用户设备通过以太网或者通过 Wi-Fi 接入网络。通过 Wi-Fi 网络接入 Internet 时，基于 CSMA/CA 方式接入信道造成的时延和 AP 调度多设备时等待时延，对总体时延也会造成一定的影响。

为了降低传输距离造成的时延，大型公司采用目标服务器和网站多地部署方式，方便客户就近访问网站；为了降低目标网站加载内容产生的时延，客户机对常用的网站采用本地缓存方式，可以直接从本地获取网站上显示的资源。

本章将重点介绍客户端通过 Wi-Fi 连接网络产生时延的原理，以及 Wi-Fi 7 对于低时延业务的解决方案。

1. 基于 Wi-Fi 连接产生的时延

基于 Wi-Fi 连接产生的额外时延和 Wi-Fi 通信的两个特征紧密相关：基于 CSMA/CA

的信道访问时延和多终端多业务下 AP 的调度时延。

1）**信道访问时延**

信道访问时延是指 Wi-Fi 设备通过 CSMA/CA 自由竞争时，需要等待信道空闲并重新竞争信道而产生的时延。

在第 1 章介绍过，Wi-Fi 接入信道的基本方式是通过 CSMA/CA 自由竞争方式访问信道，即"先听后发"方式，当信道空闲时，Wi-Fi 设备可以立即访问信道并传输数据，信道访问时延很低。当信道繁忙时，Wi-Fi 设备需要等待信道空闲才能访问信道，该过程将产生一定的时延。

为了进一步说明在实际应用中，在不同环境下因等待信道而产生的不同时延，图 3-68 给出了测试时延的网络拓扑，一台笔记本电脑通过 2.4GHz 频段连接 AP，笔记本电脑 IP 地址为 192.168.18.3；一台 IP 地址为 192.168.18.2 的台式机通过有线方式连接到该 AP，在台式计算机上向笔记本电脑发送 PING 命令进行测试。

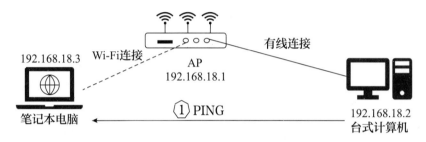

图 3-68　利用 PING 测试时延网络拓扑图

PING 的命令从台式计算机通过有线网络发到 AP，再从 AP 通过 Wi-Fi 发到笔记本电脑，之后笔记本电脑的响应消息返回给台式计算机。根据 PING 命令的往返时间，可以检测网络的时延。

图 3-69 和图 3-70 分别给出了在屏蔽环境下和开放环境下的时延测试结果。可以看到，在屏蔽环境下，没有信道竞争环境，PING 的时延稳定，时延波动很小，平均时延为 1ms。在开放环境下，有信道竞争环境，PING 的时延上下波动剧烈，平均时延为 12ms。

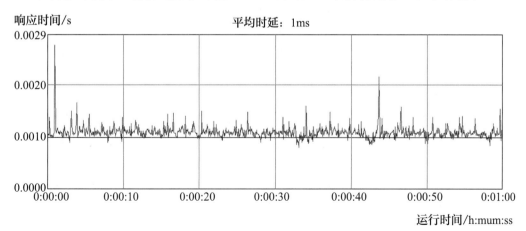

图 3-69　屏蔽环境下 PING 时延测试

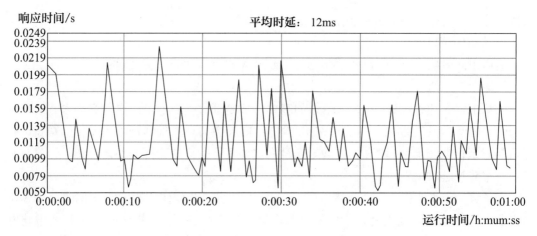

图 3-70　开放环境下 PING 时延测试

2）AP 调度时延

AP 调度时延是指当多设备或多业务同时访问信道时，AP 每次需要调度不同设备或不同业务进行数据传送，没有被调度的设备或业务就需要等待下次被 AP 调度的机会，由此产生调度时延。

对于多设备调度方式，AP 可以通过 OFDMA、空分多址技术等方式支持多用户的上下行并发调度，降低每一个用户的等待时延。

对于同一设备多业务场景的时延，参考图 3-71（a），它在图 3-68 基础上，让台式计算机额外向笔记本电脑发送 90Mbps 的用户数据报协议（User Datagram Protocol，UDP）的数据流。

图 3-71（b）给出数据流和 PING 混合场景下各自的时延结果，图中上部的线条代表数据流时延，其平均值为 10ms，下部线条为 PING 时延，其平均值为 6ms。和图 3-69 相比，PING 的时延由 1ms 增加到 6ms，说明 PING 的命令传送时间受到了相同设备的其他数据流调度的影响。

2. Wi-Fi 6 对于业务时延的改进

Wi-Fi 6 的 OFDMA 技术提供了两种改进 Wi-Fi 用户时延的方式。

● AP 提供基于触发帧的信道接入技术，降低 STA 由于竞争而产生传送数据的时延。

● 多用户基于资源单位（RU）的频分复用方式，降低多用户等待信道接入的时延。

图 3-72 给出了 Wi-Fi 行业中的厂商在一个家庭环境下 OFDMA 技术对于业务时延的测试例子，不同家庭因为室内环境不一样，测试结果也不一样。其中，表格中列出的是不同业务和最小速率需求，以及将所有业务累加后，对打开和关闭 OFDMA 功能进行多次测试，并计算产生的平均时延。图 3-72（b）的右图中是 OFDMA 技术对于上下行时延的改善。从该例子中看到，OFDMA 功能关闭时，上行时延为 76ms，下行时延为 15ms。OFDMA 功能打开后，上行时延为 28ms，下行时延为 9ms。因此，利用 OFDMA 技术，下行方向时延降低了 40%，上行方向时延降低了 63%。

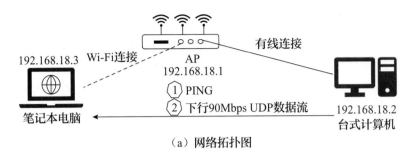

（a）网络拓扑图

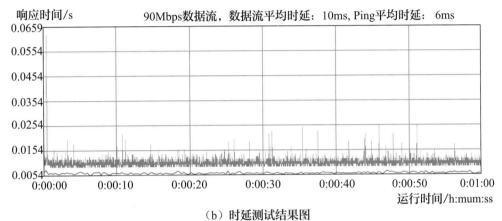

（b）时延测试结果图

图 3-71　屏蔽环境下，数据流和 PING 混合场景下的时延

用户业务类型	所需速率 (Mbps)	平均时延(ms)			
4部高清视频电话	4×3	OFDMA关闭		OFDMA打开	
4个多人互动游戏	4×1.5（下行）	上行	下行	上行	下行
5个智能管家摄像头	5×3	76	15	28	9
3人同时上网，浏览网页	3×2				
2个文件上传任务	2×6（上行）				
1个邮件收发	1				
4个邻居信号干扰流	4×50				

（a）不同业务对于速率的需求及平均时延

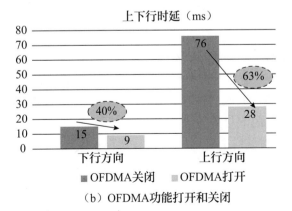

（b）OFDMA功能打开和关闭

图 3-72　OFDMA 技术对于时延的改善

3. Wi-Fi 7 对于业务时延的改进

随着基于 Wi-Fi 连接的虚拟现实、网络游戏等实时业务逐渐得到更多推广，时延指标在数据传输技术中得到很大的关注。Wi-Fi 7 在项目立项时，就初步制定低时延目标。比如，改善虚拟现实业务、远程办公、在线游戏和云计算等业务的时延，对于实时游戏，目标是实现低于 5ms 的时延。Wi-Fi 7 标准中有以下改进时延的对应技术。

1）通过增加带宽来改进时延

图 3-73 给出了 20MHz 信道与 80MHz 信道情况下的数据传送情况的示例，增加带宽意味着增加 20MHz 子信道个数，因而增加单位时间内的数据传输数量，在原先 20MHz 信道情况下处于等待队列中的数据报文，在 80MHz 信道带宽情况下，可以减少等待时间和调度时延，更快地被发送到对端，因而减少了 AP 与 STA 之间的传输时延。

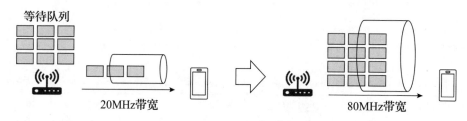

图 3-73　拓展信道带宽与减少等待调度时延

80MHz 信道是 20MHz 信道数据流量的 4 倍，等待时间和调度时延是 20MHz 的四分之一。Wi-Fi 7 支持 320MHz 信道带宽，相比 Wi-Fi 6 的 160MHz 信道带宽，等待时间和调度时延减半。

2）多用户并发场景下的时延改进

Wi-Fi 支持频分多址和空分多址技术实现同时调度多用户上下行业务，降低多用户并发场景下数据在发送等待队列中的时延。Wi-Fi 6 和 Wi-Fi 7 都在多用户并发技术上做了提升，如图 3-74 所示。

频分多址基于 OFDMA 技术，Wi-Fi 7 在频域上增加同时调度用户数量。比如，Wi-Fi 6 最多支持 74 个用户同时调度。而 Wi-Fi 7 在 320MHz 频宽上支持 148 个 26-tone RU，理想情况下可以实现最多 148 个用户的同时调度，并发用户数量提高了一倍，相应地降低了多用户之间的调度时延。

空分多址是指 Wi-Fi 支持多个互不干扰的空间流而传输不同用户数据，实现多用户并发。比如，Wi-Fi 6 和 Wi-Fi 7 都定义了支持 8 用户 8 条空间流的 MU-MIMO 技术。

3）Wi-Fi 7 新增加的改进时延的技术

Wi-Fi 7 的多链路同传技术下的业务分类传送、支持低时延业务识别和专用服务时间接入技术都是新增加的改进时延的技术。前面已经详细介绍多链路同传技术，下面介绍低时延识别技术和专用服务时间接入技术。

低时延识别技术是将低时延业务与普通业务区分出来，并赋予被 AP 调度的高优先级，从而降低这些业务在等待队列中的时延。低时延识别技术不能改善整个 Wi-Fi 网络时延，但可以改进特定业务的时延。

专用服务时间接入技术是通过对低时延业务增加访问信道的频次而降低时延。在 Wi-

Fi 6 的 b-TWT 技术基础上，Wi-Fi 7 定义了严格目标唤醒时间（restricted TWT，r-TWT）技术，将服务时间分成多段，在多个服务时间段上周期性地频繁调度低时延业务，降低这些业务访问信道的时延。

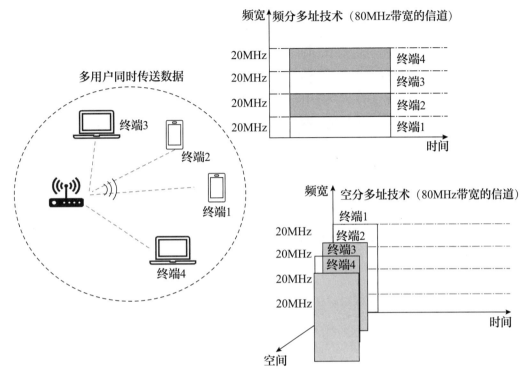

图 3-74　Wi-Fi 7 多用户并发减少时延

下面进一步介绍 Wi-Fi 7 定义的基于流特征的低时延业务识别技术和 r-TWT 信道接入技术。

4. 低时延业务特征识别技术

Wi-Fi 7 标准定义基于每个业务流特征的**低时延识别技术**，该技术帮助 AP 识别数据业务流起止服务时间、最大时延、传输速率、最大误包率等特征，并根据流特征进行相应调度，以确保实时业务在时延要求的范围内完成发送和接收。

第 1 章介绍的 Wi-Fi 增强型分布式信道接入机制 EDCA 中，把数据业务分为背景流、复制数据流、视频流和语音流四种业务类型，AP 根据业务类型的优先级进行调度。比如，包含普通数据流和语音流的数据包同时到达 AP 的 MAC 层时，AP 优先调度语音流数据包，满足其对于时延的要求。

由于用户应用多种多样，并且每种业务需要的时延也各不相同，比如 AR/VR 时延要求在 10ms 以内，在线游戏时延要求 50ms 以内，语音通话时延要求在 60ms 左右，基于业务类型颗粒度调度方式无法满足上层应用对于时延的需求。

因此，2012 年 IEEE 802.11aa 协议提出基于流信息的分类服务技术，进一步细化数据业务识别的颗粒度。而 Wi-Fi 7 在此基础上继续演进，支持低时延流特征的识别技术。

本节首先介绍流信息分类服务技术和 Wi-Fi 7 定义的流特征识别技术特点，并举例说明这两种技术的实际应用方式。

1）流信息分类服务技术

为了优化音频和视频流数据在 Wi-Fi MAC 层的调度，满足多媒体时延的需求，802.11aa 提出**业务流信息分类服务**（Stream Classification Service，SCS）**技术**，这是指在业务流传输之前，STA 将业务流信息包括流源 MAC 地址、目的 MAC 地址、IP 层的五元组（源 IP 地址、源端口、目的 IP 地址、目的端口和传输层协议）等信息提前告知 AP，AP 接收数据报文后，根据数据包的特征与业务流信息匹配，一旦识别成功，将相应的数据报文放入高优先级队列，并进行相应的调度，满足这些业务的时延需求。

图 3-75 给出 AP 与 STA 交互流信息的过程，以及 AP 根据流信息分类数据流并调度，包括以下四个步骤。

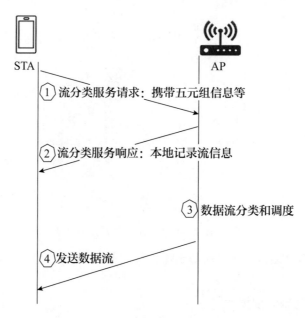

图 3-75   基于流信息识别与调度流程

（1）**流分类服务请求**。STA 利用 action 帧向 AP 发送流信息识别请求，包含业务流的 IP 层信息和 MAC 层地址信息等。

（2）**流分类服务响应**。AP 接收到 STA 的请求后，利用 action 帧向 STA 发送流信息识别响应。如果 AP 接受流信息识别请求，则本地记录该流信息。

（3）**数据流分类和调度**。AP 接收网络侧过来数据报文，根据数据包的 MAC 层和 IP 协议头信息，与本地记录的流信息进行比对识别，如果与本地流信息匹配，则放入高优先级队列中调度；否则，按照数据报文的缺省业务类型调度。

（4）**发送数据流**。AP 根据队列优先级调度数据，并发送给 STA。

2）低时延流特征识别技术

在 802.11aa 定义的流分类服务技术基础上，Wi-Fi 7 提出了针对**业务质量特征**（QoS Characteristics）**的识别技术**，这是指 AP 能够识别每个低时延业务的特征，包括最大时延、业务起止时间、传输速率、误包率等信息。

STA 把低时延业务流特征、流信息以及 MAC 层地址信息发送给 AP，AP 处理方式如下：

- **下行方向低时延数据流**：AP 接收网络侧的数据报文，将 IP 包头信息与低时延流特征信息匹配，并进行相应的下行调度。
- **上行方向低时延数据流**：AP 根据 STA 流特征请求信息中对于信道访问时间的需求，调度上行数据传输，满足上行数据对于时延的要求。

图 3-76 给出了 AP 与 STA 交互流特征的过程，以及 AP 根据流特征信息识别数据流并调度的过程。

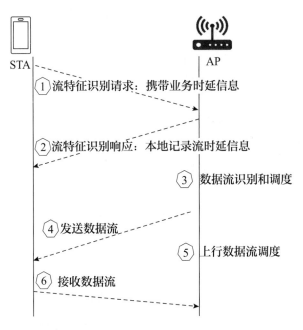

图 3-76　基于低时延流特征的识别和调度流程

该过程与 802.11aa 定义的基于流信息识别技术交互过程类似，但 Wi-Fi 7 定义的基于流特征识别技术同时支持下行方向和上行方向，该流程有以下步骤：

（1）**流特征识别请求**。STA 利用 action 帧向 AP 发送流特征识别请求，该请求中包含最小服务间隔、最大服务间隔、最小速率、最大时延、最大 MSDU 长度、服务开始时间、MSDU 传输成功率和平均访问信道时间等参数，帧格式如图 3-77 所示。其中第 2 排为可选字段，由第 1 排的"控制信息"字段指示流特征识别请求帧中是否包含可选字段。

字节数： 1	1	1	4	4	4	3	3
字段ID	长度	字段ID扩展	控制信息	最小服务间隔	最大服务间隔	最小速率	最大时延

字节数： 0或2	0或4	0或3	0或4	0或2	0或1	0或1	0或1
最大MSDU长度	服务开始时间	平均速率	进发长度	MSDU生命周期	MSDU传输率	MSDU指数	媒介时间

图 3-77　流特征识别帧格式

（2）**流特征识别响应**。AP 接收到流特征识别请求后，利用 action 帧向 STA 发送流时延特征识别响应。如果 AP 接受流时延特征识别请求，则本地记录该流信息。

（3）**数据流识别和调度**。AP 接收网络侧的数据报文，根据数据报文的 MAC 层和 IP 协议头信息，与本地记录的流特征进行比较，如果与本地记录的流特征匹配，则根据流特征提供的参数进行相应调度，满足该业务对时延、访问信道和误包率等需求。

（4）**发送数据流**。AP 调度低时延数据流并发送给 STA。

（5）**上行数据流调度**。AP 根据记录的流特征中的服务间隔、服务时长等信息，周期性发送触发帧，调度 STA 的上行数据传输。

（6）**接收数据流**。AP 通过发送触发帧调度 STA 访问信道，接收 STA 的上行数据。

5. 严格目标唤醒时间 r-TWT 技术概述

Wi-Fi 6 引入的 b-TWT 技术中，AP 将一段服务时间，比如一个信标周期进行切片，分成更小的服务时间片，对应不同的 b-TWT 组，并用不同的 b-TWT 组 ID 来指示服务时间片信息，然后将该信息通过信标帧广播出去，STA 可以通过协商和非协商方式加入一个 b-TWT 组。当 STA 需要与 AP 进行数据交互时，STA 在对应的 b-TWT 组服务时间内醒来，与 AP 交互上下行缓存数据，在非对应的 b-TWT 组服务时间，STA 不需要周期性醒来侦听信标信息，也不需要通过 CSMA/CA 方式竞争信道资源并接收缓存数据，因此降低了 STA 周期性醒来侦听信标帧和抢占信道产生的功耗，实现超低功耗的目标。

Wi-Fi 7 在 b-TWT 技术基础上，定义了**严格目标唤醒时间**（restricted Target Wake Up Time，r-TWT）技术来满足低时延、低功耗业务需求，基本原理是利用 b-TWT 技术，将信道资源按照服务时间进行切片，然后将这些时间切片周期性地分配给具有低时延业务的 STA，调度业务数据在信道中传输，满足业务的时延要求，并且 r-TWT 技术在时间切片开始边界添加保护措施，防止其他设备占用 r-TWT 服务时间段。

r-TWT 与 b-TWT 的区别如图 3-78 所示，主要包括业务类型、低时延数据调度频率和信道接入方式三个方面。

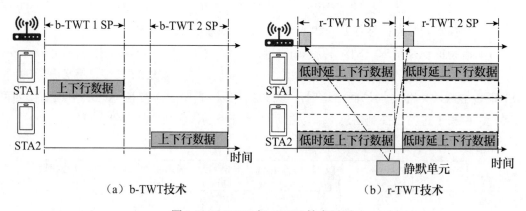

图 3-78　b-TWT 与 r-TWT 技术区别

（1）**调度业务类型**。

b-TWT 协商对象不区分 STA 业务类型，任何 STA 都可以和 AP 协商加入一个 b-TWT 组，并进行上下行数据流调度。

r-TWT 协商对象为包含低时延业务的 STA，在协商过程中，STA 需要将低时延业务数据流信息告知 AP，便于 AP 在服务时间内做相应的调度。

（2）低时延数据调度频率。

为了满足低时延业务对于时延的迫切需求，AP 需要在多个服务时间内频繁调度同一个低时延业务。而 b-TWT 服务对象为周期性业务，只需要在一个服务时间内周期内进行调度即可，不需要频繁调度。

（3）信道接入方式。

由于 AP 调度 b-TWT 服务组之前，AP 需要与周围的 STA 通过 CSMA/CA 信道竞争方式获取信道资源，因此有可能 AP 无法及时获取信道资源，导致 b-TWT 实际服务开始时间晚于预期时间。

为了解决这个问题，Wi-Fi 7 引入了**静默单元**（Quiet Element）技术，这是指 AP 在信标帧里面携带静默单元来通知周围的 STA，在静默单元指定的时间窗口内，STA 不能竞争信道；并且在静默时间开始前，STA 要及时结束数据的传输。

由于静默时间窗口里没有 STA 参与信道竞争，AP 容易获得信道访问机会，并且 AP 按预定的时间，调度低时延业务的 STA，并为其提供传输数据服务。

此外，在静默窗口到来前，其他 STA 要及时结束数据传输。为了减少静默时间对无线信道占用的影响，Wi-Fi 7 标准规定静默单元的时间为 1ms。

图 3-79 给出了 r-TWT 服务时间和静默单元示例，其中静默单元处于每个 r-TWT 服务开始前，与 r-TWT 服务时间重叠。Wi-Fi 6 的 STA1 的 TXOP 在静默单元前停止，接着支持 Wi-Fi 7 的 STA2 启动与 AP 的数据传送。

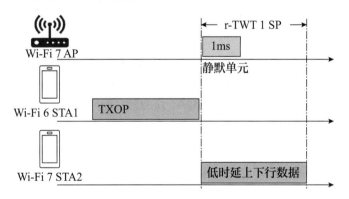

图 3-79　r-TWT 服务时间及静默单元

6. 低时延特征识别技术与 r-TWT 技术应用示例

图 3-80 给出流特征识别技术和 r-TWT 技术应用示例，其中 STA1 上运行 AR/VR 实时业务，STA2 上运行周期性控制任务，具体步骤描述如下：

（1）**流特征协商**。STA1 和 STA2 连接到 AP，在运行低时延业务前，它们与 AP 协商低时延流特征。其中 STA1 下行流特征中包含服务开始时间 30ms，上行流特征中包含服务开始时间 60ms。STA2 下行流特征中包含服务开始时间 30ms。AP 本地记录各个低时延流特征。

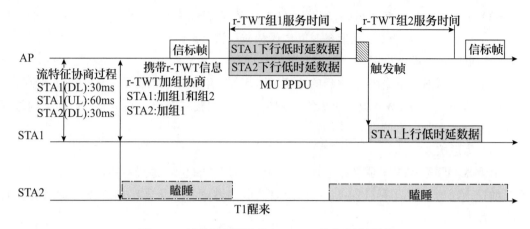

图 3-80　流特征识别技术和 r-TWT 技术应用示例

（2）r-TWT **加组协商**。r-TWT 组 1 和 r-TWT 组 2 服务时间间隔为 30ms，STA1 与 AP
协商，加入 r-TWT 组 1 和 r-TWT 组 2。STA2 与 AP 协商，加入 r-TWT 组 1。协商完成后，
STA2 进入瞌睡模式以节约电能，并在 r-TWT 1 服务时间开始前醒来。

（3）r-TWT **服务调度** 1。在 r-TWT 组 1 服务时间内，AP 通过多用户并发技术，调度
STA1 和 STA2 的下行数据，STA2 接收到缓存数据后，随机进入瞌睡状态等待下一个周期
被调度。运行实时业务的 STA1 保持正常工作状态。

（4）r-TWT **服务调度** 2。AP 在 r-TWT 组 2 中，向 STA1 发送触发帧，调度 STA1 上
行数据传输。

3.2.8　Wi-Fi 7 增强点对点业务的技术

蓝牙技术是两个设备之间点到点数据传输技术的典型例子。例如，智能手机终端可以
采用蓝牙技术把文件直接传输给计算机。Wi-Fi **点对点连接**模式是指两个 STA 之间建立连
接并且可以相互直接传输数据，传输数据过程不需要 AP 参与。

相对于传统 Wi-Fi 网络中必须通过 AP 才能转发 STA 相互之间的数据，点对点模式提
高了 STA 之间通信的效率和信道利用率。

图 3-81（a）以手机和无线屏幕之间的数据通信为例，STA 和无线屏幕都连接到同一
个 AP。在传统 Wi-Fi 网络中，当手机上有数据需要发送给无线屏幕时，手机需要通过路
径 1 将数据先发送给 AP，然后由 AP 通过路径 2 将该数据发送给无线屏幕，反之亦然。

图 3-81（b）STA 之间点到点通信的方式，STA 和无线屏幕都连接到同一个 AP。手机
和无线屏幕建立直接的 Wi-Fi 连接，当手机上有数据发送给无线屏幕时，手机通过路径 3 直
接将数据发送给无线屏幕。可见点对点直传方式明显提高了系统通信效率，降低了通信时延。

点对点技术具体包括 802.11 定义的 TDLS 技术和 Wi-Fi 联盟定义的 P2P 技术。由于
Wi-Fi 7 引入了多链路技术，这就需要在传统的基于单链路点对点技术基础上，进一步扩
展支持多链路点对点技术。

此外，第 2 章介绍过 Wi-Fi 6 基于触发模式的信道接入技术，AP 通过触发帧转移
TXOP 给 STA，然后 STA 利用这个 TXOP 方式访问信道，避免了 STA 再次进行信道竞
争，提高了信道利用率，但该方式只能应用于 STA 向 AP 发送上行数据。Wi-Fi 7 标准在

这个基础上引入 TXOP **共享技术**，用于点对点连接信道接入。

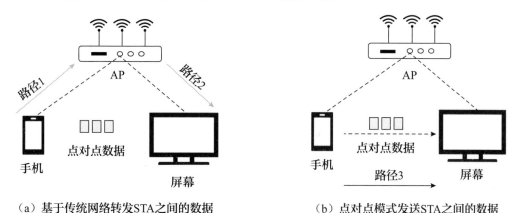

（a）基于传统网络转发STA之间的数据　　　（b）点对点模式发送STA之间的数据

图 3-81　基础网络转发 STA 之间数据与点对点模式直传数据模式

本节将从点对点技术背景和特点，多链路 STA 之间的 TDLS 连接，多链路 STA 之间的 P2P 连接和 TXOP 共享技术四个方面介绍点对点技术。

1. 点对点技术背景和特点

常见的点对点连接包括两种模式，IEEE 802.11 定义的**隧道直接链路建立**（Tunneled Direct Link Setup，TDLS）模式和 Wi-Fi 联盟定义的**点对点**（Peer-to-Peer，P2P）连接模式。两者的共同点是最终实现两个 STA 之间的直接通信，差别在于 TDLS 模式中两个 STA 必须与同一个 AP 建立连接，其发现、连接过程的管理帧都需要 AP 转发。而建立 P2P 连接的两个 STA 可以连接到不同的 AP，其发现、连接过程的管理帧是直接在 STA 之间交互。

图 3-82 给出两种技术的区别。可以看到在 TDLS 连接模式中，手机和无线屏幕都连接到同一个 AP。而在 P2P 连接模式中，手机连接到 AP1，而无线屏幕连接到 AP2。

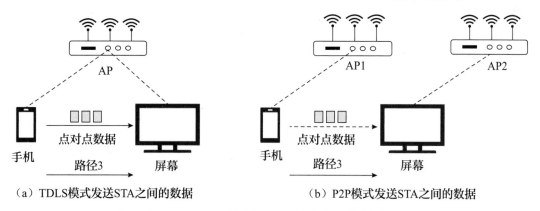

（a）TDLS模式发送STA之间的数据　　　（b）P2P模式发送STA之间的数据

图 3-82　TDLS 模式与 P2P 模式连接模式的差别

本节对 TDLS 技术和 P2P 技术特点进一步介绍。

1）802.11 的 TDLS 技术

2010 年 802.11z 定义了 TDLS 技术规范，目的是提高同一 AP 下的设备之间数据传送的信道利用率和吞吐量。

由于在 TDLS 连接建立之前，STA 之间无法直接传输数据进行通信，STA 之间的数据报文需要 AP 进行转发。STA 将 TDLS 发现请求、连接请求和响应等报文封装在数据包中发送给 AP，AP 按照数据包头携带的地址信息转发给目标 STA。在整个 TDLS 发现、连接建立的过程中，AP 不参与 TDLS 报文解析。

图 3-83 所示为手机和无线屏幕连接到同一个 AP，它们相互之间建立 TDLS 连接的步骤如下：

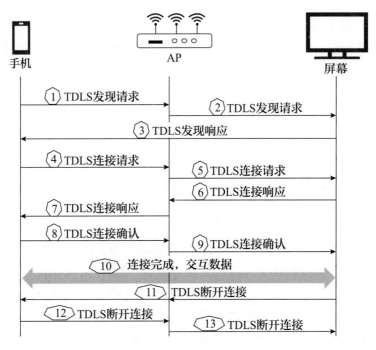

图 3-83　TDLS 连接建立过程

（1）**STA 发送 TDLS 发现请求**。用户在手机上启动手机投屏的应用程序，显示进入搜索模式。此时，手机根据本地缓存的 ARP 信息向连接到同一 AP 的客户端发送 TDLS 发现请求。该请求封装在数据报文中发送给 AP，目的地址为其他 STA 的 MAC 地址。

（2）**AP 转发 TDLS 发现请求**。AP 收到手机的 TDLS 发现请求，就把数据报文转发给接收的无线屏幕，接收 MAC 地址为无线屏幕的地址，而源 MAC 地址则填写手机地址。

（3）**TDLS 发现响应**。无线屏幕接收到 AP 转发的 TDLS 发现请求，解析 TDLS 报文之后，不经过 AP 而直接向手机发送 TDLS 发现响应。此时，在用户手机上将显示屏幕的相关信息，同时提示用户搜索过程完成，可以进入下一步，建立连接。

（4）**TDLS 连接请求、响应和确认**。后续的 TDLS 连接请求、响应和确认帧都属于数据报文的内容，通过 AP 直接进行转发。经过连接过程中的管理帧交互，手机和无线屏幕完成密钥协商过程，如图 3-83 中步骤 4 至步骤 9 所示。

（5）**TDLS 连接完成，传输数据**。TDLS 连接建立完成后，手机和无线屏幕利用协商过程中产生的密钥信息对数据加密，然后直接进行数据交互，不再需要 AP 转发两者之间的通信数据，如图 3-83 中步骤 10 所示。

（6）**TDLS 断开连接**。手机和屏幕完成数据传输后，任何一方都可以向对方发起 TDLS 连接断开请求，TDLS 连接断开请求发送方式包括两种：一种是手机或者屏幕通过

TDLS 链路直接向对方发送 TDLS 连接断开请求，该方式用于手机和屏幕两个设备没有发生移动，相互可以收到对方发送的报文，如图 3-83 中步骤 11 所示；另外一种是通过 AP 进行转发，如图 3-83 中步骤 12 和步骤 13 所示，该方式用于一台设备发生了移动，导致无法通过 TDLS 链路接收到对方发送的报文。

2）Wi-Fi 联盟的 P2P 技术

基于 TDLS 技术的点对点通信只支持同一个 AP 下的两个 STA 相互连接，既不支持多个 STA 相互通信，也不支持不同 AP 下的 STA 之间的连接。2010 年 Wi-Fi 联盟定义了 P2P 技术，扩展点到点通信的功能。

P2P 技术不仅限于一对一的设备之间的直连，而且支持一对多的设备之间形成一个组。它的通信方式实际就是 AP 和 STA 之间的连接，在 P2P 连接模式中，有以下两个角色：

- **群组负责人**（Group Owner，GO）：具有 AP 的功能，它可以同时与多个设备形成一个 P2P 组，建立 P2P 连接。
- **群组客户端**（Group Client，GC）：具有 STA 的功能，与 GO 一起构成 P2P 连接。

Wi-Fi 联盟定义的 P2P 技术广泛应用于智能终端设备，比如谷歌公司开源的 Android 系统中的 Wi-Fi 直连功能，苹果公司开发的 iOS 系统中的隔空传输功能。

P2P 连接的基本原理是在每一个加入 P2P 组的终端为自己创建另外一个 STA，每个终端就有两个逻辑上的 STA，然后终端利用新创的 STA 与其他终端建立连接，每个终端的两个 STA 分时使用信道资源。

图 3-84 给出了基于 P2P 组的 3 个设备之间的直连模型。

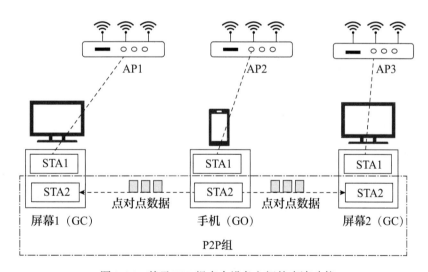

图 3-84　基于 P2P 组多个设备之间的直连功能

其中，每个设备包含两个 STA，屏幕 1 连接到 AP1，手机连接到 AP2，屏幕 2 连接到 AP3。同时，手机分别与无线屏幕 1 和无线屏幕 2 通过 STA2 建立基于一个 P2P 组的直连，手机作为 GO，无线屏幕 1 和无线屏幕 2 作为 GC，从而实现手机同时向两个无线屏幕传输视频数据。

整个 P2P 技术的应用过程包括 P2P 搜索、GO 协商、P2P 连接并交互数据、P2P 断开连接四个阶段，步骤如图 3-85 所示。

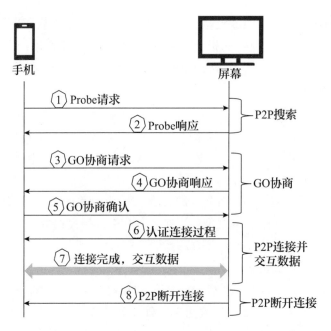

图 3-85 P2P 连接通信过程

（1）**P2P 搜索阶段**：手机和无线屏幕利用 STA2 在所支持的频段上相互发送、接收探测请求帧和探测响应帧。通过探测请求帧和探测响应帧的交互后，手机和无线屏幕相互发现对方，并将搜索到的设备信息呈现在用户手机界面上，等待用户下发连接操作。

（2）**GO 协商阶段**：用户在界面上选择对端设备并下发连接请求后，手机和无线屏幕将通过利用 GO 协商请求、GO 协商响应和 GO 协商确认帧协商出各自的角色，一个作为GO，另一个作为 GC，并交互双方的支持能力信息。

（3）**P2P 连接并交互数据阶段**：协商完成后，GC 向 GO 认证请求帧开始认证连接，P2P 连接建立完成后，GO 定期在所在信道上发送信标帧，类似于 AP 的功能。GC 接收GO 发送的信标帧并同步时间，类似于 STA 的功能。

（4）**P2P 断开连接阶段**：P2P 通信完成后，任意一方都可以向对方发起断开请求，以断开 P2P 连接。

2. Wi-Fi 7 的多链路 STA 之间的 TDLS 连接

Wi-Fi 7 引入多链路技术之后，多链路 STA 可以在任意链路上与多链路 AP 进行通信，多链路 AP 也可以在任意链路上转发两个多链路 STA 之间的通信数据，并且多链路 STA 有可能与传统 STA 之间进行通信。因此，在 Wi-Fi 7 技术下，STA 设备之间的转发通信介绍下面两种情况，即两个多链路 STA 之间的通信、多链路 STA 与传统 STA 之间的通信。

（1）**两个多链路 STA 之间的点到点数据转发**。

如图 3-86 所示，多链路 STA-a、多链路 STA-b 与多链路 AP 同时建立两个链路的网络拓扑图，多链路 STA-a 与多链路 STA-b 的数据交互可以通过四条路径传输到对方。

（2）**多链路 STA 与传统 STA 之间的点到点数据转发**。

图 3-87 给出了多链路 STA 与多链路 AP 建立两条链路，多链路 AP 与单链路 STA3 建立一条链路的网络拓扑图。多链路 STA 与 STA3 的数据通信可以通过两条路径传输到对方。

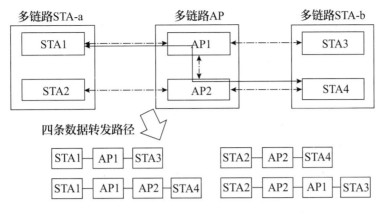

图 3-86　两个多链路 STA 的数据通信方式

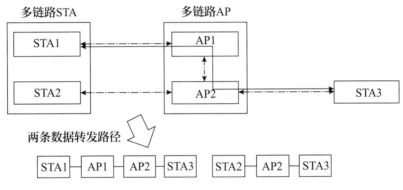

图 3-87　多链路 STA 与传统 STA 之间的通信方式

针对多链路 STA 的数据转发方式出现的变化，Wi-Fi 7 定义了两个多链路 STA 之间的 TDLS 连接方式，以及多链路 STA 与传统单链路 STA 建立 TDLS 连接。本节将分别介绍这两种不同的 TDLS 连接方式。

1）两个多链路 STA 之间建立 TDLS 连接

与传统的单链路 TDLS 发现和连接过程相比，多链路 STA 之间的 TDLS 发现和连接过程的主要区别是支持多条传输路径和 MLD MAC 地址应用。由于多链路 STA 的 MLD MAC 是唯一标识 Wi-Fi 7 设备的 MAC 地址，因此，当两个多链路 STA 通信时，源地址和目的地址分别填写多链路 STA MLD MAC 地址。

此外，由于两个多链路 STA 均与多链路 AP 建立多条链路，TDLS 发现、连接请求和响应帧可以通过任意链路到达目的终端。

图 3-88 给出了两个多链路 STA 建立 TDLS 的网络拓扑架构，具体过程描述如下：

（1）手机发送 TDLS 发现请求。

手机向连接到同一 Wi-Fi 7 AP 的笔记本电脑发送 TDLS 发现请求。参考图 3-89，该请求封装在数据报文中发送给 AP，从手机的 STA1 或 STA2 发出，源地址是手机的 MLD MAC，发送地址是 STA1 或 STA2 的链路 MAC，接收地址是 AP1 或 AP2 的 MAC 地址，目的地址是笔记本电脑 MLD MAC。

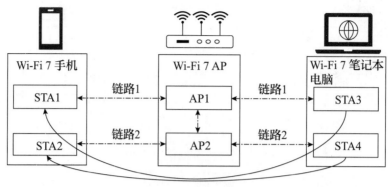

图 3-88　两个多链路 STA 建立 TDLS 的网络拓扑

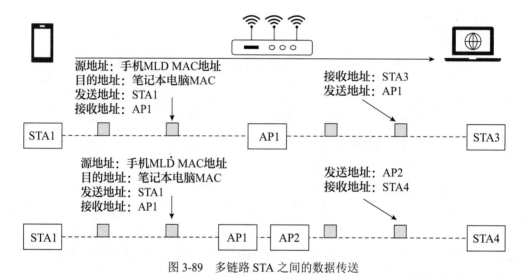

图 3-89　多链路 STA 之间的数据传送

AP1 或者 AP2 上接收到 TDLS 发现请求，然后将该请求报文转发给笔记本电脑，同时对 MAC 地址进行转换。通过 AP1 转发的报文，发送地址更新为 AP1，接收地址更新为 STA3；通过 AP2 转发报文，发送地址更新为 AP2，接收地址更新为 STA4。

（2）**笔记本电脑回复 TDLS 发现响应。**

笔记本电脑接收到 AP 转发的 TDLS 发现请求后，解析 TDLS 报文，直接向手机发送 TDLS 发现响应，而不再需要经过 AP。

（3）**TDLS 连接请求、响应和确认。**

后续的 TDLS 连接请求、响应和确认帧均封装在数据报文中，通过多链路 AP 的 AP1 或者 AP2 进行转发，报文转发路径与 TDLS 发现请求报文相同。通过连接过程中的三次帧交互，手机和笔记本电脑完成了密钥协商过程。

（4）**TDLS 连接完成后的数据传送。**

最后笔记本电脑和手机建立 TDLS 连接，两者就可以直接进行数据交互，不再需要 AP 转发。

（5）**TDLS 断开连接。**

手机和笔记本电脑完成数据传输后，任何一方都可以向对方发起 TDLS 连接断开请求。TDLS 连接断开请求有两种发送方式，一种是手机或者笔记本电脑通过 TDLS 链路，直接向对方发送 TDLS 连接断开请求，另外一种是通过多链路 AP 进行转发。

2）多链路 STA 与传统单链路 STA 建立 TDLS 连接

传统单链路设备只有一个全球唯一的 MAC 地址，用来识别该设备。而多链路 STA 的 MLD MAC 是唯一标识 Wi-Fi 7 设备的 MAC 地址。当多链路 STA 与传统单链路 STA 进行数据传送时，它们在数据报文中各自使用唯一标识自己的 MAC 地址。

图 3-90 给出了支持多链路功能的 Wi-Fi 7 手机与 Wi-Fi 6 笔记本电脑通过 Wi-Fi 7 AP 建立 TDLS 的网络拓扑图，TDLS 连接建立步骤如下：

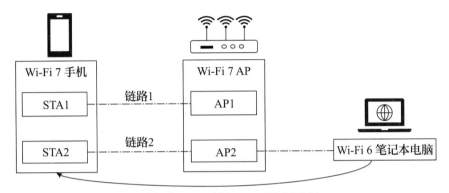

图 3-90 多链路 STA 与传统单链路 STA 建立 TDLS 的网络拓扑

（1）手机发送 TDLS 发现请求。

手机向连接到同一 AP 的笔记本电脑发送 TDLS 发现请求。参考图 3-91，该请求封装在数据报文中，从手机的 STA1 或 STA2 发出，源地址是手机的 MLD MAC 地址，发送地址是 STA1 或 STA2 的链路 MAC 地址，接收地址是 AP1 或 AP2 的 MAC 地址，目的地址是笔记本电脑 MAC 地址。

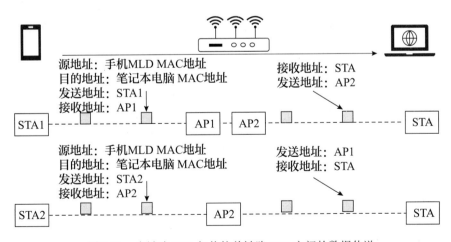

图 3-91 多链路 STA 与传统单链路 STA 之间的数据传送

AP1 或者 AP2 接收到 TDLS 发现请求，然后通过 AP2 将该请求报文转发给笔记本电脑，同时对 MAC 地址进行转换。此时发送地址更新为 AP2，接收地址更新为笔记本电脑 MAC 地址。

（2）**笔记本电脑回复 TDLS 发送响应**。

笔记本电脑接收到 AP 转发的 TDLS 发现请求后，解析 TDLS 报文，直接向手机发送 TDLS 发现响应，而不再需要经过 AP。此时，发送地址为笔记本电脑 MAC 地址，接收地址为手机 MLD MAC 地址。

（3）**TDLS 连接请求、响应和确认**。

TDLS 连接请求、响应和确认帧均封装在数据报文中，通过多链路 AP 的 AP1 或者 AP2 进行转发。报文转发路径与 TDLS 发现请求报文相同。通过连接过程中的三次帧交互，手机和笔记本电脑完成了密钥协商过程。

（4）**TDLS 连接完成后的数据传送**。

最后笔记本电脑和手机建立 TDLS 连接，两者就可以直接进行数据交互，不再需要 AP 转发。

（5）**TDLS 断开连接**。

手机和笔记本电脑完成数据传输后，任何一方都可以向对方发起 TDLS 连接断开请求。对于 TDLS 连接断开请求，可以是手机或者笔记本电脑通过 TDLS 链路，直接向对方发送 TDLS 连接断开请求，也可以通过多链路 AP 进行转发。

3. Wi-Fi 7 的多链路 STA 之间的 P2P 连接

为了将 Wi-Fi 7 多链路功能应用到 P2P 连接中，Wi-Fi 联盟于 2022 年 6 月同意成立新的小组研究 P2P 协议对于多链路功能的支持，该协议计划于 2023 年 7 月完成功能定义，2024 年开始产品测试。

可以预计，多链路 P2P 与传统单链路 P2P 连接架构相似，即 Wi-Fi 7 终端各自创建另外一个多链路 STA，然后分别利用第二套多链路 STA 与对端建立多链路 P2P 连接。每个终端上两个多链路 STA 分时使用信道资源。

图 3-92 给出了支持 Wi-Fi 7 的手机和笔记本电脑建立 P2P 连接的示例。可以看到 Wi-Fi 7 手机通过双链路连接到 Wi-Fi 7 AP1，而 Wi-Fi 7 的笔记本电脑也通过双链路连接到 Wi-Fi 7 AP2 上。此时，用户在手机和笔记本电脑上打开 Wi-Fi 直连功能，相应地，手机和笔记本电脑分别创建了包含 STA5 和 STA6 的多链路 STA-c、包含 STA7 和 STA8 的多链路 STA-d。多链路 STA-c 和多链路 STA-d 通过 P2P 多链路发现、协商、连接过程完成 P2P 多链路连接。

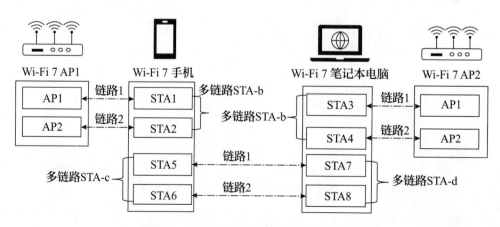

图 3-92　Wi-Fi 7 终端的多链路 P2P 连接框架

4. Wi-Fi 7 支持点对点数据传送的 TXOP 共享技术

Wi-Fi 6 标准支持基于触发机制的 TXOP 共享方式，AP 事先获取每个 STA 的上行数据量、速率、距离等信息，然后 AP 综合这些信息，并通过触发帧的方式把 TXOP 参数分享给一个或多个 STA，接着 STA 就能用该 TXOP 发送上行数据。

Wi-Fi 7 在 Wi-Fi 6 基础上对 TXOP 共享技术进行拓展，AP 仍然通过触发帧把它的 TXOP 转交给 STA 使用，但该触发帧除了指定 STA 可用 TXOP 时间长度信息以外，不指定其他参数。TXOP 共享技术使用的触发帧为 MU-RTS **传输机会分享**（TXOP Sharing，TXS）帧，即在 Wi-Fi 6 定义的 MU-RTS 帧的基础上添加 TXOP 长度信息以及其他参数。

STA 除了使用该 TXOP 向 AP 发送上行数据，也可以向其他 STA 进行点对点数据传送，参考图 3-93。

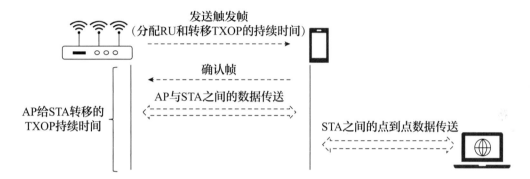

图 3-93　Wi-Fi 7 的 TXOP 共享技术示例

相比 Wi-Fi 6 的 TXOP 共享方案，Wi-Fi 7 技术改进的地方如下：

（1）**优化 AP 性能要求**。

Wi-Fi 6 AP 通过触发帧指定 STA 的发送功率、MCS 值、RU 大小和位置等参数，这对实际 AP 产品的性能要求很高，导致上行 OFDMA 可能无法达到理想的低时延高吞吐量的效果。而 Wi-Fi 7 则把触发帧参数简化成 TXOP 时间长度，有利于 TXOP 共享技术实施。

（2）**支持点到点数据传送**。

Wi-Fi 6 的 TXOP 共享只支持 STA 向 AP 发送上行数据，而 Wi-Fi 7 则额外增加了对 STA 点对点通信的支持。由于 AP 在实际抢占信道能力和降低干扰方面比 STA 更有优势，所以把基于触发机制的信道接入方式扩展到点对点技术上，可以降低点对点应用场景下的传输时延并提高吞吐量。

Wi-Fi 7 标准规定 AP 利用 MU-RTS 触发帧向 STA 转移 TXOP 参数，并指定该 TXOP 用于上行传输或点对点传输。MU-RTS 触发帧不包含额外的控制信息，例如，发射功率、MCS 值等，STA 根据实际需求自主控制。

Wi-Fi 7 与 Wi-Fi 6 在 TXOP 共享技术上的区别如表 3-7 所示。

Wi-Fi 7 标准中的 TXOP 共享技术支持上行或点对点数据传输两种模式，下面通过举例介绍对应的流程。

表 3-7　Wi-Fi 7 与 Wi-Fi 6 在 TXOP 共享技术上的区别

区别项	Wi-Fi 6 中相关内容	Wi-Fi 7 中相关内容
触发帧类型	基本触发帧、MU-RTS 和特殊用途触发帧	MU-RTS TXS 帧
触发帧参数	上行传输速率，传输功率，PPDU 长度，编码方式	所分配的时间
数据帧类型	基于 OFDMA 的 TB PPDU	基于非 OFDMA 方式
传输方向	仅支持上行数据传输	模式 1：支持上行数据传送 模式 2：支持点对点数据传送
多用户并发	频分复用	时分复用或频分复用

1）支持模式 1 的上行方向数据传送

上行方向的 TXOP 共享技术 AP 通过 MU-RTS 触发帧将 TXOP 分配给 STA，然后 STA 直接在该 TXOP 持续时间内多次与 AP 进行数据交互，当剩余的 TXOP 不足以满足 STA 发送一帧数据时，AP 就在 PIFS 时间间隔后，利用剩余的 TXOP 时间向其他 STA 发送下行数据。

例如，如图 3-94 所示，STA1 和 STA2 通过 Wi-Fi 连接到 AP 上，STA1 向 AP 申请利用 TXOP 共享技术传输上行数据，交互步骤如下：

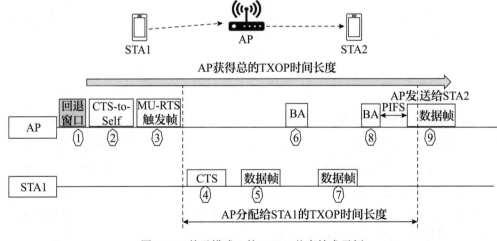

图 3-94　基于模式 1 的 TXOP 共享技术示例

（1）AP 通过 CSMA/CA 竞争机制获取 TXOP。

（2）AP 发送 CTS-to-Self 控制帧，获取 TXOP 参数所表示的持续时间。

（3）AP 向 STA1 发送 MU-RTS 触发帧，将 TXOP 转移给 STA1 使用。该帧中模式字段设置为 1，并设置共享给 STA 的 TXOP 长度。共享的 TXOP 长度应小于 AP 获取的 TXOP 总长度。

（4）STA1 收到 MU-RTS 触发帧后，向 AP 发送 CTS 进行响应。

（5）STA1 向 AP 发送非 TB PPDU 格式的数据帧。

（6）AP 向 STA1 发送块确认帧 BA，对收到的数据帧进行确认。

（7）在共享的 TXOP 时间完成之前，重复步骤（5）和（6）。

（8）当剩余共享的 TXOP 不足以 STA 发送一个数据帧时，为了保证 TXOP 得到充分利用，AP 在 PIFS 时间间隔后，向 STA2 发送数据帧，实现与 STA2 进行数据交互。

2）支持模式 2 的上行和点对点混合的 TXOP 共享技术

模式 2 与模式 1 的不同之处在于 STA 获取 AP 共享的 TXOP 后，不但支持发送上行数据，而且支持向其他 STA 发送点对点数据。此外，AP 需要向其他 STA 传输数据时，需要等待共享的 TXOP 结束后，再经过 PIFS 间隔后才可以传输数据帧，而不能利用剩余的 TXOP 向其他 STA 传输数据。

图 3-95 给出模式 2 的应用网络拓扑。STA1 和 STA3 通过 Wi-Fi 连接到 AP 上，STA1 与 STA2 建立点对点连接，STA1 向 AP 申请利用 TXOP 共享技术传输上行和点对点数据。

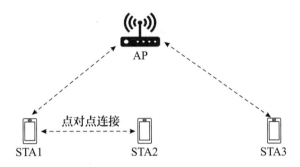

图 3-95　基于模式 2 的 TXOP 共享技术网络拓扑

图 3-95 所示的网络拓扑所对应的交互步骤如图 3-96 所示，描述如下：

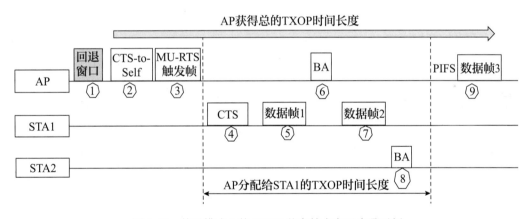

图 3-96　基于模式 2 的 TXOP 共享技术交互步骤示例

（1）AP 通过 CSMA/CA 竞争机制获取 TXOP。

（2）AP 发送 CTS-to-Self 控制帧，获取 TXOP 参数所表示的持续时间。

（3）AP 向 STA1 发送 MU-RTS 触发帧，将 TXOP 转移给 STA1 使用，该帧中模式字段设置为 2，并设置共享给 STA1 的 TXOP 长度。共享 TXOP 长度不大于 AP 获取的 TXOP 总长度。

（4）STA1 收到 MU-RTS 触发帧后，向 AP 发送 CTS 进行响应。

（5）STA1 向 AP 发送非 TB PPDU 格式的数据帧。

（6）AP 向 STA1 发送块确认帧 BA，对收到数据帧进行确认。

（7）STA1 向 STA2 发送非 TB PPDU 格式的数据帧。

（8）STA2 向 STA1 发送块确认帧 BA，对收到的数据帧进行确认。

（9）重复步骤（5）和（6）或步骤（7）和（8），直到剩余 TXOP 不足以 STA 发送一个数据帧为止。

（10）TXOP 结束后，AP 在 PIFS 间隔后向 STA3 发送数据帧，与 STA3 进行数据交互。

模式 1 与模式 2 相比，模式 1 中只有 AP 和 STA1 进行通信，如果 STA1 在 PIFS 时间内没有发送新的报文，即可判定 STA1 没有缓存帧发送，然后 AP 可以直接使用信道发送数据。

而在模式 2 中，针对点到点场景，如果 AP 与 STA2 距离较远，相互为隐藏节点，AP 可能无法侦听到 STA2 发送的点到点数据报文。为了避免在 STA1 处产生报文碰撞冲突，AP 只能等共享的 TXOP 结束之后的 PIFS 时间后再次抢占信道。

3.3　Wi-Fi 7 支持的应急通信服务技术

针对面对自然灾害、突发战争等紧急状态下的业务通信需求，Wi-Fi 7 支持应急通信服务（Emergency Preparedness Communications Service，EPCS）的信道接入优先级，保证紧急业务优先调度和传输，进而降低应急通信的传输时延。

在应急通信服务下，相关部门能够通过现有的无线网络为民众提供及时准确的疏散信息，确保民众生命财产安全。比如，政府或者交管部门向手机用户以短信的方式发送一些临时通知信息。

随着 Wi-Fi 网络逐步接入千家万户，智能家居提供的便利极大方便了人们的日常生活，这为应急通信部门通过 Wi-Fi 网络将紧急信息传递给民众提供了另外一种选择。

由于应急通信服务面对的通信数据具有突发性、不可预测性、偶然性以及高优先级等特点，随着越来越多的智能设备通过 AP 接入互联网，在突发状态下，不可避免地出现网络拥塞等问题。

如图 3-97 所示，突发台风导致 4G/5G 信号塔中断，应急通信部门就通过有线网络将紧急疏散信息传递给公寓大楼的宽带接入网关，并利用 Wi-Fi 通知人们紧急避险。但如果 Wi-Fi 网络出现拥塞，应急部门的疏散信息将无法及时传递给楼宇里面的人群，民众也无法通过 Wi-Fi 网络向外界及时传递求救信息。

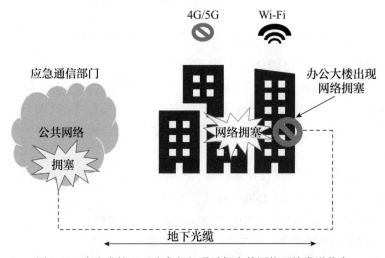

图 3-97　在突发情况下应急部门通过拥塞的网络环境发送信息

因此，Wi-Fi 7 定义**应急通信服务**规范的目的在于将应急通信数据以高优先级方式在拥塞网络中传递出去。

在 1.2.5 节介绍过，QoS 数据按照数据类型分为四种，每一种数据类型对应一种无线媒介接入参数，包括仲裁帧间隔数量、最大竞争窗口指数、最小竞争窗口指数和 TXOP 限制，其中前面 3 个参数决定了数据访问信道的优先权和机会。Wi-Fi 7 通过调整应急通信服务数据的无线媒介接入参数，保证应急通信数据有更高的优先级访问信道，使得这种类型的数据优于其他数据进行传输。

1. 应急通信服务过程

图 3-98 给出了应急通信服务交互过程，可以看到，应急通信服务由多链路 STA 端或者网络端发起。

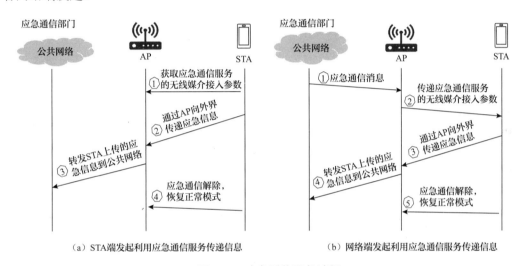

图 3-98　应急通信服务过程

多链路 STA 发起利用应急通信服务传递信息的过程（图 3-98（a））如下：

（1）**获取应急通信服务无线媒介接入参数**：当多链路 STA 需要利用应急通信服务传递紧急信息时，多链路 STA 与 AP 通过帧交互，获取应急通信服务需要的无线媒介接入参数。

（2）**利用应急通信服务传输紧急数据**：多链路 STA 接收到多链路 AP 传递的无线媒介接入参数后，即可利用该无线媒介接入参数竞争信道，并传递应急通信数据给多链路 AP。

（3）**应急数据转发**：多链路 AP 将多链路 STA 的应急通信数据转发到公共网络，由网络发送到目的地。

（4）**应急通信解除**：应急状态解除后，由多链路 AP 或者多链路 STA 向对方发起解除应急通信状态，利用正常的无线媒介接入参数竞争信道。

网络端发起利用应急通信服务传递信息的过程（图 3-98（b））如下：

（1）**网络端下发紧急通信信息**：当应急通信部门需要将紧急信息发送到用户时，应急通信部门通过公共网络，传输信息到目标多链路 AP。

（2）**传递应急通信无线媒介接入参数**：多链路 AP 接收到紧急信息后，与多链路 STA 通过帧交互，传递应急通信服务需要的无线媒介接入参数。

（3）**向外界传递应急通信信息**：多链路 STA 利用从多链路 AP 端获取的无线媒介接入

参数竞争信道，并发送上行应急通信信息到多链路 AP。

（4）**转发应急通信信息到网络端**：多链路 AP 将上行应急通信信息转发到网络端。

（5）**应急通信解除**：应急状态解除后，由多链路 AP 或者多链路 STA 向对方发起解除应急通信状态，利用正常的无线媒介接入参数竞争信道。

2．应急通信服务技术特点

应急通信服务技术特点包括两个方面：第一是通信服务商根据实际需求自定义设备的信道接入参数，便于设备获取信道的访问权；第二是利用 action 帧传递应急通信服务的信道接入参数。具体介绍如下。

1）应急通信服务无线媒介接入方式

应急通信服务接入方式和传统接入方式一致，即支持采用 AP 利用触发帧进行调度，也支持利用 CSMA/CA 机制竞争信道方式调度，区别在于应急通信服务承载的是紧急用户数据，所以用于竞争信道的 CSMA/CA 参数更加有利于获取信道。比如，设置更小的回退窗口、更小的帧间隔，当网络发生拥塞时，更容易获取信道的访问权，至于具体参数配置，由通信服务商或应急通信部门来设定。

2）action 帧交互方式订阅应急通信服务

多链路 STA 和多链路 AP 之间通过发送 EPCS action 帧方式，交互订阅应急通信服务请求，以及允许使用该服务响应，并提供相应的无线媒介接入参数，以便于多链路 STA 发送应急通信信息时使用这组参数接入信道。

Wi-Fi 7 协议定义的 EPCS action 帧格式如图 3-99 所示。可以看到，EPCS action 帧中包含公共信息长度、多链路 AP MAC 地址，以及和每个链路相关的链路信息长度、链路 ID、链路的 EDCA 参数信息。

公共信息长度	多链路AP MAC地址	链路X信息长度	链路ID-X	链路X的 EDCA参数	……	链路Y信息长度	链路ID-Y	链路Y的 EDCA参数

图 3-99   EPCS action 帧格式

只有在紧急情况下，应急通信保障部门才会授权用户采用应急通信服务方式发送紧急数据，在紧急情况恢复正常时，并不会产生应急通信相关数据。因此，当紧急状态产生或者将要产生时，由多链路 AP 或者多链路 STA 发起订阅应急通信服务，在紧急状态解除时，可由多链路 AP 或者多链路 STA 发送 action 帧来取消应急通信服务。

图 3-100 给出了多链路 STA 发起订阅和取消订阅应急通信服务的交互流程，步骤描述如下：

（1）**订阅请求**。多链路 STA 向多链路 AP 发送应急通信服务订阅请求。

（2）**订阅响应**。多链路 AP 向多链路 STA 回应订阅响应，该响应帧中将携带应急通信服务需要的信道接入参数。

（3）**传输数据**。接着，多链路 AP 与多链路 STA 使用新的信道接入参数访问信道资源，并交互应急通信服务数据。

（4）**取消订阅**。应急状态解除后，多链路 STA 向多链路 AP 发送一个 action 帧来取消订阅，释放相关资源。

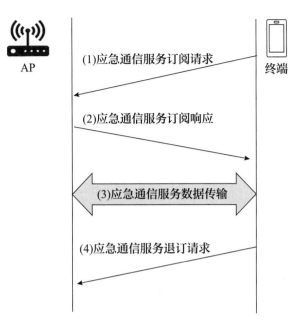

图 3-100　应急通信服务消息及数据交互示意图

3.4　Wi-Fi 7 物理层标准更新

图 3-101 给出了 Wi-Fi 7 物理层更新。与 Wi-Fi 6 相比，主要变化包括调制方式改进、带宽增加和引入多资源单位（MRU）技术三个方面，进一步提高 Wi-Fi 7 性能和并发用户数量。

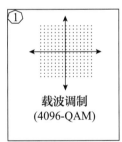
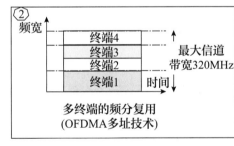
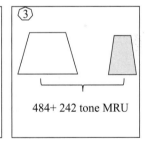

图 3-101　Wi-Fi 7 物理层更新

（1）**调制方式**：Wi-Fi 7 最大可以支持 4096-QAM 调制方式，每个传输符号可以承载 12 比特信息，而 Wi-Fi 6 最大支持 1024-QAM，每个传输符号承载 10 比特的信息。因此，每个符号承载信息的容量提高了 20%。

（2）**带宽增加**：Wi-Fi 7 在 6GHz 频段上最大支持 320MHz 频宽，而 Wi-Fi 6 最大支持 160MHz 频宽。因此，通过提升带宽最大吞吐量可以直接提高 1 倍。

（3）**多资源单位（MRU）技术**：基于 MRU 技术，Wi-Fi 7 可以将多个非连续的资源单位分配给一个 STA，用于上行数据传输。而 Wi-Fi 6 只支持每次分配一个资源单位。因此，MRU 技术有效提高了信道资源的利用效率，STA 使用子信道的方式也更加灵活。

本节主要介绍 4K-QAM 调制技术、320MHz 带宽和 Wi-Fi 7 支持的新 PPDU 格式。

1. 4K-QAM 调制方式

4K-QAM 调制方式意味着星座图中包含 4K 个星座点位，每个点位代表一种不同的调制方式，与 Wi-Fi 6 定义的 1024-QAM 调制方式相比，点位之间的距离和边界缩小一倍。图 3-102 给出了两种星座图的对比变化。

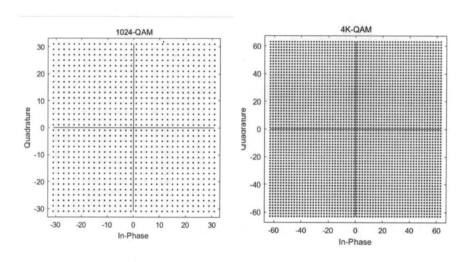

图 3-102　1024-QAM 与 4K-QAM 星座图

针对 4K-QAM 调制方式，Wi-Fi 7 分别定义了 MCS 12 和 MCS 13 两种速率。图 3-103 给出了在不同信道带宽、不同 OFDM 符号间隔组合下的速率信息。当信道带宽是 80MHz，OFDM 符号间隔是 0.8μs 时，在一个空间流的情况下，MCS 13 的最高速率可以达到 720.6Mbps。

MCS	物理层数据传输速率（Mbps）									编码方式	调制方式
	20MHz带宽下			40MHz带宽下			80MHz带宽下				
GI(μs)	0.8	1.6	3.2	0.8	1.6	3.2	0.8	1.6	3.2		
12	154.9	146.3	131.6	309.7	292.5	263.3	648.5	612.5	551.3	3/4	4K-QAM
13	172.1	162.5	146.3	344.1	325.0	292.5	720.6	680.6	612.5	5/6	4K-QAM

图 3-103　4K-QAM 对应的速率

更高的调制等级意味着更高的矢量误差幅度（EVM）的门槛值，在 Wi-Fi 6 引入的 1024-QAM，EVM_{db} 门槛值为 -32dBm，对应 $EVM_{\%}$ 为 1.77%。而 4096-QAM 要求最低 EVM_{db} 值达到 -38dBm，对应 $EVM_{\%}$ 为 1.2%。为了改善 EVM 值，提高 SNR，从而使用 4096-QAM 高阶调制技术和提高吞吐量，在实际应用中经常有以下两种方式：

（1）缩短 AP 与 STA 之间通信距离。

由于设备接收信号的误差随着距离增加而增加，使得数据传输不能以高阶调制方式工作。为了达到 4069-QAM 的调制效果，就需要缩短 AP 与 STA 的通信距离，从而保证接收信号的强度，降低信号误差值。

（2）获取额外天线增益。

当 AP 的天线数量大于 STA 的数量，并且 AP 仅向一个 STA 传输数据时，AP 可利用天线增益技术进一步提高信号质量，从而使得数据传输可以使用高阶调制方式。

2. 支持 6GHz 频段上的 320MHz 带宽

Wi-Fi 7 支持的 320MHz 带宽由 6GHz 频谱上两个连续的 160MHz 带宽组成。欧洲 6GHz 频谱上分给免授权频段的可用频宽为 480MHz，因此欧洲只有一个不重叠的 320MHz 带宽可用。而美国 FCC 分配的 6GHz 频谱，免授权频段的可用频宽为 1.2GHz，如图 3-104 所示，有三个不重叠的 320MHz 频宽可用。

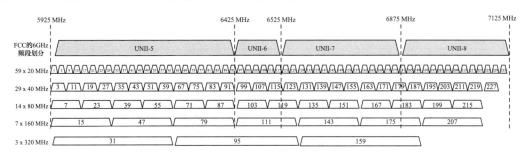

图 3-104　FCC对于 6GHz 频段的划分

Wi-Fi 7 新支持的 320MHz 带宽给 Wi-Fi 标准带来的变化如下：

（1）**资源单位扩展**。

在 OFDMA 方式下，利用 MRU 技术，AP 可以为每个用户分配的 RU/MRU 资源高达 200MHz（996×2+484 tone）或者 280MHz（996×3+484 tone）。因此，每个用户可在更大带宽下获得更高吞吐量和更低时延。

（2）**带宽查询报告技术扩展**。

Wi-Fi 6 中引入带宽查询报告（Bandwidth Query Report，BQR）技术，用于 AP 查询 STA 端可用的子信道资源繁忙情况，然后 AP 根据 STA 的 BQR 反馈信息分配相应的 RU 资源。

为了支持 320MHz 带宽，Wi-Fi 7 扩展了 BQR 技术。图 3-105 分别给出了 Wi-Fi 6 和 Wi-Fi 7 定义的 BQR 信令格式。Wi-Fi 6 定义的 BQR 中每个比特代表一个 20MHz 带宽，共计 8 比特，代表 160MHz。Wi-Fi 7 标准由一个 BQR 扩展成两个 BQR，分别表示第一个 160MHz 和第二个 160MHz 中每个 20MHz 子信道上的繁忙与空闲情况。

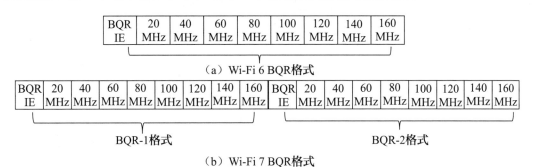

图 3-105　Wi-Fi 6 与 Wi-Fi 7 BQR 格式对比

（3）**单条链路上最大带宽提升**。

320MHz 带宽和 4K-QAM 调制方式直接提升最大速率。1.2.3 节中给出过 Wi-Fi 理想情况下最大速率的计算公式，如下所示：

$$传输速率 = \frac{传输比特数量 \times 传输码率 \times 数据子载波数量 \times 空间流数量}{载波符号的传输时间}$$

依据 Wi-Fi 7 的参数列表，对 Wi-Fi 7 的理想速率进行计算，如表 3-8 所示，可以计算出 Wi-Fi 7 每个链路的最大速率为 23.05Gbps。

表 3-8　Wi-Fi 7 速率计算的相关参数

参数	Wi-Fi 7 协议下的参数值
空间流数量	8
传输比特数量	4K-QAM 调制下的 12 比特
传输码率	5/6
数据子载波的数量	980×4（频宽 320MHz）
载波符号传输时间（μs）	12.8μs + 0.8μs 最小间隔
最大速率（Mbps）	23.05Gbps

（4）整个设备级别的带宽提升。

一个典型的 Wi-Fi 7 设备包括三个链路，分别工作在 2.4GHz、5GHz 和 6GHz 频段，假设其工作带宽分别为 40MHz、80MHz 和 320MHz，空间流数均为 8，其理论最大速率计算方式如表 3-9 所示，因此，支持三个链路的 Wi-Fi 7 设备最大理想速率为 31.56Gbps，也被粗略称为"30Gbps"。

表 3-9　Wi-Fi 7 设备速率计算的相关参数

参数	2.4GHz 频段下的参数值	5GHz 频段下的参数值	6GHz 频段下的参数值
空间流数量	8	8	8
传输比特数量	12	12	12
传输码率	5/6	5/6	5/6
数据子载波的数量	468（频宽 40MHz）	980（频宽 80MHz）	980×4（频宽 320MHz）
载波符号传输时间（μs）	12.8μs + 0.8μs 最小间隔	12.8μs + 0.8μs 最小间隔	12.8μs + 0.8μs 最小间隔
最大速率（Mbps）	2.75Gbps	5.76Gbps	23.05Gbps
三个链路速率共计（Gbps）	2.75Gbps+5.75Gbps+23.05Gbps=31.56Gbps		

3. Wi-Fi 7 支持的新 PPDU 帧格式

Wi-Fi 7 物理层技术的改进，需要 Wi-Fi 7 定义新的前导码字段来支持。Wi-Fi 7 定义的新前导码字段分别为 U-SIG、EHT-SIG、EHT-LTF 和 EHT-STF 字段，并且定义了两种支持这些新前导码字段的 EHT PPDU 格式，分别为 EHT MU PPDU 和 EHT TB PPDU，参见表 3-10。

表 3-10　Wi-Fi 7 的 PPDU 格式和新增的前导码

Wi-Fi 7 PPDU 帧格式	新增的前导码	对应的技术支持
EHT MU PPDU	U-SIG、EHT-SIG、EHT-LTF 和 EHT-STF 字段	OFDMA 下行多用户的数据传输以及上下行 MU-MIMO 的数据传输
EHT TB PPDU	U-SIG、EHT-LTF 和 EHT-STF 字段	支持 OFDMA 上行多用户的数据传输

（1）U-SIG 字段。

U-SIG 字段用于指示物理层基础技术信息，主要作用是提供 PPDU 的工作带宽、编码速率、BSS 着色等信息，功能与 Wi-Fi 6 的 HE-SIG 字段类似，不同之处在于 U-SIG 扩展支持 4K-QAM 对应的 MCS12、MCS13 及 320MHz 频宽。

U-SIG 分为两段，分别用 U-SIG-1 和 U-SIG-2 来标识。U-SIG 字段在 EHT MU PPDU 和 EHT TB PPDU 中的大部分字段定义相同，个别字段有细微差别，这里就以 EHT MU PPDU 字段中 U-SIG 为例来介绍，每个字段的用途如表 3-11 所示。

表 3-11　EHT MU PPDU 中的 U-SIG 字段

U-SIG 字段	字段	比特	用途
U-SIG-1	PHY 版本	B0 ～ B2	0 表示 EHT PHY
	带宽	B3 ～ B5	指示该 PPDU 传输的带宽，比如 20MHz、40MHz 等
	UL/DL	B6	指示 MU PPDU 方向性，赋值为 1 表示上行，为 0 表示下行
	BSS 着色	B7 ～ B12	指示 BSS 的颜色区分，参考第 2 章
	TXOP	B13 ～ B19	指示 TXOP 长度信息
	预留	B20 ～ B25	预留位
U-SIG-2	PPDU 类型和压缩方式	B0 ～ B1	指示 OFDMA、NDP 等帧类型
	预留	B2	预留位
	前导码屏蔽信息	B3 ～ B7	指示前导码屏蔽参数，如带宽、位置等
	预留	B8	预留位
	HE-SIG MCS	B9 ～ B10	EHT-SIG 字段的 MCS 值，设置较高的 MCS 值有助于提高吞吐量
	EHT-SIG 符号数量	B11 ～ B15	指示 EHT-SIG 符号数量
	CRC	B16 ～ B19	对于 U-SIG 字段前面的 0~41 比特检验值
	尾部	B20 ～ B25	特殊编码全 0 指示字段尾部

（2）EHT-SIG 字段。

EHT-SIG 功能与 Wi-Fi 6 定义的 HE-SIG-B 字段类似，分为用户公共信息字段和用户专用信息字段，提供多用户的 RU 及空间流的分配信息，如图 3-106 所示。

- **用户公共信息字段**：提供了所有用户的基本信息，包括空间复用技术、符号间隔大小和 RU 分配信息。
- **用户专用信息字段**：包含每个用户的 AID 信息，为用户根据自己的 AID 信息来寻找各自的 RU 位置及大小。

与 Wi-Fi 6 的 HE-SIG-B 相比，Wi-Fi 7 标准的 EHT-SIG 扩展支持前导码屏蔽技术、MRU 技术以及 320MHz 下的 RU 分配方式等。

为了兼容只能工作在 20MHz 频宽的 Wi-Fi 7 物联网设备，Wi-Fi 7 标准规定 U-SIG 和 EHT-SIG 采用传统前导码编码模式，即以 20MHz 频宽为单位进行编码。如果信道带宽大于 20MHz，则 U-SIG 和 EHT-SIG 字段在多个 20MHz 上进行复制。

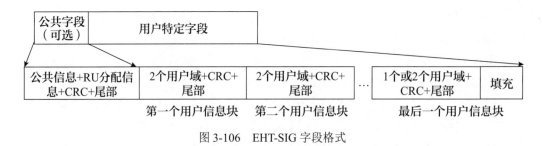

图 3-106   EHT-SIG 字段格式

（3）EHT-LTF 及 EHT-STF 字段。

这两个字段与 Wi-Fi 6 定义的 HE-LTF 和 HE-STF 功能类似，分别用于提供信道衰落信息和自动增益控制信息。与 Wi-Fi 6 不同在于，EHT-LTF 扩展支持非连续捆绑信道衰落信息，EHT-STF 扩展支持 320MHz 带宽自动增益控制信息。

（4）Wi-Fi 7 新的 PPDU 格式。

为了将以上新前导码字段应用于 Wi-Fi 7 物理帧传输，Wi-Fi 7 引入了两种新的 PPDU 格式，即 EHT MU PPDU 和 EHT TB PPDU，分别用于传输下行和上行的单用户或多用户数据。

如图 3-107 所示，U-SIG 和 EHT-SIG 按照传统的前导码传输方式，即以 20MHz 带宽为一个单位方式，在多个 20MHz 子带宽上复制和传输，以确保这样只能工作在 20MHz 的设备能按照 U-SIG 和 EHT-SIG 提供的参数，来接收和解析后面的前导码和数据。而 EHT-STF 和 EHT-LTF 字段按照实际带宽进行传输。

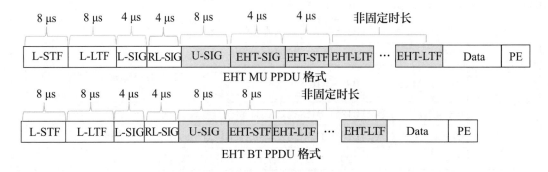

图 3-107   EHT MU PPDU 和 EHT TB PPDU 格式

EHT MU PPDU 与 EHT TB PPDU 的主要差别如下：

● EHT MU PPDU 包含一个 EHT-SIG 字段，用于指示多用户 RU 分配和位置信息。

● EHT MU PPDU 的 EHT-STF 字段长度为 4μs，而 EHT TB PPDU 的 EHT-STF 字段长度为 8μs，额外的 4μs 冗余能更容易同步和接收多用户发送 TB PPDU。

3.5   Wi-Fi 7 技术的安全性

信息安全是通信技术规范制定的核心之一，Wi-Fi 作为主流的室内短距离数据通信技术，不管是作为宽带接入的家庭上网方式，还是公共场合中的 Wi-Fi 热点，如何确保人们在使用 Wi-Fi 过程中的数据安全性，是 Wi-Fi 新标准在演进过程中的关键话题。

Wi-Fi 通信是由终端设备与路由器之间的数据传送，从信息安全的角度来说，要使得路由器与合法的终端建立连接，要确保路由器与终端之间的传送数据被截获后不能直接看到原始信息，要保证接收端收到数据后仍是原先发送的数据。因而 Wi-Fi 相关的安全性就包括了**认证**、**数据加密**和**数据完整性检查**三种情况。图 3-108 给出了 Wi-Fi 网络安全技术的基本内容。

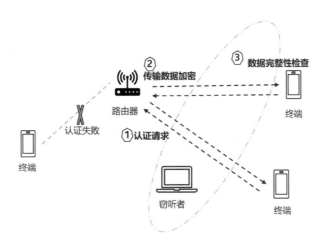

图 3-108　Wi-Fi 网络的安全技术

为了确保合法的终端在使用 Wi-Fi 网络，终端首先需要向路由器发送认证消息，由路由器进行认证鉴权，认证成功之后，终端就实现了 Wi-Fi 网络中的登录过程。接着路由器与终端相互之间进行数据通信，数据需要在发送前被加密，在接收的时候被解密，同时接收端需要对数据进行完整性检查，确保数据没有被非法修改。

如果 Wi-Fi 网络没有提供一定安全等级的认证、数据加密和数据完整性检查的机制，那么黑客就可以通过伪造合法终端登录、监听共享的无线信道上所传输的数据、篡改传送的数据内容等方式，从而获取用户隐私信息，影响用户业务，破坏 Wi-Fi 网络的正常工作等，导致严重的网络安全问题。所以保证 Wi-Fi 网络的安全性，是制定 Wi-Fi 规范的重要内容。

Wi-Fi 7 支持多链路技术，为传统的 Wi-Fi 安全技术带来了新的变化。本节先概要介绍 Wi-Fi 安全标准的演进过程、相关的安全技术的比较和区别，然后再介绍与 Wi-Fi 7 相关的安全措施和规范定义。

3.5.1　Wi-Fi 安全标准的演进和发展

Wi-Fi 网络的安全性是 Wi-Fi 产品得以大规模普及的关键，而相应的 Wi-Fi 安全规范也在产品推广过程中逐渐得到完善，每次发布的新规范，就会对上一个旧规范的薄弱环节进行改进，提供增强性的加密算法或者引入其他更完善的安全机制等。

参考图 3-109，Wi-Fi 的安全规范起初来自 1999 年 IEEE 802.11 标准的一部分，称为**有线等效保密**（Wired Equivalent Privacy，WEP），目的是希望对无线传输达到有线连接一样的安全效果。

WEP 的主要内容是使用 RSA 数据安全性公司开发的 RC4 算法，对传输数据进行加密，并使用 32 位的循环冗余校验（CRC-32）来保证数据的正确性，还提供了开放式系统认证（Open System Authentication）和共享认证（Shared Key Authentication）两种认证方式。

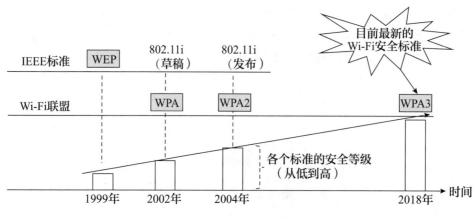

图 3-109   Wi-Fi 安全的演进

但 WEP 的安全性比较薄弱，加密算法与密钥管理都存在漏洞，为了弥补 Wi-Fi 安全性的不足，并且针对 WEP 加密机制的缺陷进行改进，IEEE 开始制定新的无线安全标准，称为 IEEE 802.11i 规范，该规范在 2004 年 7 月完成。它提供了 TKIP（Temporal Key Integrity Protocol）、CCMP（Counter-Mode/CBC-MAC Protocol）和 WRAP（Wireless Robust Authenticated Protocol）三种加密机制，并且规定使用 802.1X 接入控制，实现无线局域网的认证和密钥管理方式，从而达到 802.11i 中定义的鲁棒安全网络（Robust Security Network，RSN）的要求。Wi-Fi 安全标准的情况参见表 3-12。

表 3-12   Wi-Fi 安全标准的列表

安全标准	发布年份	安全等级	数据加密机制	数据完整性检查机制	认证方式	鉴权方式
WEP	1999 年	较低	RC4	CRC-32	开放式系统认证；共享认证	无
WPA	2002 年	一般	TKIP	MIC	开放式系统认证	预共享密钥或 802.1X 鉴权方式
WPA2	2004 年	较高	AES	CCMP-MIC	开放式系统认证	
WPA3	2018 年	最高	CNSA	GCMP-MIC	对等实体同时验证	

802.11i 标准的制定前后花了 4 年时间才完成。Wi-Fi 联盟为了加快给商业化的 Wi-Fi 产品提供安全功能，没有等待 802.11i 规范全部完成，就采用了制定过程中的 802.11i 草案。Wi-Fi 联盟在 2002 年发布了 Wi-Fi **网络安全接入**（Wi-Fi Protected Access，WPA）**规范**，这个规范实现了 802.11i 的大部分内容。例如，包含了向前兼容 RC4 的加密协议 TKIP，使用了称为 Michael 算法的更安全的消息完整性检查（Message Integrity Check，MIC）机制。WPA 是 802.11i 规范完成之前替代 WEP 的过渡方案。

后来在 802.11i 制定完毕之后，Wi-Fi 联盟又经过修订，在 2004 年 9 月推出了与 802.11i 规范相同功能的下一代 WPA 标准（Wi-Fi Protected Access 2，WPA2）。例如，高级加密标准（Advanced Encryption Standard，AES）取代了 WPA 的 TKIP，更安全的 CCMP 规范替代了 WPA 中 MIC 明文传输方式等，此后 WPA2 一直是保证 Wi-Fi 安全的标准配置。

2017 年，比利时研究员发表了针对 WPA2 的重安装键攻击（Key Reinstallation Attack）

的研究，该研究表明黑客可以在 Wi-Fi 信号附近发起漏洞攻击，通过让接收者再次使用那些应该用过即丢的加密密钥，就有办法窃听或篡改用户的信息内容。这份研究使得 Wi-Fi 的安全性再次引起人们的广泛关注。

2018 年 6 月，Wi-Fi 联盟发布了 WPA2 的后续规范 WPA3（Wi-Fi Protected Access 3），它在 WPA2 基础上，包含了更多安全性改进，例如，在企业网中，WPA3 从原先 128 位的密码算法提升至 192 位的美国商用国家安全算法（Commercial National Security Algorithm，CNSA）等级算法；在家庭网中，新的握手重传方法取代了 WPA2 的四次握手；对开放 Wi-Fi 环境下的每台设备的数据通信进行加密，增加了字典法暴力密码破解的难度，如果密码多次输错，将锁定攻击行为等安全机制。并且，扩展支持利用伽罗瓦 / 计数器模式协议（Galois/Counter Mode（GCM）Protocol，GCMP）并行方式计算 MIC 值，相对于 CCMP 串行方式计算 MIC 值，提升加解密的效率。

3.5.2　Wi-Fi 网络安全的关键技术

不同版本的 Wi-Fi 的安全技术在商业化一段时间之后，就会发现有继续完善和改进的地方，人们在使用 WEP 技术 3 年左右，就开始迁移到 WPA 以及后续的 WPA2，而如今的 WPA3 是迄今 Wi-Fi 安全技术中最完善的一个标准，下面是 Wi-Fi 安全技术的主要特点和区别。

1. WEP 的数据加密传输技术

WEP 是最早的 Wi-Fi 安全技术，它的数据加密方式如图 3-110 所示，它采用称为 RC4 的对称加密算法对数据进行加密，密钥长度固定为 64 比特或者 128 比特，并且**发送端和接收端的密钥相同**。

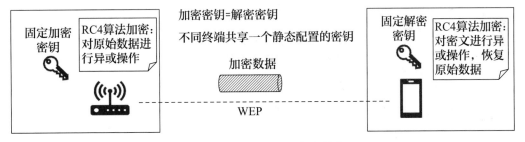

图 3-110　WEP 的数据加密技术

RC4 算法的实质是利用流密码对数据进行按位异或运算，即发送方利用一串伪随机数据流作为密码，与原始数据进行按位异或运算生成密文，接收方采用相同的伪随机数据流作为密码，与密文数据进行按位异或运算还原出明文信息。WEP 的方式适用一个 Wi-Fi 无线局域网络内，所有用户可以共享同一个密钥。

由于数据帧的帧头信息比较固定，攻击者可以根据 RC4 算法的特点和数据帧头特征信息发现加密的规律性，因此可以破解加密数据，从而导致用户数据遭到窃听。为了破坏密文的规律性，WEP 引入了**初始向量**，初始向量是每个数据包的随机数，和密钥信息一起生成密码流，由于初始向量具有随机性，并且对每个帧取值都不同，因此同一密钥将产生不同的密码流。表 3-13 列出了 WEP 安全薄弱环节和可能遭受攻击的方式。

表 3-13　WEP 的安全隐患

WEP 安全技术特点	薄弱环节	遭受攻击的方式
初始向量	只有 24 位长度	当 AP 与 STA 传输的数据量达到 5000 个左右时，会出现初始向量重复的问题，导致相同密码流，进而容易被破解
密钥	连接 Wi-Fi AP 的 STA 共享一个密钥，并且从不更新	长期使用有被破解的安全隐患
CRC-32 循环冗余	完整性检查的强度不够	通过比特翻转方式篡改报文内容，从而绕过完整性校验而不会被发现

另外，攻击者可以通过一直捕获加密的报文，不经任何处理，再次发送给接收者，造成接收方接收到重复的数据，对上层应用产生不可预测的影响，这种攻击又称为**重放攻击**。

2. WPA 的数据加密传输技术

为了解决 WEP 加密解密算法的安全性问题，Wi-Fi 联盟于 2003 年推出了 WPA 安全协议标准，WPA 中采用**临时密钥完整性**协议（Temporal Key Integrity Protocol，TKIP），虽然该协议的核心算法仍然是 RC4 算法，TKIP 并不是直接采用 AP 与 STA 协商的密钥，而是基于该密钥信息生成一个临时密钥，对每个数据帧加密，而且不同的数据包对应的加密密钥均不相同，如图 3-111 所示。

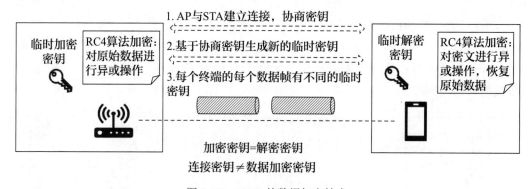

图 3-111　WPA 的数据加密技术

这样保证监听者即使通过大量运算解析出一个数据帧的密钥信息，该密钥信息也无法应用于其他数据帧，监听者不得不放弃最终的嗅探攻击。

另一方面，为了对抗嗅探者对加密的数据修改后重新发送给接收者，WPA 在加密数据后面添加了**消息完整性代码**（Message Integrity Code，MIC）字段，该字段用于对数据字段的完整性进行检查，和数据部分采用相同的密码。

相比 WEP 方式采用基于 CRC-32 算法的校验方式，MIC 方式采用专门防止黑客恶意篡改帧信息而制定的 Michael 算法，比如接收者发现接收到的报文中 MIC 发生错误的时候，认为数据很可能已经被篡改，并且系统很可能正在受到攻击。WPA 还会采取一系列对策，比如立刻更换组密钥、暂停活动 60 秒等，来阻止黑客的攻击，因此具有较高的安全特性。

3. WPA2 的数据加密传输技术

Wi-Fi 联盟在 2004 年制定了 WPA2 安全标准，其中一个重要变化是采用**密码块连**

接消息认证协议（Cipher-block Chaining Message Authentication Protocol，CCMP）替代 TKIP。参考图 3-112，WPA2 的 CCMP 协议利用 AES 密钥块运算，替代 TKIP 中 RC4 的流运算，把待加密数据分成大小为 128 位的数据块，AES 用 128 位的密钥对数据块进行加密运算。

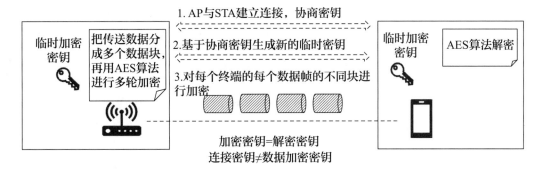

图 3-112　WPA2 的数据加密技术

另外，加密的数据帧除了包含原有的上层数据以外，还添加了 CCMP 头部字段，以及对数据完整性检测的 MIC 字段加密。这些字段与数据帧的 MAC 头字段和帧编号有关，用于对抗嗅探者利用修改头部信息字段来向接收者发送重复报文的重放攻击，WEP、WPA、WPA2 数据帧的结构变化如图 3-113 所示。

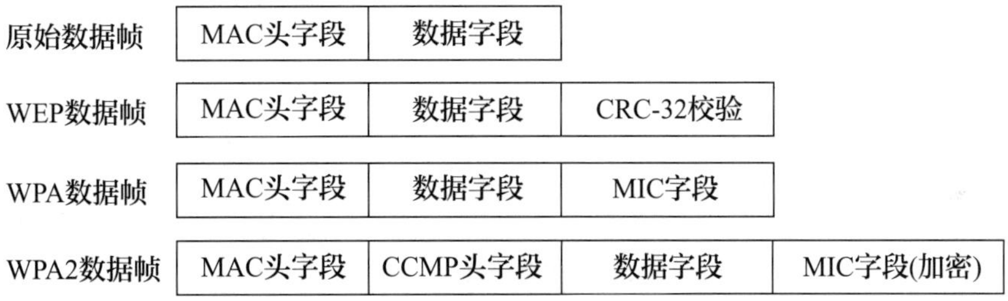

原始数据帧	MAC头字段	数据字段	
WEP数据帧	MAC头字段	数据字段	CRC-32校验
WPA数据帧	MAC头字段	数据字段	MIC字段
WPA2数据帧	MAC头字段	CCMP头字段	数据字段	MIC字段(加密)

图 3-113　WEP、WPA 和 WPA2 数据帧的结构变化

4. WPA 和 WPA2 基于预共享密钥的认证协商

除了数据加密传输安全技术以外，Wi-Fi 的另一个重要安全技术是 AP 与 STA 建立连接之前的认证协商过程。在这个过程中，AP 对 STA 的合法性进行认证和鉴权，然后才能进入下一阶段的数据传送。在 Wi-Fi 安全技术发展中，Wi-Fi 标准中的认证协商也经历了从简易操作到较高安全的过程。

WEP 支持的是共享密钥认证，前提是 STA 和 AP 配置相同的共享密钥，参见图 3-114，它的过程如下：

（1）STA 向 AP 发起认证请求。

（2）AP 响应 STA，并发送一串随机字符。

（3）STA 用密钥进行加密，并发回给 AP。

（4）AP 用密钥进行解密，如果结果与原始数据相同，则完成 WEP 认证。

WEP 的共享密钥认证方式比较简单，攻击者通过持续捕获数据进行分析，有可能发现规律并计算出密钥。

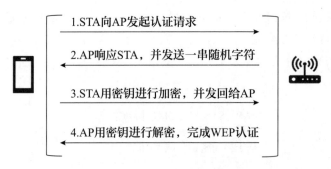

图 3-114　WEP 的共享密钥认证

作为对共享密钥认证方式的演进，WPA 和 WPA2 支持**预共享密钥**（Pre-Shared Key，PSK）以及 802.1X 的认证方式。

预共享密钥操作比较简单，目前广泛应用于家庭网络和小型企业网。它的前提是 AP 端配置一个共享的密码，参见图 3-115，所有 STA 在发起连接请求的时候使用该密码，然后通过该密码计算出**成对主密钥**（Pairwise Master Key，PMK），接着再经过 AP 与 STA **四次握手过程**，双方最后计算生成一对密钥，用于单播数据报文的加密传输，它被称为**成对临时密钥**（Pairwise Transient Key，PTK）。

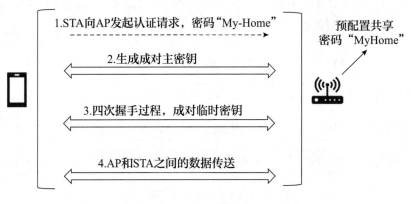

图 3-115　Wi-Fi 的预共享密钥技术

计算成对主密钥的方式如式 3-2 所示：

$$主密钥 = PBKDF2(密码,SSID,SSID 字符串长度,4096,256) \tag{3-2}$$

- PBKDF2：一个伪随机函数，经过多次哈希计算，得出主密钥。
- 密码：AP 端配置的 8 位以上字符串类型的密码信息。
- SSID 及 SSID 字符串长度：为 AP 端配置的 SSID 信息。
- 4096：代表密码经过 4096 次哈希计算。
- 256：代表最终生成 256 位的主密钥。

计算成对临时密钥的生成方式如式 3-3 所示：

$$PTK = PRF(PMK,ANonce,SNonce,AA,SPA) \tag{3-3}$$

- PRF：哈希算法，用于最终生成 PTK 成对临时密钥的函数。
- PMK：之前根据共享密码已经生成的成对主密钥。
- ANonce 和 SNonce：分别为 AP 和 STA 生成的随机数。

● AA 和 SPA：分别为 AP MAC 地址和 STA MAC 地址信息。

四次握手过程保证了生成密钥的唯一性和随机性，并且不能通过生成密钥反推成对主密钥信息，进而保证了密钥生成过程的安全性。

参考图 3-116 的在四次握手过程，其中四次握手信息在图中分别用 key1、key2、key3 和 key4 帧的方式来说明，步骤描述如下：

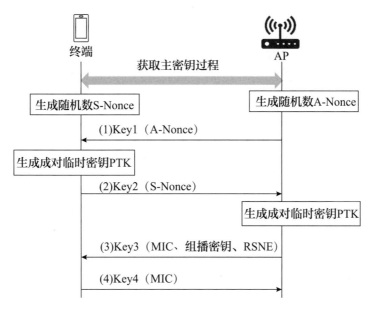

图 3-116 四次握手密钥协商过程

（1）**第一次握手**。

AP 端生成称为 A-Nonce 的随机数，并发送给 STA。

（2）**第二次握手**。

STA 生成称为 S-Nonce 的随机数，并发送给 AP。

至此，STA 和 AP 利用成对主密钥、S-Nonce、A-Nonce 以及双方 MAC 地址信息分别计算出本地的成对临时密钥 PTK。

其中，PTK 根据算法生成 EAPOL 帧确认密钥（EAPOL-Key Confirmation Key，KCK）、EAPOL 帧加密密钥（EAPOL-Key Encryption Key，KEK）和临时密钥三部分。

EAPOL 是 Extensible Authentication Protocol Over LAN（基于局域网的扩展认证协议）的缩写，用于 AP 和 STA 之间进行密钥协商时的帧格式。KEK 和 KCK 用于四次握手中的密钥交互过程，临时密钥就是用于单播数据的加密传送。

另外，AP 端生成**组播主密钥**（Group Master Key，GMK），并产生用于组播数据的**组播临时密钥**（Group Transient Key，GTK）。

（3）**第三次握手**。

AP 利用 KCK 生成 MIC 字段，并利用 KEK 对 GTK、消息完整性代码 MIC、鲁棒安全网络字段（Robust Security Network Element，RSNE）等信息加密，并发送给 STA。

（4）**第四次握手**。

STA 利用本地计算的 KEK 对 AP 发送帧解密，并通过 MIC 字段还原出 KCK 信息。

接着，STA 根据 KEK 和 KCK 推算出 AP 生成的 PTK，同时验证帧中的 RSNE 信息，判断是否与 STA 所支持的 RSNE 信息匹配。如果本地计算的 PTK 与推算出 AP 的 PTK 相同，并且 RSNE 信息匹配，则 STA 向 AP 发送确认信息，其中包含由本地 KCK 生成的 MIC 字段。

AP 从 STA 数据帧的 MIC 还原出 KCK 信息，最后确认 STA 是否生成相同的 PTK，协商到此结束。

5. WPA 和 WPA2 基于 802.1X 的认证协商

802.1X 是基于端口的客户端 / 服务器模式下的访问控制协议，被广泛应用于企业有线局域网和无线局域网。基于端口是指服务器在端口级别对终端设备进行认证，端口分为受控端口和非受控端口，默认情况下，受控端口处于关闭状态，非受控端口处于打开状态。

终端通过非受控端口与服务器通信，非受控端口只允许基于局域网的扩展认证协议（EAPOL）下的数据通信。如果认证成功，受控端口打开，终端才可以访问局域网资源，传送业务报文。

802.1X 认证方式网络拓扑如图 3-117 所示，路由器通过有线网络与认证服务器连接，路由器负责中转终端设备与认证服务器的认证信息，认证信息通过 EAPOL 帧封装。

图 3-117　802.1X 认证方式网络拓扑

802.1X 包含一组不同认证方式的子协议，终端认证信息可以是服务器分发给每个终端的用户名密码信息，也可以是安装在终端上的证书信息，或者是终端的 SIM 卡信息等。具体使用哪种方式，由运营商或者网络维护人员通过设定的子协议类型来决定。

不同的终端接入管理方或者互联网业务供应商，根据实际情况选择不同的认证方式。但 802.1X 这些子协议都需要搭建一个认证服务器，为每个终端分配一个不同的密码作为认证信息。

802.1X 身份鉴定和预共享密钥方式的差别在于，设备在完成 802.1X 认证方式后，每个设备将有不同的主会话密钥（Master Session Key，MSK），即成对主密钥 PMK，而预共享密钥方式是 AP 和 STA 端通过共享的密码，分别计算出相同的 PMK。

6. WPA 和 WPA2 认证协商中的密钥生成树

在 802.1X 或者预共享密钥方式中，生成多种不同类型密钥，这种过程类似于树状结构，因此又称为**密钥生成树**。密钥生成树包含**单播密钥生成树**和**组播密钥生成树**两部分。

1）单播密钥生成树

如图 3-118 所示，对于单播密钥，在 802.1X 认证方式中，顶端的是 MSK，而在预共享密钥方式中，密钥生成树顶端的是 PSK，经过一定方式变换后，两者都可以生成 PMK。PMK 经过四次握手协商后生成 PTK。根据一定的算法，PTK 最终生成 EAPOL 帧确认密钥、EAPOL 帧加密密钥和临时密钥三部分。

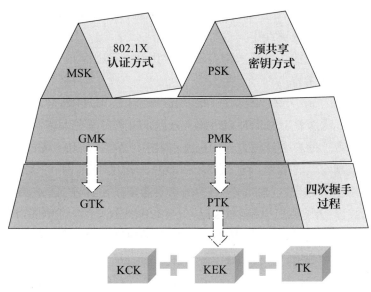

图 3-118　鲁棒安全网络密钥生成树

由于每个 STA 获得的 PTK 都不相同，即使攻击者获取到一个 STA 的 PTK 信息，也无法推算出上层的 PMK 及其他 STA 的 PTK 信息，从而保证了 PMK 及其他 STA 的安全性。

2）组播密钥生成树

在图 3-118 的左半边，用于组播加密的密钥位于生成树顶端，称为**组播主密钥**（GMK）。GMK 进一步生成用于组播数据的**组播临时密钥**（GTK）。在四次握手过程中，AP 将 GTK 通过 KEK 加密后发送给 STA，STA 使用 GTK 对传送的组播数据帧进行解密。

同一个 AP 下的所有 STA 都使用相同的 GTK。如果其中一个 STA 的 GTK 被窃取，那么组播数据将不再安全。所以 AP 端需要定期通过 GMK 生成新的 GTK，并发送给所有连接的 STA。

3.5.3　Wi-Fi 的 WPA3 安全技术

自从 2018 年 6 月，Wi-Fi 联盟正式发布 WPA3 安全协议之后，WPA3 就正式成为下一代安全协议标准，它对现有网络提供了全方位的安全防护，增强公共网络、家庭网络和 802.1X 企业网的安全性。

市场上很多终端设备并不支持 WPA3 安全协议，如果 AP 端配置成 WPA3 模式，会导致传统终端无法连接 AP。为了兼容这部分设备，AP 端可配置成 WPA2/WPA3 混合模式，允许不支持 WPA3 的终端仍然采用 WPA2 的方式，这种兼容方式可以让传统终端有足够时间逐步升级并过渡到支持新的协议。

WPA3 的核心为对等实体同时验证方式（Simultaneous Authentication of Equals，SAE），即通信双方利用本地私钥和对方传输的公钥计算出密钥信息，并根据该密钥信息计算出各自的哈希值，交互给对方验证，完成认证后，最终为每个用户每次连接生成唯一的 PMK。

该算法最早由 Dan Harkins 于 2012 年引入 802.11s 协议中，用于保护 AP 之间连接和通信安全。在此基础上，后续协议版本对其进行更新，引入基于离散对数和椭圆曲线的 SAE 协议，该协议重点解决离线字典攻击问题。

本节重点介绍 WPA3 的主要技术特点和 SAE 协议交互过程。

1. WPA3 的主要技术特点

WPA3 之所以成为下一代安全协议，在于其对现有的 Wi-Fi 网络，比如部署在用户家里的家庭网，部署在办公室、工厂环境下的企业网，以及部署在医院、机场等公共环境下的开放网络提供全方位的安全升级。具体来说，WPA3 主要技术特点表现在以下三个方面。

（1）对于家庭网安全的增强。

家庭网络使用 WPA3 安全技术，使得攻击者不能推算 STA 和 AP 之间的密钥信息。

WPA2 的预共享密钥方式，使所有 STA 在连接 AP 时使用相同密码，并计算出相同的 PMK。一旦攻击者获取一个 STA 的 PMK，则可以反向推导出 AP 的密码，这意味着攻击者获取了整个网络密钥信息。

而在 WPA3 的 SAE 技术情况下，STA 与 AP 利用四次握手，相互进行身份验证，最终为不同的 STA 生成不同的 PMK，同时，同一个 STA 利用 SAE 技术每次连接 AP 生成的 PMK 也不相同。另外，该密钥的椭圆曲线算法，能够确保攻击者不能根据 PMK 反向推导 AP 的密码。

（2）对于企业网安全的增强。

企业网中使用 WPA3 安全技术，可以降低攻击者通过离线字典攻击方式的安全风险。

在四次握手过程中，PTK 生成 EAPOL 帧确认密钥 KCK，KCK 生成 MIC 信息。攻击者可以通过离线字典攻击，不断尝试新的 PMK 来计算相同的 MIC 信息，一旦成功匹配 MIC，攻击者就可以根据 PMK 推导并获取数据加密用到的 PTK 信息。

WPA2 规定的 KCK 的长度为 128 位。在基于 802.1X 认证方式的企业网中，WPA3 规定的 KCK 的长度为 192 位。通过离线字典攻击，猜测用户密码计算量将由 2^{128} 增加到 2^{192} 次，从而大幅度增加了攻击者通过离线字典攻击而获取密钥的难度。

（3）对于公共网络安全的增强。

公共网络使用 WPA3 技术，即使用户不输入密码进行连接，也可以提供 Wi-Fi 加密服务。

在公共网络中，比如医院、机场和咖啡馆等公共场所，用户经常不需要输入密钥，就可直接连接 Wi-Fi 网络，然后通过用户手机及验证码信息获取上网服务。在这种方式下，需要应用程序负责用户通信数据的加密，而 Wi-Fi 不提供任何安全保障。

WPA3 支持相同的开放式用户体验，但为 AP 和 STA 之间的数据传送进行加密。AP 和 STA 通过关联请求帧和关联响应帧携带的公钥信息，利用私钥和对方发送的公钥生成相同的 PMK，并通过四次握手过程为每个用户生成一组 PTK，在 AP 和 STA 传送用户数据时进行加密，从而提升了 Wi-Fi 安全保障。

2. SAE 协议

在 WPA2 预共享密钥方式中，如果攻击者获取了连接 AP 的密码信息，就可以计算出 PMK 信息，接着通过探测四次握手过程，攻击者就可能获取到 STA 的 PTK，进而解码所有的数据报文。

SAE 技术通过握手协商，在相同密码情况下，为每个 STA 生成不同的 PMK，这样即使攻击者通过其他方式获取 AP 密码，也不能进一步计算出 STA 的 PMK 信息。

SAE 的握手协议又称为**蜻蜓（Dragonfly）协议**，蜻蜓协议的核心算法是迪菲－赫尔曼密钥交换（Diffie–Hellman Key Exchange，DHKE）协议，该协议是美国密码学家惠特菲尔德•迪菲和马丁•赫尔曼在 1976 年合作发明并公开的，它被广泛用于多种计算机通信协议中，比如 SSH、VPN、HTTPS 等，堪称现代密码基石。在介绍 SAE 协议之前，下面先简单介绍迪菲－赫尔曼密钥交换协议。

1）迪菲－赫尔曼密钥交换协议

参考维基百科中的介绍，迪菲－赫尔曼密钥交换协议用到了数学上原根和离散对数两个概念，本节先介绍这两个数据概念，在此基础上，进一步介绍迪菲－赫尔曼密钥交换生成过程以及安全缺陷。

（1）原根。

如果 g 是素数 p 的一个原根，那么满足 $K_1 = g \bmod p$，$K_2 = g^2 \bmod p$，$\cdots$，$K_n = g^{n-1} \bmod p$ 为各不相同的整数，并且满足 $[K_1, K_2, ..., K_{n-1}] \in [1, 2, ...(p-1)]$。

（2）离散对数。

对于一个整数 K，素数 p 的一个原根 g，可以找到唯一的指数 i，使得 $K = g^i \bmod p$，其中 $i \in [0, (p-1)]$，那么指数 i 称为 K 以 g 为基数模 p 的离散对数。

迪菲－赫尔曼密钥交换协议安全性体现在已知原根 g、离散对数 i 和大素数 p 时，计算 K 非常容易。但已知参数 K、原根 g 和大素数 p 时，几乎不可能获取到式中的离散对数 i。

（3）迪菲－赫尔曼密钥交换生成过程。

图 3-119 给出了迪菲－赫尔曼密钥交换生成过程，具体步骤如下：

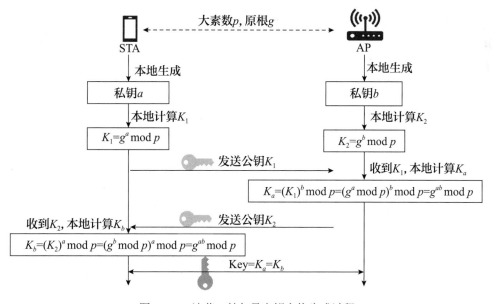

图 3-119　迪菲－赫尔曼密钥交换生成过程

①**获取素数 p 和原根 g。**STA 和 AP 均可以获取两个公开的参数 p 和 g，其中 g 是 p 的一个原根。

②**生成私钥及公钥 K_1 和 K_2。**STA 和 AP 分别本地生成私钥 a 和 b，并将私钥代入式

$K = g^i \bmod p$，分别得到公钥 $K_1 = g^a \bmod p$，$K_2 = g^b \bmod p$。

③交换公钥 K_1 和 K_2。STA 发送计算的 K_1 给 AP，AP 发送计算的 K_2 值给 STA。

④分别本地生成密钥 K_a 和 K_b。AP 收到 K_1 后，将 K_1 作为原根代入式 $K_a = (K_1)^b$ $\bmod p = (g^a \bmod p)^b \bmod p = g^{ab} \bmod p$。同样 STA 收到 K_2 后，将 K_2 作为原根代入式 $K_b = (K_2)^a \bmod p = (g^b \bmod p)^a \bmod p = g^{ab} \bmod p$，显然，AP 和 STA 计算出的 K_a 和 K_b 是相同的，即 Key $= K_a = K_b$ 作为密钥用于双方通信时加密和解密数据。

（4）迪菲－赫尔曼密钥交换协议安全缺陷。

迪菲－赫尔曼密钥交换协议可以抵御嗅探者攻击，嗅探者无法通过交互过程中的参数即素数 p、原根 g、公钥 K_1 和公钥 K_2 推算出 Key。但由于交互过程中通信双方传输 p、g 时并没有验证身份，攻击者有机会获得到 p 和 g，并利用自己的公钥进一步替换掉传输过程中生成的公钥 K_1 和 K_2。图 3-120 给出了公钥替换攻击过程。

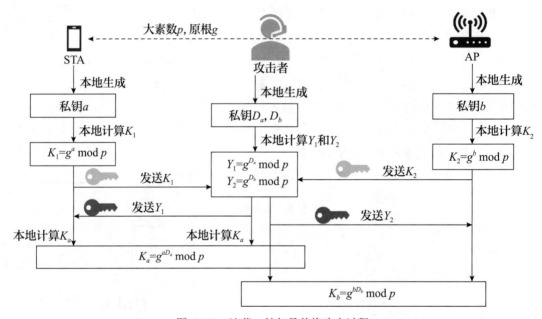

图 3-120　迪菲－赫尔曼替换攻击过程

①攻击者截获 STA 发送给 AP 的公钥 K_1，利用自身的私钥 D_b 以及大素数 p、原根 g，计算出伪公钥 Y_2，发送给 AP。

②同样，攻击者截获 AP 发送给 STA 的公钥 K_2，利用自身的私钥 D_a 以及大素数 p、原根 g，计算出伪公钥 Y_1，发送给 STA。

③STA 和攻击者本地计算出相同的 K_a 作为密钥，AP 与攻击者本地计算出的相同 K_b 作为密钥。

2）SAE 协议交互流程

SAE 协议的密钥交互方式如图 3-121 所示，其本质也是一个基于离散对数计算困难的原理，这一点与迪菲－赫尔曼密钥交换协议非常类似。相对于迪菲－赫尔曼密钥交换协议，其改进主要体现在以下三个方面：

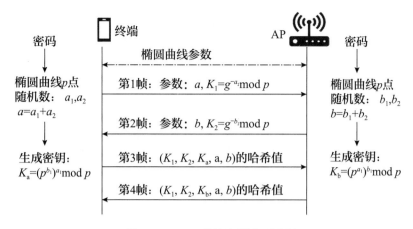

图 3-121　SAE协议密钥交互过程

（1）对于原根 g 进行保护。

原根 g 不再明文传输，而是利用 AP 端配置的连接密码，如预定义的式（3-4）所示，生成椭圆曲线上的唯一的点记作 g，解决了中间人替换公钥的攻击。

$$hashed\_password = H(Max(AP\_MAC,STA\_MAC)| Min(AP\_MAC,STA\_MAC| Passphrase | counter); \ x = ((KDF(hashed\_password,len))mod\ (p\text{-}1))+ 1;$$

$$y = sqrt(E(x)); \ P = (x,y) \tag{3-4}$$

其中，hashed_password 表示密码哈希值，H 代表哈希算法，STA-MAC 为 STA 端 MAC 地址，AP-MAC 为 AP 端 MAC 地址信息，Passphrase 为 AP 端配置的密码信息，counter 是为了寻找椭圆曲线上的点而循环的次数，KDF 为预定义式子，p 为大素数，sqrt(E(x)) 为根据椭圆曲线 x 值寻找对应的 y 值，P 为椭圆曲线点，坐标为 (x,y)，即原根 g。

（2）密钥生成算法改进。

①将 AP 和 STA 生成的私钥进一步拆解成 a_1、a_2 和 b_1、b_2，并且 $a=a_1+a_2$，$b=b_1+b_2$；a_1、b_1 分别作为各自的私钥本地保存。

②在第 1 帧：STA 发送给 AP 的报文中包含 a 和 $K_1 = g^{-a_2}\bmod p$。

③在第 2 帧：AP 发送给 STA 的报文中包含 b 和 $K_2 = g^{-b_2}\bmod p$。

④在 STA 方向，由于本地生成了 g、$a1$ 以及从第 2 帧中获取到了 b 和 $K_2 = g^{-b_2}\bmod p$，构造式子 $K_a = (g^b \times K_2)^{a_1} \bmod p = (g^b \times g^{-b_2})^{a_1} \bmod p = (g^{b-b_2})^{a_1} \bmod p = (g^{b_1})^{a_1} \bmod p$。

⑤在 AP 方向，由于本地生成了同样的 g、$b1$ 以及从 STA 发出的第 1 帧中获取到了 a 和 $K_1 = g^{-a_2}\bmod p$，构造式子 $K_b = (g^a \times K_1)^{b_1} \bmod p = (g^a \times p^{-a_2})^{b_1} \bmod p = (g^{a-a_2})^{b_1} \bmod p = (g^{a_1})^{b_1} \bmod p$。

⑥ Key= $K_a = K_b$，因此两端生成的 Key 值相同，这个 Key 即 PMK。

（3）生成密钥双方验证。

STA 和 AP 根据预定义的式子，将密钥以及已知参数生成一个哈希值发送给对方验证，双方验证对方的哈希值成功后，即证明生成相同的密钥。双方认证方式进一步提高安全性。

具体来说，在第 3 帧，STA 利用生成的 K_a、a、b、K_1 和 K_2 计算出一个哈希值发送给

AP 验证。在第 4 帧，AP 利用生成的 K_b、a、b、K_1 和 K_2 计算出一个哈希值发送给 STA 验证。

3.5.4　Wi-Fi 7 的安全技术

Wi-Fi 7 在安全领域方面的改进主要与引入的多链路特征有关。比如，为了支持一次协商过程完成多链路的连接，协商过程需要做相应的修改；为了支持单播数据帧在不同链路上传输，需要对密钥生成过程做相应的修改。本节将从多链路设备中单播和组播的密钥特征、多链路设备的单播和组播密钥交互过程，以及 CCMP 协议在 MLD 设备上的变化做介绍。

1. 多链路设备中单播和组播的密钥特征

在 3.2.3 节介绍过，多链路设备单播数据传输的特点是在任意链路上传输数据和重传失败的数据。而组播数据传输的特点是一份组播数据在所有链路上复制并传输。相应地，多链路设备单播密钥特征为多链路共用一组单播密钥，组播密钥特征为每个链路分别管理各自的密钥。

1）多链路设备的加密单播数据传送

在 Wi-Fi 技术中，发送端发出数据帧之后，将等待接收端的确认回复。如果发送端没有接收到确认信息，或者接收到传送失败的回复，发送端将重传该数据帧。

在 Wi-Fi 7 定义的多链路设备上，数据帧不仅可以在当前链路上传输和重传，也可以在不同链路上重传，这就要求所有链路使用相同的 PTK，对单播数据帧进行加密和解密。当该单播数据帧在其他链路上重传时，只需要在数据帧头更新对应链路信息，而不需要处理报文密文部分，节约了数据报文重传所需要的时间。

图 3-122 给出了两条链路的单播帧重传示例，多链路 STA 与多链路 AP 在 2.4GHz 和 5GHz 频段上建立两条链路，分别对应链路 1 和链路 2。重传步骤描述如下：

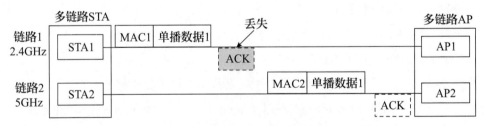

图 3-122　多链路上的单播数据帧的传输和重传示例

（1）**发送单播数据帧** 1。多链路 STA 利用 PTK 加密单播数据帧 1 后，添加 MAC1 地址信息，即接收地址为 AP1 和发送地址为 STA1，并在链路 1 上传输。多链路 AP 接收到该数据帧后发送 ACK，但在传输过程中 ACK 帧丢失。

（2）**重传单播数据帧** 1。多链路 STA 将单播数据帧 1 的 MAC1 地址信息替换成 MAC2 地址信息，即接收地址 AP2 和发送地址 STA2，并在链路 2 上传输。该过程不需要重新解密 / 加密单播数据 1。多链路 AP 接收成功后，回复 ACK。

（3）**接收** ACK。多链路 STA 接收到 ACK 帧后，确认单播数据 1 被多链路 AP 成功接收。

2）多链路设备的加密组播数据传送

多链路 AP 是在所有链路上传送相同的组播数据帧。每个链路上分别管理和使用不同的 GTK，对组播数据进行加密和传送。

由于多个链路上传输的组播数据都一样，多链路 STA 可以选择在任意一条链路上接收组播数据帧，或者在多条链路上接收组播数据帧，然后通过检查帧序号，检测并删除重复的组播数据。

例如，如图 3-123 所示，多链路 STA 与多链路 AP 在 2.4GHz、5GHz 和 6GHz 频段上建立三条链路，分别对应链路 1、链路 2 和链路 3。同时，多链路 AP 在 6GHz 频段上与单链路 STA4 建立连接。多链路 AP 在三条链路上分别使用 GTK1、GTK2 和 GTK3 对组播数据帧 1 加密，并发送出去。

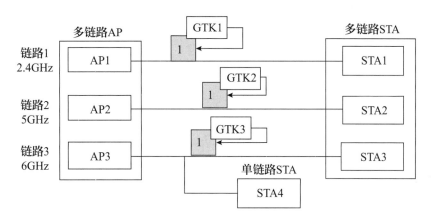

图 3-123　多链路上的组播数据帧的传输

由于每个链路的信道条件不同，而且某个 STA 可能处于瞌睡状态，导致对应链路的组播数据帧延迟传输。因此，组播数据帧 1 在每条链路上的发送时间可能不同步。

多链路 STA 可以在任何一条或者多条链路上接收组播数据。STA 在多条链路的接收如下：

（1）多链路 STA 从多链路上接收组播数据帧。

（2）多链路 STA 利用每个链路对应的 GTK，解密接收到的组播数据。

（3）多链路 STA 利用每个帧携带的帧号码，删除重复数据后转发给上层应用程序。

多链路 STA 只在一条链路接收组播帧的过程与传统单链路 STA 接收过程一致，如图 3-123 所示，单链路 STA4 在链路 3 上接收组播数据帧 1，解密后直接转发给上层应用程序。

2. 多链路设备的单播和组播密钥交互过程

参见图 3-124，多链路 AP 与多链路 STA 进行 WPA3 认证，密钥协商过程与单链路设备一致，通过 SAE 握手过程生成 PMK，然后经过四次握手过程生成 PTK，接着 AP 和 STA 利用该 PTK 进行单播数据帧的加密和解密。但多链路 AP 与多链路 STA 在连接中，需要使用两者的 MLD MAC 地址作为密钥的计算参数，而不是链路 MAC 地址，因此产生的密钥是适用于所有链路的。

图 3-124　多链路设备的单播密钥交互过程

另外，在四次握手过程中，AP 端生成 GTK，AP 把 GTK 加密后发送给 STA，STA 利用该密钥对接收到的组播数据包进行解密。同时在 AP 给 STA 发送的帧中，需要携带 RSNE 信息供 STA 验证。

而对于 Wi-Fi 7 的多链路设备在四次握手过程中，多链路设备需要把所有链路的 GTK 以及链路 RSNE 信息发送给 STA 验证。

下面具体介绍多链路设备给 WPA3 的 SAE 技术和四次握手过程所带来的变化。

1）对等密钥同时验证 SAE 认证方式变化

当多链路 STA 连接多链路 AP 时，在 SAE 认证过程中，涉及 MAC 地址计算的地方，需要利用多链路 AP MLD MAC 地址和多链路 STA MLD MAC 地址。

例如：SAE 认证双方计算 p 值时，需要利用式（3-4）计算密码哈希值信息，即

hashed_password = H(Max(AP_MAC,STA_MAC)| Min(AP_MAC,STA_MAC| Passphrase | counter)

对于 MLD 设备来说，这里的 AP_MAC 即对应多链路 AP MLD MAC 地址；同样，STA_MAC 对应多链路 STA MLD MAC 地址。

2）四次握手协商过程中的方式变化

多链路设备在四次握手过程中的变化主要是 MLD MAC 地址的使用、多链路 RSNE 信息的验证，以及组播密钥的处理。

（1）MLD MAC 地址作为生成密钥的输入参数。

在认证连接完成后，进入四次握手阶段协商生成 PTK 过程中，AP 和 STA 根据式（3-3）生成 PTK 信息，即

$$PTK = PRF(PMK,ANonce,SNonce,AA,SPA)$$

对于 MLD 设备而言，这里的 AA 即对应多链路 AP MLD MAC 地址；同样地，SPA 对应多链路 STA MLD MAC 地址。

（2）多链路 RSNE 信息作为输入参数的验证。

在四次握手过程中，AP 需要发送 RSNE 信息给 STA 进行验证。

RSNE 信息包括身份鉴定方式、单播和组播加密运算算法选择、管理帧是否加密等信息。其中，每条链路的 RSNE 身份鉴定方式、单播和组播运算算法选择信息是一致的。但每条链路不一定都保持是否强制支持管理帧加密信息。

例如，在 2.4GHz 和 5GHz 频段上，多链路 AP 可能配置成非强制管理帧加密模式，从而兼容不支持管理帧加密模式的 STA。但在 6GHz 频段上，多链路 AP 可以配置成强制管理帧加密模式。

（3）多链路组播密钥的分发。

多链路的每条链路分别管理本链路的组播密钥，用于组播数据的加密和解密，多链路 AP 需要在四次握手中将所有链路的组播密钥都发送给多链路 STA，实现一次交互完成多个链路连接下的组播密钥分发操作。

对于多链路的 RSNE 信息验证和组播密钥处理，多链路 AP 需要在四次握手过程中向 STA 发送定义为 MLO RSNE 的字段信息，MLO RSNE 中包含每个链路的链路编号和对应的 RSNE 信息。同时，多链路 AP 向 STA 发送定义为 MLO GTK 的信息，MLO GTK 包含每个链路的链路编号和对应的 GTK 信息。

相应帧格式如图 3-125 所示，MLO GTK 字段和 MLO RSNE 字段位于 EAPOL 帧的负载部分。

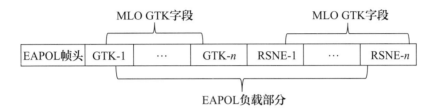

图 3-125　四次握手中多链路 AP 向多链路 STA 发送的组播密钥信息

3. CCMP 协议在 MLD 设备上的变化

下面将主要介绍 CCMP 协议加密、解密的基本原理和 CCMP 协议在 MLD 设备上的变化。

1）CCMP 协议基本原理

在前面章节介绍过，为了对抗嗅探者利用修改头部信息字段来向接收者发送重复报文的重放攻击，CCMP 方式加密的数据帧除了包含原有的上层数据以外，还添加了 CCMP 头部字段和 MIC 字段，这些字段的生成与数据帧的 MAC 头字段和帧编号有关。具体来说，如图 3-126 所示，CCMP 方式加密运算中包括：

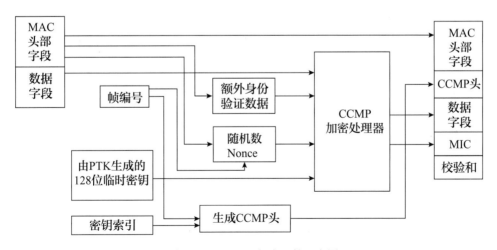

图 3-126　CCMP 加密运算示意图

（1）原始输入参数有 MAC 头部字段、数据字段、帧编号、PTK 生成的 128 位密钥和密钥索引值。

（2）CCMP 加密处理器的输入参数为**额外身份验证数据**（Additional Authentication Data，AAD）、随机数 Nonce、128 位加密密钥信息和数据字段，其中随机数 Nonce 由帧编号和 MAC 头中的发送地址生成；而额外身份验证数据由 MAC 头部的地址信息、序列号以及 QoS 控制信息生成。

对于接收端来说，接收端需要获取额外身份验证数据、随机数 Nonce 和 128 位加密密钥信息，才能够解密数据部分。因此，接收端需要进行以下操作：

（1）**计算密钥信息和帧编号信息**。帧编号和密钥索引值组成了 CCMP 头信息，这部分不加密，放在加密数据之前。根据这两部分信息即可算出当前接收到的数据帧对应的密钥信息和帧编号信息。

（2）**计算 Nonce**。根据帧编号信息和接收到的 MAC 头部的源地址信息，计算出随机数 Nonce。

（3）**计算额外身份验证数据**。根据接收到帧头中的 MAC 地址字段、序列号、QoS 信息，计算出额外身份验证数据。

最后根据以上三部分信息，接收端解码加密的数据部分。

2）CCMP 协议在多链路设备上的变化

由于加密的单播数据帧可能在任意一条链路上传输和重传，所以在不同链路上重传之前，需要将 MAC 头部信息字体替换成对应链路的 MAC 地址信息，这就要求多链路设备应用 CCMP 协议时，需要以下三个方面的修改：

（1）**随机数 Nonce**。随机数 Nonce 不依懒于任何链路相关 MAC 地址，而是采用多链路 AP MAC 或多链路 STA MAC。

（2）**帧编号**。帧编号信息保持不变，保证所有链路上的帧编号信息的唯一性和连续性。

（3）**额外身份验证字段**。额外身份验证字段不依懒于任何链路相关 MAC 地址，而是采用多链路 AP MAC 和多链路 STA MAC 地址信息。

以额外身份验证数据字段转换为例，如图 3-127 所示，多链路设备需要添加一个额外身份验证数据转换模块，发送方在数据加密之前，转换模块获取数据的 MAC 头信息，并根据链路地址和 MLD 地址的映射关系进行相应的转换，即对于多链路 AP 发送的下行数

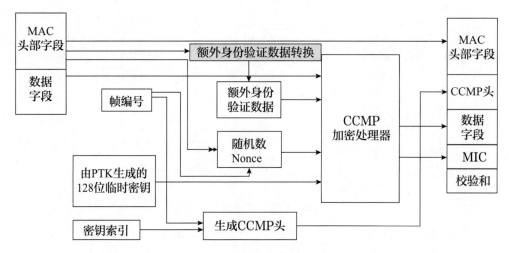

图 3-127　多链路设备 CCMP 加密运算示意图

据，将 MAC 头中的发送地址替换成多链路 AP MAC 地址，将接收地址替换成多链路 STA MAC 地址；对于多链路 STA 发送给多链路 AP 的上行数据，将 MAC 头中的发送地址替换成多链路 STA 的 MLD MAC 地址，将接收地址替换成多链路 AP 的 MLD MAC 地址。

转换模块完成地址替换后，将 MAC 头其他部分输入下一级的额外身份验证数据。

在接收端解码数据之前，根据地址映射关系，需要进行同样的转换后才能解析出正确的数据。

3.6　支持 Wi-Fi 7 的 Mesh 网络技术

家庭中使用 Wi-Fi AP，无线信道发射功率受限于当地的法律法规，比如中国规定 2.4GHz 频段上最大发射功率为 20dBm。这就决定了 AP 的 Wi-Fi 信号局限在一定范围内。其次，在家庭环境中，由于墙壁、室内门窗的遮挡以及在拐角位置，Wi-Fi 信息将产生严重衰减。

改善 Wi-Fi 信号覆盖的一种简单方式是添加无线中继器，如图 3-128 所示，**无线中继器**通过有线或者无线方式连接到无线路由器上，主要作用是实现 Wi-Fi 信号放大，进而扩展路由器无线 Wi-Fi 信号的覆盖范围。在通信质量较差的位置，终端设备自动连接到无线中继器上，无线中继器转发报文给无线路由器，实现终端通过无线中继器来访问网络的功能。但无线中继器的功能比较单一，只具备类似无线信号放大的功能。

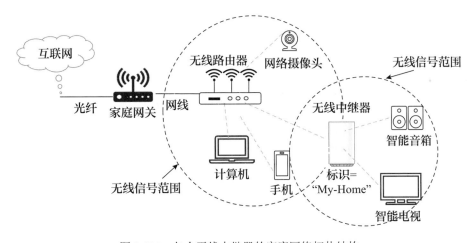

图 3-128　包含无线中继器的家庭网络拓扑结构

通过添加无线中继器可以改善家庭无线网络的覆盖范围，但当家庭中越来越多设备通过无线路由器或者无线中继器接入互联网时，无线路由器和无线中继器通信管理、信道资源协调等问题就将直接影响设备的通信质量。由于缺乏统一的网络管理，当无线路由器和无线中继器部署不当时，无线中继器和无线路由器会相互干扰，导致吞吐量进一步下降。

目前家庭中通过增加 AP 数量来达到覆盖率提高的应用越来越多，这是目前为家庭提供无线数据传输的一种重要方式。这些 AP 组成室内的无线网络，不管用户终端在室内的哪个位置，都能连接到信号较强的 AP，而相关的 AP 之间能建立数据通道，从而把无线终端的数据接入互联网。

为了支持 Wi-Fi 无线组网，IEEE 定义了 802.11s 的无线网状网络（Wireless Mesh Network，WMN）协议。802.11s 是 802.11 MAC 层协议的补充，规定如何在 802.11a/b/g/n 协议的基础上构建网状网络。Mesh 网络中，网络中的每个节点 AP 都可以接收和转发数据，每个节点都可以直接跟一个或多个节点进行通信。

不过家庭网络中需要的 AP 数量非常有限，并不需要 Mesh 网络节点的两两相连。很多厂家在开发 Wi-Fi 组网产品的时候没有直接使用 802.11s 协议，而是定义自己 AP 产品的互联互通的消息传递格式以及内部的管理方式，这样不同厂家 AP 之间是不能有效组成网络的。

为此，Wi-Fi 联盟在 2018 年公布了新的认证的组网方案，即 EasyMesh，它定义的是多 AP 组网的规范，就是为了让 AP 之间的通信有标准协议可以遵循，让 AP 产品可以进行功能认证，认证后的 AP 产品可以在家庭中互相进行组网。

企业中，因为网络中需要的 AP 数量比较多，空间也远比家庭环境大，目前通过有线方式连接 AP 的方式应用得更多。比如，如图 3-129 所示多个 AP 将被部署在办公室楼层的不同位置，每层部署一台交换机，AP 与 AP 之间通过隐藏在天花板或者墙壁中的有线网络连接起来。处于移动状态的用户终端设备可以通过不同的无线路由器接入互联网，解决了无线网络在角落位置收不到信号的问题。

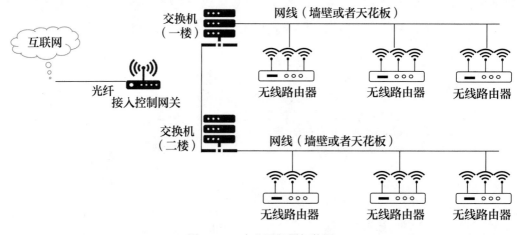

图 3-129　企业网部署拓扑图

本节介绍 Wi-Fi 联盟 EasyMesh 基本原理以及 Wi-Fi 7 多链路下 EasyMesh 组网技术。

- EasyMesh 技术发展现状和网络特点。
- 下一代 EasyMesh 技术发展方向。
- Wi-Fi 7 多链路下的 EasyMesh 网络拓扑。
- Wi-Fi 7 多链路和传统单链路 AP 混合组网下的网络拓扑及相关操作。

3.6.1　Wi-Fi EasyMesh 网络技术

Wi-Fi 联盟在 2017 年制定了多 Wi-Fi AP 连接的草案，然后在 2018 年推出了多 AP 规范 1.0 版本，这就是 Wi-Fi 联盟认证 EasyMesh™ 的技术规范，演进变化参见图 3-130。

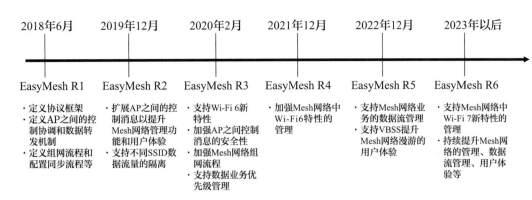

图 3-130　Wi-Fi 联盟的 EasyMesh 版本的演进

（1）2018 年推出多 AP 规范 R1 版本。该版本定义了 EasyMesh 协议基本框架，定义多 AP 之间的控制协调和数据转发机制，并定义了组网基本流程和配置信息同步流程等。

（2）2019 年推出了多 AP 规范 R2 版本。该版本添加了新的 AP 之间的控制消息，以提升网络管理功能和用户体验。对终端控制功能进行增强，并引入数据单元协议，以增强主控器对于信道状态的感知，以及添加不同 SSID 数据流隔离功能。

（3）2020 年推出了多 AP 规范 R3 版本。该版本主要为支持 Wi-Fi 6 定义的基本功能。并增加了多 AP 之间控制消息的安全性，加强 Mesh 网络组网的流程，增加基于数据单元协议网络状态诊断功能，支持数据业务优先级管理。

（4）2021 年推出了多 AP 规范 R4 版本。该版本主要为了降低多个版本分次认证成本，提出将 R1 ～ R3 中定义的基本功能合并到 R4 版本中。并进一步引入 Wi-Fi 6 定义的可选功能，比如目标唤醒时间技术（TW）和空间复用（Spatial Reuse）技术。

（5）2022 年，推出多 AP 规范 R5 版本。该版本引入了数据流管理功能、接入控制功能和**虚拟 BSS**（Virtualized BSS，VBSS）技术，以提升用户漫游体验。

（6）2023 年以后，计划推出多 AP 规范 R6 版本。该版本主要引入 Wi-Fi 7 定义的基本功能，并增强 EasyMesh 网络诊断和数据流管理功能。

1. EasyMesh 网络拓扑结构

EasyMesh 网络包含三部分，即**控制器**（Controller）、**代理**（Agent）和**终端**。控制器和代理是 EasyMesh 协议为 Wi-Fi 网络中的 AP 设备新定义的两个概念，终端就是 Wi-Fi 终端。下面介绍前两个概念。

1）EasyMesh 的控制器

控制器是整个 EasyMesh 网络的"中枢神经"，在网络中负责网络连接、配置和管理，它是基于软件实现的逻辑实体，可以运行在家庭网关或一个单独 AP 设备上，主要作用包括：

● **网络连接**：负责网络节点连接，向网络中的代理发送指令和协调节点间流量负荷。

● **配置控制**：用户通过登录网页或者应用程序，在控制器上设置网络配置信息，然后同步到各个网络节点，比如信道、SSID 和密码信息等。

● **对外接口**：是 EasyMesh 网络中所有节点的流量汇聚，在外部网络和 EasyMesh 网络之间进行数据传送。

2）EasyMesh 的代理

代理与控制器、终端一起构成 EashMesh 网络，负责执行控制器下发的网络配置指令，并且处理终端的连接网络请求。代理也是基于软件实现的逻辑实体，可以运行在任何Wi-Fi AP 节点上。

EasyMesh 网络支持有线或者 Wi-Fi 无线的连接，有线又分为以太网、同轴电缆、电力线等介质。控制器与代理，或代理与代理之间通过有线或无线方式组成 EasyMesh 网络的基本结构，其中有两个关于连接的概念：

● **回程**（Backhaul）：控制器与代理之间，代理与代理之间有线或无线连接称为**回程**。
● **前传**（Fronthaul）：终端与 AP 之间的连接称为**前传**。

图 3-131 给出了 EasyMesh 的网络拓扑图，其中一个 Wi-Fi AP 作为控制器，而网络中的其他 3 个 AP 作为代理。控制器与代理 1 和代理 2 之间，或者代理 1 与代理 3 之间是回程通道，每一个代理又通过前传通道与终端进行连接。

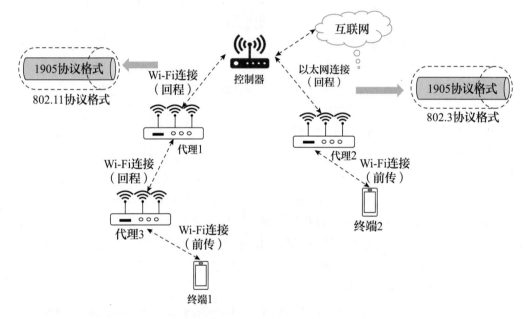

图 3-131　EasyMesh 网络拓扑图

为了使得 EasyMesh 的设备组网能够支持不同传输介质下的数据传输，能够支持不同网络 MAC 层，EasyMesh 在 Wi-Fi MAC 层和逻辑链路层之间引入了 IEEE 协议定义的1905 协议，从而满足同一个设备上不同网络接口之间的数据相互转发。控制器与代理之间通过 1905 协议来传输 EasyMesh 协议中定义的管理命令。

如图 3-132 所示，每一种传输介质，比如以太网、Wi-Fi、电力线等，均包含相应的MAC 层和 PHY 层。而 1905 协议是在不同介质的 MAC 层基础上，增加了 1905 协议接口，用于处理和解析从 MAC 层上传的 1905 协议封装的报文。

2. EasyMesh 协议中定义的控制指令

EasyMesh 协议中定义了大量用于控制器和代理交互的控制指令，并且定义了每条控制指令的具体格式信息，这些指令操作大致分为以下 5 部分：

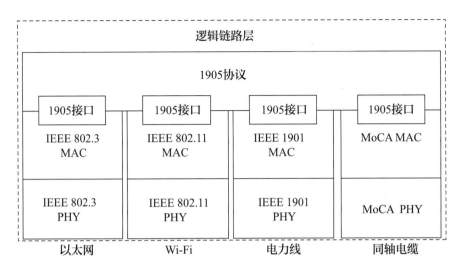

图 3-132　1905 协议框架

（1）代理能力收集。

运行代理的 AP 可能来自不同厂商，它们的最大带宽、天线数量、最高速率或者支持的频段可能各有区别，控制器需要通过收集各个代理的能力，来动态调配每个节点上的负载、连接终端设备的数量、节点的工作信道和频段等，从而提高网络整体吞吐量。

（2）信道选择与发射功率设置。

根据每个节点支持信道的能力和最大发射功率，控制器为每个节点选择相同或者不同的信道。对于位于不同信道的节点，控制器将每个节点的发射功率调整到所允许的最大值，以提高覆盖范围，增强接收端的信号强度。对于位于相同信道的节点，控制器为每个节点设置一个合适的发射功率，避免节点之间相互竞争信道导致的吞吐量下降的问题。

（3）链路状态信息收集。

由于无线信道信号强度随环境变化而变化，控制器需要定期收集信道状态，包括代理之间的链路状态，以及代理与终端设备的信道状态，以便应对信道的连接状况变化。比如，如果控制器发现一个节点正在遭受很严重的信号干扰，控制器可以立刻下发切换信道指令给相应的节点，节点将根据指令切换到其他信道上，以避开原信道上的干扰信号。

（4）终端连接控制。

基于节点负载均衡的调度策略以及信道状态信息的反馈，控制器通过向节点发送终端连接控制指令，把终端的连接从一个节点移动到另外一个节点，实现整个网络负载均衡。比如，把位于节点边缘的终端及时转移到其他节点上，以便于为该终端提供更宽的带宽、更强的信号、更低的时延。

（5）优化节点之间的连接。

节点之间可通过有线或者无线方式建立连接，控制器根据每个节点的信道状态来动态调整节点之间的连接方式。

3. EasyMesh 网络的特点

无线中继器主要是对信号放大，而 EasyMesh 网络则提供了 Wi-Fi 无线组网的机制和规范，为 Wi-Fi 网络提供了有效的网络管理手段，为终端连接提供了灵活的无线接入方式。下面是 EasyMesh 网络的主要特点。

（1）**无线网络的自组网。**

在 Wi-Fi 设备构成 EasyMesh 网络之后，如果有节点不能正常工作，那么其他节点能够通过自组网的方式重新进行连接，自动恢复 EasyMesh 网络，保证网络正常运行。

例如，如图 3-133 所示，在树状结构的 EasyMesh 网络中，控制器通过光纤接入互联网，节点 1、节点 2 通过无线网络连接到控制器上，节点 3 无线连接到节点 2 上，计算机和手机通过连接节点 3 访问互联网。

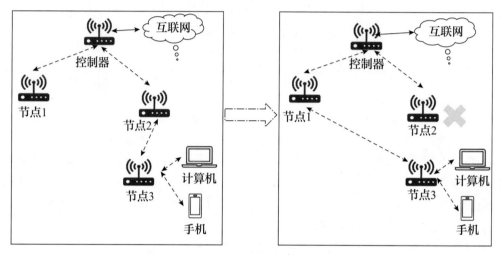

图 3-133　EasyMesh 网络自动恢复功能示意图

如果节点 2 出现故障，导致节点 3 无法通过节点 2 获取网络服务，那么节点 3 会通过 EasyMesh 的自修复功能自动连接到节点 1 上，继续为计算机和手机提供网络服务。同时控制器会将节点 2 的状态及时告知用户或者网管，以便于网络维护人员及时排除故障。

（2）**自动无缝漫游功能。**

当用户终端从一个位置移动到另外一个位置时，EasyMesh 网络的控制器能够自动为用户选择最佳的节点，实现用户业务无缝切换。

如图 3-134 所示示例中，三个 AP 节点通过无线连接组成一个链式的 EasyMesh 网络。当用户手机在位置 1 时，EasyMesh 网络控制器为手机选择节点 1 作为无线接入；当用户手机移动到位置 2 时，根据 EasyMesh 网络中的无线信道情况，EasyMesh 控制器自动选择节点 2 作为手机的无线接入，而用户没有觉察到无线接入节点发生的切换。

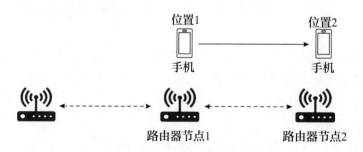

图 3-134　EasyMesh 网络实现无缝漫游

（3）配置信息自动同步。

当用户通过配置页面修改无线路由器的参数时，比如修改 SSID 信息、密码信息并保存修改后，控制器将这些信息自动同步到所有节点上，而不需要用户有额外的手动操作。

（4）拓扑自适应性。

考虑实际用户家庭部署环境不同，EasyMesh 协议不仅支持 AP 之间的无线连接，也可以支持有线连接，以及有线和无线的混合连接。EasyMesh 控制器可以根据实际网络状态，在不同网络连接方式下实现自主切换，满足不同用户对于不同网络连接方式的需求。

4. 最新 EasyMesh 版本的功能——虚拟 BSS

2022 年，EasyMesh 小组发布了 EasyMesh 第 5 个版本，即 EasyMesh R5。R5 版本包含一个多 AP 协作的功能，称为**虚拟 BSS**，支持移动终端快速实现无缝漫游。

本节介绍虚拟 BSS 如何提升 EasyMesh 网络中终端漫游的体验，以及其他解决方案的可行性介绍。

1）EasyMesh 网络中终端漫游的用户体验

如图 3-135 所示，在 EasyMesh 网络中，当终端设备从位置 1 移动到位置 2 时，由于代理 1 对于终端发射的信号变弱，为了不影响 Wi-Fi 性能，控制器根据每个节点的负载和信号强度为终端推荐最佳的备选代理，比如代理 2；终端将断开与代理 1 的连接，重新与邻近的代理 2 关联。

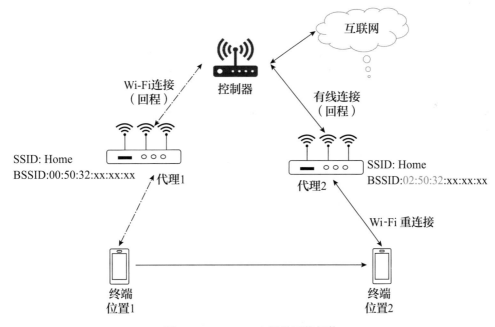

图 3-135　EasyMesh 漫游网络拓扑

在 EasyMesh 网络中，各个节点的 SSID 相同，但每个节点的 AP MAC 地址不同，即 BSSID 不同。AP 连接发生切换，需要根据 AP 的 MAC 地址重新生成密钥，用于数据包的加密、解密，密钥的重新生成过程将引起终端数据传送的短暂中断，这就会影响超低时延业务的用户体验。

2）虚拟 BSS 技术简介

虚拟 BSS 的核心设计是控制器为每个终端建立一个虚拟 AP，每个虚拟 AP 只为一个 STA 服务。随着 STA 的移动，虚拟 AP 也切换到邻近 STA 的物理节点上。虚拟 AP 在不同物理节点切换时，始终保持相同的 SSID 和 BSSID 等信息。

对终端设备而言，虽然与不同的物理节点连接，但始终与相同的虚拟 AP 保持通信，而不需要进行重关联及密钥重新生成过程，缩短了 AP 切换所引起的时延。

虚拟 BSS 网络拓扑如图 3-136 所示，控制器与所有物理节点建立回程网络连接。在一个虚拟 BSS 网络覆盖范围内，终端一直保持与同一个虚拟 AP 进行通信，虚拟 AP 随着终端的移动而出现在不同物理节点上，终端移动过程中不需要与 AP 重新建立连接。

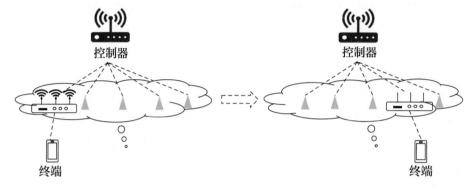

图 3-136　虚拟 BSS 网络拓扑图

EasyMesh R5 定义的虚拟 BSS 技术有以下主要特点：

（1）**为特定终端服务**。控制器为每个终端建立一个虚拟 AP，虚拟 AP 位于离终端最近或信号最强的物理节点上，以便于提高信号的抗干扰性。虚拟 BSS 发送单播信标帧给终端设备，为其维护同步信息。其他终端因为无法监听到单播信标帧，因而无法发现为特定终端服务的 AP。

（2）**随终端移动而移动**。当控制器发现终端发生位置变动时，控制器将为它选择最佳的物理节点，并将虚拟 AP 的连接状态信息、密钥信息等所有信息，从之前的节点同步到新的节点上，并继续为终端提供 Wi-Fi 服务，终端不需要重新连接。一旦信息同步完成后，之前节点上的该虚拟 BSS 将被关掉。

（3）**信道频段及带宽切换**。每个物理节点性能不同，比如支持的频段、带宽、工作信道各不相同。对于支持同一频段的相邻节点，为了避免两个物理节点相互干扰，相互竞争信道资源，控制器将为不同节点配置不同的工作信道。所以虚拟 BSS 在切换物理节点的过程中，可能伴随着工作带宽和信道的切换。为了解决这个问题，虚拟 BSS 在切换到不同物理节点前，向终端设备发送一个 802.11 协议定义的切换信道的信号，以便于终端设备通过新的信道连接到新的物理节点上。

（4）**超低时延**。对于移动的终端设备而言，在 EasyMesh 网络覆盖范围内，始终与网络保持连接、通信而不需要重连接过程，即理论上切换物理连接节点的时延为 0ms。这将改善移动设备的 AR/VR 等超低时延业务的用户体验。

例如，如图 3-137 所示，虚拟 BSS 网络中包含两个物理节点，分别为节点 1 和节点

2，节点 1 和节点 2 分别工作在 2.4GHz 和 5GHz 频段，节点通过控制器接入互联网中。虚拟 BSS 基本工作流程及虚拟 BSS 切换过程描述如下：

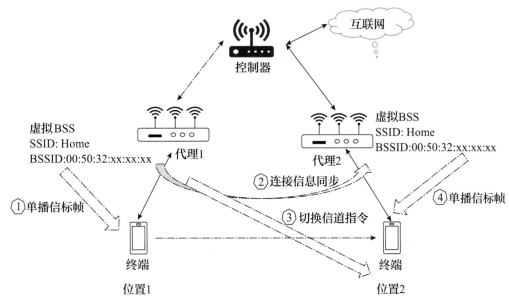

图 3-137　虚拟 BSS 网络拓扑图

（1）终端设备位于位置 1 时，控制器在代理 1 所处的 AP 节点 1 上为其创建虚拟 BSS，为终端设备提供 Wi-Fi 连接，定期向其发送单播信标帧维护时间同步，其基本信息为 SSID = home，BSSID =00:50:32:xx:xx:xx。

（2）当终端从位置 1 移动到位置 2 时，控制器检测到节点移动，将通过控制指令将节点 1 上的虚拟 BSS 信息同步到代理 2 所在的节点 2，完成虚拟 BSS 的物理节点切换过程。

（3）切换完成后，节点 1 的虚拟 BSS 向终端发送信道切换指令，然后虚拟 BSS 从节点 1 上关掉。

（4）终端接收到切换信道指令后，将切换到节点 2 工作的信道。随后，虚拟 BSS 向终端发送单播信标帧，并为终端设备提供 Wi-Fi 上网服务，终端设备不会感知整个切换过程。

3）支持 EasyMesh 下的移动终端快速漫游的其他方案讨论

在 EasyMesh R5 中，规定一个虚拟 BSS 每次只支持一个终端，目标是兼容现有的 AP 设备硬件，尽量减少对当前 Wi-Fi 芯片设计的影响，从而使该技术能获得更多厂家的支持。

但目前该技术规范没有全部支持 Wi-Fi 最新技术演进和应用，主要有下面两种情况：

● 虚拟 BSS 网络技术不支持 Wi-Fi 6 之后定义的多终端并发提高吞吐量和降低时延的功能，比如 OFDMA 和 MU-MIMO 技术。

● 虚拟 BSS 网络技术不支持 TDLS 建立终端直连通信的功能（参考 3.2.8 节）。

虚拟 BSS 技术方案可以在后续版本中继续演进，或者由厂家提供优化方式。虚拟 BSS 方案的关键在于终端在不同物理节点间移动时，始终与相同的虚拟 AP 保持连接，虚拟 AP 拥有相同的 SSID 和 BSSID 等信息，使得终端不需要与 AP 重新建立连接。从这个技术特点出发，也有其他解决方案可以借鉴。

例如，EasyMesh 网络中可以为所有节点定义相同的虚拟 MAC 地址，即相同的

BSSID，当终端与一个物理节点建立连接时，相关的密钥等信息由控制器传递与分享到其他节点。当终端在不同节点间漫游时，终端可以直接与不同节点的连接发生切换，而不需要重新建立连接。

图 3-138 给出了这个方案示例。虚拟 BSS 网络中包含两个物理节点，分别为节点 1 和节点 2，节点通过控制器接入互联网。控制器在节点 1 和节点 2 上分别创建基本信息相同的虚拟 BSS，其基本信息为 SSID=home，BSSID = 00:50:32:xx:xx:xx，每个虚拟 BSS 通过发送广播信标帧的方式维护终端的时间同步信息。其服务切换过程描述如下：

（1）在 T1 时刻，虚拟 BSS 运行在代理 1 所在节点 1，并与终端 1 和终端 2 连接；相同的虚拟 BSS 运行在代理 2 所在节点 2，并与终端 3 和终端 4 连接。

（2）在 T2 时刻，终端 2 从位置 1 移动到位置 2。

（3）控制器检测到终端 2 的移动，及时将代理 1 上的终端 2 信息同步到代理 2 上。

（4）完成同步操作后，控制器指定代理 2 为终端 2 的虚拟 BSS，代理 1 上的虚拟 BSS 停止为其服务，完成切换过程。

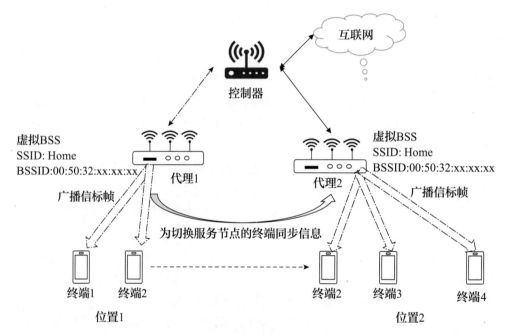

图 3-138　BSS 下移动终端漫游的其他方案

代理 2 上的虚拟 BSS 向终端发送广播信标帧，并为终端提供 Wi-Fi 上网服务，终端不会感知到整个切换过程。

3.6.2　Wi-Fi 7 下的 EasyMesh 网络技术

Wi-Fi 联盟计划于 2023 年推出支持 Wi-Fi 7 技术的 EasyMesh R6 版本，该版本中将包含 Wi-Fi 7 多链路功能和基于前导码技术的信道捆绑功能。根据 Wi-Fi 设备的特点，基于 Wi-Fi 7 的 EasyMesh 网络拓扑有下面两种情况：

（1）网络中的控制器、代理和终端都支持 Wi-Fi 7 的多链路功能。

（2）网络中的控制器、代理和终端为单链路设备或 Wi-Fi 7 多链路设备的混合组网。

1. Wi-Fi 7 多链路设备的 EasyMesh 组网

在 EasyMesh 网络架构下，由于 Wi-Fi 7 引入了多链路功能，Wi-Fi 7 的代理与 Wi-Fi 7 终端在多个链路上建立连接并同传数据。同样，Wi-Fi 7 代理与 Wi-Fi 7 控制器也在多个链路上建立连接并同传数据。显然，通过多个链路连接同时传输数据，将提升整个 EasyMesh 网络的吞吐量。

本节将介绍支持 Wi-Fi 7 多链路的 EasyMesh 组网拓扑架构，以及终端在 Wi-Fi 7 EasyMesh 网络中的漫游。

1）Wi-Fi 7 EasyMesh 组网拓扑架构

图 3-139 给出了一种 Wi-Fi 7 的 EasyMesh 组网拓扑架构。控制器、代理 1 和代理 2 为支持多链路连接的 Wi-Fi 7 无线路由器，控制器与代理 2 通过有线连接，而控制器与代理 1 之间在三个链路上同时建立连接。网络中有支持 Wi-Fi 7 的终端 1 和终端 2，它们分别与代理 1 和代理 2 在三条链路上建立连接。

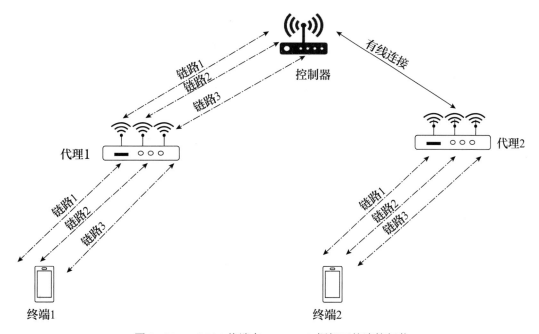

图 3-139　Wi-Fi 7 终端在 EasyMesh 框架下的连接拓扑

实际网络部署中，控制器、代理和终端有不同数量的链路连接的情况，例如，控制器和代理支持三个链路，终端只支持两个链路，这种情况下，终端最多只能和代理建立两个链路连接。同样，如果控制器支持三个链路，代理只支持两个链路，那么回程网络只能在两个链路上建立连接。

2）终端在 Wi-Fi 7 的 EasyMesh 网络中的漫游

除了虚拟 BSS 网络技术以外，单链路设备在 Wi-Fi 7 之前的 EasyMesh 网络中的漫游过程，是终端从一个代理上断开连接，并重连接到另外一个代理。

在多链路的 Wi-Fi 7 终端在 Wi-Fi 7 AP 组成的 EasyMesh 网络中，漫游过程与单链路设备的漫游类似。两个 Wi-Fi 7 设备之间的连接是所有多链路的连接，当 Wi-Fi 7 终端进行漫游时，终端将从一个代理上断开所有多链路连接，然后与另外一个代理重建多链路连接。因此，Wi-Fi 7 的多链路终端不能与两个代理同时建立不同的链路连接。

如图 3-140 所示，控制器、代理 1、代理 2 和终端 1 都支持 Wi-Fi 7 多链路功能，控制器通过三个无线链路与代理 1 建立回程网络连接，控制器通过有线与代理 2 建立回程网络连接。

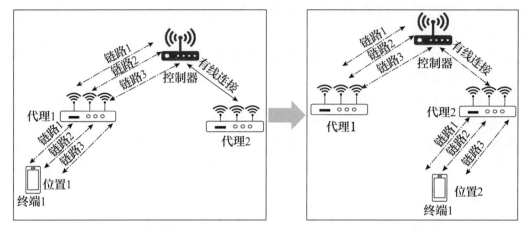

（a）在位置1时的多链路连接　　　　　　　　（b）在位置2时的多链路连接

图 3-140　Wi-Fi 7 终端在 Wi-Fi 7 EasyMesh 架构下的多链路漫游操作

终端 1 在位置 1 时通过多链路连接到代理 1 上。当终端 1 移动到位置 2 时，与代理 1 断开多链路连接，然后与代理 2 重新建立多链路连接。

2. Wi-Fi 7 与传统设备的 EasyMesh 网络拓扑架构

在实际应用及部署中，将会出现 Wi-Fi 7 多链路产品与 Wi-Fi 5 及 Wi-Fi 6 等单链路产品混合组网的场景。本节将介绍不同的组网场景，以及终端在混合组网下的漫游。

1）混合组网的应用场景

混合组网的应用场景包括前传网络混合组网和回程网络混合组网两种情况。

- 前传网络混合组网：包括 Wi-Fi 6 的终端连接 Wi-Fi 7 的代理，Wi-Fi 7 的终端连接 Wi-Fi 6 的代理两种场景。
- 回程网络混合组网：包括 Wi-Fi 6 的代理连接 Wi-Fi 7 的控制器，以及 Wi-Fi 7 的代理连接 Wi-Fi 6 的控制器两种场景。

以下分别介绍前传网络混合组网的两种场景，由于回程网络混合组网两种场景类似，合并在一起介绍。

（1）Wi-Fi 7 多链路 AP 与 Wi-Fi 6 单链路终端之间的前传网络。

从传统的单链路终端设备角度来看，支持 Wi-Fi 7 多链路功能的代理与传统的多频 AP 没有任何差别。因此，支持单链路的终端可以通过任意一条链路与支持 Wi-Fi 7 多链路功能的代理建立连接。

Wi-Fi 7 的多链路同传技术不仅使得 Mesh 组网的回程通道的带宽更宽，而且组网方案更加灵活。如图 3-141 所示，支持 Wi-Fi 7 的三频网关与双频 Wi-Fi 7 AP 进行组网，配置其中的 5GHz 和 6GHz 的双链路作为回程通道，它们的频宽分别为 80MHz 和 160MHz，双链路的 2 个空间流同传速率能达到 4.3Gbps。同时，Wi-Fi 7 的双频 AP 与一个 Wi-Fi 6E 的终端相连，它们可以工作在 6GHz 的 160MHz 频宽，2 个空间流速率能达到 2.4Gbps。

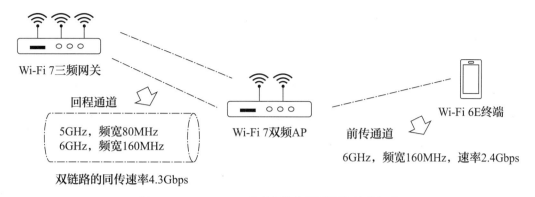

图 3-141　Wi-Fi 7 AP 前传网络与回程网络连接拓扑

（2）Wi-Fi 6 多频 AP 与 Wi-Fi 7 多链路终端之间的前传网络。

传统的 Wi-Fi 6 多频 AP 产品可看作多个 AP 物理叠加在同一个无线路由器。

支持 Wi-Fi 7 的终端虽然具有多链路功能，但 Wi-Fi 7 终端的多个链路需要作为一个整体与 AP 建立连接。因此，Wi-Fi 7 终端只能与一个 Wi-Fi 6 AP 建立连接，而不能在多个链路上同时与多个 Wi-Fi 6 AP 建立连接。

（3）Wi-Fi 7 多链路控制器与传统的 Wi-Fi 6 多频 AP 的回传连接。

支持 Wi-Fi 6 多频的代理与支持 Wi-Fi 7 的控制器在一个链路上建立连接。

图 3-142 给出以上三种应用场景的示例。支持 Wi-Fi 7 多链路功能的设备包括控制器、代理 1、终端 1 和终端 4，支持 Wi-Fi 6 单链路功能的设备包含多频的代理 2、终端 2 和终端 3。以控制器为网络中心，这个树状结构包括两个网络分支：

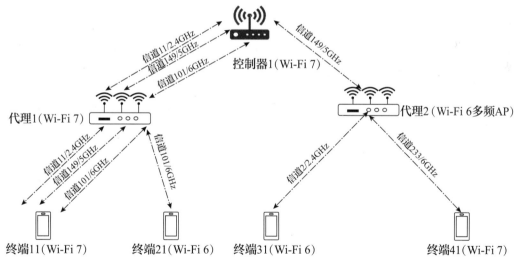

图 3-142　Wi-Fi 7 产品与 Wi-Fi 6 产品混合组网拓扑

- 分支 1：控制器与代理 1 在 2.4GHz 频段的信道 11、5GHz 频段的信道 149、6GHz 频段的信道 101 建立多链路连接。代理 1 在同样的信道上与终端 1 建立多链路连接。代理 1 与终端 2 在信道 6GHz 频段的信道 101 上建立单链路连接。
- 分支 2：控制器与代理 2 在 5GHz 频段的信道 149 上建立连接。代理 2 与终端 3 在 2.4GHz 频段的信道 2 上建立单链路连接，代理 2 与终端 4 在 6GHz 频段的信道

233 上也建立单链路连接。

2）Wi-Fi 7 **终端在 EasyMesh 混合组网下的漫游**

支持 Wi-Fi 7 的终端将与支持 Wi-Fi 7 的代理建立多链路连接，而只能通过单链路方式与 Wi-Fi 6 单频或者多频代理建立连接。所以，当 Wi-Fi 7 的终端在 Wi-Fi 7 代理与 Wi-Fi 6 代理之间漫游时，即产生单链路与多链路的转换操作。

如图 3-143，控制器、代理 1 和终端 1 支持 Wi-Fi 7 多链路功能，代理 2 为支持 Wi-Fi 6 的多频 AP。

- 控制器与代理 1 在 2.4GHz 频段的信道 11、5GHz 频段的信道 149、6GHz 频段的信道 101 建立多链路连接，代理 1 在同样的信道上与终端 1 建立多链路连接。
- 控制器与代理 2 在 5GHz 频段的信道 149 上建立连接。

当终端 1 从位置 1 切换到位置 2 时，与代理 1 的多链路断开连接，然后与代理 2 在 6GHz 频段的信道 233 上重新建立连接。当终端 1 从位置 2 切换到位置 1 时，与代理 2 的多链路断开连接，与代理 1 重新在 2.4GHz 频段的信道 11、5GHz 频段的信道 149、6GHz 频段的信道 101 建立多链路连接。

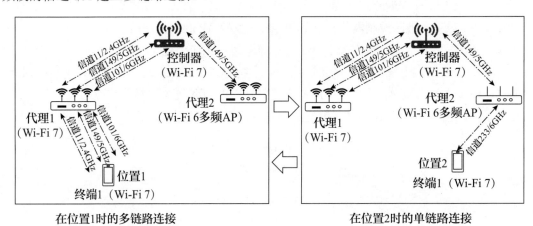

图 3-143　EasyMesh 混合组网下的漫游

本章小结

随着 Wi-Fi 通信在工业控制、消费电子等领域广泛应用，市场对于 Wi-Fi 技术在速率和时延方面提出了更高的要求。为了满足市场需求，Wi-Fi 7 技术的演进方向主要是超高速率、超高并发和超低时延。

- **超高速率**：以 30Gbps 的数据传输速率为目标，主要技术包括多链路同传技术、4K-QAM 调制方式和 320MHz 带宽。
- **超高并发**：支持 320MHz 带宽以及 OFDMA 技术下的最大支持 148 个终端并发操作，以及 Wi-Fi 7 支持下行方向和上行方向的非连续信道捆绑技术，并且支持以资源单位（RU）为方式的 MRU 技术，因而灵活支持大量终端的并发操作。
- **超低时延**：Wi-Fi 7 的低时延技术包括多链路同传技术下的业务分类传送、支持低时延业务识别和专用服务时间接入技术，其中严格唤醒时间技术 r-TWT、TXOP 共享技术和 MRU 等是 Wi-Fi 7 规范中降低时延的关键技术。

（1）**多链路同传技术**：多链路同传技术相当于增加了设备工作带宽，进而成倍提高吞吐量。根据不同多链路设备连接特点，Wi-Fi 7 支持同步多链路和异步多链路同传技术，并定义多链路设备的发现、认证和连接过程。针对数据在多链路传输的特点，Wi-Fi 7 在安全方面也做了相应的改进。同时，多链路同传技术不仅支持 AP 与终端多链路连接的场景，而且支持两个终端之间的点到点的多链路连接场景，比如通过对 TDLS 或者 P2P 技术改进，实现两个多链路设备的发现和连接。

（2）**4K-QAM 调制方式**：Wi-Fi 7 的调制等级进一步提高，实现每个符号调制 12 个比特，相比 Wi-Fi 6 最高支持 1024-QAM 调制、每个符号调制 10 个比特，Wi-Fi 7 提高了 20%。

（3）**320MHz 带宽**：Wi-Fi 7 在 6GHz 频段上最大支持 320MHz 频宽，比 Wi-Fi 6 的 160MHz 带宽提升了一倍，相应的最大吞吐量也成倍提升。

（4）**r-TWT 技术**：在 Wi-Fi 6 的 b-TWT 技术基础上，进一步演进出专门用于传输低时延业务的服务时间段，并为该服务时间段前添加**静态单元**，为 AP 提供信道接入的保护措施。

（5）**TXOP 共享技术**：Wi-Fi 6 支持基于触发帧的信道接入模式，用于上行方向的 OFDMA 方式的数据传送。Wi-Fi 7 则把该技术拓展到两个终端之间的点到点传输，实现相应场景下的低时延目标。

（6）**MRU 技术**：Wi-Fi 6 支持非连续信道的下行数据传送，Wi-Fi 7 扩展支持以资源单位（RU）为方式的捆绑技术，并支持非连续信道捆绑的上行数据传送。

此外，本章也介绍了 Wi-Fi 联盟定义的基于多 AP 协作的 EasyMesh 网络，为了进一步提升终端无缝漫游的用户体验和支持 Wi-Fi 7 的多链路连接，Wi-Fi 联盟在 EasyMesh R5 中引入了虚拟 BSS 功能，在 EasyMesh R6 中支持 Wi-Fi 7 的多链路方式。

第 4 章 Wi-Fi 7 产品开发和测试方法

基于前面章节所介绍的 Wi-Fi 原理与 Wi-Fi 7 的新技术，本章介绍如何利用 Wi-Fi 7 技术开发相关产品以及相应的测试方法。

Wi-Fi 7 产品指的是支持 Wi-Fi 7 新特性的 AP 和 STA 终端产品。新的 AP 与 STA 在 Wi-Fi 业务模式上仍然与以前的 Wi-Fi 产品一致，即用户不会觉得 Wi-Fi 7 带来了产品使用上的新变化，但可以明显感觉到 Wi-Fi 7 产品的使用体验有很大的提升。比如，在需要高带宽的视频播放、网络游戏以及虚拟现实等业务下，Wi-Fi 7 产品将体现出速率更高和延时更低等特点，并且更多的终端可以同时连接到 Wi-Fi 7 进行多媒体服务。

因此，开发 Wi-Fi 7 产品的主要功能仍然遵循目前已有的 Wi-Fi 产品的开发框架和开发方式。由于新的 Wi-Fi 7 核心技术的引入，以及在数据链路层和物理层标准上的变化，本章将介绍相应的软件开发的特点。并且，基于 Wi-Fi 7 的多链路同传等技术，本章将介绍如何对新的 Wi-Fi 产品功能和性能进行测试。

此外，与具有各种不同业务功能的 STA 相比，AP 作为终端上网的业务接入点，是 Wi-Fi 7 产品开发的技术关键与技术核心，理解 Wi-Fi AP 的开发方式，也就容易理解 STA 的 Wi-Fi 开发。**在后面章节中，如果不做特别说明，本章所介绍的 Wi-Fi 7 产品开发默认情况下是指 AP 的开发。**

在本章中，读者将首先了解 Wi-Fi 产品的开发流程、产品的定义与规格、产品主要的性能指标以及 Wi-Fi 7 所带来的性能指标的变化；然后读者将掌握通用的 Wi-Fi 产品的开发方式以及 Wi-Fi 7 产品开发所特有的内容，包括系统设计和软件开发；最后是 Wi-Fi 7 产品的测试方法的介绍。

4.1　Wi-Fi 7 产品开发概述

开发 Wi-Fi 产品，首先需要进行产品的整体设计，这是指根据市场对 Wi-Fi 业务的需求进行系统性的需求分析，确定产品需要支持的业务场景、产品需要提供的基本功能以及产品需要实现的规格参数。完成**产品定义**后，正式启动产品的**开发流程**，它主要包括**系统框架设计、产品硬件和软件开发**，以及**产品的功能和性能测试**，如图 4-1 所示。

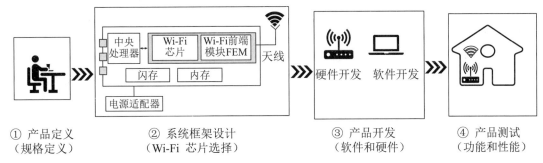

① 产品定义　　　② 系统框架设计　　　③ 产品开发　　　④ 产品测试
（规格定义）　　（Wi-Fi 芯片选择）　　（软件和硬件）　　（功能和性能）

图 4-1　Wi-Fi 产品的开发流程

4.1.1　Wi-Fi 7 产品定义与规格

1. Wi-Fi 技术及产品在市场中的需求

Wi-Fi AP 在全球不同地区的推广主要来自运营商的宽带接入和家庭无线路由器的应用，通常支持 Wi-Fi 的宽带接入终端也被称为家庭网关（Residential Gateway，RGW），它支持光纤宽带或移动 5G 的上行网络接口，而提供 Wi-Fi 的家庭路由器支持以太网或 Wi-Fi 的上行网络接口，本书介绍的 AP 包含了这些不同 Wi-Fi 产品。

家庭网关或者无线路由器通常以频段的数量为主要特征，有以下主要类型：

- **单频产品**：支持 2.4GHz 频段的 AP。
- **双频产品**：支持 2.4GHz 频段和 5GHz 频段的 AP。
- **三频产品**：厂商把 5GHz 频段分为 5.8GHz 和 5.1GHz 两个高低频段，再结合 2.4GHz 频段形成的三频产品。在 Wi-Fi 6 支持的 6GHz 频段开始应用之后，市场中的三频家庭网关或无线路由器将是支持 2.4GHz、5GHz 和 6GHz 频段的产品的常见称呼。

全球各地区对于 Wi-Fi 技术的需求是参差不齐的。从 2020 年左右开始，宽带接入的电信运营商除了在家庭网关方面加快 Wi-Fi 技术的升级换代，也同时把无线路由器作为家庭网络延伸的重要手段，运营商采购和部署支持 Wi-Fi 的家庭网关以及无线路由器的情况分为以下三种，我们可以从中了解目前不同地区对于 Wi-Fi 技术的期望和市场发展情况。

1）Wi-Fi 6 产品成为市场主流

支持 Wi-Fi 6 技术的双频家庭网关或双频无线路由器目前是国内市场的主流产品，产品形态为在 2.4GHz 和 5GHz 频段上分别利用 2 根天线进行发送和接收。2020 年之前国内主要是仅支持 2.4GHz 的 Wi-Fi 4 单频产品，现在已经大幅度减少。当前虽然家庭中 Wi-Fi 5 的双频网关或无线路由器数量仍然众多，但也将逐渐被 Wi-Fi 6 产品替代。

国外 Wi-Fi 6 的产品在不同地区部署情况因地而异。比如，北美市场中已经有较多的支持 Wi-Fi 6 的高端网关或无线路由器，每个频段通过 2 根或 4 根天线进行发送和接收。在南美、东南亚或者欧洲地区，2022 年仍以 Wi-Fi 5 的双频网关或双频无线路由器为主，但支持 Wi-Fi 6 的双频产品正在逐步得到推广。

2）支持 6GHz 频段的 Wi-Fi 6E 产品的推广

Wi-Fi 6E 产品在全球的部署有明显差异。从 2022 年开始，支持 6GHz 频段的 Wi-Fi

6E 设备已经在市场上崭露头角，北美是最主要的产品市场，紧跟着欧洲等地区将开始出现 Wi-Fi 6E 产品的商用，中国暂时没有计划给 Wi-Fi 开放 6GHz 频谱。

3）支持 Wi-Fi 7 技术的产品的起步

支持 Wi-Fi 7 的 Wi-Fi 芯片在 2022 年已经有样品和市场展示，2023 年将开始出现 Wi-Fi 7 的 AP 和终端，2024 年 Wi-Fi 7 的产品逐渐开始增长，预计后面 5 年支持 Wi-Fi 7 技术的设备将成为市场中主要的热点 Wi-Fi 产品。

图 4-2 是不同代的 Wi-Fi 技术的产品在市场中的切换，仅供示意参考，并不是实际的市场销售数量的图示。

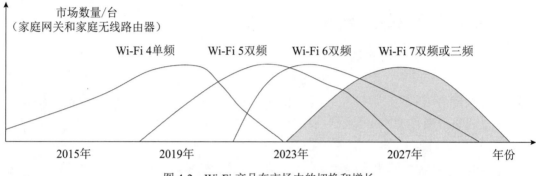

图 4-2　Wi-Fi 产品在市场中的切换和增长

2020 年以后，从 Wi-Fi 技术在市场上的更新换代的情况分析，可以观察到不同标准的 Wi-Fi 产品在市场中将有 3 ～ 4 年的主流切换过程，而同一标准的 Wi-Fi 产品在市场中也有明显的中低端与高端的差异化区分。比如，在目前中低端 AP 产品中，支持 Wi-Fi 5 技术的 AP 在一个频段上配置 2 根天线收发数据，而高端 AP 产品给一个频段配置 4 根天线收发数据。

对于市场中逐渐增长的 Wi-Fi 7 产品，必然也会有中低端和高端的不同类型，产品定义将有多种形态，参考表 4-1 的例子。

表 4-1　Wi-Fi 7 AP 产品形态和规格

序号	产品形态	频段与天线	标识的方法	场景应用
1	Wi-Fi 7 三频段	每个频段支持 4 根天线	4×4 2.4GHz，4×4 5GHz，4×4 6GHz	中高端家庭网关，Wi-Fi 7 AP
2	Wi-Fi 7 三频段	2.4GHz 频段支持 2 根天线，而 5GHz 频段和 6GHz 频段支持 4 根天线	2×2 2.4GHz，4×4 5GHz，4×4 6GHz	中高端家庭网关，Wi-Fi 7 AP
3	Wi-Fi 7 三频段	每个频段支持 2 根天线	2×2 2.4GHz，2×2 5GHz，2×2 6GHz	中低端家庭网关，Wi-Fi 7 AP
4	Wi-Fi 7 双频段	2.4GHz 频段和 5GHz 频段支持 4 根天线	4×4 2.4GHz，4×4 5GHz	中低端家庭网关，Wi-Fi 7 AP
5	Wi-Fi 7 双频段	2.4GHz 频段和 5GHz 频段支持 2 根天线	2×2 2.4GHz，2×2 5GHz	中低端家庭网关，Wi-Fi 7 AP

中国目前没有为 Wi-Fi 开放 6GHz 频谱的计划，所以 Wi-Fi 7 在中国将是支持 2.4GHz 和 5GHz 的双频产品。针对中国市场，芯片厂家和设备厂家都会采取相应的产品策略。作

为本章后面开发和测试内容的介绍，本章以表 4-1 中的第 3 项的三频段产品和第 5 项的双频段产品作为参考，其中每个频段支持 2 根天线。

2. Wi-Fi 7 AP 产品定义

表 4-2 列出了两种 Wi-Fi 7 的 AP 产品的例子以及相关的规格定义，这也是目前用户或运营商选择 Wi-Fi 产品的关键参考参数。

表 4-2　Wi-Fi 7 AP 产品的规格参数

AP 参数	参数分类	双频产品规格	三频产品规格
Wi-Fi 参数	Wi-Fi 总性能	BE3600	BE9300
	Wi-Fi 频段	2.4GHz，5GHz	2.4GHz，5GHz 和 6GHz
	多输入多输出（MIMO）	2×2 2.4GHz，2×2 5GHz	2×2 2.4GHz，2×2 5GHz，2×2 6GHz
	最大频宽	5GHz 支持 160MHz	5GHz 支持 160Mhz，6GHz 支持 320MHz
	EasyMesh 组网	支持	支持
其他参数	以太网口	1 个上行 1Gbps/2.5Gbps 以太网口，1 个本地 1Gbps 以太网口，1 个本地 2.5Gbps 以太网口	1 个上行 1Gbps/2.5Gbps/10Gbps 以太网口，1 个本地 1Gbps 以太网口，1 个 2.5Gbps 以太网口
	闪存	256MB	256MB
	内存	512MB	512MB

其中，BE3600 和 BE9300 的标识代表 Wi-Fi 7 产品的总性能参数，以 Wi-Fi 6 AP 为例，人们在市场中经常看到标为 AX3000 的 AP 产品。AX3000、BE3600 与 BE9300 的含义如表 4-3 所示。

表 4-3　Wi-Fi 7 AP 产品的规格参数

AP 名称说明	AX3000	BE3600	BE9300
AX 或 BE 的由来	AX 是 IEEE 802.11ax 标准的名称	BE 是 IEEE 802.11be 标准的名称	BE 是 IEEE 802.11be 标准的名称
性能的说明	2.4GHz 频段下速率为 574Mbps	2.4GHz 频段下速率为 688Mbps	2.4GHz 频段下速率为 688Mbps
	5GHz 频段下速率为 2402Mbps	5GHz 频段下速率为 2882Mbps	5GHz 频段下速率为 2882Mbps
	6GHz 频段不支持	6GHz 频段不支持	6GHz 频段下的速率为 5764Mbps
总速率之和	2976Mbps	3570Mbps	9334Mbps

同样，可以用"BE7200"表示双频 Wi-Fi 7 的 AP（4×4 2.4GHz，4×4 5GHz），用"BE19000"表示三频 Wi-Fi 7 的 AP（4×4 2.4GHz，4×4 5GHz，4×4 6GHz）。

3. Wi-Fi 7 AP 的技术指标定义

Wi-Fi 7 的 AP 产品规格是产品在市场中销售的时候人们常见的信息，而对于开发产品的人员或者厂家来说，他们在设计产品时有一套更全面的技术指标，主要包括吞吐量、时延、网络覆盖和安全性等，如图 4-3 所示。

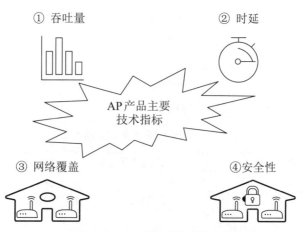

图 4-3　AP 产品主要技术指标

1）吞吐量

吞吐量是指 AP 和 STA 之间基于 Wi-Fi 连接传输用户业务数据的最大速率，用于衡量 AP 产品基于 Wi-Fi 连接承载用户业务数据的能力，AP 到 STA 方向的吞吐量称为下行吞吐量，STA 到 AP 方向的吞吐量称为上行吞吐量。

吞吐量不同于 Wi-Fi 物理层传输速率。AP 产品规格参数标注的 "BE9300" 是 AP 产品的最高物理层传输速率，代表 Wi-Fi 物理层传输数据的比特率，而吞吐量是实际用户业务数据的传送速率。所以 AP 产品的吞吐量比最高物理层传输速率低。

参考图 4-4 的 Wi-Fi 数据传输过程的示意图，用户业务数据是上层软件发送到 Wi-Fi MAC 层的 MSDU 数据单元，MSDU 需要经过 Wi-Fi MAC 层帧的封装和聚合，加上物理层帧头，在竞争到无线媒介传输机会后，由 Wi-Fi 物理层进行数据传输。由于 Wi-Fi MAC 层和物理层数据帧的帧头的开销，以及 Wi-Fi MAC 层数据传输过程的开销，比如冲突避免回退窗口、帧间隔、数据帧确认和重传等，用户业务数据部分传输所用时间是整个数据传输过程所用时间的一部分，所以实际吞吐量低于 Wi-Fi 物理层传输速率。

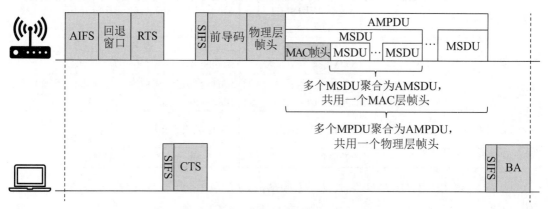

图 4-4　Wi-Fi 数据传输示意图

宽带论坛联盟的 TR398 Wi-Fi 性能测试规范定义的吞吐量期望结果为 Wi-Fi 物理层传输速率的 65% 左右。以 BE9300 产品为例，物理层传输速率为 9334Mbps，按照 65% 的期望值，吞吐量需要达到 6067Mbps 以上。

AP 的物理层传输速率和无线信道利用率都会影响吞吐量大小，表 4-4 描述了提升吞吐量的关键 Wi-Fi 技术。

表 4-4　Wi-Fi 技术对吞吐量的提升

分类	Wi-Fi 关键技术	是否提升物理层传输速率	是否提升吞吐量
物理层编码和调制技术	Wi-Fi 7 支持 4K-QAM 调制	是	是
无线信道带宽	Wi-Fi 7 支持 5GHz 频段 160MHz 带宽，以及 6GHz 频段 320MHz 带宽	是	是
无线信道利用率	Wi-Fi 7 支持 MLD 多链路同传	否	是
	传统 Wi-Fi 的 A-MSDU 和 A-MPDU 聚合	否	是
	传统 Wi-Fi 的 MU-MIMO 多输入多输出	否	是
	Wi-Fi 6 引入的 OFDMA 调制技术	否	是

2）时延

Wi-Fi 时延是指 AP 和 STA 之间基于 Wi-Fi 连接进行数据传输时，数据报文从 AP 成功发送到 STA，或从 STA 成功发送到 AP 所花费的时间。从 AP 到 STA 的数据传输时延称为下行时延，从 STA 到 AP 的数据传输时延称为上行时延。第 3 章已经介绍过，Wi-Fi 时延主要包含无线信道访问的时延和多终端多业务下的 AP 调度时延。

时延是 AP 产品开发和测试的关键性能指标。Wi-Fi 增强型分布式信道接入机制根据业务数据报文的优先级来增加高优先级业务的无线媒介访问机会，以提升高优先级业务的时延性能。此外，Wi-Fi 7 技术带来的更高物理层传输速率和吞吐量能改善 Wi-Fi 时延性能，Wi-Fi 7 的低时延业务特征识别技术和 r-TWT 技术能进一步提升 Wi-Fi 时延性能。表 4-5 描述了 Wi-Fi 时延性能提升的关键 Wi-Fi 技术。

表 4-5　Wi-Fi 技术对时延性能的提升

分类	Wi-Fi 关键技术	是否提升时延性能
无线信道访问	传统 Wi-Fi 的 EDCA 增强型分布式信道接入机制	是
	Wi-Fi 7 的 r-TWT 技术	是
AP 发送调度	Wi-Fi 7 的低时延业务识别技术	是
	Wi-Fi 6 引入的上行和下行 OFDMA 技术	是

3）网络覆盖

网络覆盖是指 AP 产品能提供 Wi-Fi 信号覆盖范围的能力。由于 Wi-Fi 无线信号在空中传播的衰减，Wi-Fi 产品的无线信号覆盖有一定的范围。通常 AP 发射功率越高，无线网络覆盖范围越大。AP 实际能覆盖的范围和环境相关，在空旷的空间，AP 在 50 米甚至更远范围内提供比较好的 Wi-Fi 信号，但在室内环境，由于墙体等障碍物带来的 Wi-Fi 信号衰减，AP 的实际覆盖范围会受到明显影响。

网络覆盖指标通常利用不同距离范围内 Wi-Fi 信号的信号接收强度（Received Signal Strength Indication，RSSI）来衡量，还可以利用不同距离范围内的 Wi-Fi 吞吐量测试（Rate vs Range，RVR）来衡量。

- **信号接收强度**（RSSI）：单位是 dBm，RSSI 值越大，表示接收到的信号强度越强。随着与 AP 之间的距离变大，测量的 RSSI 值逐渐变小。
- **RVR 测试**：通常使用测试仪表来进行 RVR 测试，仪表利用信号衰减来模拟不同的距离，距离越大，信号衰减也就越大，Wi-Fi 的速率也就越低。

参考图 4-5，以三频段的 Wi-Fi 7 AP 为例来进行 RVR 测试，其中图 4-5（a）、图 4-5（b）和图 4-5（c）分别是 2.4GHz、5GHz 和 6GHz 频段下的测试结果的参考，图 4-5（d）是三频段同时传送数据的情况。

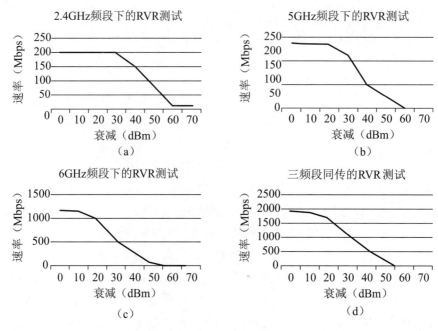

图 4-5　Wi-Fi 7 AP 的 RVR 测试

当信号衰减小于 20dBm 的时候，数据传送速率几乎没有什么变化，但当衰减大于 30dBm 以后，速率就开始快速下降，当衰减达到 70dBm 左右的时候，此时数据传输速率几乎已经为零。RVR 测试的结果表示的是 AP 支持的网络覆盖范围与数据速率之间的关系。

影响网络覆盖能力的主要因素是 AP 产品的 Wi-Fi 发射功率、AP 产品硬件设计和天线的信号辐射能力及接收能力等。因为不同室内环境下的网络覆盖范围不一样，所以 AP 产品的厂家不能把具体的范围值放到产品规格中，但在产品的开发和测试中，网络覆盖能力是关键的技术指标。

4）安全性

Wi-Fi 的安全性主要是指 AP 设备的 Wi-Fi 连接和基于 Wi-Fi 连接进行数据传输的安全性。

Wi-Fi 连接安全从第一代 WEP 技术开始，就致力于提供具备有线连接一样的安全能力。最新的 WPA3 安全协议标准为 Wi-Fi 网络带来全方位的安全防护。WPA3 是 Wi-Fi 7 AP 产品必须支持的安全协议标准。

4.1.2　Wi-Fi 7 产品开发流程

在产品定义完成后，便可以启动后续的产品开发流程。下面首先对产品开发流程中的主要环节进行概要介绍，然后再介绍其中具体的开发内容和测试方案。

1. 系统框架设计

首先根据 Wi-Fi 7 的产品需求、规格和成本要求进行系统框架设计。在这个阶段，要根据产品的功能清单、性能目标、闪存以及内存等关键计算机资源的要求，进行整体方案的可行性评估，选择合适的芯片和构造产品的系统框架。

以三频段 Wi-Fi 7 多链路 AP 产品 BE9300 为例，图 4-6 描述了该产品的系统框架示意图，它也是产品的基本硬件构造的示意图。Wi-Fi 7 多链路 AP 与传统单链路 AP 系统结构类似，它包括主控中央处理器单元、Wi-Fi 7 芯片、Wi-Fi 7 前端模块、Wi-Fi 天线、闪存、内存等器件，以及这些器件相互连接的结构和关系。

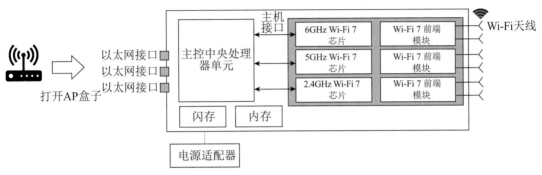

图 4-6　Wi-Fi 7 AP 的系统框架

对系统框架所示的这些关键器件进行选型和组合，就构成了 Wi-Fi AP 数据传输和配置管理的基本架构，下一阶段的硬件和软件开发就可以在这个系统框架的基础上进行。

（1）**主控中央处理器单元**（主控 CPU）：提供 AP 产品软件的执行环境，负责 AP 软件系统的加载和运行，实现 AP 的软件功能。

（2）**Wi-Fi 7 芯片**：Wi-Fi 数据通信的核心器件，实现 Wi-Fi 7 标准定义的多链路数据收发等功能。

（3）**主机接口**：Wi-Fi 芯片和主控 CPU 之间的硬件接口。主控 CPU 通过主机接口与 Wi-Fi 芯片进行数据报文传输，以及对 Wi-Fi 芯片进行配置管理。

（4）**Wi-Fi 7 前端模块**（Front-End Module，FEM）：在发送方向对射频信号进行功率放大，在接收方向上进行接收信号的放大和噪声信号的抑制，从而提高接收信号的信噪比和接收灵敏度。

（5）**Wi-Fi 天线**：天线是无源器件，负责对 Wi-Fi 的射频信号进行发送和接收。

（6）**闪存**：为 AP 产品提供数据文件、日志等信息的存储功能。

（7）**内存**：为 AP 产品提供软件存储、运行过程中的数据读写等功能。

在 Wi-Fi 产品的系统设计中，主控中央处理器单元、Wi-Fi 芯片、前端模块以及天线设计是 Wi-Fi 产品能否满足性能指标的关键。

对主控中央处理器单元的选型，通常选择芯片厂商为无线路由器和 AP 产品设计的**系统芯片**（System on Chip，SoC）。系统芯片通常集成主控 CPU 和 AP 产品的主要功能器件和外设接口，如以太网芯片、USB 控制器、串口和外设组件互联接口（Peripheral Component Interconnect Express，PCIe），部分系统芯片还集成 Wi-Fi 芯片的功能，为 AP 产品提供高集成度的系统芯片方案。为满足 AP 产品高吞吐量的需求，部分系统芯片集成专门的硬件转发引擎，用于实现 Wi-Fi 芯片和以太网芯片之间的基于硬件的数据转发功能。

Wi-Fi 芯片厂商推出的 Wi-Fi 7 芯片方案包含单芯片方案和多芯片方案。单芯片方案由一颗 Wi-Fi 7 芯片实现多个频段和 Wi-Fi 7 的多链路收发功能。多芯片方案由多颗 Wi-Fi 7 芯片共同实现多个频段和 Wi-Fi 7 的多链路收发功能，每颗芯片支持一个 Wi-Fi 频段。

Wi-Fi 7 芯片和系统芯片之间的主机接口通常为 PCIe 接口，PCIe 作为高速串行总线接口，能很好地满足 Wi-Fi 7 技术的数据传输要求。PCIe 已经发展到最新的 6.0 版本，目前主流的 PCIe 3.0 版本单通道总线传输速率达 8Gbps，双通道能达到双倍的总线传输速率。

以没有集成 Wi-Fi 7 芯片的系统芯片和采用多芯片方案设计的 Wi-Fi 7 芯片为例，Wi-Fi 7 多链路 AP 产品 BE9300 包含的主要器件可以参考表 4-6。

表 4-6 Wi-Fi 7 AP 产品器件列表

序号	器件类型	数量
1	系统芯片（SoC）	1 个
2	Wi-Fi 芯片	3 片
3	Wi-Fi 前端模块	3 片
4	Wi-Fi 天线	6 根
5	闪存（256MB）	1 片
6	内存（512MB）	1 片
7	以太网物理层芯片	3 个

2. 硬件开发环节

Wi-Fi 7 AP 的硬件开发指的是根据系统框架，完成硬件电路原理图的设计和电路板制作，完成产品外观设计，并完成硬件设计中的相关功能和性能测试，达到 Wi-Fi 7 的射频指标，并且在第三方的实验室中专门完成不同地区的相关认证测试。硬件开发流程图参考图 4-7，本章不做详细介绍。

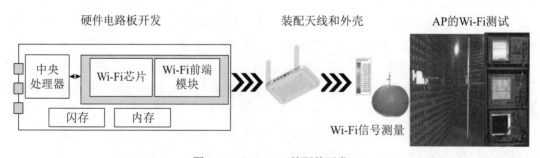

图 4-7 Wi-Fi 7 AP 的硬件开发

3. 软件开发环节

Wi-Fi 7 AP 的软件开发是基于系统框架实现所需要的软件。在系统框架中，芯片厂家提供 Wi-Fi 7 芯片的时候，也提供了软件开发包（Software Development Kit，SDK）和相应的芯片固件，它们已经实现了 Wi-Fi 7 标准中的物理层和 MAC 协议的基本功能。所以，Wi-Fi AP 的设备厂家或 Wi-Fi 技术爱好者，在 SDK 基础上继续二次开发即可，并不需要亲自实现 Wi-Fi 7 标准中的协议规范。

但把 Wi-Fi 7 芯片与中央处理器、Wi-Fi 前端模块、以太网口等部件放在一起作为一个完整的 AP 产品，并且要满足商用化的性能指标，那么开发者就需要了解与 Wi-Fi 芯片软件相关的业务处理流程，以及与 AP 相关的软件开发内容，参考图 4-8。

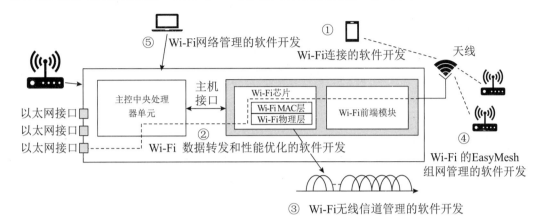

图 4-8　Wi-Fi 7 AP 的软件开发内容

以图 4-8 为例，Wi-Fi 7 AP 的软件开发内容主要包括以下 5 个方面：

（1）Wi-Fi **连接的软件开发**。AP 产品第一步要实现的功能，是建立 AP 与终端之间的 Wi-Fi 连接。Wi-Fi 7 支持多链路模式，支持多链路终端和多链路 AP 在其中一条链路上发起 Wi-Fi 连接，完成多链路的连接。多链路连接方式带来了新的软件管理方式。

（2）Wi-Fi **数据转发和性能优化的软件开发**。Wi-Fi **的数据转发**指的是 AP 把终端的业务数据转发给上行以太网口，或者把上行以太网口的业务数据转发给终端，它是终端实现上网业务的基本功能。Wi-Fi 7 数据转发的特点是多链路同传，即 AP 与终端之间有多条链路同时在发送和接收数据。AP 需要管理多链路的状态，支持多链路下的性能优化，以及保证多链路下的业务质量等功能。

（3）Wi-Fi **无线信道管理的软件开发**。Wi-Fi **无线信道管理**是指对 Wi-Fi 无线信道的优化，支持无线信道的自动选择，选择空闲的无线信道，以提升 Wi-Fi 网络的性能。AP 需要结合 Wi-Fi 7 支持的无线信道范围和带宽，以及信道捆绑方式，实现无线信道优化的功能。

（4）Wi-Fi **的 EasyMesh 组网管理的软件开发**。Wi-Fi EasyMesh **组网管理**是指 Wi-Fi 7 AP 设备实现 EasyMesh 组网功能。AP 需要结合 Wi-Fi 7 多链路设备的特点，实现 Wi-Fi 7 下的 EasyMesh 组网功能的软件。

（5）Wi-Fi **网络管理的软件开发**。Wi-Fi **网络管理**是指实现对 Wi-Fi 连接的网络配置、网络故障检查等相关的功能。结合 AP 产品的管理方式和 Wi-Fi 网络管理协议，本章介绍 Wi-Fi 网络管理的软件设计，以及 Wi-Fi 7 多链路设备相关的管理功能。

图 4-9 列出了 Wi-Fi 7 的 AP 软件开发与以往 AP 的主要区别。因为 Wi-Fi 7 支持多链路同传技术，所以多链路相关的 Wi-Fi 连接、数据同传的配置管理、多链路 QoS 管理、多链路 EasyMesh 组网管理等都是 Wi-Fi 7 的 AP 软件开发的特点。另外，Wi-Fi 7 支持新的信道捆绑方式和信道资源管理，软件开发中也会包含相关的配置管理等内容。

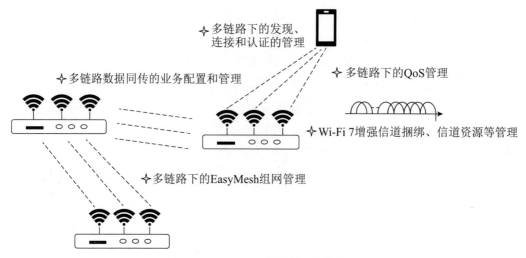

图 4-9　Wi-Fi 7 AP 的软件开发的特点

4. 产品测试环节

在 AP 产品的硬件和软件开发完成之后，进入产品测试环节，对 Wi-Fi 7 AP 产品进行功能和性能的验证。

在产品的功能测试中，将结合 Wi-Fi 7 的技术特点，介绍 Wi-Fi 7 关键技术的测试配置和方法，实现多链路同传技术、OFDMA 和多资源单元分配技术以及严格目标唤醒时间技术等相关功能的验证。

在产品的性能测试中，将结合 Wi-Fi 7 AP 产品典型的部署场景，设计 Wi-Fi 7 AP 产品性能测试的测试环境和步骤，实现产品吞吐量、时延和网络覆盖等性能指标的验证。

4.2　Wi-Fi 7 AP 产品软件开发

本节首先介绍 Wi-Fi 7 AP 产品的软件架构设计，然后介绍软件开发环节的主要开发内容。

4.2.1　Wi-Fi 7 AP 产品的软件架构

Wi-Fi 7 产品的软件开发首先是设计相应的软件架构。**软件架构设计**是基于对产品需求的分析，将产品软件划分为不同层次的不同功能的软件模块，并定义各软件模块的职责、接口以及软件模块之间的关系，用于指导后续的各个软件模块的开发。

软件架构通常都是自下而上的**分层模型**，这种软件模型与目前以中央处理器为主、以集成功能处理芯片来实现产品的方式直接相关。图 4-10 的左半部分给出了 Wi-Fi AP 软件的分层构成方式。

- **底层**：运行在中央处理器上的 Linux 操作系统，以及对 Wi-Fi 芯片等进行初始化、参数配置的驱动软件。
- **中间层**：运行在操作系统之上，包括 Wi-Fi 相关的连接、数据转发、无线信道管理等功能模块，AP 设备相关的设备管理和数据配置模块，Wi-Fi EasyMesh 组网相关的功能模块等。

● **上层**：通过外部网页、远程网络管理协议等方式进行 Wi-Fi 管理的软件模块。

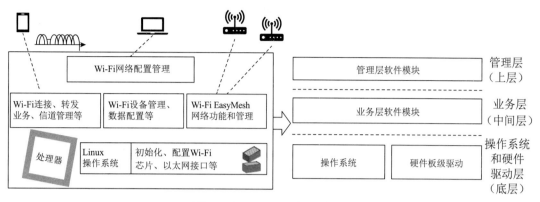

图 4-10　Wi-Fi 7 AP 的软件架构

图 4-10 右半部分则把实际软件模块构成方式进行抽象化，给出了软件架构中常见的分层模型，分别与左半部分对应着操作系统和硬件驱动层、业务层和管理层。每一层的软件模块实现相应的软件功能，并定义抽象的应用编程接口为上层软件模块提供服务。

在软件架构设计中，软件模块的划分和职责定义一方面要考虑产品功能的实现，另一方面要考虑产品主要的需求变化关注点，做到软件模块功能内聚、职责单一，在处理需求变化时，仅需对需求变化相关的软件模块进行代码修改，从而保证软件的可扩展性，降低软件的复杂度。

从抽象出来的软件架构的角度来说，Wi-Fi 7 AP 与之前的 AP 没有区别，但软件架构中的每一个软件模块的实现则因为 Wi-Fi 7 所支持的多链路等新技术而需要做相应的变化。图 4-11 中带灰色的软件模块是受到 Wi-Fi 7 影响而需要变化的部分。

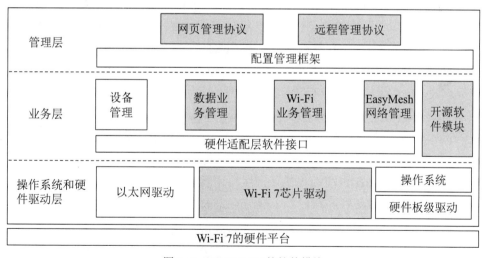

图 4-11　Wi-Fi 7 AP 的软件模块

● **管理层**：对外提供产品的配置界面，例如，用于本地网页管理的 HTTP 协议，用于运营商远程管理的协议，如宽带论坛标准组织（Broadband Forum，BBF）定义的 TR069 协议。网页或者远程管理方式需要支持 Wi-Fi 7 的多频段以及多链路的连接方式。

- **业务层**：负责 AP 产品业务功能的实现，它包括设备管理模块、数据转发业务管理模块、Wi-Fi 业务管理和 EasyMesh 网络管理模块等。与数据业务处理相关的模块、Wi-Fi 业务管理和 EasyMesh 网络管理软件等，根据 Wi-Fi 7 多链路或者低时延业务处理的需求，需要做相关的软件开发。
- **操作系统和硬件驱动层**：操作系统负责硬件资源管理和软件系统基础服务，驱动软件则是硬件和软件之间的桥梁，实现对底层硬件模块的初始化和功能封装。驱动软件需要对 Wi-Fi 7 芯片进行配置、初始化以及相关软件接口适配。

为了支持新的 Wi-Fi 特性，或降低产品成本，AP 产品可能需要在保持原有软件架构下，支持对 Wi-Fi 芯片的替换。不同厂商的 Wi-Fi 芯片有不同的驱动软件，为了屏蔽不同 Wi-Fi 芯片和驱动软件的差异，软件架构需要在应用软件模块和驱动软件之间增加统一的硬件适配层软件接口。因而在替换 Wi-Fi 芯片时，软件变化只发生在底层驱动软件以及硬件适配层软件接口，而不需要修改业务层和管理层的软件模块。

另外，为了使 AP 产品的应用软件独立于不同方式的配置管理方式，软件架构需要在管理协议模块和应用软件模块之间增加统一的配置管理框架模块。管理协议模块负责管理协议自身的协议处理，并进行管理协议配置管理参数和业务层应用软件模块配置参数之间的映射。在配置管理协议需求变化时，软件的修改集中在配置管理协议模块，而不需要修改配置管理框架模块以及应用软件模块。

1. Wi-Fi AP 的操作系统

Wi-Fi AP 产品通常采用 Linux 操作系统，而芯片厂家提供的软件开发包和驱动程序也都支持 Linux。Linux 操作系统作为免费和开源的操作系统，在不同的硬件平台得到了广泛的应用。出于 Linux 开源社区广大程序员的贡献，Linux 操作系统的功能一直在持续发展，其符合 POSIX 可移植操作系统编程接口规范，支持多用户和多任务，支持不同的中央处理器架构以及多种芯片的驱动程序，在操作系统稳定性、安全性和可调试性方面也得到了持续的提升。此外，Linux 操作系统支持强大的网络子系统，其支持各种不同的网络协议，支持网络设备的数据转发功能，能很好地满足网络设备的网络驱动和数据转发业务开发的需求。

在嵌入式系统领域，涌现出了多种基于 Linux 操作系统内核的应用操作系统，其针对特定产品类型的需求，基于 Linux 内核提供丰富的应用服务，如面向智能手机产品的 Android 操作系统，以及面向无线路由器和 AP 产品的 Openwrt 操作系统。

Openwrt 是基于 Linux 内核的集成了无线路由器应用层服务的开源操作系统，支持丰富的网络功能，并提供良好的开放性。Openwrt 社区中有大量的软件包，很好地丰富了 Openwrt 系统的功能。

在运营商市场，一些海外的宽带运营商对基于 Openwrt 的 Wi-Fi AP 表示出极大的兴趣，并希望设备厂家能够提供相应的产品。而在零售市场，基于 Openwrt 而开发的路由器在市场中有更广的应用。

Wi-Fi AP 产品可以基于 Linux 或 Openwrt 进行开发，两者之间的比较可以参考表 4-7。

表 4-7 Wi-Fi 7 AP 采用的操作系统框架对比

对比项	基于 Linux 开发	基于 Openwrt 开发
网络驱动和网络功能的支持	Linux 内核支持网络驱动开发框架,并支持多种芯片的驱动程序,支持丰富的网络协议	Openwrt 集成 Linux 内核,支持 Linux 内核的网络驱动和网络功能
应用层软件的支持	由设备厂商开发 AP 产品的应用层软件功能	Openwrt 支持 AP 产品的部分应用层软件功能,如数据业务管理功能、Wi-Fi 业务管理功能、本地网页管理功能以及 Openwrt 的配置管理框架 设备厂商可基于 Openwrt 的应用层软件功能做新功能的开发
开源软件和扩展软件包的支持	支持大量的开源软件,AP 产品常用的开源软件包括应用层网络协议、Wi-Fi 认证管理模块等	支持大量的开源软件,此外,Openwrt 社区支持基于 Openwrt 开发的大量扩展软件包
Wi-Fi 芯片厂家支持	普遍支持 Linux 的开发	主流芯片厂家支持 Openwrt

2. Wi-Fi 7 的驱动模块

芯片厂家提供的 Wi-Fi 7 芯片的软件开发包和相应的芯片固件,可以统称为 Wi-Fi 驱动软件包。不同厂家提供的驱动软件包在代码上并不一样,但它们与芯片硬件一起都实现了 Wi-Fi 标准的物理层的帧处理、无线媒介接入以及 MAC 层的主要功能。

Wi-Fi 驱动软件包为芯片提供初始化配置,把芯片正常运行所需要的配置参数和数据报文传递封装成与具体硬件无关的通用软件接口。Wi-Fi AP 的设备厂家在开发产品软件的时候,调用驱动软件包的接口,就可以实现业务数据传递和芯片的管理控制。

下面介绍 Wi-Fi 驱动软件包框架和主要功能,以及 Wi-Fi 驱动软件包为上层应用提供的通用软件接口。

1)Wi-Fi 驱动软件包的框架和主要功能

Wi-Fi 芯片与驱动软件包框架如图 4-12 所示。Wi-Fi 驱动软件包通常包括运行在 Wi-Fi 芯片中的固件和运行在主控处理器中的驱动软件,它们之间的分工与具体实现相关。

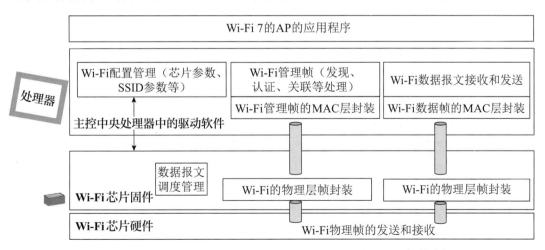

图 4-12 Wi-Fi 7 AP 的驱动软件包的固件以及处理器中的驱动软件功能

芯片中的固件是运行在 Wi-Fi 芯片中的软件，它处于主控中央处理器与芯片功能之间，所以它需要提供芯片与中央处理器之间的主机通信接口。除此之外，它的主要功能包括：

- 处理来自中央处理器对芯片的配置管理。
- 处理芯片与中央处理器之间的管理帧和数据报文的传送。
- 对中央处理器的驱动软件发送的报文进行调度管理。
- 实时性较高的无线媒介接入控制功能。

主控处理器中的驱动软件是芯片厂家提供给开发 Wi-Fi 产品的设备厂家的软件，它既可能是一部分可以直接查看的源码，也可能包含了不可读的二进制文件。

主控处理器中的驱动软件处于上层应用软件与芯片固件之间，所以它需要为上层应用软件提供相应的 Linux 定义的**通用软件接口**，也需要提供中央处理器与芯片之间的主机通信接口。除此之外，它的主要功能包括：

- 实现芯片初始化、固件下载、Wi-Fi 芯片相关的配置功能。
- 支持 MAC 层管理帧处理。MAC 层管理帧处理包括 Wi-Fi 信标帧和探测帧等相关的 Wi-Fi 网络发现、Wi-Fi 连接过程，以及其他 Wi-Fi 管理帧相关的 MAC 层协议的处理。
- MAC 层数据报文收发处理过程。

Wi-Fi 7 芯片的驱动软件提供的功能集与之前的 Wi-Fi 芯片基本一致。但 Wi-Fi 7 特有的多链路同传技术需要驱动软件中的管理帧处理以及数据报文收发处理功能做相应的适配和支持。

2）Wi-Fi 驱动为上层应用提供的通用软件接口

Wi-Fi 驱动软件模块包含了给上层应用程序提供的软件接口，支持应用程序对驱动软件进行配置和管理，也支持驱动软件向上层软件上报事件，如图 4-13 所示。

为了使不同 Wi-Fi 芯片厂商的 Wi-Fi 驱动软件为上层应用程序提供一致的软件接口，Linux 操作系统集成了通用 Wi-Fi 驱动软件配置模块，定义通用 Wi-Fi 驱动软件接口。Wi-Fi 芯片厂商可基于该通用 Wi-Fi 驱动软件配置模块，结合 Wi-Fi 芯片的硬件设

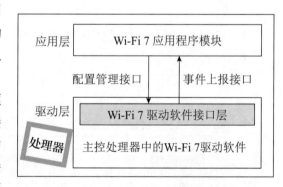

图 4-13　Wi-Fi 7 的驱动软件包的接口

计来实现 Wi-Fi 芯片驱动软件包，并实现通用 Wi-Fi 驱动软件接口。

Linux 通用 Wi-Fi 驱动软件配置模块框架的描述可参见图 4-14。通用驱动软件配置模块 cfg80211 实现了两套驱动软件接口，即基于 Linux IOCTL 的 WEXT 接口和基于 Linux NETLINK 的 NL80211 接口。

IOCTL 和 NETLINK 是 Linux 中的两种通信机制。Linux 操作系统运行环境包括用户空间和内核空间，应用程序运行在用户空间，而驱动模块运行在内核空间，用户空间和内核空间拥有各自独立的且不能相互访问的内存地址空间。为了使得 Wi-Fi 应用程序与

Wi-Fi 驱动软件之间可以相互通信，Linux 操作系统基于 IOCTL 和 NETLINK 两种通信机制进行通信，IOCTL 机制是通过 Linux 的设备文件描述符来发送控制命令，而 NETLINK 机制是基于套接字接口发送消息的通信机制。

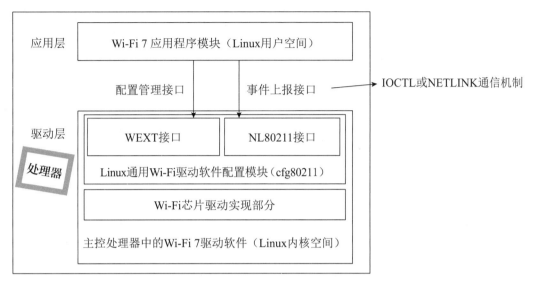

图 4-14　Linux 通用 Wi-Fi 驱动软件模块和接口

（1）WEXT **接口**。Linux 系统集成的第一代通用 Wi-Fi 接口，称为无线扩展接口。其配置管理接口基于 Linux IOCTL 机制实现，事件上报接口基于 Linux NETLINK 套接字实现。

（2）NL80211 **接口**。Linux 系统集成的新一代通用 Wi-Fi 接口，其配置管理接口和事件上报接口都基于 Linux NETLINK 套接字实现。NL80211 支持 WEXT 定义的所有接口，相比于 WEXT，NL80211 有更好的扩展性，并逐步替代了 WEXT 接口。

NL80211 为应用程序提供了丰富的 Wi-Fi 驱动接口，涵盖 Wi-Fi 芯片配置接口、Wi-Fi SSID 配置接口、STA 关联认证接口、STA 密钥配置接口以及 MAC 层事件上报接口等。

3. Wi-Fi 管理模型

AP 设备、STA 终端设备、AP 的 Wi-Fi 频段和 BSS 基本业务集一起构建了 Wi-Fi 网络的基本要素，它们之间有对应的关联关系。Wi-Fi 产品开发的关键内容之一，是对 Wi-Fi 网络中涉及的基本要素进行配置与管理，例如，在图形化的网页上显示 AP 的频段信息、BSS 信息和连接的 STA 数量等。这些基本要素被称为 Wi-Fi **管理对象**。Wi-Fi 管理对象以及它们之间的业务关系就一起构成了 Wi-Fi **管理模型**。

如图 4-15 的左半部分所示，Wi-Fi 6 AP 有 2.4GHz、5GHz 和 6GHz 三个频段，每一个频段可以配置多个 SSID，形成各自的 BSS 业务集，相应的 STA 就加入各自的 BSS 网络。图 4-15 的右半部分是对 Wi-Fi 基本要素的提取，分别抽象成对应的管理对象，并构成管理模型。

管理对象包括 AP 设备、AP 设备支持的 Wi-Fi 频段、AP 设备的 BSS 以及 AP 设备上连接的 Wi-Fi 终端设备。管理对象以及它们之间的关系描述如下：

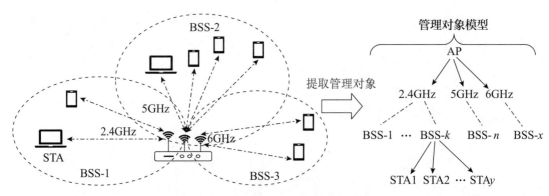

图 4-15　Wi-Fi 6 管理对象和管理模型

- **AP 设备支持一个或多个 Wi-Fi 频段**。每个 Wi-Fi 频段管理对象定义相关的配置管理参数，比如 Wi-Fi 信道、Wi-Fi 频宽、发送功率、Wi-Fi 信道扫描以及 Wi-Fi 频段的收发报文统计参数等。
- **一个 Wi-Fi 频段上可以创建一个或多个 BSS**。BSS 用 SSID 标识，每个 BSS 管理对象定义相关配置管理参数，比如 SSID 名称、Wi-Fi 认证方式、加密方式和密钥信息、EDCA 访问分类参数以及 BSS 的收发报文统计参数等。
- **一个 BSS 上可以连接一个或多个终端**。每个连接终端管理对象定义相关的设备参数，比如终端的 MAC 地址、物理连接速率、RSSI 信号强度以及终端的收发报文统计参数等。

　　Wi-Fi 7 支持多链路同传技术，设备包括**多链路 AP** 和**多链路 STA**。为多链路 AP 创建 BSS 时，一个 BSS 可以关联一条或多条链路。图 4-16 是 Wi-Fi 7 网络的管理对象和管理模型的例子，管理对象包括多链路 AP、多链路 AP 支持的 Wi-Fi 频段、多链路 AP 的 BSS 以及 AP 上连接的 Wi-Fi 终端。

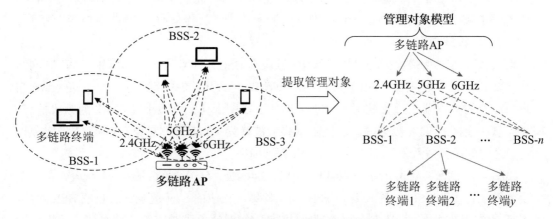

图 4-16　Wi-Fi 7 管理对象和管理模型

　　与 Wi-Fi 6 管理模型不同，Wi-Fi 7 的 BSS 管理对象和一个或多个 Wi-Fi 频段的管理对象关联，且 BSS 上连接的每个多链路 STA 和多链路 AP 之间建立一条或多条链路。

　　因此，BSS 管理对象需要定义新的参数，用于指示 BSS 所关联的一个或多个 Wi-Fi 频段；多链路 STA 管理对象需要定义新的参数，用于指示多链路 STA 和多链路 AP 之间的多链路连接所对应的 Wi-Fi 频段。

　　在产品软件开发中，Wi-Fi 管理模型是抽象出来的对 Wi-Fi 业务进行管理的数据模型。软件开发就是根据数据模型中管理对象的关联关系和属性参数，实现相应的产品配置、数据库存储和应用界面的显示。

　　Wi-Fi 网络管理系统和 AP 设备之间使用管理协议进行通信。管理协议定义管理数据模型，以及对管理对象和属性参数的操作方法，网络管理系统对管理对象以及属性参数进行配置管理操作，实现对 AP 的 Wi-Fi 业务管理。

　　为了实现对 AP 的 Wi-Fi 业务的标准化管理，并支持不同厂商的网络管理系统与 AP 之间的互通，宽带论坛标准组织定义了面向家庭网关和无线路由器等设备的标准管理数据模型，先后发布了 TR098 和 TR181 管理数据模型规范，其详细内容将在 4.2.7 节中介绍。

4.2.2　Wi-Fi 7 连接管理

　　Wi-Fi 连接管理模块主要负责 Wi-Fi 终端和 AP 之间建立和断开连接的过程。与之前的 Wi-Fi 技术相比，Wi-Fi 7 连接过程主要变化是多链路连接的支持，多链路 STA 和多链路 AP 之间可以在任一条链路上完成多链路连接。

　　如图 4-17 所示，实现 Wi-Fi 连接管理的开发，需要了解 Wi-Fi 连接过程的状态管理，以及多链路 AP 的 BSS 在 Wi-Fi 驱动中的参考模型。下面先介绍这些内容，然后结合 Wi-Fi 连接管理相关的软件模块介绍 Wi-Fi 连接过程。

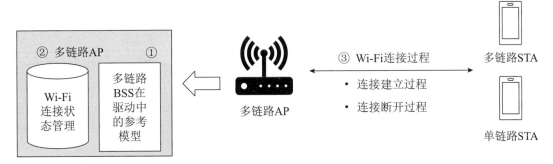

图 4-17　Wi-Fi 连接管理开发的主要内容

1. 多链路 AP 的 BSS 在 Wi-Fi 驱动中的参考模型

　　4.2.1 节中介绍了 Wi-Fi 7 的管理模型，管理模型中一个 BSS 管理对象关联到一个或多个 Wi-Fi 频段管理对象。业务管理软件模块根据 BSS 管理对象的配置参数信息，对 Wi-Fi 驱动模块进行配置，然后由 Wi-Fi 驱动模块根据 BSS 的配置参数信息，实现 BSS 的 Wi-Fi 接入业务。

1）多链路 AP 的 BSS 对象在 Wi-Fi 驱动中的参考模型

　　如图 4-18（a）所示，每一个 BSS 管理对象在 Wi-Fi 驱动中对应一个多链路 MLD 对象，以及与 MLD 关联的每条链路附属 AP 的 BSS 对象。

　　MLD 对象由 MLD MAC 地址标识，代表多链路 BSS 在驱动中的逻辑对象。每条链路附属 AP 的 BSS 对象由链路的 MAC 地址标识，分别为 AP1 链路 MAC 地址、AP2 链路 MAC 地址和 AP3 链路 MAC 地址，链路 MAC 地址是每条链路附属 AP 的 BSS 的 BSSID。

2）多链路 STA 对象在终端侧 Wi-Fi 驱动中的参考模型

如图 4-18（b）所示，多链路 STA 由多链路 STA 的 MLD MAC 地址标识，其每条链路附属的 STA 由链路的 MAC 地址标识，分别为 STA1 链路 MAC、STA2 链路 MAC 和 STA3 链路 MAC 地址。

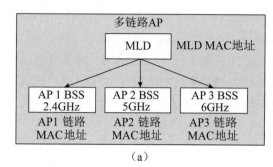
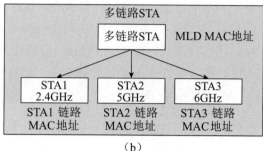

图 4-18　多链路 AP 的 BSS 对象和多链路 STA 在驱动中的参考模型

2. Wi-Fi 连接过程的状态管理

Wi-Fi 连接过程包括 STA 和 AP 之间的认证、关联和密钥协商过程。802.11 规范定义了 Wi-Fi 连接过程中不同的连接状态，用于对连接过程的管理。

Wi-Fi 连接的认证和密钥协商过程和 Wi-Fi 网络所配置的安全标准相关。Wi-Fi 网络接入安全标准从早期的 WEP 标准，发展到后来 802.11i 规范定义的 WPA、WPA2 和最新的 WPA3 标准，Wi-Fi 网络接入安全在持续加强。WPA 和之后的安全标准达到 802.11i 定义的鲁棒安全网络（Robust Security Network，RSN）要求，STA 和 AP 之间基于 WPA 和之后的安全标准建立的 Wi-Fi 连接称为鲁棒安全网络关联（Robust Security Network Association，RSNA）Wi-Fi 连接。RSNA Wi-Fi 连接过程包含四次握手过程，在四次握手过程中，STA 和 AP 双方相互确认对方拥有相同的 PMK，并生成 PTK 和 GTK 临时密钥，完成 Wi-Fi 连接的密钥协商。

RSNA Wi-Fi 连接的连接状态迁移过程如图 4-19 所示。

多链路 AP 与多链路 STA 或单链路 STA 之间的连接过程都符合相同的状态迁移过程。对多链路 AP 和多链路 STA 之间的连接过程，多链路 AP 和多链路 STA 之间的连接状态按照该状态迁移过程进行管理，同时，每个链路的连接状态从对应的多链路 AP 和多链路 STA 的连接状态继承，保持相同的连接状态。

（1）**状态 1，未认证状态**，是 Wi-Fi 连接过程的初始状态。

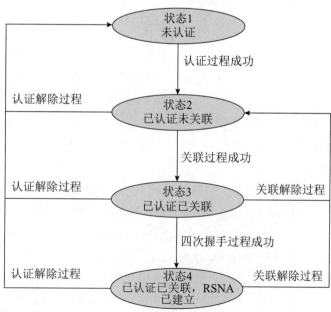

图 4-19　RSNA Wi-Fi 连接过程的状态迁移图

STA 侧发起认证请求，若认证过程成功，则连接状态迁移为状态 2。

（2）**状态 2，已认证未关联状态**。在状态 2，STA 侧发起关联请求开始 Wi-Fi 连接的关联过程。若关联过程成功，则 Wi-Fi 连接状态迁移为状态 3。

（3）**状态 3，已认证已关联状态**。在状态 3，AP 和 STA 之间启动四次握手过程，若四次握手过程成功，则 Wi-Fi 连接状态迁移为状态 4。

（4）**状态 4，已认证已关联，RSNA 已建立状态**，是 Wi-Fi 连接完成的最终状态。在状态 4，AP 和 STA 之间基于 IEEE 802.11 连接进行加密的数据传输。

3. Wi-Fi 连接过程的软件实现

Wi-Fi 连接管理功能实现的软件模块包括业务层的 Wi-Fi 认证管理软件模块和驱动层的连接管理模块，如图 4-20 所示。

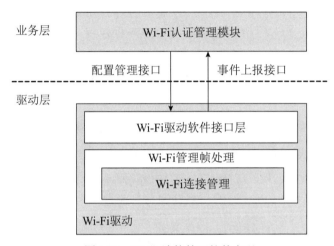

图 4-20 Wi-Fi 连接管理软件实现

Wi-Fi 驱动的连接管理模块负责 Wi-Fi 连接过程中认证、关联管理帧的处理，负责 Wi-Fi 连接过程中连接状态的管理。

Wi-Fi 认证管理模块支持 Wi-Fi 连接过程中的认证和密钥协商过程，开源软件模块 hostapd 是 AP 产品广泛应用的认证管理软件模块，其主要功能包括：

- IEEE 802.11 认证过程，支持开放系统认证模式、SAE 认证模式。
- IEEE 802.1x 扩展认证过程。
- 四次握手过程。

Wi-Fi 驱动模块和 Wi-Fi 认证管理模块之间基于 Wi-Fi 驱动软件接口通信。Wi-Fi 驱动模块给 Wi-Fi 认证管理模块上报 IEEE 802.11 认证和关联管理帧报文、IEEE 802.1x 认证数据报文以及四次握手过程数据报文，Wi-Fi 认证管理模块返回给 Wi-Fi 驱动模块认证结果以及四次握手过程产生的密钥信息。

1）多链路 AP 和多链路 STA 之间的连接建立过程

下面以基于 WPA3 安全标准和预共享密钥鉴权方式的 Wi-Fi 连接过程为例，讨论 Wi-Fi 连接的认证、关联和四次握手过程，如图 4-21 所示。

（1）**认证过程**：多链路 AP 和多链路 STA 通过认证请求（Authentication Request）帧和认证响应（Authentication Response）帧进行认证过程的交互，该交互过程包含两对认证消息，第一对认证消息完成密钥的协商，第二对认证消息完成密钥的确认。认证请求帧和认证响应帧携带多链路信息单元，包含 MLD MAC 地址。

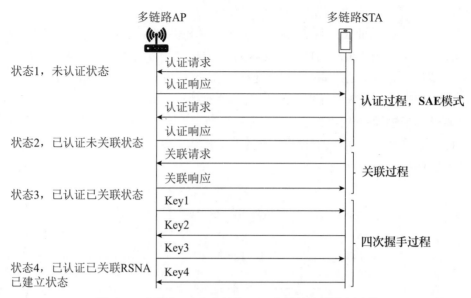

图 4-21   多链路 AP 和多链路 STA 之间的连接建立过程

Wi-Fi 认证管理模块负责实现用于 WPA3 安全标准的对等实体同时认证（SAE）协议，基于预共享密钥完成认证过程，生成成对主密钥 PMK。

Wi-Fi 驱动模块负责 Wi-Fi 连接的状态管理，认证过程完成后，Wi-Fi 连接状态迁移到已认证未关联状态。

（2）**关联过程**：多链路 AP 和多链路 STA 通过关联请求（Association Request）帧和关联响应（Association Response）帧进行关联过程的交互，关联请求帧和关联响应帧携带多链路信息单元，包含 MLD MAC 地址以及请求建立多链路连接的链路信息。

Wi-Fi 驱动模块负责关联请求帧的处理，根据关联请求帧携带的多链路信息完成每条链路的 Wi-Fi 能力集和连接参数的协商。关联过程完成后，Wi-Fi 连接状态迁移到已认证已关联状态。

（3）**四次握手过程**：Wi-Fi 认证管理模块负责四次握手过程的协议处理，四次握手协议报文中包含 MLD MAC 地址以及请求建立多链路连接的链路信息，Wi-Fi 认证管理模块生成多条链路共享的 PTK，以及生成每条链路的 GTK，并在四次握手协议报文中发送给多链路 STA 设备。四次握手过程完成后，Wi-Fi 连接状态迁移到已认证已关联 RSNA 已建立状态。

完成 Wi-Fi 连接过程后，多链路 AP 和多链路 STA 基于 Wi-Fi 连接进行加密数据报文传输。

2）**多链路 AP 和多链路 STA 之间的连接断开过程**

如图 4-22 所示的连接断开过程，包含解除关联和解除认证过程。

解除关联（Disassociation）和解除认证（Deauthentication）过程可以由多链路 AP 或多链路 STA 在任意一条已经建立连接的链路上发起，完成多链路连接断开的过程。

在 Wi-Fi 连接断开过程中，Wi-Fi 认证管理模块负责删除所有建立的多链路安全连接的密钥信息，Wi-Fi 驱动模块将 Wi-Fi 连接状态迁移到未认证状态。

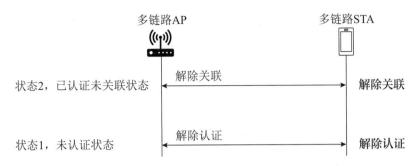

图 4-22　多链路 AP 和多链路 STA 之间的连接断开过程

3）多链路 AP 和单链路 STA 之间的连接建立和断开过程

多链路 AP 和单链路 STA 的 Wi-Fi 连接建立和断开过程，和以前的 Wi-Fi 技术没有区别。

单链路 STA 在其工作频段上与多链路 AP 完成单链路连接过程，包括 Wi-Fi 认证、关联和四次握手过程，Wi-Fi 连接状态迁移到已认证已关联 RSNA 已建立状态。

单链路 STA 在其工作频段上与多链路 AP 完成单链路连接断开过程，包括解除关联和解除认证过程，Wi-Fi 连接状态迁移到未认证状态。

4.2.3　Wi-Fi 7 数据转发

Wi-Fi 数据转发功能开发是实现数据报文在 AP 的 Wi-Fi 接口和其他网络接口之间转发的功能。

AP 设备支持 Wi-Fi 网络接口，同时还支持一个或多个以太网口，其中一个以太网口用于 AP 的上联网络接口，这个以太网口称为广域网（Wide Area Network，WAN）接口，其他以太网口为局域网（Local Area Network，LAN）接口。以 Wi-Fi 接口和 WAN 口之间的数据转发为例，图 4-23 是多链路 STA 与多链路 AP 建立 Wi-Fi 连接后，STA 访问 WAN 侧网络的数据转发路径。

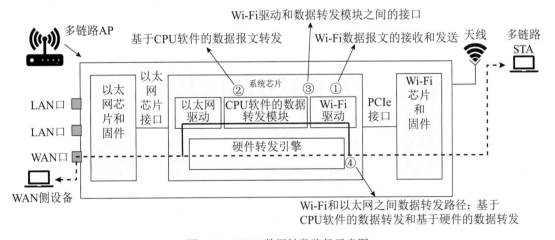

图 4-23　Wi-Fi 数据转发路径示意图

取决于 AP 产品的系统设计和系统芯片的能力，Wi-Fi 接口和 WAN 口之间的数据转发路径有两种，一种是基于 CPU 软件的数据转发，另一种是基于系统芯片硬件加速引擎的数据转发。随着 Wi-Fi 物理层速率越来越高，基于 CPU 软件的数据转发处理方案难以满足数据转发吞吐量的要求，更多的 AP 产品采用支持硬件加速引擎的系统芯片，由硬件加速引擎实现数据转发功能，以满足产品吞吐量的性能要求。

CPU 软件的数据转发路径包括 Wi-Fi 驱动对 Wi-Fi 数据报文的收发、以太网驱动模块对以太网数据报文的收发，以及 CPU 软件的数据转发模块对 Wi-Fi 驱动和以太网驱动之间的数据报文进行转发。

基于硬件的数据转发由系统芯片的硬件加速引擎直接处理 Wi-Fi 芯片和以太网芯片之间的数据报文，不需要通过 CPU 软件进行处理。

与之前的 Wi-Fi 技术相比，Wi-Fi 7 数据转发路径上的主要不同是多链路 AP 的 Wi-Fi 驱动模块或硬件转发引擎对多链路同传技术的支持。下面从四个方面对数据转发功能进行介绍。

- Wi-Fi 7 MAC 层对多链路数据转发的支持。
- CPU 软件的数据转发模块的数据转发功能。
- Wi-Fi 驱动和数据转发模块之间的接口。
- 基于 CPU 软件和基于硬件的数据转发方案。

1. Wi-Fi 7 MAC 层对多链路数据转发的支持

3.2.3 节的 MAC 层架构部分中，讲述了多链路 AP 的高 MAC 层和低 MAC 层。

多链路 AP 的 MAC 层实现中，为每条链路实现链路相关的低 MAC 层和高 MAC 层，用于支持和单链路 STA 之间基于单链路连接的数据收发处理。此外，还实现多链路公共的高 MAC 层，用于支持和多链路 STA 之间基于多链路的数据收发处理（如图 4-24 所示）。

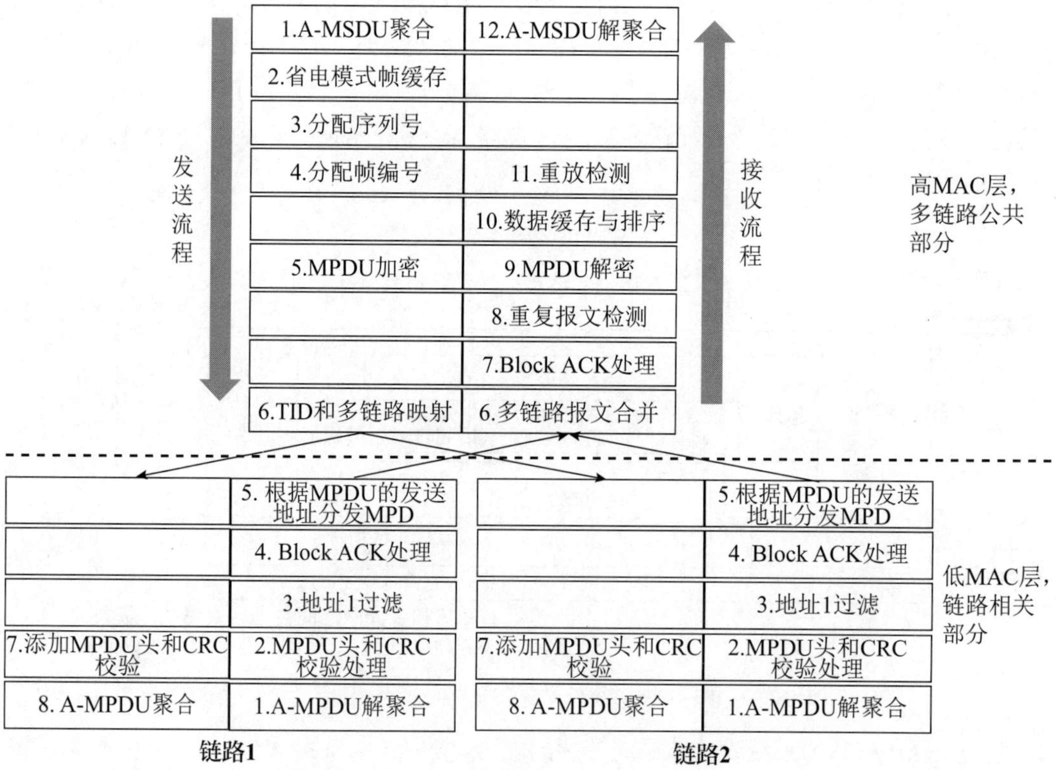

图 4-24　Wi-Fi MAC 层多链路数据收发处理过程

在图 4-24 所示的 MAC 层多链路数据收发处理过程中，多链路公共的高 MAC 层负责多链路数据收发处理过程的公共部分，每条链路的低 MAC 层负责多链路数据收发处理过程的链路相关部分。

发送方向：多链路公共的高 MAC 层处理 A-MSDU 聚合、省电模式的帧缓存、MAC 层数据帧的序列号分配、MPDU 报文加密和 MPDU 加密过程用到的帧编号分配，然后根据 TID 和多链路的映射关系进行多链路调度，把加密的 MPDU 报文分发到相应的链路进行数据发送。低 MAC 层收到加密的 MPDU 报文后，为 MPDU 更新 MAC 层帧头、计算 MPDU 校验和、结合链路媒体访问控制进行 A-MPDU 聚合处理，然后送到物理层完成发送过程。

接收方向：低 MAC 层收到来自物理层的 PSDU 报文后，进行 A-MPDU 解聚合处理、MPDU 头部和 CRC 检查、接收地址过滤、Block ACK 处理，然后根据 MPDU 报文的发送地址进行 MPDU 报文的分发。多链路公共的高 MAC 层收到 MPDU 报文后，对从多条链路接收的 MPDU 报文进行合并和缓存、多链路 Block ACK 信息的同步、重复报文检测、MPDU 解密、根据 MAC 层数据帧的序列号进行报文排序、根据帧编号进行报文重放检测、A-MSDU 解聚合，完成 MAC 层接收过程。

MAC 层多链路和单链路的数据收发处理过程是类似的，其主要区别是多链路公共的高 MAC 层处理多链路数据收发的公共部分，和链路相关的低 MAC 层之间进行下行数据发送的调度，以及上行数据接收的分发。

下行数据发送的调度：多链路公共的高 MAC 层根据 TID 和多链路的映射关系，以及每条链路的负载情况，进行下行数据发送的多链路调度。

上行数据接收的分发：低 MAC 层根据 MPDU 报文的发送地址进行 MPDU 报文的分发，如果发送地址对应单链路 STA，则 MPDU 报文发送到链路相关的高 MAC 层进行单链路数据接收处理，如果发送地址对应多链路 STA，则 MPDU 报文发送到多链路公共的高 MAC 层进行多链路数据接收处理。

2. CPU 软件的数据转发模块的数据转发功能

AP 产品的 Wi-Fi 接口和 WAN 口之间的数据转发支持两种数据转发模型，即桥接转发模型和路由转发模型。

- **桥接转发模型**：基于 IEEE 802.3 以太网数据帧二层 MAC 地址和 VLAN 信息进行二层转发，支持局域网内部不同网络接口之间的数据转发，如图 4-25（a）所示。
- **路由转发模型**：基于 IP 层 IP 地址信息进行路由转发，支持跨 IP 网段的网络接口之间的数据转发，如图 4-25（b）所示。

1）网络接口

在软件数据转发模块中，网络接口代表一个网络设备，它可以对应一个以太网物理接口，或者 Wi-Fi 无线接口。图 4-25 中，网络接口 eth0 对应以太网 WAN 口，网络接口 mld0 对应 Wi-Fi 驱动模块中的一个无线接口。

网络接口用于封装底层不同网络接口硬件的细节，为上层数据转发模块提供通用的接口，进行对数据报文的收发处理和网络设备的配置管理。以太网驱动和 Wi-Fi 驱动模块创建网络接口对象，上层数据转发模块不用区分底层硬件接口的不同，使用相同的网络接口对象进行网络接口数据的收发。

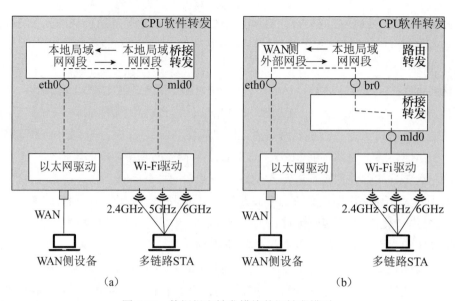

图 4-25　数据报文转发模块数据转发模型

2）桥接转发模块

桥接转发模块的实现基于 IEEE 802.3 以太网数据帧二层 MAC 地址和 VLAN 信息的二层转发功能，Linux 网络子系统支持桥接转发模块的功能。

Linux 网络子系统支持创建网桥设备对象，并将网络接口对象和网桥设备对象关联，由网桥设备负责网络接口之间的数据报文二层转发功能。

3）路由转发模块

路由转发模块基于 IP 层 IP 地址信息，实现跨 IP 网段的网路接口之间的数据转发功能，Linux 网络子系统支持路由转发模块的功能。

图 4-25（b）中，路由转发模块在网络接口 eth0 和 br0 之间进行数据报文路由转发。eth0 和 br0 分别对应以太网 WAN 口和下层桥接转发模块创建的网桥设备，eth0 的 IP 地址为 AP 设备上联口外部网络的网段，而 br0 的 IP 地址为本地局域网的网段。

路由转发模块在本地局域网网段和外部网络网段之间进行三层路由转发时，执行网络地址转换（Network Address Translation，NAT），从而完成局域网设备和外部网络之间的数据传输。

- **支持 NAT 的数据发送**：向外部网络发送数据报文时，NAT 功能将源 IP 地址从设备的局域网 IP 地址转化为 eth0 接口的 IP 地址。
- **支持 NAT 的数据接收**：接收外部网络的数据报文时，NAT 功能将目标 IP 地址从 eth0 接口的 IP 地址转换为设备的局域网 IP 地址。

3. Wi-Fi 驱动和数据转发模块之间的接口

多链路 AP 的高 MAC 层包括每条链路相关的高 MAC 层和多链路公共的高 MAC 层，由高 MAC 层负责和数据转发模块之间进行 MSDU 数据报文的传递。

每条链路相关的高 MAC 层为每个 BSS 对象创建一个网络接口，用于单链路 STA 的数据转发；多链路公共的高 MAC 层为每个 BSS 对象创建一个网络接口，用于多链路 STA 的数据转发。如图 4-26 所示，多链路公共的高 MAC 层为 BSS 对象创建的网络接口为 mld0，用于连接到该 BSS 的多链路 STA 的数据转发。

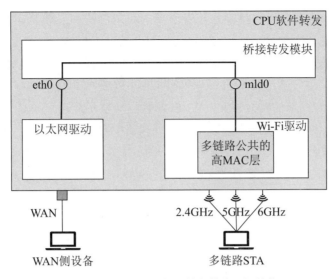

图 4-26　Wi-Fi 驱动和数据转发模块之间的接口

在 Wi-Fi 数据报文接收方向，低 MAC 层根据 MPDU 报文的发送地址，将从多链路 STA 收到的 MPDU 报文分发到多链路公共的高 MAC 层处理。多链路公共的高 MAC 层完成报文接收过程处理，根据多链路 STA 连接的 BSS 对象找到对应的网络接口 mld0，将 MSDU 报文通过网络接口发送到数据转发模块，进行数据转发处理。

在 Wi-Fi 数据报文发送方向，桥接数据转发模块根据待发送报文的目标 MAC 地址找到对应的网络接口 mld0，将 MSDU 报文通过网络接口发送到多链路公共的高 MAC 层进行处理。多链路公共的高 MAC 层完成数据报文发送过程的处理，根据多链路发送调度，将 MPDU 报文发送到某一条链路的低 MAC 层处理，在一条链路上完成该数据报文的发送。

4. 基于 CPU 软件和基于硬件的数据转发方案

图 4-27 以桥接转发模型为例，描述了 Wi-Fi 接口和 WAN 口之间的基于 CPU 软件和基于硬件的数据转发路径。桥接转发模型和路由转发模型的不同在于软件转发模块和硬件转发模块，下面对 Wi-Fi 部分的讨论适用于不同的转发模型。

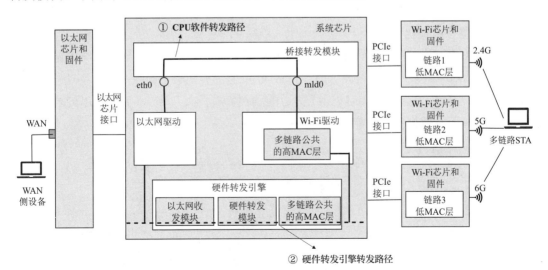

图 4-27　AP 软件转发和硬件转发路径

图 4-27 描述的方案使用支持硬件转发引擎的系统芯片和三颗 Wi-Fi 7 芯片。对 Wi-Fi MAC 层多链路数据转发的处理，Wi-Fi 驱动和固件的分工与 Wi-Fi 芯片的设计相关，链路相关的低 MAC 层功能通常由芯片的固件实现，而多链路公共的高 MAC 层的功能可以在 Wi-Fi 驱动中实现，系统芯片和 Wi-Fi 芯片之间通过 PCIe 接口传输数据报文。

对基于硬件转发引擎的转发方案，Wi-Fi 的数据转发不经过主控 CPU 处理，多链路公共的高 MAC 层的功能可以在硬件转发引擎的处理器中实现。

（1）CPU **软件转发**。

CPU 软件转发过程由系统芯片的主控 CPU 处理，由 Wi-Fi 驱动实现的多链路公共的高 MAC 层、数据转发模块和以太网，来驱动完成 Wi-Fi 芯片和以太网芯片之间的多链路数据转发。

（2）**硬件转发**。

硬件转发过程由系统芯片集成的硬件转发引擎处理，由硬件转发引擎上运行的多链路公共的高 MAC 层、硬件转发模块和以太网收发模块，来完成 Wi-Fi 芯片和以太网芯片之间的多链路数据转发。

在 Wi-Fi 数据报文接收方向，Wi-Fi 芯片固件完成数据报文低 MAC 层的处理，通过 PCIe 接口发送到硬件转发引擎。硬件转发引擎的多链路公共的高 MAC 层将 MSDU 数据报文发送到硬件转发模块，由硬件转发模块进行 Wi-Fi 和以太网之间的数据转发。

在 Wi-Fi 数据报文发送方向，硬件转发模块收到以太网接口的数据报文，根据数据报文的目标 MAC 地址进行转发，将 MSDU 数据报文发送给多链路公共的高 MAC 层进行处理。多链路公共的高 MAC 层完成数据报文发送过程的处理，根据多链路发送调度，将 MPDU 报文通过 PCIe 接口发送到对应 Wi-Fi 芯片固件的低 MAC 层处理，完成数据报文的发送。

4.2.4　Wi-Fi 7 性能优化

Wi-Fi 性能优化是指在 AP 产品基本的 Wi-Fi 连接功能和数据转发功能开发完成后，进行 AP 产品的 Wi-Fi 性能调优的过程，以达到产品的 Wi-Fi 性能需求。Wi-Fi 性能优化包括吞吐量性能优化和时延性能优化。

1. 吞吐量性能优化

如图 4-28 所示，多链路 AP 在上联 WAN 接口与设备相连，在 Wi-Fi 侧与多链路 STA 连接。影响 WAN 侧设备和多链路 STA 之间吞吐量的主要因素，包括 Wi-Fi 物理层传输速率、数据转发的处理能力和 Wi-Fi 无线信道的利用率。此外，Wi-Fi 7 多链路同传支持多条链路上行和下行数据传输，能带来更高的吞吐量。

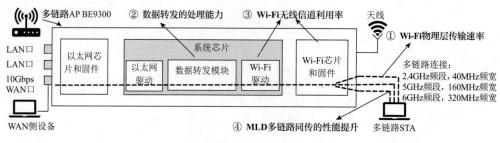

图 4-28　吞吐量性能优化

吞吐量性能优化的开发就是结合这三个主要因素和多链路同传技术来提升产品吞吐量。

1）Wi-Fi 物理层传输速率

稳定的物理层速率是吞吐量性能优化的基础。对吞吐量性能优化，首先检查物理层传输速率，保证物理层传输速率稳定在最高值。Wi-Fi 7 物理帧头部的 EHT-SIG 字段中，指示该数据报文的物理层传输速率。该速率通常可以由厂商提供的 Wi-Fi 驱动模块中的命令行查看，或通过 Wi-Fi 报文抓包，从数据帧头的信息中查看。

Wi-Fi 连接建立后，多链路 AP 设备根据 Wi-Fi 信号的质量以及数据传输中的数据包丢包或重传情况进行动态速率调整。对于满足相应硬件测试规范要求的 AP 产品，在没有干扰的环境中进行吞吐量测试时，物理层传输速率通常稳定在最高值，从而获得 Wi-Fi 产品的最大吞吐量结果。

2）数据转发的处理能力

数据转发的处理能力是指数据转发模块在 Wi-Fi 接口和以太网口之间转发数据报文的能力。

对基于 CPU 软件转发方案的产品，数据转发的处理能力主要依赖 CPU 的处理速度和数据报文转发需要的内存大小。对基于硬件转发方案的产品，数据转发的处理能力主要依赖于硬件转发引擎的处理速度和数据报文转发需要的内存大小。系统设计阶段对 CPU 或硬件转发引擎性能的评估，是满足产品数据转发能力要求的关键。

对吞吐量性能优化，进行 CPU 软件转发模块或硬件转发模块的丢包统计的检查，保证数据转发模块没有因为转发能力不足而发生丢包的情况。

3）Wi-Fi 无线信道利用率

Wi-Fi 无线信道利用率是指在 Wi-Fi 传输过程中，用户业务数据传输所用的时间占整个传输过程所用的时间的比例。

传输过程的开销主要体现在 Wi-Fi MAC 层和物理层帧头的开销、无线媒介访问过程的开销以及 MAC 层数据帧的确认和重传过程的开销。用户业务数据传输的时间占比越高，则无线信道利用率越高。

在保证物理层传输速率和产品的数据转发能力的条件下，提升 Wi-Fi 无线信道的利用率，能显著提升吞吐量性能。

Wi-Fi MAC 层聚合帧技术是提升信道利用率最主要的技术之一，它包括 A-MSDU 和 A-MPDU 两种技术。不管是哪种技术，在发送数据的时候，一个物理帧聚合多个 MSDU 数据单元，在获得无线媒介访问权后一次性发送。这种方式减少 MAC 层和物理层的帧头的开销，提升无线媒介访问以及数据帧发送的效率，达到提升无线信道利用率和吞吐量的目的。

一个 A-MSDU 中包含的 MSDU 数目称为 A-MSDU 的聚合度，一个 A-MPDU 中包含的 MPDU 的数目称为 A-MPDU 的聚合度。吞吐量提升的程度与 A-MSDU 和 A-MPDU 的聚合度大小直接相关，聚合度越高，无线信道的利用率越高，吞吐量越大。A-MSDU 和 A-MPDU 的聚合度大小取决于 IEEE 802.11 规范定义的 A-MSDU 和 A-MPDU 的最大长度，以及 Wi-Fi 芯片处理聚合帧的能力。

下面介绍 Wi-Fi 7 对 A-MSDU 和 A-MPDU 聚合帧的支持，以及聚合帧技术带来的吞吐量性能提升。

（1）Wi-Fi 7 规范定义的 A-MSDU 和 A-MPDU 聚合帧最大长度。

Wi-Fi 7 的物理层传输速率得到提升，则业务数据传输所用的时间更短，如果相应地提高聚合帧的聚合度，可以有效提升无线信道利用率和吞吐量性能。Wi-Fi 6 和 Wi-Fi 7 技术规范定义的最大 A-MSDU 和 A-MPDU 长度如表 4-8 所示。

表 4-8　Wi-Fi 7 聚合帧长度

MAC 层聚合帧技术	聚合帧长度说明	Wi-Fi 6 下的聚合帧长度	Wi-Fi 7 下的聚合帧长度
A-MSDU	Wi-Fi 规范定义 MPDU 的最大长度。A-MSDU 的大小等于 MPDU 的大小减去 MAC 层帧头的大小	11 454 字节减去 MAC 层帧头的大小	11 454 字节减去 MAC 层帧头的大小
A-MPDU	Wi-Fi 规范定义一个 PPDU 发送的最大时长，以及 PSDU 的最大长度。PSDU 的最大长度是在 Wi-Fi 规范定义的一个 PPDU 发送的最大时长内，以最高的物理层传输速率能发送的 PSDU 的大小。A-MPDU 的大小等于 PSDU 的大小	6 500 631 字节	15 523 200 字节

（2）Wi-Fi 7 产品对所支持的 A-MSDU 和 A-MPDU 聚合帧长度的能力协商。

Wi-Fi 产品支持的 A-MSDU 和 A-MPDU 长度依赖于产品的规格和能力。在 Wi-Fi 连接建立的过程中，AP 和 STA 根据关联请求和关联响应帧携带 EHT 能力集信息单元的信息进行协商。EHT 能力集信息单元包含 Wi-Fi 设备能接收的 MPDU 与 A-MPDU 的最大长度，如表 4-9 所示。

表 4-9　Wi-Fi 7 产品的 A-MSDU 和 A-MPDU 长度协商

EHT 能力集信息单元参数	参数说明
最大 MPDU 长度参数	0 表示 3895 字节 1 表示 7991 字节 2 表示 11 454 字节
EHT 对最大 A-MPDU 长度的扩展	这是指把最大 A-MPDU 长度表示为以 2 为底的指数形式时，EHT 对指数值的扩展。 若值不为 0，则由下式计算 A-MPDU 的最大长度，表示为 2 的指数值，且不能超过规范定义的最大值。 $\min(2^{(23+\text{EHT 对最大 A-MPDU 长度的扩展})}, 15523200)$ 若值为 0，则参照 VHT 和 HE 能力集定义的最大 A-MPDU 长度值

（3）A-MPDU 带来的吞吐量性能提升。

这是指根据 Wi-Fi 产品的 A-MPDU 最大能力，设置 Wi-Fi 产品各频段使用最大的 A-MPDU 聚合度，以提升物理信道利用率和吞吐量性能。

以 BE9300 产品 5GHz 频段的吞吐量测试为例，在 5GHz 频段物理层传输速率为 2882Mbps 的条件下，使用 1500 字节大小的用户数据报文进行吞吐量测试，如图 4-29 所示。在 A-MPDU

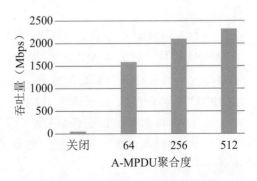

图 4-29　A-MPDU 对吞吐量的提升

关闭的条件下，吞吐量非常低。随着 A-MPDU 聚合度的提升，吞吐量得以提升。当 A-MPDU 聚合度达到 64 时，吞吐量接近物理层传输速率 65% 的期望值，当 A-MPDU 聚合度达到 256 时，吞吐量超过物理层传输速率 65% 的期望值。

（4）A-MSDU 带来的吞吐量性能提升。

A-MSDU 将多个 MAC 层服务数据单元聚合成 A-MSDU，然后加上 MAC 层数据帧头，封装为 MPDU。A-MSDU 的最大长度受 MPDU 大小的限制。在 A-MSDU 聚合的情况下，多个 MSDU 单元共用 MAC 层帧头，从而减小 MAC 层帧头的开销，提升无线信道的利用率。特别是在小字节用户数据报文传输的场景，A-MSDU 带来的性能提升比较明显。

以 BE9300 产品 5GHz 频段的吞吐量测试为例，在 5GHz 频段物理层传输速率为 2882Mbps 的条件下，使用 1500 字节和 64 字节两种大小的用户数据报文进行吞吐量测试，分析 A-MSDU 对吞吐量的提升，如图 4-30 所示。

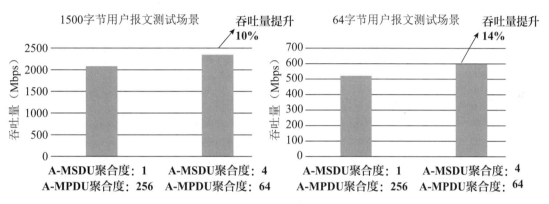

图 4-30　A-MSDU 对吞吐量的提升

图 4-30 中的分析使用两种 A-MSDU 和 A-MPDU 的聚合度配置，一种配置是 A-MSDU 聚合度为 1，A-MPDU 聚合度为 256；另一种配置是 A-MSDU 聚合度为 4，A-MPDU 聚合度为 64。两种配置下 BE9300 产品的综合的聚合能力为 256，而第二种配置将 A-MSDU 的聚合度从 1 增加为 4。基于这两种聚合度配置，分别在 1500 字节和 64 字节用户报文测试场景，分析 A-MSDU 对吞吐量的提升。从图中看到，A-MSDU 在 1500 字节的场景对吞吐量的提升为 10%，在 64 字节的场景对吞吐量的提升为 14%。可见，A-MSDU 聚合在小字节场景下对吞吐量的提升更为明显。

4）多链路同传技术带来的吞吐量提升

多链路 AP 和多链路 STA 之间建立多链路 Wi-Fi 连接，在多条链路上同时进行数据传输，能带来吞吐量的显著提升。参考图 4-31，这是 BE9300 产品的吞吐量模拟测试结果，理论上多链路 Wi-Fi 连接吞吐量结果是三条单链路吞吐量的总和，实际测试结果和多链路设备发送调度的性能相关。

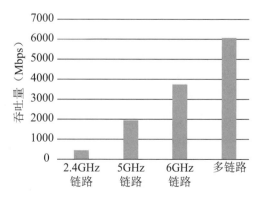

图 4-31　多链路同传技术带来的吞吐量提升

2. 时延性能优化

如图 4-32 所示，多链路 AP 设备的 WAN 接口和 Wi-Fi 接口之间的数据传输时延，主要与 Wi-Fi 7 吞吐量和信道访问技术、Wi-Fi 数据传输调度以及数据报文优先级区分有关。

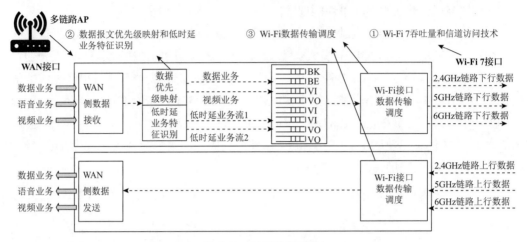

图 4-32　时延性能优化

- **Wi-Fi 7 吞吐量和信道访问技术**：Wi-Fi 7 的极高吞吐量能减少数据报文在 Wi-Fi 网络中传输的时延。此外，Wi-Fi 7 的严格目标唤醒时间技术支持低时延业务在目标时间得到调度，保证低时延业务数据传输的实时性。
- **数据报文优先级区分**：多链路 AP 支持下行数据优先级映射，对数据报文进行优先级区分，减少高优先级业务的时延处理。此外，低时延业务特征识别技术支持对低时延业务流的识别，并将低时延业务流放到独立的低时延业务流优先级队列，保证低时延业务流数据传输的实时性。
- **Wi-Fi 数据传输调度机制**：多链路 AP 根据数据报文优先级和低时延业务流的特征，进行多链路、OFDMA 和 MU-MIMO 多用户数据传输调度，减少高优先级和低时延业务流数据报文在 Wi-Fi 网络上传输的时延。

多链路 AP 时延性能优化主要是基于 Wi-Fi 7 的高吞吐量和信道访问技术，进行数据报文优先级区分和数据传输调度的优化，提升高优先级业务的时延性能。

1）下行数据优先级映射

在基于 IP 的端到端网络中，数据报文的优先级在 IP 层、以太网层以及 Wi-Fi MAC 层有不同的定义。多链路 AP 产品实现 IP 层和以太网层的优先级标识和 802.11MAC 层业务数据优先级的映射，来实现 802.11MAC 层基于报文优先级的转发。优先级映射的描述如图 4-33 所示。

第 1 章关于数据帧的介绍中，讲述了 802.11 MAC 层 QoS 机制把业务数据分为 8 个类型，对应优先级的范围是 0 ～ 7，EDCA 机制定义了 4 个无线接入类别（Access Category，AC），

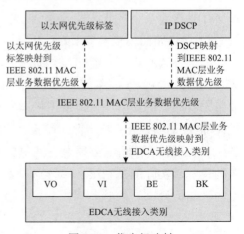

图 4-33　优先级映射

优先级从高到低分别为 VO、VI、BE、BK，并介绍了 IEEE 802.11 MAC 层业务数据优先级和 EDCA 无线接入类别的映射关系。

以太网层的优先级标识为二层优先级标签（IEEE 802.1d priority tags），范围是 0～7，标识以太网中数据报文二层转发的 8 个优先级。以太网二层优先级标签与 IEEE 802.11 MAC 层业务数据优先级是一对一的映射关系。

IP 层的优先级标识为 DSCP 值，范围是 0～63，在 IP 报文头中标识数据报文对应的业务类型。

实现 IP 的 DSCP 值与 IEEE 802.11 MAC 层业务数据优先级的映射，一种通用做法是默认把 DSCP 高三位映射到 IEEE 802.11 MAC 层业务数据优先级。这种映射方式与互联网工程任务组（Internet Engineering Task Force，IETF）标准定义的 DSCP 值标识的业务类型优先级存在不一致的情况，因此，IETF 定义了 DSCP 到 IEEE 802.11 MAC 层业务数据优先级的标准作为优先级映射实现的参考。

2）低时延业务特征识别

Wi-Fi 7 对业务流信息识别（Stream Classification Service，SCS）技术进行扩展，在 SCS 描述（SCS Descriptor）信息单元中，扩展支持低时延业务流特征（QoS Characteristic）信息单元，用于描述低时延业务的数据报文匹配规则和低时延业务的 QoS 特征参数。

- **SCS 功能支持**：在 Beacon 帧的扩展能力（Extended Capabilitie）信息单元中，扩展能力字段第 54 位的值为 1 表示多链路 AP 支持 SCS 功能，值为 0 表示不支持。
- **低时延业务流特征信息单元支持**：在 Beacon 帧的 EHT 能力（EHT Capabilitie）信息单元中，EHT MAC 能力字段的第 5 位的值为 1 表示多链路 AP 支持低时延业务流特征信息单元，值为 0 表示不支持。

多链路 AP 通过支持 SCS 功能和低时延业务特征信息单元，与终端设备之间完成对特定低时延业务的特征识别交互过程。

多链路 AP 的数据传输调度机制根据数据报文的优先级和低时延业务的 QoS 特征参数进行下行和上行的数据传输调度，以满足低时延业务的时延要求。

3）数据传输调度机制

MAC 层数据传输调度模型如图 4-34 所示。多链路 AP 发送到多链路 STA 的 MPDU 数据报文进入多链路公共部分的优先级队列，多链路发送调度模块根据发送调度策略，将多链路 STA 的数据报文调度到某一条链路对应的优先级队列进行发送。在每一条链路上，MU-MIMO 和 OFDMA 发送调度模块，基于 MU-MIMO 和 OFDMA 多用户访问技术，进行下行或上行方向的多用户数据传输调度。

（1）多链路终端对应的多优先级队列。

多链路 AP 为每个连接的多链路 STA 维护多优先级发送队列。多优先级发送队列包含 BK、BE、VI、VO 四个优先级，每个优先级的队列的数目依赖于 Wi-Fi 芯片厂商的 Wi-Fi 驱动和固件的实现。

对每个优先级创建一个或多个队列，用于缓存多链路 AP 发送到多链路 STA 的不同优先级或不同业务流的数据报文。将低时延业务流放到对应优先级的独立的队列，以支持发送调度模块根据低时延业务流的 QoS 特征参数进行发送调度。

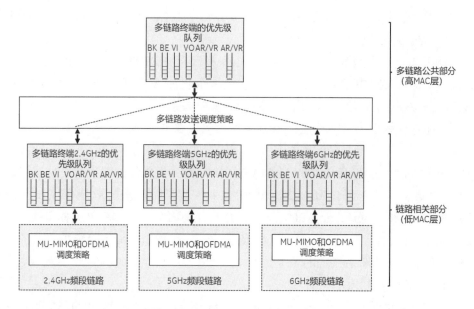

图 4-34　MAC 层数据报文调度模型

（2）多链路发送调度。

多链路发送调度模块基于多链路的负载均衡和数据报文的优先级进行数据发送调度。

- **基于负载均衡的多链路调度**：根据每条链路的负载情况进行发送调度，实现多链路负载均衡，提高无线信道资源的利用效率。
- **基于数据报文优先级的调度**：基于多链路 AP 和多链路 STA 之间的 TID 和链路的映射关系，对映射到指定链路的 TID 的优先级队列，将数据报文调度到指定的链路进行发送；对没有映射到指定链路的 TID 的优先级队列，将高优先级的数据报文优先调度到物理层传输速率高和干扰少的链路，保证高优先级数据报文传输的实时性。

（3）MU-MIMO 和 OFDMA 调度。

在每一条链路上，基于 MU-MIMO 和 OFDMA 多用户访问技术，优先进行多用户数据传输调度。

对多用户场景的高优先级业务，多链路 AP 根据每个终端不同优先级队列的缓存数据量多少，分配相应的 MRU 资源，进行下行或上行方向的 OFDMA 数据传输，以满足高优先级业务的时延性能要求。

对多用户场景的高吞吐量业务，多链路 AP 根据每个终端不同优先级队列中的缓存数据量多少，为高吞吐量的终端分配大的 MRU 资源单元，进行下行或上行方向的 OFDMA 数据传输。同时，基于大 MRU 资源单元进行多用户 MU-MIMO 数据传输，提升无线信道资源利用率和高吞吐量业务的性能。

4.2.5　Wi-Fi 7 无线信道管理

Wi-Fi 网络工作在非授权的无线频段，在实际部署的 Wi-Fi 网络环境中，AP 无线信道访问和数据传输受到各种不同干扰因素的影响，包括与 AP 工作在相同频段的其他 Wi-Fi

设备产生的干扰，或在相同频段内的其他非 Wi-Fi 设备产生的干扰。为 AP 设置干扰较少的无线信道作为当前信道，能有效避免环境干扰对 AP 的影响，保证 Wi-Fi 网络在实际部署环境中的性能。

AP 设备支持手动和自动方式配置工作信道。在手动配置方式下，用户通过 AP 的配置页面为 AP 手动配置其工作信道；在自动配置方式下，AP 根据无线信道的干扰情况，自动选择干扰少的信道。

Wi-Fi 无线信道管理功能是指在工作信道为自动配置方式时，AP 进行无线信道自动选择（Auto Channel Selection，ACS）的功能。

如图 4-35 所示的 Wi-Fi 网络部署的场景下，邻居网络 1 的 2.4GHz Wi-Fi 工作在信道 1，信道频宽为 20MHz；邻居网络 2 的 2.4GHz Wi-Fi 工作在信道 11，信道频宽为 20MHz。为规避邻居网络的干扰，AP 就选择与邻居网络不同的无线信道 6，以达到网络性能优化的目的。

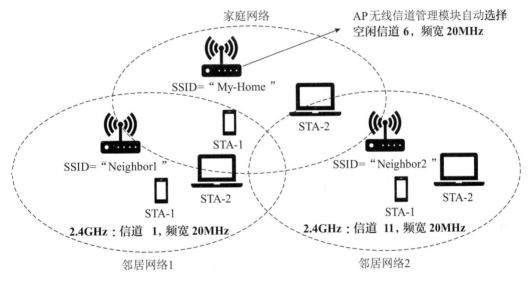

图 4-35　无线信道优化示意图

无线信道管理的功能包括以下三个方面。

（1）**支持不同 Wi-Fi 频段的自动信道选择功能**。无线频段的可用无线信道列表包括 20MHz 频宽的基本无线信道，以及多个相邻 20MHz 信道的捆绑，比如 40MHz、80MHz 等具有更高频宽的无线信道。可用无线信道由主 20MHz 信道编号和信道频宽来标识，无线信道管理功能支持在 Wi-Fi 频段的所有可用信道中自动选择最优的无线信道。

（2）**支持初始化自动信道选择功能**。在 AP 设备上电运行的初始化阶段，AP 扫描所有可用无线信道，基于信道扫描结果评估各信道的干扰情况，选择最优的无线信道。

（3）**支持运行时自动信道选择功能**。AP 运行过程中，AP 监视当前工作信道和其他可用信道的干扰情况，根据自动信道选择算法，在满足信道切换条件时，触发自动信道的选择和信道切换。

AP 设备无线信道管理的功能由无线信道管理模块和 Wi-Fi 驱动模块实现。

如图 4-36 所示，无线信道管理模块获取可用的无线信道列表信息，触发无线信道全信道扫描，并根据扫描反馈结果获取各信道的干扰情况，然后根据无线信道的干扰情况自动选择最优信道。Wi-Fi 驱动模块维护 AP 设备可用的无线信道列表，并实现信道扫描和信道切换的执行过程。

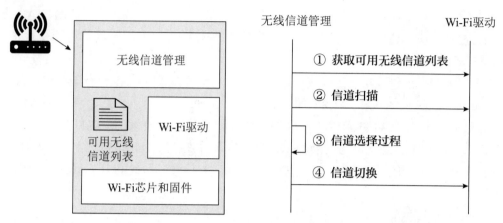

图 4-36　无线信道管理软件功能实现

对 Wi-Fi 7 AP 而言，无线信道管理功能的差异主要体现在以下四个方面。

（1）**支持更高频宽的无线信道**。Wi-Fi 7 在 6GHz 频段的最大信道频宽可选支持320MHz。

（2）Wi-Fi 7 **信道捆绑技术影响信道选择过程**。多链路 AP 支持静态前导码屏蔽技术，对有干扰的子信道进行屏蔽，使用包含主 20MHz 信道的非连续捆绑信道进行 Wi-Fi 数据传输。信道选择算法根据前导码屏蔽技术的特点，优先选择高频宽的捆绑信道，并选择捆绑信道中干扰最少的 20MHz 信道为主 20MHz 信道。

（3）Wi-Fi 7 **多链路技术改善信道扫描过程带来的丢包影响**。在一些单链路产品实现中，AP 需要短暂切换到待扫描的信道进行无线信道监听，完成非当前工作信道的扫描过程。而多链路同传技术支持基于多链路的发送调度和重传，避免信道扫描过程带来的丢包影响。

（4）Wi-Fi 7 **多链路技术对信道切换过程的扩展**。802.11 规范定义了基于信道切换通告（Channel Switch Announcement，CSA）的无缝信道切换过程，Wi-Fi 7 支持在多条链路上发送某一条链路的 CSA 信道切换消息，加强无缝信道切换过程的可靠性。

下面从信道扫描、信道选择过程和信道切换三个方面对多链路 AP 的无线信道管理功能进行介绍。

1. 信道扫描

信道管理负责触发信道扫描并获取各无线信道的统计信息，用于评估信道的干扰情况。

信道扫描获取的无线信道的统计信息，包括 AP 自身的信道占用率、外部干扰的信道占用率、背景噪声强度、信道内邻居 AP 的信息等。

● **当前工作信道**：信道占用率为 AP 自身的信道占用率和外部干扰的信道占用率之和。AP 在正常收发状态下，通过 Wi-Fi 物理层载波侦听和对 MAC 层信标帧的监听来获取统计信息。

● **非当前工作信道**：信道占用率为外部干扰的信道占用率。AP 临时切换到待扫描信道，通过 Wi-Fi 物理层载波侦听和对 MAC 层信标帧的监听来获取相关统计信息，如图 4-37 所示。

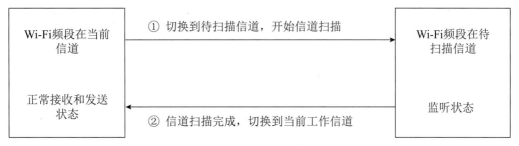

图 4-37　无线信道扫描过程

图 4-37 中，AP 短暂离开当前工作信道，进入监听状态，在扫描完成后再切换回当前工作信道，恢复正常收发状态。为避免信道扫描过程对用户业务的影响，无线信道管理触发信道扫描的策略描述如下：

- **定义触发扫描的周期**：每个周期扫描一个信道，每个信道扫描约几十毫秒到一百毫秒。分批扫描可以减少对数据传输和业务的影响。多链路 AP 在每个周期只扫描某一条链路所在 Wi-Fi 频段的一个信道，当其中一条链路处于信道扫描的时候，多链路 AP 在其他链路上进行数据报文传送，有效避免信道扫描所带来的业务影响。
- **定义触发扫描的条件**：当前工作信道没有数据接收或发送时，允许启动信道扫描，或当前信道的干扰程度高于一定门限时，允许启动信道扫描。

2. 信道选择过程

信道选择过程根据当前工作信道和非工作信道的扫描结果，进行信道质量评分，然后根据既定的信道选择策略，选择优选信道，并决定是否进行信道切换。信道选择过程的示意如图 4-38 所示。

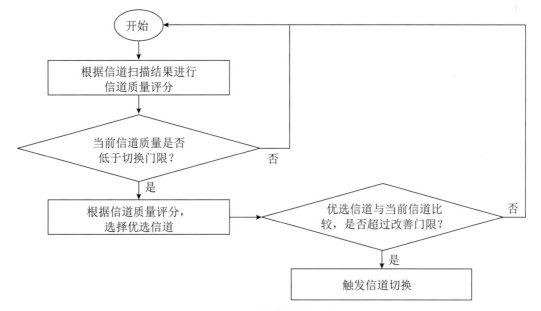

图 4-38　无线信道选择过程

信道选择策略定义信道质量评分和优选信道选择的依据，并定义适当的门限值，以决定是否触发信道切换。具体包括以下三个方面：

1）信道质量评分

对每个 20MHz 频宽信道，根据信道扫描结果进行评分，干扰越少、背景噪声越低、信道内邻居 AP 数目越少，则信道评分值越高。更高频宽的捆绑信道的评分由 20MHz 频宽子信道的评分进行加权计算，为主 20MHz 信道定义更高的加权值，使得主 20MHz 信道评分值占捆绑信道评分值的比重更大。

2）优选信道选择

根据信道评分，优选评分最好的信道，并结合 Wi-Fi 频段特点，定义相应优选信道的选择策略。

- 优先选择发送功率更高的信道，以改善 Wi-Fi 网络的覆盖情况。
- 对 2.4GHz 频段，考虑频段资源拥挤的影响，优先选择 20MHz 频宽的信道。
- 对 6GHz 频段，优先选择主 20MHz 信道为优选扫描信道的高频宽捆绑信道，以提高 6GHz 频段 Wi-Fi 网络发现过程的效率。

3）信道切换条件

自动信道切换能改善 Wi-Fi 网络工作信道的信道质量，但信道切换过程可能对业务带来影响，比如，信道切换过程的少量丢包，或者终端重新连接 Wi-Fi。为避免频繁信道切换，信道选择策略定义相应条件，在满足相应条件时，才决定进行信道切换。以下门限值定义作为信道切换条件参考。

- **当前信道质量满足切换条件的门限**：当前信道的干扰、背景噪声或 AP 数目达到一定程度时，才允许信道切换。该门限值基于这些信道统计参数，定义允许信道切换的条件。
- **优选信道和当前信道质量评分比较的改善门限**：只有当优选信道质量评分比当前信道质量评分高出一定程度，才允许信道切换。该门限值基于信道质量评分的改善值，定义允许切换的条件。

3. 信道切换

无线信道管理模块控制 AP 在一条链路上执行自动信道切换时，AP 需要通知所有连接的 STA 同步切换到相同信道。信道切换完成后，AP 和 STA 之间依然保持连接状态，不影响 Wi-Fi 业务。

IEEE 802.11 规范定义了信道切换通告（Chanel Switch Announcement，CSA）信息，以及 AP 和 STA 之间的信道切换通告的操作过程。

1）CSA 信息

包含 CSA 信息的管理帧可以是信标帧、探测响应帧或动作帧。CSA 信息中包含 AP 选择的目标信道信息，以及以 TBTT 间隔数量为单位的倒计时信息。

2）AP 和 STA 之间的信道切换通告过程

- AP 在本链路上向所有连接的 STA 发送包含 CSA 信息单元的管理帧，传统单链路 STA 收到后，根据 CSA 的目标信道信息，同步切换到新的目标信道工作。

- AP 在其他链路上向多链路终端广播 CSA 信息，多链路 STA 在收到后，完成相同的切换操作。

注意，CSA 倒计时为零后，AP 再执行物理层信道切换动作，切换到新的工作信道工作。

多链路 AP 在多条链路上使用 Beacon 帧广播 CSA 信息，并指定多少个 TBTT 时间之后切换目标信道。以三个 TBTT 时间为例，图 4-39 描述了多链路 AP 和终端之间的信道切换的操作过程。

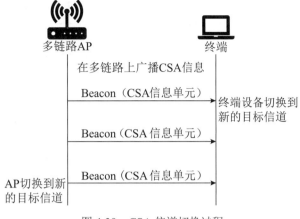

图 4-39　CSA 信道切换过程

4.2.6　Wi-Fi 7 EasyMesh 网络

Wi-Fi 联盟的 EasyMesh 认证技术规范已经得到业界的广泛认同。支持 EasyMesh 技术的不同厂商的 AP，相互之间能形成 EasyMesh 网络，扩展室内 Wi-Fi 信号的覆盖范围。

本节结合 Wi-Fi 7 多链路 AP 产品介绍 EasyMesh 功能的开发，包括多链路 AP 的 EasyMesh 的主要功能、EasyMesh 协议框架与软件设计、EasyMesh 组网过程等。

1. 多链路 AP 的 EasyMesh 的主要功能

EasyMesh 网络是由一个控制器 AP 以及一个或多个代理 AP 组成的 Wi-Fi 网络，如图 4-40 所示为 EasyMesh 网络结构和主要功能。

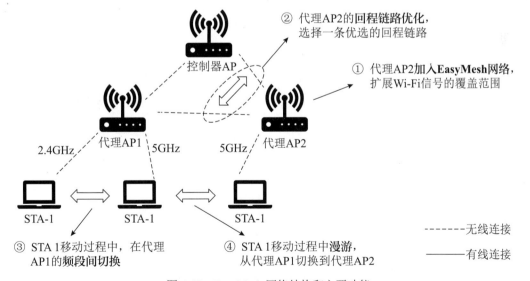

图 4-40　EasyMesh 网络结构和主要功能

多链路 AP 的 EasyMesh 主要功能包括代理 AP 加入 EasyMesh 网络的组网功能、代理 AP 的无线回程链路优化功能、Wi-Fi 终端移动过程中在 AP 不同 Wi-Fi 频段间切换或在不同 AP 之间漫游。表 4-10 是对这些功能的简要描述。

表 4-10　EasyMesh 主要功能描述

功能	描述	规格指标
组网	● 一个或多个 Wi-Fi 7 多链路 AP 通过有线或者 Wi-Fi 无线方式组成 EasyMesh 网络 ● AP 组成的 EasyMesh 网络拓扑结构是树状或者链状结构 ● 组网方式支持 2.4GHz、5GHz 或 6GHz 任一频段的回程链路，或者支持多链路的回程链路 ● 支持 Wi-Fi 7 AP 与 Wi-Fi 6 AP 的 EasyMesh 组网 ● 支持 EasyMesh 规范定义的基于按键触发的自动配置方法	EasyMesh 组网过程自动完成，不需要人工操作干预
无线回程链路优化	● 支持 EasyMesh 网络的 Wi-Fi 无线回程链路的优化 ● 支持 EasyMesh 规范定义的回程链路质量参数查询，并根据回程链路质量选择最优的无线回程链路	无线回程链路切换过程的时间小于 1s
Wi-Fi 频段间切换（Band Steering）	● 支持单链路 Wi-Fi 终端在多链路 AP 的不同 Wi-Fi 频段之间切换；多链路终端与多链路 AP 之间建立多链路连接，不需要在多链路 AP 的不同 Wi-Fi 频段之间切换 ● 支持 EasyMesh 规范定义的终端设备连接质量参数查询，并根据终端连接质量选择最优无线频段并建立连接	Wi-Fi 频段间切换过程的时间小于 1s
漫游（roaming）	● 支持 Wi-Fi 终端在不同 AP 设备之间切换 ● 支持 EasyMesh 规范定义的终端设备连接质量参数查询，并根据终端连接质量选择最优 AP 设备并建立连接	不同 AP 之间切换过程的时间小于 1s

以三频多链路 AP 设备 BE9300 和双频多链路 AP 设备 BE3600 为例，表 4-11 描述了多链路 AP 的组网功能，包括支持的回程链路、组网拓扑以及 EasyMesh 组网的典型 AP 设备。

表 4-11　BE9300 和 BE3600 设备的组网功能示例

组网功能项	BE9300 设备的组网功能	BE3600 设备的组网功能
有线回程链路	10Gbps	2.5Gbps
无线回程链路	支持 2.4GHz、5GHz、6GHz 三频多链路无线回程	支持 2.4GHz、5GHz 双频多链路无线回程
支持的组网拓扑	树状拓扑和链状拓扑	树状拓扑和链状拓扑
EasyMesh 组网的代理 AP 和回程方式	1）多个 BE9300 组网，选择 2.4GHz、5GHz 和 6GHz 频段多链路回程 2）和 Wi-Fi 6E 三频 AP 设备 AX5400 混合组网，优选 6GHz 频段无线回程，备选 5GHz 频段无线回程	1）多个 BE3600 组网，选择 2.4GHz 和 5GHz 频段多链路回程 2）和 Wi-Fi6 双频 AP 设备 AX3000 混合组网，选择 5GHz 频段无线回程

1）BE9300 与 BE9300 的组网示例

图 4-41 描述两台 BE9300 设备组成的 EasyMesh 网络。

回程链路：控制器和代理 AP BE9300 建立三频多链路的无线回程，传输速率最高为 9.3Gbps。

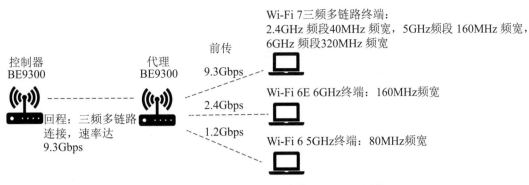

图 4-41　两台 BE9300 组成的 EasyMesh 网络

前传链路：Wi-Fi 终端使用两条空间流的情况下，代理 AP 与 Wi-Fi 7 三频终端的连接速率达 9.3Gbps，代理 AP 与 Wi-Fi 6E 终端的 6GHz 连接速率达 2.4Gbps，代理 AP 与 Wi-Fi 6 终端的 5GHz 连接速率达 1.2Gbps。

2）BE9300 与 Wi-Fi 6E AP 的组网示例

图 4-42 描述 BE9300 作为控制器和 Wi-Fi 6E AP 设备组成的 EasyMesh 网络。

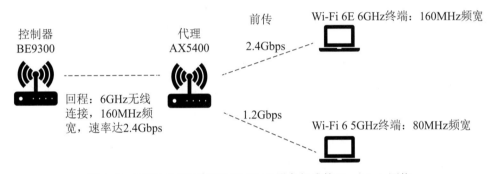

图 4-42　BE9300 和三频 Wi-Fi 6EAP 设备组成的 EasyMesh 网络

回程链路：无线回程链路优先使用 6GHz 频段的 Wi-Fi 连接，物理层传输速率最高为 2.4Gbps。由于 6GHz 无线信号比 5GHz 无线信号衰减快，在 AP 之间距离远的场景，如果 6GHz 信号弱而导致回程链路物理层传输速率较低，则无线回程切换至备选的 5GHz 频段的 Wi-Fi 连接。

前传链路：控制器 BE9300 支持三频 Wi-Fi 多链路连接，代理 AP AX5400 支持单频 Wi-Fi 单链路连接。使用两条空间流的 Wi-Fi 终端设备连接代理 AP 设备时，Wi-Fi 6E 6GHz 终端前传 Wi-Fi 连接速率达 2.4Gbps，Wi-Fi 6 5GHz 终端前传 Wi-Fi 连接速率达 1.2Gbps。

3）BE3600 与 BE3600 的组网示例

图 4-43 描述了两个 BE3600 设备组成的 EasyMesh 网络。

回程链路：无线回程链路优先使用 5GHz 和 2.4GHz 的多链路连接，物理层传输速率最高为 3.6Gbps。

前传链路：控制器和代理 AP BE3600 支持双频 Wi-Fi 多链路连接。使用两条空间流的 Wi-Fi 终端设备连接 AP 设备，Wi-Fi 7 双频终端前传 Wi-Fi 连接速率达 3.6Gbps，Wi-Fi 6 5GHz 终端前传 Wi-Fi 连接速率达 1.2Gbps。

图 4-43　两台 BE3600 设备组成的 EasyMesh 网络

4）BE3600 与 Wi-Fi 6 AP 的组网示例

图 4-44 描述了 BE3600 作为控制器和 Wi-Fi 6 AP 设备组成的 EasyMesh 网络。

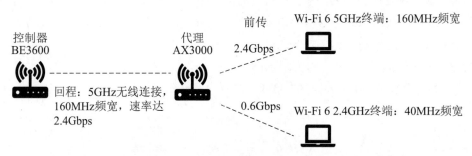

图 4-44　BE3600 和双频 Wi-Fi 6 AP 设备树状组网

回程链路：无线回程链路使用 5GHz 频段的 Wi-Fi 连接，物理层传输速率最高为 2.4Gbps。由于 2.4GHz 频段频宽和传输速率低，不考虑单独用作回程。

前传链路：控制器 3600 支持双频 Wi-Fi 多链路连接，代理 AP AX3000 支持单频 Wi-Fi 单链路连接。使用两条空间流的 Wi-Fi 终端设备连接代理 AP 设备时，Wi-Fi 6 5GHz 终端前传 Wi-Fi 连接速率达 2.4Gbps，Wi-Fi 6 2.4GHz 终端前传 Wi-Fi 连接速率达 0.6Gbps。

2. EasyMesh 协议框架和软件设计

Wi-Fi 联盟 EasyMesh 认证技术规范定义了 EasyMesh 的网络架构以及 EasyMesh 网络内多 AP 之间通信的控制消息协议。本节首先介绍 EasyMesh 的网络架构和控制消息协议，然后介绍 AP 支持 EasyMesh 功能的软件设计。

1）EasyMesh 的网络架构和控制消息协议

图 4-45 描述了 EasyMesh 网络架构和控制消息协议。

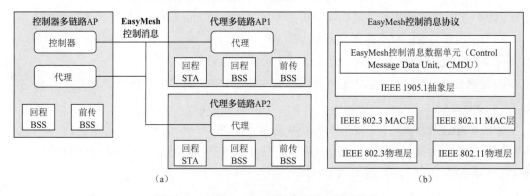

图 4-45　EasyMesh 网络架构和控制消息协议

控制器多链路 AP 实现控制器逻辑实体和代理逻辑实体，并提供回程 BSS 和前传 BSS，代理多链路 AP 实现代理逻辑实体，并提供回程 BSS、前传 BSS 以及回程 STA。

- 回程 BSS：控制器或代理多链路 AP 设备创建回程 BSS，其他代理 AP 设备建立到回程 BSS 的 Wi-Fi 无线回程链路，加入 EasyMesh 网络。
- 前传 BSS：控制器或代理多链路 AP 设备创建前传 BSS，Wi-Fi 终端设备建立到前传 BSS 的 Wi-Fi 连接，接入 Wi-Fi 网络。
- 回程 STA：代理多链路 AP 设备创建回程 STA，由回程 STA 建立到 EasyMesh 网络内其他多链路 AP 设备的回程 BSS，加入 EasyMesh 网络。

多链路 AP 之间基于有线或无线回程链路交互 EasyMesh 控制消息，实现控制器多链路 AP 对 EasyMesh 网络的管理。

EasyMesh 控制消息协议如图 4-45（b）所示，IEEE 1905.1 抽象层协议定义通用的消息交互机制，封装在不同的底层通信技术之上，如 IEEE 802.3 以太网通信、IEEE 802.11 Wi-Fi 通信或其他底层通信技术。EasyMesh 控制消息数据单元的定义基于 IEEE 1905.1 抽象层消息进行扩展，其定义了多种 EasyMesh 控制消息类型，以支持控制器多链路 AP 对 EasyMesh 网络的管理。

EasyMesh 控制消息类型包括 EasyMesh 网络管理的各个方面，包括控制器 AP 发现、AP 配置同步、回程链路质量参数查询、回程链路切换、终端信号质量参数查询、终端连接切换以及其他多种 EasyMesh 网络信息查询和控制消息。表 4-12 简要描述了 EasyMesh 认证技术规范定义的部分控制消息类型，以帮助对后续 EasyMesh 功能开发的理解。

表 4-12　EasyMesh 的部分控制消息类型

控制消息分类	消息类型值	描述
控制器 AP 发现	0x0007	AP 自动配置，用于寻找控制器 AP
	0x0008	AP 自动配置寻找控制器 AP 消息的响应
AP 配置同步	0x0009	AP 自动配置，用于同步 Wi-Fi 配置信息
	0x000A	AP 自动配置刷新
回程链路质量参数查询	0x0005	链路质量查询
	0x0006	链路质量查询消息的响应
回程链路切换	0x8019	回程链路切换请求
	0x801A	回程链路切换请求消息的响应
终端信号质量参数查询	0x800D	关联 STA 的信号质量查询
	0x800E	关联 STA 的信号质量查询的响应
	0x800F	非关联 STA 的信号质量查询
	0x8010	非关联 STA 的信号质量查询的响应
终端连接切换	0x8014	终端连接切换请求
	0x8015	终端连接切换请求的结果

2）EasyMesh 软件设计

基于 EasyMesh 的网络架构，EasyMesh 的软件模块如图 4-46 所示，EasyMesh 网络管理的软件模块主要包括 IEEE 1905 协议模块、EasyMesh 控制模块和 EasyMesh 代理模块。

IEEE 1905 协议模块：实现 IEEE 1905.1 抽象层协议功能。

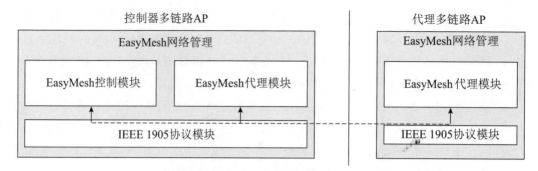

图 4-46　EasyMesh 的软件模块

EasyMesh 控制模块：该模块是 EasyMesh 功能的控制单元，运行于控制器 AP 设备之上。该模块基于 EasyMesh 控制消息和代理 AP 通信，完成对代理 AP 的配置同步，收集回程链路质量参数和终端信号质量参数，控制回程链路优化和终端连接切换等功能。

EasyMesh 代理模块：该模块运行于 EasyMesh 网络的每个 AP 设备之上，向控制器 AP 上报 AP 设备的能力集、回程链路以及终端的状态信息，接收控制软件模块的控制消息，基于底层 Wi-Fi 驱动模块的接口执行相应的控制指令。

3. EasyMesh 组网过程

EasyMesh 网络的有线组网过程如图 4-47 所示。有线组网过程首先将新的代理多链路 AP 通过有线连接到 EasyMesh 网络，然后控制器多链路 AP 完成对新加入的代理多链路 AP 的配置同步。

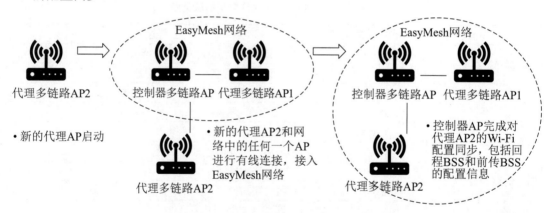

图 4-47　EasyMesh 的有线组网过程

EasyMesh 网络的无线组网过程如图 4-48 所示。无线组网过程首先为新的代理多链路 AP 配置 EasyMesh 回程 BSS 接入信息，代理多链路 AP 通过回程 BSS 接入 EasyMesh 网络，然后由控制器多链路 AP 完成对新接入的代理多链路 AP 的配置同步。

无线组网和有线组网相比，主要区别是无线组网过程需要首先为新的代理多链路 AP 配置回程 BSS 接入信息。在新的代理多链路 AP 通过有线或无线接入 EasyMesh 网络后，控制器多链路 AP 对它的配置同步过程是相同的。

下面以 EasyMesh 认证技术规范定义的基于按键触发的自动配置方法（Push Button Configuration，PBC），介绍无线组网实现，如图 4-49 所示。

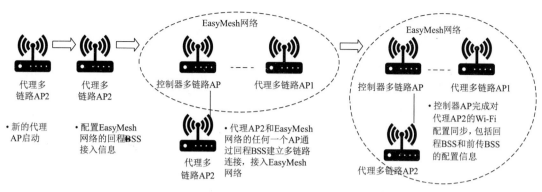

图 4-48　EasyMesh 的无线组网过程

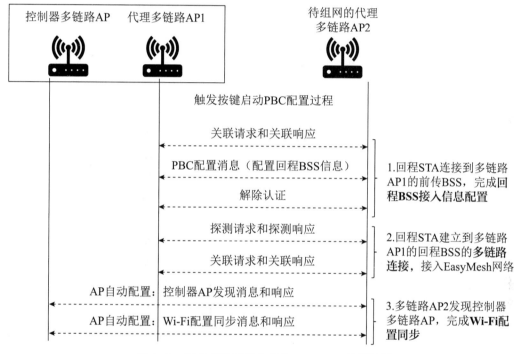

图 4-49　PBC 自动配置方式的 EasyMesh 组网过程

1）回程 BSS 接入信息的配置

多链路 AP2 和多链路 AP1 上同时触发 PBC 按键，触发多链路 AP2 的回程 STA 和多链路 AP1 的前传 BSS 之间建立 Wi-Fi 连接。PBC 按键触发的 Wi-Fi 连接基于回程 STA 的 MAC 地址协商加密密钥，然后由多链路 AP1 向多链路 AP2 发送加密的回程 BSS 接入信息，完成 BSS 接入信息的配置过程。

回程 BSS 接入信息的配置内容包括回程 BSS 的 SSID、认证加密方式和密码信息。EasyMesh 认证技术规范定义的配置内容如表 4-13 所示。

表 4-13　回程 BSS 接入信息配置内容

配置参数	描述
SSID	回程 BSS 的 SSID 名称
认证类型	SSID 的认证类型

续表

配置参数	描述
加密方式	SSID 的加密方式
密码	SSID 的接入密码

2）建立与回程 BSS 的多链路连接

多链路 AP2 收到回程 BSS 接入信息后，启动回程 STA 到回程 BSS 的多链路发现和建立过程。

指定 SSID 的多链路发现过程：多链路 AP2 启动指定 SSID 的 BSS 多链路发现交互过程，根据 EasyMesh 网络中多链路 AP 的 Wi-Fi 信号强度选择目标 AP，并使用多链路探测响应帧，获取目标多链路 AP 的多链路信息。

多链路连接建立过程：多链路 AP2 发起多链路连接的认证和关联过程，建立与目标 AP 的回程 BSS 的多链路连接，接入 EasyMesh 网络。

3）控制器 AP 发现和 Wi-Fi 配置同步

多链路 AP2 接入 EasyMesh 网络后，发送自动配置的 EasyMesh 控制消息，完成控制器多链路 AP 的发现，并由控制器多链路 AP 完成对代理多链路 AP2 的 BSS 配置信息的同步。EasyMesh 规范定义的 BSS 配置信息同步过程和消息定义如图 4-50 所示。

控制器多链路AP　　　　代理多链路AP　BSS配置消息

AP自动配置请求：针对每个Wi-Fi
频段发送BSS配置请求

AP自动配置内容：为每个Wi-Fi
频段回复BSS配置信息

BSS配置参数	描述
SSID	BSS的SSID名称
认证类型	SSID的认证类型
加密方式	SSID的加密方式
密码	SSID的接入密码
BSS类型	BSS的类型，标识前传BSS或回传BSS

图 4-50　BSS 配置信息同步过程和 BSS 配置消息定义

多链路 AP2 针对每个频段向控制器多链路 AP 发送自动配置请求，控制器多链路 AP 回复该频段上的 BSS 配置信息。

对 Wi-Fi 7 多链路 AP 的 BSS 配置信息的同步，BSS 配置消息需要扩展新的配置参数，用于指示 BSS 关联的一个或多个 Wi-Fi 频段。具体扩展的内容待 EasyMesh 规范后续版本针对 Wi-Fi 7 多链路特性进行定义。

4. 回程链路优化

在无线组网过程中，新加入的代理多链路 AP 根据与 EasyMesh 网络中的多链路 AP 之间的 Wi-Fi 信号强度，选择目标多链路 AP，建立无线回程链路的连接。组网过程完成后，控制器 AP 设备根据网络拓扑和回程链路质量情况，为代理多链路 AP 选择优选的回程链路。以 BE9300 组成的 EasyMesh 网络为例，图 4-51 描述了控制器多链路 AP 为代理多链路 AP 选择优选无线回程链路的功能。

无线回程链路优化的过程如图 4-52 所示，包含回程链路质量参数查询、根据回程链路优化策略选择优选回程链路、回程链路切换请求以及回程链路切换过程。

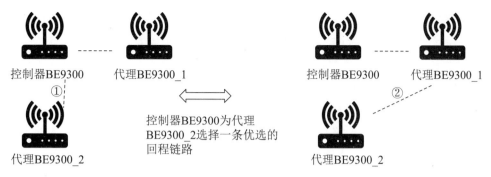

图 4-51　回程链路优化示意图

图 4-52　无线回程链路优化的过程

1）回程链路质量参数查询

控制器多链路 AP 和代理多链路 AP 之间交互 EasyMesh 回程链路质量参数查询控制消息，获取网络中代理多链路 AP 的回程链路类型及质量参数，包括当前工作的无线回程链路，以及备用的无线回程链路的类型和质量参数。链路的质量参数主要指链路的物理层传输速率，如图 4-53 所示。

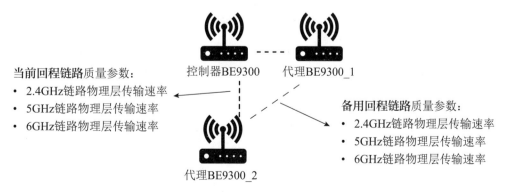

图 4-53　无线回程链路质量参数

2）回程链路优化策略

控制器多链路 AP 根据回程链路优化策略选择优选的回程链路，优化策略主要有以下几方面。

（1）**优先选择有线回程链路**。

（2）优先选择无线回程链路中的**物理层传输速率高的链路**。

（3）如果代理多链路 AP 与控制器多链路 AP 之间存在多条无线传输路径，则对这些传输路径进行质量评分，**优先选择质量评分最高的传输路径**。

如图 4-54 所示，代理 BE9300_2 和控制器 BE9300 之间存在两条传输路径：

- 传输路径 1 的质量评分由代理 BE9300_2 和控制器 BE9300 之间的回程链路质量决定。
- 传输路径 2 的质量评分由代理 BE9300_2 和代理 BE9300_1 之间的回程链路，以及代理 BE9300_1 和控制器 BE9300 之间的回程链路质量综合决定。

（4）**传输路径质量评分改善门限**：定义传输路径质量评分改善的门限值，当其他传输路径的质量评分比当前传输路径的改善超过门限值，才允许回程链路切换，以避免回程链路频繁切换的情况。

图 4-54　代理多链路 AP 到控制器多链路 AP 的传输路径

3）回程链路切换请求

控制器多链路 AP 向代理多链路 AP 发送回程链路切换请求的控制消息，触发回程链路的切换。

EasyMesh 技术规范定义的切换请求消息包含代理 AP 的回程 STA 的 MAC 地址、回程 BSS 的 BSSID 以及 BSSID 工作的无线信道的信息。

在 Wi-Fi 7 支持的多链路 AP 的回程链路切换情况下，切换请求消息需要扩展新的参数，用于指定回程 BSS 的 MLD 地址和多链路的 BSSID 信息，以控制回程 BSS 的多链路切换。具体扩展的内容待 EasyMesh 技术规范的后续版本针对 Wi-Fi 7 多链路特性进行新的定义。

4）回程链路切换过程

回程链路切换的时候，当前回程链路的多链路连接会断开，并引起业务的短暂中断，同时多链路 AP 之间建立新回程链路。回程链路切换过程的多链路连接使用快速切换（Fast Transition，FT）连接方式，可减少回程链路切换过程中的业务中断时间。回程链路的多链路快速连接过程如图 4-55 所示。

BE9300_2 的回程 STA 初次连接到 EasyMesh 网络中的多链路 AP 时，协商用于快速切换的成对主密钥（PMK）信息，并在 EasyMesh 网络中的多链路 AP 设备之间分发，用于后续的快速连接过程。

多链路快速连接过程包含认证过程和关联过程，相比于通常的多链路连接过程，多链路快速连接过程减少了 PMK 的生成过程和四次握手过程。

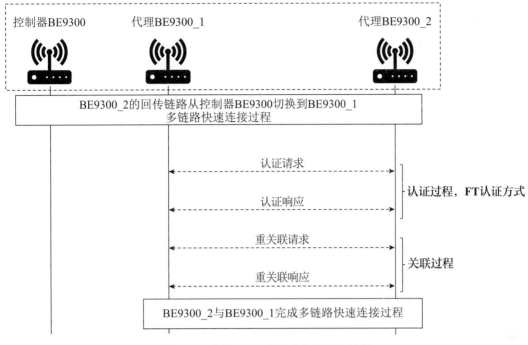

图 4-55 多链路 AP 多链路快速连接过程

认证过程：基于 FT 认证方式，认证请求和认证响应携带多链路信息单元，包含 MLD MAC 地址。认证消息交互完成后，根据 PMK 密钥信息生成 PTK。

关联过程：重关联请求和重关联响应携带多链路信息单元，包含 MLD MAC 地址、请求建立多链路的链路信息。重关联消息交互过程完成多链路 Wi-Fi 连接参数的协商，并生成每条链路的 GTK，发送给发起多链路连接的回程 STA。

5. Wi-Fi 频段间切换和多链路 AP 之间漫游

图 4-56 是 Wi-Fi 终端在 EasyMesh 网络的 Wi-Fi 频段间切换或多链路 AP 之间漫游的场景。

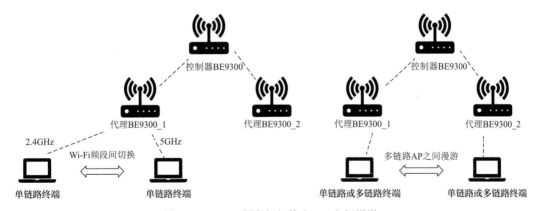

图 4-56 Wi-Fi 频段间切换和 AP 之间漫游

单链路终端设备在网络中移动时，Wi-Fi 连接在同一个多链路 AP 的 Wi-Fi 频段间切换，或从一个多链路 AP 漫游到另一个多链路 AP。其中，漫游可以是在多链路 AP 之间的不同 Wi-Fi 频段上的漫游。

多链路终端设备在网络中移动时，多链路连接从一个多链路 AP 漫游到另一个多链路 AP。对多链路终端而言，优先保持多链路连接，不需要支持在同一个多链路 AP 上的不同 Wi-Fi 频段之间切换的场景。

Wi-Fi 终端连接到 EasyMesh 网络后，控制器多链路 AP 根据 Wi-Fi 终端连接的质量参数以及 EasyMesh 网络回程链路的质量参数，为终端设备选择最优的 BSS。然后，控制器多链路 AP 通过向终端设备发送终端连接切换请求的控制消息，控制终端设备在 Wi-Fi 频段间切换或在 AP 之间漫游。以多链路终端设备为例，图 4-57 描述了控制器多链路 AP 控制连接切换的过程。

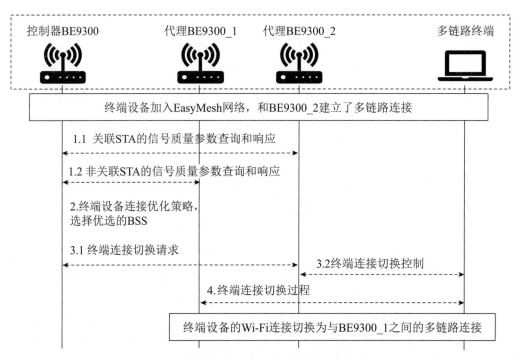

图 4-57　控制器多链路 AP 控制连接切换的过程

1）终端设备连接信号质量参数查询

控制器多链路 AP 和代理多链路 AP 之间交互关联 STA 信号质量参数查询消息和非关联 STA 信号质量参数查询消息，获取网络中不同的多链路 AP 和终端设备之间的信号质量参数。

EasyMesh 认证技术规范定义的关联 STA 信号质量参数查询消息包含 Wi-Fi 连接的信号强度 RSSI 和传输层物理速率，非关联 STA 信号质量参数查询消息包含多链路 AP 和终端设备之间的信号强度 RSSI，控制器多链路 AP 根据信号强度和终端设备的能力集信息估算物理层传输速率。

对 Wi-Fi 多链路终端设备，关联 STA 和非关联 STA 信号质量参数查询消息需要新的参数，用于包含多链路的信号强度 RSSI 和传输层物理速率的信息。具体扩展的内容待 EasyMesh 技术规范的后续版本针对 Wi-Fi 7 多链路特性进行定义。

2）终端设备连接优化策略

多链路 AP 根据终端设备连接优化策略为终端设备选择优选的 BSS，连接优化策略主要考虑以下几个方面。

（1）单链路终端设备优先选择高频宽 Wi-Fi 频段，优先顺序依次为 6GHz、5GHz 和 2.4GHz 频段。

（2）多链路终端设备优先选择多链路连接。

（3）优先选择 Wi-Fi 信号强度高的多链路 AP 进行 Wi-Fi 连接。

（4）与无线回程链路优化类似，终端设备到控制器多链路 AP 之间存在多条传输路径，对终端设备到控制器多链路 AP 之间的传输路径进行质量评分，选择传输路径质量评分最高的传输路径。传输路径质量评分根据终端设备连接的物理层传输速率和传输路径包含的多条回程链路的物理层传输速率综合决定。

（5）传输路径质量评分改善门限：定义用于终端设备连接优化的传输路径质量评分改善的门限值，当其他传输路径的质量评分比当前传输路径的改善超过门限值时，才允许终端设备连接的切换，以避免终端连接的频繁切换。

3）终端连接切换请求

控制器多链路 AP 向代理多链路 AP 发送终端连接切换请求的控制消息，触发多链路 AP 启动终端设备连接的切换过程。连接切换请求控制消息包含终端设备的 MAC 地址，以及连接切换目标 BSS 的 BSSID 和无线信道信息。

对 Wi-Fi 7 多链路终端设备，终端连接切换请求消息指定多链路终端设备的一条链路对应的信息，包括该链路对应的终端 MAC 地址、目标 BSS 的 BSSID 和无线信道信息，代理多链路 AP 收到终端连接切换请求消息后，向终端设备发送携带该链路信息的 BSS 切换请求动作帧，触发终端设备在该链路上启动多链路发现和连接过程。

4）终端连接切换过程

终端连接切换过程断开和当前 BSS 的多链路连接，同时完成和目标 BSS 之间的 Wi-Fi 多链路连接。和回程链路的快速切换过程一样，对支持快速切换能力的终端设备，终端连接切换过程使用快速切换（Fast Transition，FT）连接方式，减少终端连接切换过程带来的业务中断时间。

4.2.7　Wi-Fi 7 网络管理

如果 AP 产品要实现 Wi-Fi 网络的管理功能，通常的方案是支持基于本地网页访问或者基于远程管理协议的 Wi-Fi 管理功能，从而为终端用户和网络运营商提供可管理、可控制的 Wi-Fi 网络。如图 4-58 所示，本地网页管理系统接入 Wi-Fi 网络，访问控制器 AP 的本地管理 IP 地址，为终端用户提供 Wi-Fi 网络管理功能。远程管理系统通过外部网络访问控制器 AP 的公网管理 IP 地址，为网络运营商提供 Wi-Fi 网络管理功能。

Wi-Fi 网络管理功能包括 Wi-Fi 业务配置和 Wi-Fi 网络信息查询功能。

（1）Wi-Fi 业务配置：包括 Wi-Fi 不同频段的物理层和 MAC 层参数的配置，如无线信道和频宽选择、发送功率大小等，以及 BSS 参数的配置，如 SSID 名称、认证和加密方式等。

（2）Wi-Fi 网络信息查询：包括 Wi-Fi 网络拓扑信息、所连接的 Wi-Fi 终端设备信息、Wi-Fi 无线信道信息等。网络拓扑信息用于监控多 AP 设备组成的 Wi-Fi 网络的拓扑结构，以及 AP 设备之间回程链路的链路类型和链路物理速率，无线回程链路还包括信号强度等信息。所连接的 Wi-Fi 终端设备信息包括所连接终端设备的列表，每个终端设备的物理速率、信号强度以及收发包相关统计等信息。Wi-Fi 无线信道信息包括所有可用无线信道的列表，每个无线信道的信道占有率、信道干扰以及邻居 BSS 等信息。

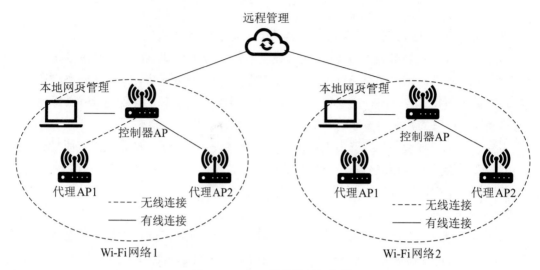

图 4-58   Wi-Fi 网络管理拓扑图

Wi-Fi 7 的网络管理功能主要在于多链路同传技术带来的变化。

- **业务配置管理**：支持 BSS 和多个 Wi-Fi 频段的关联。
- **网络信息查询**：显示多链路 AP 和多链路 STA 之间连接的每条链路的物理速率、信号强度和收发包统计信息等。

下面将进一步介绍 Wi-Fi 网络管理相关的管理协议和 Wi-Fi 7 对管理协议带来的变化，然后介绍 Wi-Fi 网络管理软件设计。

1. Wi-Fi 网络管理协议

Wi-Fi 网络中，控制器 AP 负责和代理 AP 之间通信，完成对代理 AP 的配置同步和网络信息收集。本地网页管理系统或远程管理系统与 Wi-Fi 网络中控制器 AP 之间，基于管理协议进行通信，完成对 Wi-Fi 网络的管理功能。图 4-59 描述了 Wi-Fi 网络管理协议的框图。

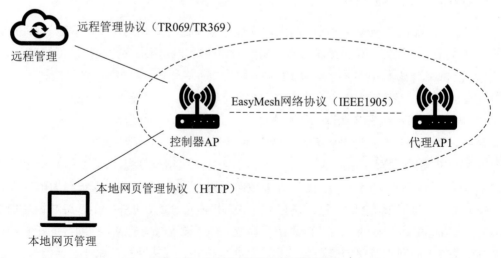

图 4-59   Wi-Fi网络管理协议的框图

1）本地管理协议

Wi-Fi 网络本地管理是基于网页图形界面的管理系统。网页访问基于 HTTP 协议，用户使用浏览器软件访问 AP 设备的网页，对 Wi-Fi 网络进行配置管理。

控制器 AP 的网页页面支持的配置管理参数根据产品规格和本地配置管理需求定义，主要的页面包含 Wi-Fi 频段配置页面、BSS 配置页面、网络拓扑查询页面、连接的终端设备查询页面、无线信道状态查询页面等。

2）远程管理协议

Wi-Fi 网络远程管理系统是基于标准的远程管理协议，以及标准的 Wi-Fi 管理模型对 Wi-Fi 网络进行管理的管理系统。远程管理协议和管理模型的标准化能支持远程管理系统和不同厂家的 AP 设备之间的互通，使得网络运营商可以基于一套 Wi-Fi 网络远程管理系统，对来自不同厂商的所有 AP 设备进行统一管理。

宽带论坛标准组织定义了面向用户端设备（Customer Premises Equipment，CPE）的远程管理协议，以及对 CPE 进行管理的数据模型，相关的远程管理协议和数据模型适用于用户端接入网关设备、AP 设备以及局域网内用户终端设备的管理。主要的远程管理协议包括 TR069 和 TR369 协议，标准数据模型包括 TR098 和 TR181 数据模型。

TR069 协议是目前广泛使用的远程管理协议，也称为 CPE WAN 管理协议，基于 TR069 的远程管理系统称为自动配置服务器（Auto Configuration Server，ACS）系统。TR069 协议是承载在 HTTP 协议之上的应用层协议，定义了 CPE 和 ACS 之间的远程过程调用方法，包括事件通知上报、设备软件下载、管理对象的创建和删除、管理对象参数的修改和查询等。

TR369 协议也称为用户业务平台（User Services Platform，USP），是宽带论坛标准组织基于 TR069 演进的新一代远程管理协议。TR369 协议框图如图 4-60 所示。

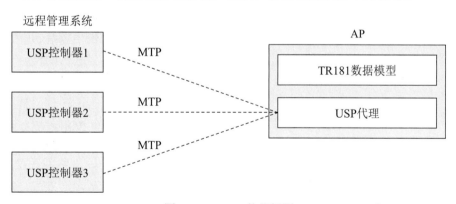

图 4-60 TR369 协议框图

轻量级的消息传输协议（Message Transfer Protocol，MTP）：TR369 协议通信的两端称为 USP 端点，运行在设备侧的软件称为 USP 代理，运行在管理系统侧的软件称为 USP 控制器。USP 代理和 USP 控制器之间通过 TR369 协议定义的 MTP 承载 TR369 管理消息，USP 控制器和代理之间的 MTP 连接建立后，一直保持连接状态，控制器和代理之间可以实时进行管理消息的交互，支持 Wi-Fi 网络信息的实时查询和上报。此外，USP 代理可以同时和多个控制器之间建立连接，进行管理消息的交互，以支持远程管理系统侧不同应用的开发和部署。

扩展的 TR181 数据模型：TR369 管理协议使用扩展的 TR181 数据模型进行 Wi-Fi 网络的管理，能支持 TR069 协议支持的管理功能，同时支持 TR369 的消息传输机制和扩展的远程操作方法。

2. TR098 和 TR181 标准数据模型

TR098 数据模型于 2005 年发布，是宽带论坛标准组织定义的用户侧网关设备数据模型的第一个版本。TR181 数据模型是宽带论坛标准组织在 TR098 的基础上，于 2010 年发布的用户侧网关设备数据模型的第二个版本。TR181 涵盖 TR098 的内容，对管理对象的定义进行了新的划分，将设备、网络接口、网络协议和不同应用的管理对象分离，增加了用户侧设备和业务配置管理的灵活性。

TR181 数据模型定义的 Wi-Fi 管理对象包含 Wi-Fi 频段管理对象、SSID 管理对象、接入点 AP 管理对象和终端点（End Point）管理对象。此外，TR181 数据模型的修订版本 15 中增加了 Wi-Fi 联盟定义的最新的 Wi-Fi 数据单元（Data Element）的支持，加强了对 Wi-Fi EasyMesh 网络管理的能力。

当前 TR181 数据模型最新版本定义的 Wi-Fi 网络管理的数据模型如图 4-61 所示。

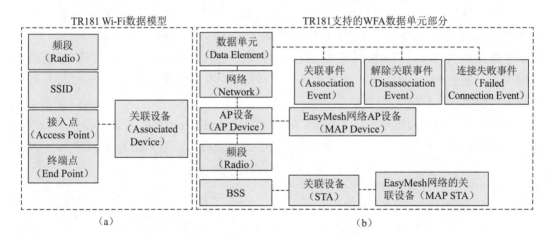

图 4-61　TR181 Wi-Fi 数据模型

图 4-61（a）为 TR181 定义的 Wi-Fi 数据模型，主要用于 AP 的基本 Wi-Fi 业务的配置管理。图 4-61（b）为 TR181 支持的 Wi-Fi 数据单元部分，主要用于 EasyMesh 网络的 Wi-Fi 信息搜集和功能配置，如 EasyMesh 网络拓扑信息、EasyMesh 网络回程链路优化、Wi-Fi 终端设备的 Wi-Fi 频段间切换和 AP 之间漫游等功能的策略配置。

TR181 数据模型的定义需要结合 Wi-Fi 7 的能力集和多链路技术进行扩展，以满足对 Wi-Fi 7 网络管理的要求，表 4-14 描述了 Wi-Fi 7 对数据模型的影响。TR181 数据模型扩展的具体内容，待宽带论坛标准组织 TR181 数据模型的后续版本结合 Wi-Fi 7 技术进行定义。

表 4-14　Wi-Fi 7对 TR181 数据模型的影响

管理对象	Wi-Fi 7 带来的变化
SSID 管理对象， WFA 数据单元的 BSS 管理对象	● SSID 管理对象和多个 Wi-Fi 频段管理对象关联 ● WFA 数据单元的 BSS 管理对象和多个 Wi-Fi 频段管理对象关联

续表

管理对象	Wi-Fi 7 带来的变化
关联设备管理对象， WFA 数据单元的关联设备管理对象	● 获取关联设备的多链路信息，包括每条链路的连接速率、信号强度和收发包统计信息等 ● 获取关联设备的 Wi-Fi 7 能力集信息
WFA 数据单元的频段管理对象	● 获取 Wi-Fi 频段的 Wi-Fi 7 能力集信息
WFA 数据单元的 EasyMesh 网络 AP 设备管理对象	● 支持回程链路的多链路管理，获取回程 STA 的多链路信息，包括每条链路的连接速率、信号强度和收发包统计信息等
WFA 数据单元的事件上报管理对象	● 支持多链路设备的事件上报，包含多链路设备的 Wi-Fi 7 能力集信息和多链路信息

3. Wi-Fi 网络管理软件开发

Wi-Fi 网络管理软件开发是基于网络管理协议实现 AP 设备的 Wi-Fi 网络业务配置和信息查询功能。如图 4-62 描述的是 AP 设备 Wi-Fi 网络管理的软件设计框图。

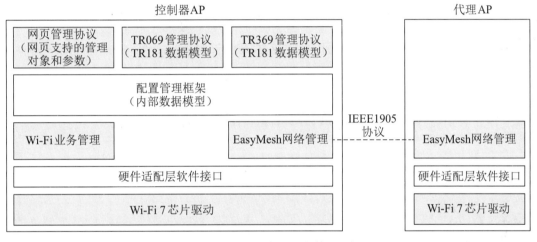

图 4-62　Wi-Fi 网络管理的软件设计框图

管理协议模块：根据网络管理协议的规范实现网络管理协议的功能，并负责将不同的管理协议定义的数据模型映射到 AP 产品的内部数据模型，由配置管理框架将配置管理消息分发到应用层软件模块处理。

Wi-Fi 业务管理模块：负责 AP 设备 Wi-Fi 业务的配置管理，该模块向配置管理框架注册 Wi-Fi 业务配置相关的管理对象，包括 Wi-Fi 频段、SSID 等管理对象，配置管理框架根据管理对象的注册信息，将 Wi-Fi 业务的配置管理消息分发到 Wi-Fi 业务管理模块处理。

EasyMesh 网络管理模块：负责 EasyMesh 网络 Wi-Fi 信息的搜集和 EasyMesh 网络功能的配置管理，该模块向配置管理框架注册 WFA 数据单元的管理对象，配置管理框架根据管理对象的注册信息，将 WFA 数据单元管理对象的配置管理消息分发到 EasyMesh 网络管理模块处理。

配置管理框架：定义 AP 产品内部数据模型，为管理协议模块提供统一的基于内部数据模型的操作接口。此外，配置管理框架根据管理对象的注册信息，进行配置管理消息的分发，调用 Wi-Fi 业务管理模块和 EasyMesh 网络管理模块的接口完成配置管理操作。

配置管理框架和其他模块之间的调用关系如图 4-63 所示。

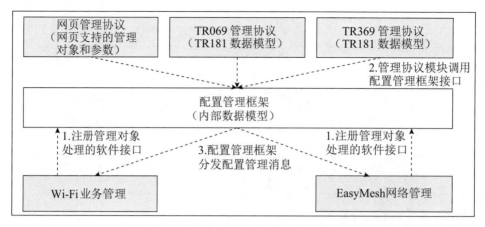

图 4-63　配置管理框架进行管理消息的分发

　　配置管理框架为业务模块提供管理对象的注册接口，为管理协议模块提供统一的基于内部数据模型的操作接口，并根据管理对象的注册信息，将配置管理消息分发到不同的业务模块进行处理。配置隔离框架的设计实现了管理协议模块和业务模块之间的职责分离，当 AP 产品需要扩展新的管理协议时，仅需修改新的管理协议模块，而不需要对不同业务模块的实现进行修改。

4.3　Wi-Fi 7 AP 产品测试

　　本节介绍 Wi-Fi 7 AP 产品测试方法和测试内容，包括产品性能测试和 Wi-Fi 7 关键技术测试。

4.3.1　Wi-Fi 7 性能测试

　　Wi-Fi 7 性能测试是 Wi-Fi 7 多链路 AP 产品测试的重要组成部分，是保证多链路 AP 产品在实际部署中满足业务需求和用户体验的重要环节。多链路 AP 产品的性能测试需要测量产品的最高吞吐量和 Wi-Fi 网络覆盖能力，同时针对产品实际部署的典型业务场景，测量 Wi-Fi 网络的吞吐量和时延结果。

　　本节首先结合多链路 AP 产品的典型部署场景介绍 Wi-Fi 7 性能测试环境，然后结合 BE9300 产品介绍多链路 AP 性能测试的主要内容，包括：

- 多链路 AP 设备 RVR 测试。
- 多链路 AP 设备在多终端多业务场景中的吞吐量和时延测试。
- EasyMesh 网络性能测试。

1. 多链路 AP 产品的典型部署场景

　　如图 4-64（a）所示为单个多链路 AP 产品的网络部署模型，即在一个 Wi-Fi 7 AP 网络覆盖范围内，为多种不同业务类型的终端设备提供网络接入服务。如图 4-64（b）所示为三个多链路 AP 组成的 EasyMesh 网络，能扩大 Wi-Fi 网络的覆盖范围，为更多的终端提供网络接入服务。

　　在多终端的 Wi-Fi 网络部署中，对多链路 AP 产品性能测试的要求描述如下：

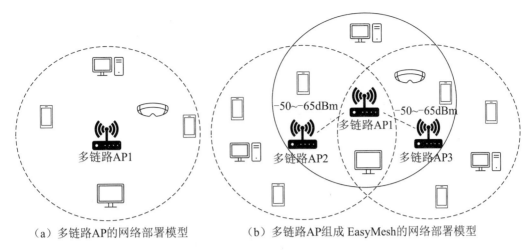

（a）多链路AP的网络部署模型   （b）多链路AP组成 EasyMesh 的网络部署模型

图 4-64 多链路 AP 产品的典型部署场景

（1）**覆盖范围内的吞吐量测试**：在 Wi-Fi 信号覆盖的不同位置，根据 Wi-Fi 信号强度和物理层传输速率，达到吞吐量最大值。

（2）**优先级调度测试**：当多个终端同时进行数据传输时，多链路 AP 对不同终端公平调度，同时为高优先级实时业务优先调度，既保证网络覆盖范围内不同位置的吞吐量，同时保证高优先级实时业务的吞吐量和时延要求。

（3）**拥塞环境下的测试**：当 Wi-Fi 网络内出现拥塞时，多链路 AP 为高优先级实时业务优先调度，满足高优先级实时业务的吞吐量和时延要求。

2. Wi-Fi 7 性能测试环境

结合多链路 AP 的典型部署场景，以及 Wi-Fi 7 技术的多链路同传、OFDMA 和 MU-MIMO 等技术特点，Wi-Fi 7 性能测试环境的特点包括以下三个方面。

1）可控测试环境

可控测试环境是指对被测多链路 AP 设备和 Wi-Fi 终端之间的相对位置、信号强度及干扰信号进行控制。基于可控测试环境对典型的部署场景进行模拟，以保证测试结果的一致性和可重复性。在实际开发中，可控测试环境一般选择屏蔽房或屏蔽箱环境。

2）支持独立物理层的多链路终端设备

传统的 Wi-Fi 性能测试中，一些 Wi-Fi 测试仪表基于一个无线终端，仿真多个有独立的 Wi-Fi MAC 层的终端设备，模拟多终端和 AP 设备之间的 Wi-Fi 连接和性能测试，这种测试方法不能满足 MU-MIMO 和 OFDMA 多用户接入技术测试的要求。对 Wi-Fi 7 性能测试，使用支持独立物理层的多链路终端设备，进行多链路 AP 在多终端场景下的性能测试。

3）支持多业务类型的数据流量

Wi-Fi 7 性能测试环境支持产生不同业务类型的数据流量，灵活控制数据流量的协议类型、数据报文长度、流量大小及数据报文优先级等，模拟典型的多终端多业务部署场景，验证多链路 AP 在多终端多业务部署场景下的性能。

典型的 Wi-Fi 7 性能测试环境如图 4-65 所示，包括被测多链路 AP 设备、多链路终端设备、控制台、流量产生分析工具、OBSS 干扰源、可调衰减器、屏蔽箱和转盘等。主要部件的作用介绍如下：

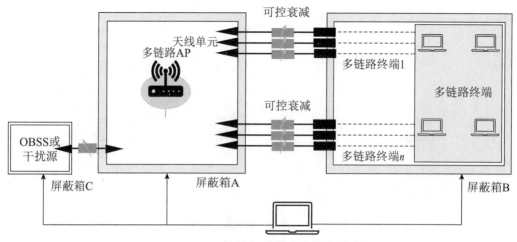

控制台+流量产生和分析工具

图 4-65　Wi-Fi 7 性能测试环境

（1）**屏蔽箱 A**。用于放置多链路 AP 设备以及多个天线部件，天线部件用于与其他屏蔽箱的设备连接，产生多链路 AP 设备和其他无线设备之间进行无线通信的工作环境。屏蔽箱 A 中放置转盘，用于测试过程中控制多链路 AP 设备的角度。

（2）**屏蔽箱 B**。用于放置多终端设备，多终端设备经过电缆线连接到屏蔽箱 A 中的天线部件。

（3）**屏蔽箱 C**。用于放置 OBSS 或干扰源测试设备，并经过电缆线连接到屏蔽箱 A 的天线单元，以模拟相同或者相邻信道上的 AP 对多链路 AP 无线工作环境的干扰。

（4）**可调衰减器**。屏蔽箱之间通过电缆及可调衰减器连接，可调衰减器用于控制电缆线路上的衰减，以仿真多链路 AP 设备和其他屏蔽箱内的无线设备之间的不同距离。

（5）**控制台**。控制台集成了流量产生和分析工具，它与多链路 AP 设备以及其他测试设备连接，用于对多链路 AP 设备以及其他测试设备的操作，并控制数据流量的发送、接收和分析，生成吞吐量和时延的性能测试结果。

根据性能测试的不同场景，控制台的流量产生工具产生不同类型的数据流量，用于 Wi-Fi 性能的测试，典型的数据流量类型如表 4-15 所示。

表 4-15　性能测试的数据流量类型

类型	描述	性能测试场景描述
UDP 普通数据业务数据流量	定义 UDP 数据流量的数据流数目、报文长度以及数据流量发送速率（Mbps）	• 适用于单业务场景下的 Wi-Fi 吞吐量测试 • 吞吐量结果为 UDP 数据流量成功接收的速率大小 • 在没有干扰的屏蔽箱测试环境中，记录零丢包条件下的吞吐量测试结果
TCP 普通数据业务数据流量	定义 TCP 数据流量的数据流数目以及数据流量发送速率（Mbps）	• 适用于单业务场景下的 Wi-Fi 吞吐量测试 • 吞吐量结果为 TCP 数据流量成功接收的速率大小 • TCP 的吞吐量结果和数据传输中的丢包或时延相关，能更好地反映 Wi-Fi 网络的数据传输性能

续表

类型	描述	性能测试场景描述
混合多业务数据流量	定义包含以下数据类型的混合业务数据模型： ● 语音：UDP 数据流量，每路 1Mbps ● 高清视频：TCP 数据流量，每路 10Mbps ● 4K 视频：TCP 数据流量，每路 35Mbps ● AR/VR：TCP 数据流量，每路 80Mbps ● 普通数据背景流量：TCP 数据流量，不限制数据流量发送速率	● 适用于多终端多业务场景下的 Wi-Fi 吞吐量和时延测试 ● 基于混合业务数据模型，测量普通数据背景流量的吞吐量大小，以及其他高优先级业务数据流量的吞吐量、时延和丢包率

3. RVR 测试

RVR 测试是指 AP 和 STA 之间在不同距离条件下的吞吐量测试。近距离的吞吐量结果用于衡量 AP 产品的最大吞吐量能力，远距离的吞吐量结果用于衡量 AP 产品的网络覆盖能力。同时，在 AP 设备的不同方向上，进行不同距离条件的吞吐量测试，以衡量 AP 设备在不同方向上可能存在的覆盖能力差异。

多链路 AP 设备的 RVR 测试包含每个频段的 RVR 测试，以及多链路连接时多频段综合的 RVR 测试，以衡量多链路 AP 的吞吐量和网络覆盖能力。

1）测试拓扑

以 BE9300 为例，RVR 测试拓扑如图 4-66 所示，屏蔽箱 A 的转盘上放置 BE9300，转盘用于控制多链路 AP 设备的角度，屏蔽箱 B 放置多链路终端设备，其支持 2×2 2.4GHz 频段 40MHz 频宽、2×2 5GHz 频段 160MHz 频宽、2×2 6GHz 频段 320MHz 频宽。屏蔽箱之间由电缆线连接，屏蔽箱之间使用可控衰减控制 Wi-Fi 信号的衰减，以模拟多链路 AP 设备和多链路终端之间的不同距离。

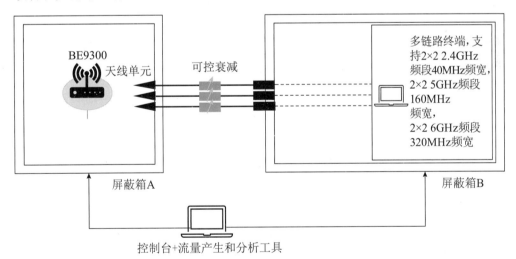

图 4-66　多链路 AP RVR 测试拓扑

使用控制台和流量产生工具，产生 TCP 普通数据业务数据流量进行吞吐量测试，TCP 普通数据业务数据流量使用一条或多条数据流，不限制数据流量发送速率。

2）测试步骤

（1）**配置多链路** AP：配置 2.4GHz 频段工作在 40MHz 频宽，5GHz 频段工作在

160MHz 频宽，6GHz 频段工作在 320MHz 频宽。

（2）**2.4GHz 频段 RVR 测试**：在 2.4GHz 频段创建单链路 BSS，多链路终端和 BE9300 建立 2.4GHz 频段的单链路连接。

①设置衰减和角度初值：设置可控衰减配置为 0dB，并设置转台至 0 度。

②测量不同衰减条件下的吞吐量：可控衰减从 0dB 衰减开始，以 3dB 间隔逐渐增加，直至 Wi-Fi 连接断开，在每个衰减的点位，分别测试下行方向和上行方向的吞吐量。

③调整角度：转台从 0° 开始，以 30° 间隔逐渐增加，直至回到 0° 位置，在每个角度的点位，重复步骤②。

（3）**5GHz 频段 RVR 测试**：在 5GHz 频段创建单链路 BSS，多链路终端和 BE9300 建立 5GHz 频段的单链路连接，重复 2.4GHz 频段测试的步骤①到③。

（4）**6GHz 频段 RVR 测试**：在 6GHz 频段创建单链路 BSS，多链路终端和 BE9300 建立 6GHz 频段的单链路连接，重复 2.4GHz 频段测试的步骤①到③。

（5）**三频段 RVR 测试**：在 2.4GHz、5GHz 和 6GHz 频段创建多链路 BSS，多链路终端和 BE9300 建立多链路连接，重复 2.4GHz 频段测试的步骤①到③。

3）测试结果

记录多链路 AP 在不同角度时，多链路 AP 和多链路终端设备之间在不同衰减条件下的吞吐量结果，包括 2.4GHz 频段、5GHz 频段、6GHz 频段和三频段多链路的吞吐量结果。

期望在不同衰减条件下，三频段多链路的吞吐量结果为不同频段单链路吞吐量结果的总和。

4. 多链路 AP 设备在多终端多业务场景中的吞吐量和时延测试

在多链路 AP 的典型部署场景中，多个终端设备运行不同的业务，包括语音、视频、AR/VR 和普通数据流业务，该测试用于测量高优先级业务的吞吐量和时延，以及普通数据业务的吞吐量，验证多链路 AP 设备在该场景中优先调度高优先级业务，并保证多终端多业务类型同时运行时的整体吞吐量。

1）测试拓扑

以 BE9300 为例，多终端多业务场景中的吞吐量和时延测试拓扑如图 4-67 所示，屏蔽箱 A 放置 BE9300，屏蔽箱 B 放置 4 个独立物理层多链路终端设备，使用控制台和流量产生工具产生不同业务类型的数据流量进行测试。一台设备运行 4K 视频业务，一台设备运行 AR/VR 业务，另外两台设备运行 TCP 普通数据业务，其数据流量使用一条或多条数据流，不限制数据流量发送速率。其中，视频和 AR/VR 业务映射到 VI 优先级，普通数据业务映射到 BE 优先级。

2）测试步骤

（1）**配置多链路 AP**：配置 2.4GHz 频段工作在 20MHz 频宽，5GHz 频段工作在 160MHz 频宽，6GHz 频段工作在 320MHz 频宽。在 2.4GHz、5GHz 和 6GHz 频段创建多链路 BSS。

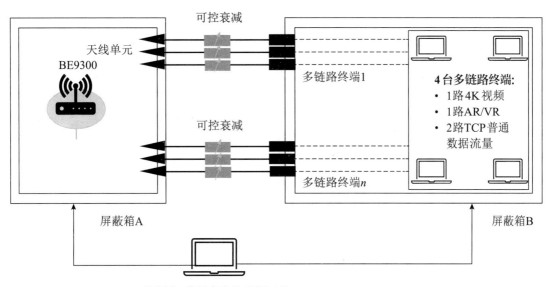

图 4-67　多链路 AP 在多终端多业务场景中的吞吐量和时延测试拓扑

（2）**建立多链路连接**：4 台多链路终端设备和 BE9300 建立多链路连接。

（3）**终端设备吞吐量测试**：在 4 台终端设备上同时运行对应业务的数据流量，测量每个终端设备的吞吐量和时延。

3）测试结果

记录高优先级业务终端设备的吞吐量和时延，期望对高优先级业务优先调度，高优先级业务的吞吐量和时延结果达到业务类型的带宽和时延需求。

记录 TCP 普通数据业务终端设备的吞吐量，所有终端设备的吞吐量之和达到期望值。

5. EasyMesh 网络性能测试

多链路 AP 组成的 EasyMesh 网络的性能测试包括 EasyMesh 网络回程链路的吞吐量测试，以及在多终端多用户场景下高优先级业务和普通数据业务的吞吐量和时延测试。

1）测试拓扑

以两台 BE9300 设备组成的 EasyMesh 网络为例，性能测试的拓扑如图 4-68 所示，屏蔽箱 C 放置控制器 BE9300，屏蔽箱 A 放置代理 BE9300，组成 EasyMesh 网络，屏蔽箱 B 放置 4 个独立物理层多链路终端设备，使用控制台和流量产生工具产生不同业务类型的数据流量进行测试。两台设备运行 AR/VR 业务，另外两台设备运行 TCP 普通数据业务，其数据流量使用一条或多条数据流，不限制数据流量发送速率。其中，AR/VR 业务映射到 VI 优先级，普通数据业务映射到 BE 优先级。

2）测试步骤

（1）**配置控制器和代理**：配置控制器 BE9300 和代理 BE9300 设备的 2.4GHz 频段工作在 20MHz 频宽，5GHz 频段工作在 160MHz 频宽，6GHz 频段工作在 320MHz 频宽。在 2.4GHz、5GHz 和 6GHz 频段创建多链路 BSS。

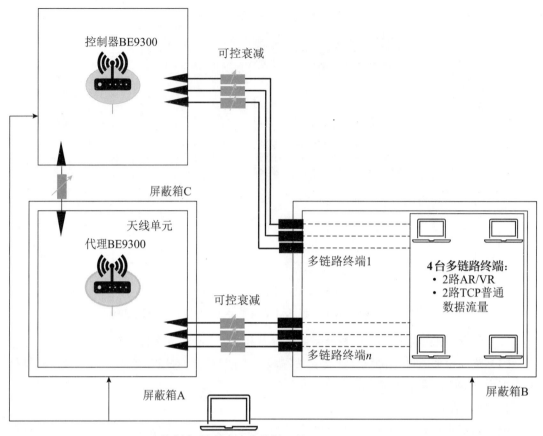

图 4-68   EasyMesh 网络性能测试拓扑

（2）**代理连接到控制器**：控制器 BE9300 和代理 BE9300 组成 EasyMesh 网络，并设置可调衰减，使控制器 BE9300 和代理 BE9300 之间回程链路的 RSSI 在 -50dBm 和 -65dBm 之间，模拟典型部署场景中回程链路的信号强度。

（3）**建立多链路连接**：两台运行有不同业务的多链路终端设备和控制器 BE9300 建立多链路连接，另外两台多链路终端设备和代理 BE9300 建立多链路连接。

（4）**回程链路吞吐量测试**：在控制器 BE9300 的 10Gbps 以太网口和代理 BE9300 的 10Gbps 以太网口之间，使用 TCP 普通数据业务，其数据流使用一条或多条数据流，不限制数据流量发送速率，进行回程链路的上行方向和下行方向的吞吐量测试。

（5）**终端设备吞吐量测试**：在 4 台终端设备上同时运行对应业务的数据流量，测量每个终端设备的吞吐量和时延。

3）**测试结果**

记录回程链路的吞吐量结果。根据回程链路的 RSSI 和物理层传输速率，期望回程链路的吞吐量结果达到多链路连接的吞吐量期望值。

记录高优先级业务终端设备的吞吐量和时延，期望对高优先级业务优先调度，高优先级业务的吞吐量和时延结果达到业务类型的带宽和时延需求。

记录 TCP 普通数据业务终端设备的吞吐量，所有终端设备的吞吐量之和达到期望值。

4.3.2　Wi-Fi 7 关键技术测试

本节结合 Wi-Fi 7 多链路 AP 产品介绍 Wi-Fi 7 关键技术的测试，包括测试拓扑、测试过程和期望结果，以验证多链路 AP 产品对各项关键技术的支持能力。Wi-Fi 7 关键技术测试的主要内容包括：

- 多链路同传技术测试。
- OFDMA 和多资源单元分配技术测试。
- 严格目标唤醒技术测试。

1. 多链路同传技术测试

第 3 章中介绍了两种多链路 AP 设备类型和五种多链路 STA 设备类型，其中，多链路 AP 包括异步多链路同传和同步多链路同传类型，多链路 STA 包括异步多链路同传、异步多链路同传增强、同步多链路同传、单射频模式以及增强单射频模式类型。

本节以异步多链路 AP 设备为例，介绍两种不同的多链路传输技术的测试。

- 异步多链路 AP 与异步多链路 STA 建立多链路连接，验证多链路数据传输功能。
- 异步多链路 AP 与增强单射频 STA 建立多链路连接，验证多链路数据传输功能。

具体测试网络拓扑和测试步骤介绍如下。

1）测试拓扑

多链路同传技术的测试拓扑如图 4-69 所示，屏蔽箱 A 放置异步多链路 AP，屏蔽箱 B 放置一台异步多链路 STA 和一台增强单射频模式类型的多链路 STA，多链路 STA 运行 TCP 数据流，不限制数据流量大小。屏蔽箱 C 放置干扰源，用于模拟对多链路 AP 某一条链路的无线干扰，验证干扰信号对多链路数据传输的影响。

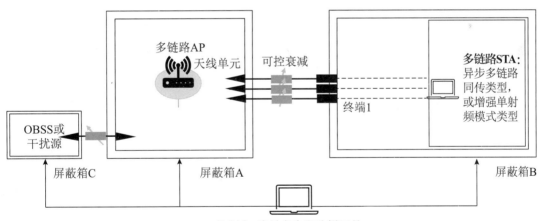

图 4-69　多链路同传技术测试

2）测试步骤和期望结果

（1）**配置多链路 AP**：配置 2.4GHz 频段工作在 20MHz 频宽，5GHz 频段工作在 160MHz 频宽，6GHz 频段工作在 320MHz 频宽，并在 2.4GHz、5GHz 和 6GHz 频段创建多链路 BSS。

（2）**检查 AP 能力集**：根据多链路 AP 的 Beacon 管理帧，检查多链路 AP 的多链路能力集。

①检查 Beacon 帧携带的多链路信息单元中的增强多链路（Enhanced Multi-Link，EML）能力集，EML 能力集的第 0 位为 1，表示多链路 AP 支持与增强单射频 STA 进行多链路数据传输的能力。

②检查 Beacon 帧携带的多链路信息单元中的多链路设备（Multi-Link Device，MLD）能力集，MLD 能力集的第 0 ~ 3 位的值为多链路 AP 设备支持的能进行异步多链路同传的链路数目减 1，若其值为 2，则表示多链路 AP 支持 3 条链路的异步多链路同传能力。

（3）**验证异步多链路 STA 与 AP 的多链路数据传输功能**：异步多链路 STA 与异步多链路 AP 建立多链路连接，验证多链路 AP 的多链路数据传输功能。

①使用多链路 AP 的 Wi-Fi 驱动命令行，或从多链路 STA 侧配置 TID 和多链路的映射关系，验证多链路 STA 和多链路 AP 之间根据 TID 和多链路的映射关系进行多链路数据传输。

- 配置上行和下行方向的 VI 类型业务流映射到 6GHz 链路，运行双向的 VI 优先级的 TCP 数据流量，记录吞吐量结果，并验证数据流量在 6GHz 链路上传输。
- 同样，配置上行和下行方向的 VI 类型业务流映射到 5GHz 链路，运行双向的 VI 优先级的 TCP 数据流量，记录吞吐量结果，并验证数据流量在 5GHz 链路上传输。
- 同样，配置上行和下行方向的 VI 类型业务流映射到 2.4GHz 链路，运行双向的 VI 优先级的 TCP 数据流量，记录吞吐量结果，并验证数据流量在 2.4GHz 链路上传输。

②使用多链路 AP 的 Wi-Fi 驱动命令行，或从多链路 STA 侧配置默认的 TID 和多链路的映射关系，每个 TID 可以在任何一条链路上传输。

- 运行下行方向的 TCP 数据流量，不限制数据流量大小，记录吞吐量结果，并验证数据流量基于 3 条链路进行数据传输。
- 运行上行方向的 TCP 数据流量，不限制数据流量大小，记录吞吐量结果，并验证数据流量基于 3 条链路进行数据传输。

（4）**验证增强单射频 STA 与 AP 的多链路数据传输功能**：增强单射频 STA 和异步多链路 AP 建立多链路连接，验证多链路 AP 的多链路数据传输功能。

①使用多链路 AP 的 Wi-Fi 驱动命令行，或从多链路 STA 侧配置 TID 和多链路的映射关系，验证多链路 STA 和多链路 AP 之间根据 TID 和多链路的映射关系进行多链路数据传输。

- 配置上行和下行方向的 VI 类型业务流映射到 6GHz 链路，运行双向的 VI 优先级的 TCP 数据流量，记录吞吐量结果，并验证数据流量在 6GHz 链路上传输。
- 同样，配置上行和下行方向的 VI 类型业务流映射到 5GHz 链路，运行双向的 VI 优先级的 TCP 数据流量，记录吞吐量结果，并验证数据流量在 5GHz 链路上传输。
- 同样，配置上行和下行方向的 VI 类型业务流映射到 2.4GHz 链路，运行双向的 VI 优先级的 TCP 数据流量，记录吞吐量结果，并验证数据流量在 2.4GHz 链路上传输。

②使用多链路 AP 的 Wi-Fi 驱动命令行，或从多链路 STA 侧配置默认的 TID 和多链路的映射关系，每个 TID 可以在任何一条链路上传输。

- 运行下行方向的 TCP 数据流量，不限制数据流量大小，记录吞吐量结果，并验证数据流量在同一时刻基于一条空闲的链路进行数据传输。在一条链路无线信道的整个频宽上加入干扰，记录吞吐量结果，并验证数据流量基于一条空闲的链路进行数据传输。

- 运行上行方向的 TCP 数据流量，不限制数据流量大小，记录吞吐量结果，并验证数据流量在同一时刻基于一条空闲的链路进行数据传输。在一条链路无线信道的整个频宽上加入干扰，记录吞吐量结果，并验证数据流量基于一条空闲的链路进行数据传输。

2. OFDMA 和多资源单元分配技术测试

基于 OFDMA 和多资源单元分配技术，多链路 AP 将无线频谱资源动态划分成多个资源单元块，用于 AP 和多个终端设备之间使用不同的 MRU 同时进行数据传输，以提升频谱的利用效率和多用户场景中的时延性能。

当无线信道中以 20MHz 频宽为单位的部分子信道存在干扰时，多链路 AP 基于前导码屏蔽技术屏蔽有干扰的子信道，使用包含主 20MHz 信道在内的不连续的信道资源和终端设备进行数据传输。

下面首先介绍 OFDMA 和多资源单元分配技术的测试拓扑，然后讨论前导码屏蔽功能的测试，和基于 MRU 的多用户场景 OFDMA 功能测试，用于验证多链路 AP 对无线频段资源的动态分配，以及对多终端设备的数据传输进行同时调度的能力。

1）测试拓扑

OFDMA 和多资源单元分配技术的测试拓扑如图 4-70 所示，屏蔽箱 A 放置多链路 AP 设备，屏蔽箱 B 放置 4 台 Wi-Fi 7 终端设备，屏蔽箱 C 放置干扰源，用于模拟对多链路 AP 当前工作信道的干扰。4 台终端设备中，3 台终端运行上行和下行方向的高优先级实时业务数据流量，一台终端运行上行和下行方向的 TCP 普通数据流量，不限制数据流量大小。

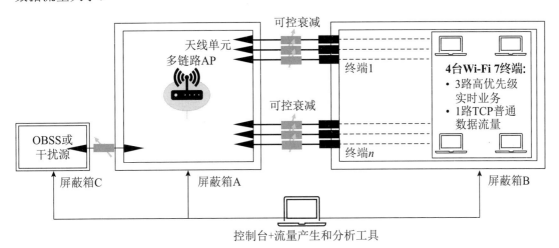

图 4-70　OFDMA 和多资源单元分配技术测试

　　2）前导码屏蔽功能测试

　　（1）**配置多链路 AP**：配置 2.4GHz 频段工作在 20MHz 频宽，5GHz 频段工作在 160MHz 频宽，6GHz 频段工作在 320MHz 频宽。在 2.4GHz、5GHz 和 6GHz 频段创建多链路 BSS。

　　（2）**5GHz 频段前导码屏蔽功能测试，步骤如下。**

　　①选一台终端设备和多链路 AP 建立 5GHz 的单链路连接，运行双向的 TCP 普通数据流量，不限制流量大小。

　　②在 160MHz 工作频段内，选择不包含主 20MHz 信道的 20MHz 或 40MHz 子信道加入 OBSS 或干扰源，验证多链路 AP 对有干扰的子信道进行前导码屏蔽，在其他空闲的频段内和终端设备进行上行和下行报文的传输。

　　③对下行报文的传输，检查多链路 AP 下行数据报文前导码的 U-SIG 字段携带的前导码屏蔽信息，以确认 AP 对有干扰的子信道进行前导码屏蔽，不用于本次数据报文的传输。对上行报文的传输，检查 Trigger 控制帧报文携带的 MRU 分配信息，以确认 MRU 分配信息不包含干扰的子信道，而在其他空闲的频段内进行数据报文的传输。

　　（3）**6GHz 频段前导码屏蔽功能测试，步骤如下。**

　　①选一台终端设备和多链路 AP 建立 6GHz 的单链路连接，运行双向的 TCP 普通数据流量，不限制流量大小。

　　②在 320MHz 工作频段内，选择不包含主 20MHz 信道的 40MHz、80MHz 或 40MHz+80MHz 子信道加入 OBSS 或干扰源，验证多链路 AP 对有干扰的子信道进行前导码屏蔽，在其他空闲的频段内和终端设备进行上行和下行报文的传输。

　　③对下行报文的传输，检查多链路 AP 下行数据报文前导码的 U-SIG 字段携带的前导码屏蔽信息，以确认 AP 对有干扰的子信道进行前导码屏蔽，不用于本次数据报文的传输。对上行报文的传输，检查 Trigger 控制帧报文携带的 MRU 分配信息，以确认 MRU 分配信息不包含干扰的子信道，而在其他空闲的频段内进行数据报文的传输。

　　3）**基于 MRU 的多用户场景 OFDMA 功能测试**

　　（1）**配置多链路 AP**：配置 2.4GHz 频段工作在 20MHz 频宽，5GHz 频段工作在 160MHz 频宽，6GHz 频段工作在 320MHz 频宽。在 2.4GHz、5GHz 和 6GHz 频段创建多链路 BSS。

　　（2）**2.4GHz 频段多用户场景 OFDMA 功能测试，步骤如下。**

　　①4 台终端设备和多链路 AP 建立 2.4GHz 的单链路连接，验证 2.4GHz 频段的 OFDMA 功能。3 台终端设备运行双向的高优先级实时业务数据流量，每台终端流量上行方向和下行方向各 20Mb/s，一台终端设备运行双向的 TCP 数据流量，不限制流量大小。

　　②检查多链路 AP 和多终端设备之间基于 OFDMA 复用技术调度多终端设备的上行和下行报文传输，并优先调度高优先级数据报文。

　　③在下行方向，多链路 AP 在数据报文前导码的 EHT-SIG 字段中携带当前 20MHz 频宽的 MRU 分配信息，以及每个 MRU 对应的用户信息。

- 在下行的每个 EHT MUPPDU 数据帧中，多链路 AP 为多终端设备动态分配 MRU 资源单元。多链路 AP 为 4 个终端设备分配的资源单元可以是大小为 26 Tone、52 Tone、106 Tone、52+26 Tone 或 106+26 Tone 的资源单元块，其中，52+26 Tone 和

106+26 Tone 的资源单元块是 MRU 多资源单元块。

- 由 Wi-Fi 驱动的统计命令，或根据 Wi-Fi 报文抓包，分析每个 EHT MU PPDU 数据帧中的 MRU 分配和多终端调度。
- 期望多链路 AP 优先为高优先级业务的终端设备进行 MRU 资源分配和多终端发送调度，当高优先级业务终端设备对应的发送队列没有足够数据时，多链路 AP 不需进行 MRU 资源划分，将整个 20MHz 频宽分配给运行 TCP 普通数据流量的终端设备进行数据传输。
- 期望每个 EHT MU PPDU 数据帧中的 MRU 分配充分利用整个无线信道频宽资源。

④在上行方向，多链路 AP 发送的 Trigger 控制帧报文携带为多用户分配的 MRU 信息。终端设备收到 Trigger 控制帧，根据为终端设备分配的 MRU 发送上行的 EHT TB PPDU 数据帧。

- 在多链路 AP 发送的 Trigger 控制帧报文中，多链路 AP 为多终端设备动态分配 MRU 资源单元。多链路 AP 为 4 个终端设备分配的资源单元可以是大小为 26 Tone、52 Tone、106 Tone、52+26 Tone 或 106+26 Tone 的资源单元块，其中，52+26 Tone 和 106+26 Tone 的资源单元块是 MRU 多资源单元块。
- 由 Wi-Fi 驱动的统计命令，或根据 Wi-Fi 报文抓包，分析每个 Trigger 控制帧报文的 MRU 分配和多终端调度。
- 期望多链路 AP 优先为高优先级业务的终端设备进行 MRU 资源分配和多终端发送调度，当高优先级业务终端设备没有足够的上行数据时，多链路 AP 不需进行 MRU 资源划分，将整个 20MHz 频宽分配给运行 TCP 普通数据流量的终端设备进行上行数据传输。
- 期望每个 Trigger 控制帧报文中的 MRU 分配充分利用整个无线信道频宽资源。

（3）5GHz 频段多用户场景 OFDMA 功能测试，步骤如下。

①4 台终端设备和多链路 AP 建立 5GHz 的单链路连接，验证 5GHz 频段的 OFDMA 功能。3 台终端设备运行双向的高优先级实时业务数据流量，每台终端流量上行方向和下行方向各 200Mb/s，一台终端设备运行双向的 TCP 普通数据流量，不限制流量大小。

②检查多链路 AP 和多终端设备之间基于 OFDMA 复用技术调度多终端设备的上行和下行报文传输，并优先调度高优先级数据报文。

③5GHz 频段工作在 160MHz 频宽，共有 8 个 20MHz 的子信道。在下行方向和上行方向，多链路 AP 分配的资源单元可以是大小为 26 Tone、52 Tone、106 Tone、52+26 Tone 或 106+26 Tone 的资源单元块，其中，52+26 Tone 和 106+26 Tone 的资源单元块是 MRU 多资源单元块；还可以是大小为 242 Tone、484 Tone、996 Tone 的大 RU 资源单元，或是由以上大 RU 资源单元组合而成的大 MRU 资源单元块。重复"2.4GHz 频段多用户场景 OFDMA 功能测试"的步骤③和④，由 Wi-Fi 驱动的统计命令，或根据 Wi-Fi 报文抓包，分析每个 EHT MU PPDU 数据帧中的 MRU 分配和多终端调度，以及每个 Trigger 控制帧报文的 MRU 分配和多终端调度，验证多链路 AP 在 5GHz 频段的 MRU 分配和 OFDMA 多用户调度能力。

（4）6GHz 频段多用户场景 OFDMA 功能测试，步骤如下。

①4 台终端设备和多链路 AP 建立 6GHz 的单链路连接，验证 6GHz 频段的 OFDMA

功能。3 台终端设备运行双向的高优先级实时业务数据流量，每台终端流量上行方向和下行方向各 200Mb/s，一台终端设备运行双向的 TCP 普通数据流量，不限制流量大小。

②检查多链路 AP 和多终端设备之间基于 OFDMA 复用技术调度多终端设备的上行和下行报文传输，并优先调度高优先级数据报文。

③ 6GHz 频段工作在 320MHz 频宽，共有 16 个 20MHz 的子信道。在下行方向和上行方向，多链路 AP 分配的资源单元可以是大小为 26 Tone、52 Tone、106 Tone、52+26 Tone 或 106+26 Tone 的资源单元块，其中，52+26 Tone 和 106+26 Tone 的资源单元块是 MRU 多资源单元块；还可以是大小为 242 Tone、484 Tone、996 Tone、2×996 Tone 的大 RU 资源单元，或是由以上大 RU 资源单元组合而成的大 MRU 资源单元块。重复"2.4GHz 频段多用户场景 OFDMA 功能测试"的步骤③和④，由 Wi-Fi 驱动的统计命令，或根据 Wi-Fi 报文抓包，分析每个 EHT MU PPDU 数据帧中的 MRU 分配和多终端调度，以及每个 Trigger 控制帧报文的 MRU 分配和多终端调度，验证多链路 AP 在 6GHz 频段的 MRU 分配和 OFDMA 多用户调度能力。

3. 严格目标唤醒时间技术测试

基于严格目标唤醒时间技术，多链路 AP 设备和终端设备协商周期性的目标唤醒时间，以及在目标唤醒时间内进行数据传输的低时延业务，在每一次周期性的唤醒时间内，多链路 AP 设备和终端设备之间进行低时延业务的上行或下行方向的数据传输，以满足终端设备的低时延需求。

严格目标唤醒时间技术测试用于验证多链路 AP 设备和终端设备之间基于目标唤醒时间技术，进行周期性的实时无线媒介访问和低时延业务数据传输的功能。

1）测试拓扑

严格目标唤醒时间技术的测试拓扑如图 4-71 所示，多链路 AP 和两台 Wi-Fi 7 终端设备支持严格目标唤醒时间的功能，一台终端运行高优先级低时延业务，和多链路 AP 协商周期性目标唤醒时间，进行低时延业务的数据传输，另一台终端运行 TCP 普通数据流量，不限制数据流量大小。

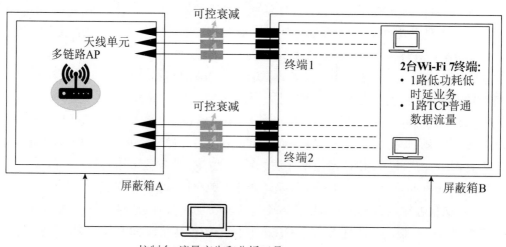

图 4-71　严格目标唤醒时间技术测试

2）测试步骤和期望结果

（1）**配置多链路** AP：配置 2.4GHz 频段工作在 20MHz 频宽，5GHz 频段工作在 160MHz 频宽，6GHz 频段工作在 320MHz 频宽。在 2.4GHz、5GHz 和 6GHz 频段创建多链路 BSS。

（2）**检查 AP 能力集**：根据各频段信标帧内容，检查严格目标唤醒时间功能支持的能力集。若信标帧中的 EHT MAC 能力集信息单元的第 4 位值为 1，表示多链路 AP 支持严格目标唤醒时间功能。

（3）**设置严格目标唤醒时间参数**：使用 Wi-Fi 驱动的命令行，为多链路 AP 的多链路 BSS 设置严格目标唤醒时间参数信息，包括 r-TWT 组 ID、目标唤醒时间间隔，目标唤醒时间长度。检查信标帧中携带 TWT 信息单元内容中，包含该 r-TWT 组 ID 对应的严格目标唤醒时间参数信息。

（4）**2.4GHz 频段严格目标唤醒时间测试**：终端 2 设备和多链路 AP 建立多链路连接，运行 TCP 普通数据流量，不限制数据流量大小，并保持数据流量持续运行。设置终端 1 加入多链路 AP 的 r-TWT 组，终端 1 设备和多链路 AP 建立 2.4GHz 的单链路连接，验证 2.4GHz 频段的严格目标唤醒时间功能。

①检查连接过程中的关联请求和关联响应报文中的 r-TWT 信息单元内容，指定申请加入的 r-TWT 组的 ID，以及低时延业务上行和下行方向的业务流 ID（Traffic ID，TID）信息。

②如果关联响应未携带 r-TWT 信息单元，则检查终端 1 发起加入 r-TWT 组的动作帧，动作帧中的 r-TWT 信息单元指定申请加入的 r-TWT 组的 ID，以及低时延业务上行和下行方向的 TID 信息。

③根据 Wi-Fi 报文抓包，期望终端 1 按照 r-TWT 组的严格目标唤醒时间参数被周期性调度，在每个严格目标唤醒时间内进行低时延数据业务的上行和下行方向数据传输。

（5）**5GHz 频段严格目标唤醒时间测试**：终端 2 设备和多链路 AP 建立多链路连接，运行 TCP 普通数据流量，不限制数据流量大小，并保持数据流量持续运行。设置终端 1 加入多链路 AP 的 r-TWT 组，终端 1 设备和多链路 AP 建立 5GHz 的单链路连接。重复步骤（4）的内容，验证 5GHz 频段的严格目标唤醒时间功能。

（6）**6GHz 频段严格目标唤醒时间测试**：终端 2 设备和多链路 AP 建立多链路连接，运行 TCP 普通数据流量，不限制数据流量大小，并保持数据流量持续运行。设置终端 1 加入多链路 AP 的 r-TWT 组，终端 1 设备和多链路 AP 建立 6GHz 的单链路连接。重复步骤（4）的内容，验证 6GHz 频段的严格目标唤醒时间功能。

本章小结

本章首先介绍了 Wi-Fi 7 AP 产品的规格定义、关键技术指标和开发流程，然后着重介绍了 Wi-Fi 7 AP 产品软件开发和测试的方法。通过本章内容的学习，读者能够了解 Wi-Fi 7 AP 产品的定义、Wi-Fi 7 AP 产品开发和测试的主要内容，以及 Wi-Fi 7 技术对 AP 产品的开发和测试所带来的变化。

产品规格定义：预计 2024 年开始 Wi-Fi 7 的产品将逐渐成为市场中的热点 Wi-Fi 产品。已经为 Wi-Fi 开放 6GHz 频谱的国家和地区，三频 Wi-Fi 7 AP 产品将成为市场的主流，而没有为 Wi-Fi 开放 6GHz 频谱的国家和地区，Wi-Fi 7 AP 产品将以支持 2.4GHz 和 5GHz 的双频产品为主。Wi-Fi 7 AP 产品的关键技术指标包括吞吐量、时延、网络覆盖和安全性。

开发流程：开发流程包含系统框架设计、硬件开发、软件开发和测试。系统框架设计环节根据产品的规格定义和成本要求，选择合适的芯片并构造产品的系统框架；硬件设计环节完成硬件电路原理图的设计、电路板制作、外观设计和硬件设计中的功能和性能测试；软件开发环节完成软件架构设计和 Wi-Fi 7 技术相关的软件功能的开发；测试环节结合产品规格定义和 Wi-Fi 7 关键技术进行产品的功能和性能测试。

软件开发：结合 Wi-Fi 7 的多链路技术，讨论了网络管理软件开发对 Wi-Fi 7 多链路管理模型的支持、连接管理软件开发对多链路连接过程和连接状态的支持、数据转发软件开发对多链路数据收发和调度的支持，以及 EasyMesh 网络软件开发对多链路 EasyMesh 组网、无线回程链路优化和 AP 之间漫游等功能的支持；结合 Wi-Fi 7 的高频宽和信道捆绑技术，讨论了无线信道管理软件开发对 6GHz 频段 320MHz 频宽的无线信道的支持和无线信道自动选择策略的设计；结合 Wi-Fi 7 影响吞吐量和时延的技术，讨论了 Wi-Fi 7 AP 产品吞吐量和时延性能优化的方法。

产品测试：结合 Wi-Fi 7 AP 产品的典型部署场景，讨论了产品性能测试的测试环境和方法，并重点介绍了产品的 RVR 测试和多用户多业务场景下的吞吐量和时延测试；结合 Wi-Fi 7 关键技术，重点讨论了多链路同传技术、OFDMA 和多资源单元分配技术以及严格目标唤醒时间技术的测试方法。

第 5 章

Wi-Fi 行业联盟对技术和产品的推动

Wi-Fi 得到全球范围的普及，在商业化取得巨大成功，离不开技术规范本身的不断演进，离不开产品的实用性与用户体验的不断提升。这是标准组织与行业联盟在技术时代所发挥的巨大作用。

首先，作为 Wi-Fi 技术核心标准制定的 IEEE 802.11 委员会，它每隔 5 年左右发布新一代 Wi-Fi 相关的物理层和 MAC 层协议，为无线局域网的发展做出了关键的贡献。

其次，负责认证授权的 Wi-Fi 联盟（Wi-Fi Alliance，WFA），它提供的测试认证不仅确保厂家提供的无线产品符合 IEEE 802.11 标准，而且 Wi-Fi 联盟进一步关注互操作性、安全性、易用性以及创新技术的演进，然后对通过测试的产品给予 Wi-Fi 商标授权。这样 Wi-Fi 联盟为 IEEE 标准与商业化产品之间搭起了一个跨接桥梁，推动了 Wi-Fi 产品能够在全世界得到迅速商业化和部署。

作为通信行业中的宽带论坛（Broadband Forum，BBF），它把 Wi-Fi 看成宽带接入的延伸，如何对家庭网络的 Wi-Fi 进行管理，是目前 BBF 制定规范的关注重点之一。

移动通信组织中的第三代合作伙伴计划（The 3rd Generation Partnership Project，3GPP），对于 5G 标准与 Wi-Fi 接入网络融合也非常重视，在它的 R15 和 R16 版本的标准演进中制定了与 Wi-Fi 网络融合相关的规范。

另外，无线宽带联盟（Wireless Broadband Alliance，WBA），在很多著名的运营商和厂家参与下，对 Wi-Fi 的市场需求、商业化发展进行讨论和研究，引导和推动 Wi-Fi 的演进和应用。

参考图 5-1 的 Wi-Fi 相关的标准组织和主要行业联盟的图示。Wi-Fi 无线局域网有广泛的适用性和社会场景应用，还有更多的标准组织和行业联盟正在把 Wi-Fi 技术及应用作为它们制定新规范的重点。

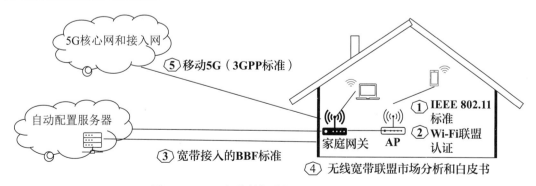

图 5-1　Wi-Fi 相关的标准组织和主要行业联盟

5.1　Wi-Fi 联盟在技术时代的成功

　　Wi-Fi 联盟总部位于美国得克萨斯州奥斯汀，它的发展以及 Wi-Fi 产品的快速普及，可以参考图 5-2 的简要图示。Wi-Fi 联盟的历史可以回溯到 1999 年，当时由 6 家公司成立了无线以太网兼容性联盟（Wireless Ethernet Compatibility Alliance，WECA），主要目的是推动 IEEE 802.11 标准的商业化发展。2002 年 10 月，改名为 Wi-Fi 联盟（Wi-Fi Alliance）。2005 年，"Wi-Fi" 一词被加入到了韦氏大词典，随着 Wi-Fi 产品得到越来越多的应用，Wi-Fi 的名称逐渐为人们所熟知，成为大众的基本词汇。

图 5-2　Wi-Fi 联盟和商业化的演进

　　2012 年全球已经有 25% 的家庭使用 Wi-Fi，Wi-Fi 产品累计发货 50 亿个。而到了 2019 年，Wi-Fi 产品已经累计发货 300 亿个，同时新的 Wi-Fi 6 认证已经启动。预计 2023 年，Wi-Fi 联盟完成 Wi-Fi 7 认证规范的制定，经过 Wi-Fi 7 认证的产品将在 2024 年逐渐推广到市场。

　　Wi-Fi 技术已经成为人们每天日常生活和工作必不可少的一部分，这是技术时代最伟大的成功故事之一。预计到 2025 年，Wi-Fi 的全球经济价值有望达到 5 万亿美元，每年将交付数 10 亿部设备。

5.1.1　Wi-Fi 联盟的测试认证方式

　　没有 IEEE 制定的 802.11 标准，就没有 Wi-Fi 联盟的核心技术。但如果没有 Wi-Fi 联盟的互通性认证和新的易用性规范制定等，Wi-Fi 产品就不会像今天这样得到非常广泛的普及和应用。

　　2018 年，Wi-Fi 联盟把 802.11 标准对应到以数字序号方式为主的 Wi-Fi 规范，如表 5-1 所示，802.11n 对应着 Wi-Fi 4，802.11ac 对应着 Wi-Fi 5，802.11ax 对应着 Wi-Fi 6，802.11be 对应着 Wi-Fi 7。Wi-Fi 4 之前的技术就不再赋予数字序号。

表 5-1　Wi-Fi 名称与 IEEE 标准

名称定义	技术规范
Wi-Fi 7	802.11be
Wi-Fi 6	802.11ax
Wi-Fi 5	802.11ac
Wi-Fi 4	802.11n

数字序号的出现是为了让大众更加容易理解 Wi-Fi 技术的迭代和应用，让人们能够很快在 Wi-Fi 产品上识别出对应的 Wi-Fi 标准。简化 Wi-Fi 技术的辨识度，就像移动通信的 4G、5G 一样，有助于 Wi-Fi 进一步推广和普及。

人们可以在手机或者其他具备屏幕的终端上，通过可视化用户界面的方式方便地识别当前 Wi-Fi 连接的技术标准，如图 5-3 所示的 Wi-Fi 标识符。带有 6 的标识符就表示当前连接是 Wi-Fi 6。

图 5-3　Wi-Fi 联盟定义的可视化标识符（来自 www.wi-fi.org）

Wi-Fi 联盟对于支持 Wi-Fi 技术的产品制定了一系列的测试要求，如果这个产品能够在同一频段上与其他 Wi-Fi 认证的产品完成互操作性的测试，那么这个产品就通过了 Wi-Fi 联盟的认证要求。这样的产品包括计算机、智能手机、家用电器、网络设备以及电子消费产品等。如果厂家是 Wi-Fi 联盟的会员，并且通过认证测试，这样就可以使用 Wi-Fi CERTIFIED 商标和 Wi-Fi CERTIFIED 标志。

产品厂家联系 Wi-Fi 联盟的授权测试实验室（Authorized Test Laboratory，ATL），可以针对核心 Wi-Fi 功能进行认证，例如 Wi-Fi CERTIFIED 6 ™和之前各个标准的 Wi-Fi，也可以针对特定应用进行认证，例如多接入点 Wi-Fi 系统和移动时的无缝连接体验等。

Wi-Fi 联盟的认证包含三种方式。

- FlexTrack：专为从头开始、全新设计的复杂产品定制，在 Wi-Fi 产品设计方面具有高度灵活性。测试在授权测试实验室完成。
- QuickTrack：为已经完成全部 Wi-Fi 功能合格测试的产品而进行定制的测试，可以对 Wi-Fi 组件和功能进行有针对性的修改，测试在授权测试实验室或会员测试站点完成。
- 衍生产品：为使用相同 Wi-Fi 设计的系列产品而定制的测试，适用于 Wi-Fi 认证的源产品的副本，会员不需要测试就可以申请衍生产品认证。

5.1.2　Wi-Fi 联盟制定的测试认证规范

Wi-Fi 联盟每年持续推出新的认证计划，推动了支持 IEEE 802.11 核心标准的产品的互操作性验证、物联网场景应用、产品的安全性和用户体验的提升等。表 5-2 列出了部分主要的认证计划。

表 5-2　Wi-Fi 联盟认证的例子

序号	认证名称	核心技术	技术特点和应用场景
1	Halow 认证	IEEE 802.11ah	工作频段低于 1GHz，实现远距离、低功耗的连接。应用于物联网和工业联网环境，以及零售、农业、医疗保健、智能家居和智能城市等市场

续表

序号	认证名称	核心技术	技术特点和应用场景
2	WPA3 认证	WPA2 基础上的技术增强	WPA3 为个人网络和企业级网络提供相应功能。WPA3-Personal 针对密码猜测企图增强对用户的保护，WPA3-Enterprise 能够利用更高级的安全协议，保护敏感数据网络的安全
3	Wi-Fi 6 认证	IEEE 802.11ax	高带宽、高速率和低时延的技术特点，具有更大覆盖范围和密集环境中的更多的并发连接，支持 2.4GHz、5GHz、6GHz 频段的认证
4	WiGig 认证	IEEE 802.11ad	在 60GHz 频段实现每秒千兆比特速度传输，扩展了虚拟现实、多媒体、游戏、无线对接和高速连接的企业应用，多频段设备可以提供 2.4GHz、5GHz 或 60GHz 频段的连续无缝连接传输
5	EashMesh 认证	IEEE 802.11k/v/u/r	多个接入点 AP 构成一个统一的网络，提供覆盖室内和室外空间的 Wi-Fi 网络
6	Wi-Fi 直接连接认证	IEEE 的各个 802.11 标准	无须无线路由器，支持 Wi-Fi 设备就可以相互一对一的直接连接，打印服务、内容分享、玩游戏就变得非常方便了
7	Wi-Fi WMM 认证	IEEE 的各个 802.11 标准	为 Wi-Fi 传输数据提供业务质量功能，例如，为视频与语音提供高优先级传输、背景流和普通数据低优先级传输
8	Wi-Fi QoS 认证	IEEE 的各个 802.11 标准	对 Wi-Fi WMM 认证进行扩充，通过接入点 AP 和终端设备进行协商或请求，将识别出的 IP 流划分到特定的优先级类别

5.1.3　Wi-Fi 联盟关于 QoS 管理的测试认证

下面以 Wi-Fi 联盟的 WMM 和 QoS 认证为例，介绍 Wi-Fi 联盟如何为 Wi-Fi 领域引入新的创新技术和认证，推动 Wi-Fi 行业的发展和用户体验的提升。

从前面章节的 Wi-Fi 技术标准的演进过程中可以看到，Wi-Fi 标准主要关注的是频谱效率、信道带宽拓展、并发数量等性能提升，而没有特别从业务质量（QoS）的角度来完善标准。为了弥补 Wi-Fi 在 QoS 上的不足，IEEE 在 2004 年推出了 802.11e，提供了新的操作方式和参数设置来增强 MAC 层的 QoS 的支持，它定义了 4 种访问类别（Access Categorie，AC）来区分数据流的优先级，当语音、视频、普通数据报文和背景数据流转发到 MAC 层的时候，它们就会根据优先级进入相应的 AC 的队列中等待发送。

为了确保不同厂家产品的 QoS 的兼容性，Wi-Fi 联盟推动了基于 802.11e 的 Wi-Fi 多媒体（Wi-Fi Multi Media，WMM）功能的互操作性测试。WMM 互操作性的认证从 2004 年 12 月开始。Wi-Fi 的 AP 只要能通过 Wi-Fi 联盟的认证测试，就在产品上具备了不同业务流的区分的功能。

参考图 5-4，互联网的下行数据报文到达 Wi-Fi AP，然后 Wi-Fi MAC 层对数据报文进行业务流的分类，并映射到相应的 AC 队列中，发送给终端。在这个过程中，前提条件是互联网的数据报文的优先级已经在 IP 报文头部的差分服务代码点（Differentiated Service Code Point，DSCP）字段中被设置，并且对应到 MAC 层所需的业务数据优先级的输入。

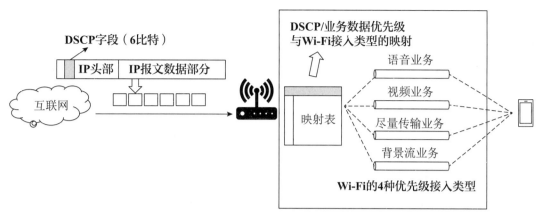

图 5-4　Wi-Fi 联盟的 WMM 对于 QoS 的支持

　　然而，在实际网络中，DSCP 字段在 IP 头部的准确标识却并没有得到普遍的重视。虽然越来越多的终端应用程序开始设置 DSCP 字段，但大多数网络服务器仍然在下行数据报文中使用默认的 DSCP 字段，或者互联网供应商的设备在网络中对原始数据报文的 DSCP 字段进行了重设，或者有些设备的 DSCP 字段已经与网络业务不匹配等。因此，Wi-Fi AP 收到来自互联网的数据报文的时候，并不能有效地通过 WMM 的优先级队列把数据转发给终端。

　　针对 Wi-Fi 在 QoS 的薄弱环节，Wi-Fi 联盟在 WMM 的基础上，于 2020 年 12 月启动了 QoS 管理的第 1 个版本的认证项目。

　　Wi-Fi QoS 管理认证为设备和应用程序提供了标准化的办法，支持 AP 和终端设备之间的流量优先级增强和拓展，它包含以下的技术。

- 流分类服务（Stream Classification Service，SCS）：支持对特定 IP 流进行分类和 Wi-Fi QoS 处理，IP 流包括来自 5G 核心网络的数据流。允许游戏、语音和视频等流量的优先级高于其他数据流。
- 镜像流分类服务（Mirrored Stream Classification Service，MSCS）：终端能够请求 AP 利用 QoS 镜像对下行 IP 流进行特定的 QoS 处理。
- 差异化服务代码点映射：支持跨 Wi-Fi 网络和有线网络的统一 QoS 处理，支持网络管理员能够配置特定的 QoS 策略。
- 差异化服务代码点方式：支持终端对特定上行 IP 流量动态配置 DSCP 策略，允许它们被标记为不同的 DSCP 值，进一步改善 XR 等低时延应用程序的体验。

　　原先的 WMM 技术只是 AP 单方向地对下行数据流进行分类，而 QoS 管理的新技术则需要 AP 与终端相互进行配合和协商，它们对于指定业务的下行或者上行 IP 流进行标识和分类，实现 Wi-Fi 网络中特定数据流的高优先级处理，从而减少 Wi-Fi 数据流的延迟，减少交互云和边缘服务的时延，让人们获得更好的实时应用体验。

　　图 5-5 是终端向 AP 请求镜像流分类服务的例子，AP 接收了终端请求之后，AP 会对终端发送的上行语音或视频等数据流复制对应的优先级，然后在下行数据流中设置相同优先级，这样就使得终端业务流在 Wi-Fi 网络中被高优先级传送。

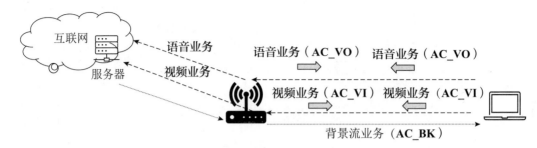

图 5-5　终端与 AP 协作实现下行数据流的 QoS 处理

Wi-Fi 联盟的 QoS 管理认证与各个 IEEE 802.11 标准没有直接的对应关系。但 Wi-Fi 7 在低时延性能等方面的技术改进，与 Wi-Fi 联盟 QoS 管理认证的配合，必然对于 Wi-Fi 提升整体的低时延处理带来更大的帮助。

5.2　无线宽带联盟在 Wi-Fi 行业中的助力

无线宽带联盟（Wireless Broadband Alliance，WBA）成立于 2003 年，它的成员主要包括电信运营商、设备提供商、第三方转接商。例如，美国 AT&T、德国 T-Mobile、英国 BT、日本 DoCoMo 等运营商，还有英特尔、思科等芯片或设备厂商。每年 WBA 都会通过设定工作组或任务组的方式对行业内的最新的 Wi-Fi 课题进行研究，课题研究的成果通常是通过白皮书的方式在行业内发布。

5.2.1　无线宽带联盟工作组和任务组

图 5-6 是 2022 年的主要的工作组和任务组，可以看到 Wi-Fi 6/6E 是 2022 年的技术重点，而拓展 Wi-Fi 在工业互联网、农村等不同场景下的使用效果和应用体验受到持续关注。另外，移动 5G 与 Wi-Fi 在企业网络中的融合也成为无线宽带联盟在 2022 年探讨的重要话题，工作组对需求、场景用例、技术方案等进行分析，为企业引入和构建 5G 专网提供方案参考。

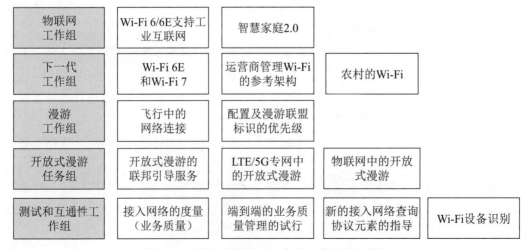

图 5-6　无线宽带联盟 2022 年的工作组和任务组

5.2.2　无线宽带联盟推动 Wi-Fi 感知技术发展

通过室内 Wi-Fi 信号传播来检测和感知室内人体活动，是目前 Wi-Fi 技术创新非常重要的一个发展方向。现在大多数家庭都有 Wi-Fi AP，Wi-Fi 信号几乎能够覆盖家庭中的每一个角落，如果能把 Wi-Fi 信号识别人体行为技术进行商业化普及，那么它会给家庭带来很多意想不到的应用和体验。

通过 Wi-Fi 信号进行人体行为识别的技术有几种方案，基本的思路是利用无线信号在传播过程中会受到障碍物的影响而产生变化的信号特征来进行人体行为识别。发射端发出信号，接收端收到的信号是经过直射、衍射、反射等多条路径的叠加，所以最后收到的信号携带了障碍物影响的特征，通过识别这些叠加后的无线信号的特征可以用于行为识别。

目前感知技术用到的 Wi-Fi 信号主要是 Wi-Fi 的信道状态信息（Channel State Information，CSI），CSI 是利用 Wi-Fi 的每个 OFDM 子载波来获取相关变化的振幅和相位。图 5-7 是两个 Wi-Fi AP 相互之间进行数

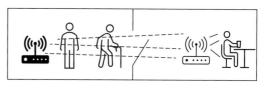

图 5-7　Wi-Fi 对环境中人体行为变化的感知

据传送，此刻室内有人站立、走动或坐下，Wi-Fi AP 利用相应的算法，对接收到的 Wi-Fi 信号进行分析，获取人体行为信息。

为了推动在免授权频谱上支持无线局域网感知功能的操作，IEEE 正在制定 802.11bf 标准，如图 5-8 所示，2020 年 10 月 IEEE 召开了第一次工作组会议，2022 年 4 月有了 0.1 版本，计划 2023 年 9 月发布 D4.0 版本，目标是在 2024 年最后审批通过。而无线宽带联盟则在 2019 年制定白皮书，2021 年给出测试方法建议，到 2022 年发布感知技术的部署指导，正在行业内持续推动感知技术的发展。

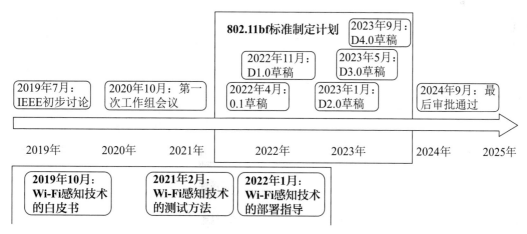

图 5-8　无线宽带联盟推动 Wi-Fi 感知技术发展

以无线宽带联盟在 2022 年发布的感知技术的部署指导白皮书为例。目前行业中有很多关于 Wi-Fi 网络部署以及 Wi-Fi AP 如何安置的资料，它们帮助用户获得优良的 Wi-Fi 网络性能，但是没有任何关于确保 Wi-Fi 在网络部署中支持感知性能的文档。而这篇 WBA 提供的部署指导就是在家庭环境中如何确保 Wi-Fi 感知技术的性能，有哪些环境因素以及设备会影响感知性能，并且有相关的实验来给出真实的数据作为参考，比如，部署指导中

给出如下的信息：

- **环境因素**：不同建筑材料对于 2.4GHz、5GHz 和 6GHz 的信号衰减；房间格局影响电磁波传播路径和性能；机械干扰和电磁干扰对 Wi-Fi 感知的影响等。
- **设备因素**：设备支持的频段和信道带宽；设备的节电模式下不收发数据的瞌睡状态的影响；Wi-Fi 网络拓扑结构对 Wi-Fi 感知功能的影响；设备摆放位置对 Wi-Fi 感知性能的影响等。
- **相关实验**：两个设备检测人体活动范围的覆盖区域测试；在多层楼和多个 AP 部署的情况下，不同位置 AP 的放置对于无线回程通道以及感知的影响；手动调节对于人体活动感知测试的影响等。

无线宽带联盟的部署指导在最后为终端用户使用 Wi-Fi 感知提供了参考意见，包括网络部署方式、Wi-Fi AP 放置、网络拓扑、感知系统的设置、环境参考意见等。Wi-Fi 感知技术目前仍是高校研究热点话题，尚处于商业化初期阶段，无线宽带联盟一系列白皮书有益于行业内技术演进和发展。

5.3   宽带论坛对 Wi-Fi 管理的贡献

宽带论坛来自原先的数字用户线（Digital Subscriber Line，DSL）论坛，重点关注 DSL 系统结构、协议、接口等核心技术开发，推广和应用 DSL 技术。2018 年，改名为宽带论坛，工作内容包括制定光纤宽带接入的网络规范，解决宽带市场中的架构、设备和服务管理，定义软件数据模型互操作性和认证规范等。

1. 支持宽带网络设备的 TR069 协议

第 4 章介绍过 Wi-Fi 网络管理协议，其中 TR069 协议就是论坛制定的宽带网络设备的管理协议，它通过自动配置服务器实现对家庭网关设备的管理，采用的方式是服务器向终端下达命令方式的管理，终端主动上报告警信息或通知消息，如图 5-9 所示。TR-069 目前安装已超过 10 亿台，为全球宽带的大规模部署和当前的宽带体验奠定了基础。

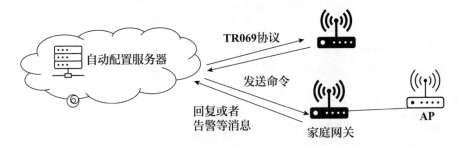

图 5-9   通过 TR069 协议远程管理家庭网关

然而，随着物联网的出现、智能家居的发展、新的安全挑战的关注、新的基于云的商业模式的需求等，使得行业内重新思考如何为家庭提供和衡量新的宽带体验。而 Wi-Fi 又是宽带接入到户之后的重要延伸，如果 Wi-Fi 上网有问题，很多家庭用户并不能区分是 Wi-Fi 问题还是宽带接入的问题。对于运营商来说，提升宽带接入的体验，常常会变成调查 Wi-Fi 是否有问题。如何对家庭网络的 Wi-Fi 进行管理，已经成为运营商最近几年的一个关键焦点，也成为 BBF 制定新规范的主要内容之一。这些都为 TR369 协议的诞生做了铺垫。

2. 支持家庭网络全方面管理的 TR369 协议

TR369 也称为用户业务平台（User Service Platform，USP），它是 TR069 的演进，但相比 TR069，它支持更多的部署场景，拓展了更多的设备类型和数量。TR069 与 TR369 可以在网络管理部署中并存，运营商也可以选择从 TR069 升级到 TR369。图 5-10 是从 TR069 到 TR369 协议的演进。

图 5-10　从 TR069 到 TR369 协议的发展

从 TR369 提供的服务角度来看，协议中主要的内容包括：

- **管理和监控网络接口**：包括以太网、Wi-Fi、Zigbee 等物理接口，也包括 IPv6、IPv4、动态主机配置协议（Dynamic Host Configuration Protocol，DHCP）隧道等协议接口。
- **管理和监控网络服务和客户端**：包括防火墙、服务质量（QoS）、路由等服务，也包括主机等客户端接入，以及消息队列遥测传输（Message Queuing Telemetry Transport，MQTT）等应用层的服务接口。
- **性能度量和诊断**：支持对下载、上传等性能度量，以及通过抓包等手段诊断。
- **容器和应用管理**：支持软件模块的安装、监控和生命周期的管理，支持通过对象、参数等方式对 USP 代理上的容器进行管理。

TR369 标准的主要任务之一就是帮助运营商提升家庭 Wi-Fi 网络管理。Wi-Fi 使用的是免受权频谱，它诞生的时候就不属于传统电信网络，没有通信设施和通信网络运行维护的规定。另外，Wi-Fi 网络非常容易受到环境影响，性能和连接性随时都可能发生变化。所以相对于电信网络来说，Wi-Fi 的管理有很多实际应用的挑战。

TR369 管理 Wi-Fi 的基础，首先是利用了 BBF 已经积累了超过 10 年的设备管理的数据模型，该模型仍在周期性地维护更新。然后 TR369 提供以下 Wi-Fi 管理的功能：

- **增强 Wi-Fi 的日常运行维护**：支持动态收集包括 Wi-Fi Mesh 网络在内的各种 Wi-Fi 统计信息和运行情况，作为 Wi-Fi 网络优化的数据分析，然后远程进行管理。
- **支持机器学习等算法下的网络优化**：支持指定时间或频次把批量数据上传到云端，然后通过机器学习等方式，优化家庭网络以及终端的参数配置。
- **支持软件模块方式下的网络管理功能**：支持容器化方式下的软件模块管理，包括软件模块的安装、升级和卸载，从而可以灵活提供更多的 Wi-Fi 功能。

随着 Wi-Fi 7 标准在市场中逐渐得到应用，Wi-Fi 7 包含的多链路通信等新变化，必然也会对 TR369 的数据模型产生影响，TR369 对于 Wi-Fi 管理也将继续更新和扩充。

第 6 章　Wi-Fi 7 技术应用和体验升级

Wi-Fi 技术发展到 Wi-Fi 6 标准的时候，除了数据传送带宽和速率的提升，更重要的是通过 OFDMA 技术为高密度无线连接打开了更广阔的应用窗口，相比于 Wi-Fi 5 之前的标准，Wi-Fi 6 的短距离数据传送技术更适用于室外大型公共场所、高密度场馆、企业园区、居民社区等场景，同时也为室内的高带宽和低延时的娱乐业务等带来了更好的用户体验。

不过 Wi-Fi 6 技术毕竟使用的是免授权的频段，3 个频段的频谱资源有限，限制了 OFDMA 技术下最多可以分配的并发用户数，而 Wi-Fi 6 的连接是否能够达到 1Gbps 以上的用户体验速率，又与无线环境干扰、多用户信道资源分配等因素相关，所以 Wi-Fi 标准往更高性能要求发展是必然的技术趋势。

Wi-Fi 7 的最高物理速率可以达到 30Gbps，超过 Wi-Fi 6 最高速率 9.6bps 的 3 倍，支持 OFDMA 并发的最大用户数从 Wi-Fi 6 的 74 个用户增加到 148 个，Wi-Fi 7 新增加的多链路同传技术、增强的 Wi-Fi 7 低时延技术等方面，都使得 Wi-Fi 7 成为高性能 Wi-Fi 标准的旗舰，引领短距离数据通信技术的发展。

Wi-Fi 7 是在 Wi-Fi 6 技术基础上的较大幅度的性能跨越，Wi-Fi 6 原先拓展的高密度无线连接的应用场景、高带宽低时延的业务应用等，将更适用于使用 Wi-Fi 7 技术的产品。所以介绍 Wi-Fi 7 的应用体验，大多数情况是了解 Wi-Fi 7 相比 Wi-Fi 6 所带来的变化。

本章从目前 Wi-Fi 技术在家庭环境、城市公共区域和行业关键领域出发，结合 Wi-Fi 7 的高性能技术特点，介绍 Wi-Fi 7 带来业务上的新变化和新用户体验，让读者理解 Wi-Fi 7 高带宽和低时延如何满足数十米内的高速数据传输的需求，以及基于 Wi-Fi 7 的无线网络接入如何为新业务发展提供了一个更高性能的新平台。

6.1　居家办公学习和娱乐的新体验

6.1.1　AR/VR 用户体验与 Wi-Fi 技术发展

2016 年是中国 AR/VR 的虚拟现实产业元年，2018 年是云 VR 产业元年，而 2019 年是 5G 云 VR 产业元年，AR/VR 在中国已经处于逐渐加快的发展培育时期，同时全球的产业也正在壮大和快速发展，目前可预见的市场主要集中在教育、娱乐、医疗等方面。预计 2020—2024 年五年期间，全球虚拟现实产业规模年均增长率为 54%。

参考图 6-1，AR/VR 以沉浸感的用户体验为发展主线，从 2016 年有初级沉浸程度的产品起步，经过初级沉浸和部分沉浸，继而发展到 2025 年的深度沉浸，以及 2026 年完全沉浸的理想体验状态。虚拟现实的沉浸感指的是利用计算机技术产生三维立体图像，使人们置身于虚拟环境中，但好像仍在真实的客观世界，人们有身临其境的感觉。在这个发展过程中，可以看到 Wi-Fi 技术的标准发布正好也与 AR/VR 的需求发展路线是接近的，Wi-Fi 6 对应着部分沉浸的状态，而 Wi-Fi 7 的出现可以及时地适应深度沉浸的需求。

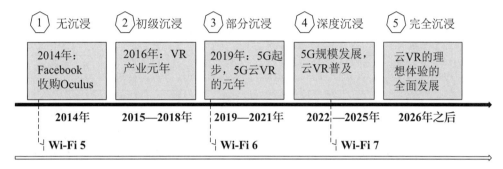

图 6-1　虚拟现实的发展路线

1. 云 VR 的技术需求

目前 AR/VR 的应用服务、终端产品、网络平台以及内容生产的产品链基本形成。从技术发展的角度来看，云与终端协同的架构已经成为行业内关注的重点，它将 VR/AR 内容放到云端，把 VR/AR 的应用处理与终端展现分离，云端负责业务的计算，然后利用 5G 或者宽带有线网络，把云端处理的结果传输到终端，这种方式可以降低终端成本并方便用户使用的移动性，让终端使用更便捷和更灵活，如图 6-2 所示。

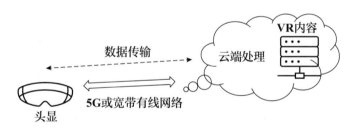

图 6-2　云与终端协同的云 VR 架构图示

云 VR 产业链的方式的出现，配合网络提供商的 5G 或者宽带网络，使得行业内各个厂家专注于各自擅长的领域，云资源提供商和内容平台分发商提供 AR/VR 内容资源和内容分发。网络提供商则实现高带宽、低时延的数据传输网络，硬件设备厂家优化终端产品的设计，各方面都需要负责相应环节的改进和提升，才能最后让虚拟现实达到良好用户体验的效果。

网络提供商通常关注的是如何把数据从云端传输到用户家里，然后高带宽和低时延的接力棒就交给了最后数十米无线传输的 Wi-Fi。如果 Wi-Fi 传输中出现丢包或者时延大，就会让用户感到画面卡顿、跳跃或者拖尾。Wi-Fi 技术从 Wi-Fi 5 发展到 Wi-Fi 6 与 Wi-Fi 7，在高带宽和低时延上，就是为 AR/VR 在室内的短距离无线数据连接提供了有效的技术方案。

参考表 6-1，VR 主要有视频业务与强交互业务，按照云 VR 的演进过程，性能指标可以分成 2016—2018 年的起步阶段，2020 年左右的舒适体验阶段，以及 2022 年以后开始逐渐进入理想体验阶段。

表 6-1　VR 体验的性能指标要求

参数		起步阶段	舒适体验阶段	理想体验阶段
沉浸方式		初级沉浸	部分沉浸	深度沉浸
（预计）商用时间（年）		2016—2018	2019—2021	2022—2026
VR 视频业务	带宽	大于 60Mbps	大于 75Mbps	大于 230Mbps
	网络往返时延	小于 20ms	小于 20ms	小于 20ms
	丢包率	9×10^{-5}	1.7×10^{-5}	1.7×10^{-6}
VR 强交互业务	带宽	大于 80Mbps	大于 260Mbps	大于 1Gbps
	网络往返时延	小于 20ms	小于 15ms	小于 8ms
	丢包率	1.0×10^{-5}	1.0×10^{-5}	1.0×10^{-6}

表 6-1 中的 VR 强交互业务主要是 VR 网络游戏，它需要用户与服务器之间有操作和动作的交互，所以对于带宽和时延有很高的要求，也是 VR 对于人们有非常吸引力的地方。

图 6-3 是云 VR 强交互的端到端的数据传输的图示，它来自表 6-1 中的带宽、网络时延和丢包率的数据，其中理想阶段所需要的网络往返时延小于 8ms，这是云端到最后头显之间的往返时延。时延上的严格需求是云 VR 网络部署的很大挑战。

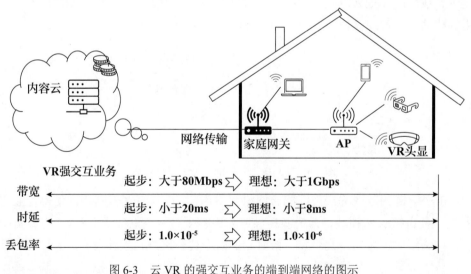

图 6-3　云 VR 的强交互业务的端到端网络的图示

2. Wi-Fi 技术标准支持 VR 业务

对于端到端的带宽、网络时延以及丢包率的指标，Wi-Fi 网络是其中一个关键的数据传输环节，它指的是家庭中的无线路由器到 VR 头显之间的短距离无线连接的指标，Wi-Fi 网络的性能至少要比端到端网络的技术指标更严格，例如，如果把时延分解到城域网络、宽带接入网络以及家庭 Wi-Fi 网络，那么 Wi-Fi 上的传输时延要比端到端的时延更低。

根据表 6-1 的 VR 视频业务和 VR 强交互业务，以及 Wi-Fi 各个标准的性能指标，

表 6-2 给出了建议的 Wi-Fi 标准。其中，丢包率与 Wi-Fi 网络环境和产品处理业务的性能有关，而与 Wi-Fi 标准没有直接量化的对应关系，所以没有为丢包率推荐 Wi-Fi 标准。从表 6-2 中可以看到，Wi-Fi 7 由于其更高带宽和更低时延的技术特点，在 VR 强交互业务中具有更好的用户体验。

表 6-2　Wi-Fi 技术标准支持 VR 业务

参数		起步阶段	舒适体验阶段	理想体验阶段
VR 视频业务	带宽	Wi-Fi 5	Wi-Fi 5	Wi-Fi 6
	网络往返时延	Wi-Fi 6	Wi-Fi 6	Wi-Fi 6
	丢包率	不指定 Wi-Fi 技术	不指定 Wi-Fi 技术	不指定 Wi-Fi 技术
VR 强交互业务	带宽	Wi-Fi 5	Wi-Fi 6	Wi-Fi 7
	网络往返时延	Wi-Fi 6	Wi-Fi 6 或 Wi-Fi 7	Wi-Fi 7
	丢包率	不指定 Wi-Fi 技术	不指定 Wi-Fi 技术	不指定 Wi-Fi 技术

表 6-3 是以 VR 强交互业务的时延指标为例，介绍 Wi-Fi 网络时延需求和对应的 Wi-Fi 标准。相对于端到端网络在起步阶段、舒适体验阶段和理想体验阶段的完全时延，建议家庭 Wi-Fi 网络时延是端到端网络时延的 50%，这样就不会成为 VR 强交互业务在时延上的短板。基于家庭网络时延的需求，表 6-3 对应的 Wi-Fi 技术推荐为 Wi-Fi 6 和 Wi-Fi 7，而 Wi-Fi 7 尤其在舒适体验和理想体验阶段中更能体现它的技术价值。

表 6-3　Wi-Fi 技术支持 VR 强交互业务的时延指标

阶段		起步阶段	舒适体验阶段	理想体验阶段
VR 强交互业务	网络往返时延	小于 20ms	小于 15ms	小于 8ms
	家庭 Wi-Fi 网络时延	小于 10ms	小于 7ms	小于 5ms
	建议 Wi-Fi 技术	Wi-Fi 6	Wi-Fi 7	Wi-Fi 7

3. 实现云 VR 的强交互业务的 Wi-Fi 7 AP

为了实现云 VR 强交互业务的舒适体验和理想体验的需求，Wi-Fi 7 AP 的规格要求如表 6-4 所示。在这个规格列表中，Wi-Fi AP 支持 6GHz 频段下的 320MHz 的信道带宽，或者 5GHz 频段下的 160MHz 的信道带宽，并且支持低时延业务下的业务质量控制和业务数据流的优先级，是 VR 强交互业务的关键技术支撑。

表 6-4　Wi-Fi 7 AP 的规格要求

AP 选型	功能规格
硬件要求	Wi-Fi 7 AP BE7200，或 Wi-Fi 7 AP BE19000
	Wi-Fi 7 双频，或 Wi-Fi 7 三频
	多天线 4×4 2.4GHz，4×4 5GHz（国内）， 或者多天线 4×4 2.4GHz，4×4 5GHz，4×4 6GHz
	最大支持 160MHz 或 320MHz 的频宽

续表

AP 选型	功能规格
软件要求	支持 Wi-Fi 7 的多链路同传技术
	支持 Wi-Fi 7 多资源单元技术
	支持 Wi-Fi 7 低时延业务特征识别
	支持业务质量 QoS 控制，视频或语音的高优先级处理

6.1.2   Wi-Fi 7 技术支持超高清视频业务

视频技术从高清到**超高清电视**（Ultra-High Definition Television，UHDTV）的演进是目前视频发展的趋势。超高清是指高于 3840×2160 像素的分辨率，它既包含 4K 超高清电视（3840×2160），也包含 8K 超高清电视（7680×4320）。

高清电视 HDTV 像素约为 200 万，4K 超高清电视像素数约为 830 万，而 8K 超高清电视像素达到 3300 万，参考表 6-5 关于各种视频类型的分辨率和像素。4K 超高清电视的像素数是高清电视 4 倍，8K 超高清电视的像素数是高清电视的 16 倍。

表 6-5　视频技术类型

视频类型	分辨率（水平像素 × 垂直像素）	像素（点）
标清（SD）	720×576	约 41 万
高清（HD）	1280×720	约 92 万
全高清（Full HD）	1920×1080	约 200 万
4K 超高清	3840×2160	约 830 万
8K 超高清	7680×4320	约 3300 万

8K 超高清电视采用 12 比特的量化深度和 120 的帧频，能给人的视觉效果带来新的飞跃。模拟电视（例如 NTSC 制或 PAL 制）的电视画面是每秒 30 帧或每秒 25 帧，在高清电视中使用的是每秒 60 帧，到了 8K 超高清电视是每秒 120 帧，则可以看到电视中快速运动的物体有非常平滑的运动变化。除了像素显示以外，超高清电视在色彩实际还原度、色彩范围、亮度范围等方面也都有了极大的提升。

超高清视频带来的超精细的图像细节和非常丰富的信息内容，不仅是为家庭影音娱乐提供了很好的观看体验，而且在医疗健康、教育行业、工业制造、智慧交通等不同领域都有广泛的应用。2021 年，中央广播电视总台通过 8K 超高清电视试验频道，对春晚进行了 8K 直播，并将春晚 8K 超高清电视信 传送到北京、上海、深圳、成都、海口等十个城市，在 30 多个 8K 大屏幕或 8K 电视机上同步播出，这标志着 8K 视频直播已经得到了成熟应用。8K 视频已经开始被大众熟悉、被社会行业采纳的阶段。

1. 8K 超高清视频的技术要求

8K 超高清电视对网络传输提出了新的性能指标。参考表 6-6 中的 8K 视频传输的网络带宽、时延和丢包率的指标，1 路 8K 视频直播已经超过 216Mbps。对于视频来说，除了网络带宽以外，同时需要达到网络时延和丢包率的要求，否则用户在观看视频过程中会经常碰到马赛克、卡顿和花屏等问题，直接影响用户的观看体验。

表 6-6　8K 视频的网络传输的业务指标

8K 业务类型	网络带宽	网络时延	丢包率
视频点播 / 单路	大于 280Mbps	小于 10ms	10^{-5}
视频直播	大于 216Mbps	小于 100ms	10^{-6}

目前超高清视频在网络中的传输保证主要是运营商在运行维护，所以运营商对于超高视频的网络指标有更多发言权。参考图 6-4，这是 8K 视频点播和直播在端到端传输下的图示。其中，与云 VR 相比，8K 视频点播的带宽需求、时延以及丢包率的性能指标接近于云 VR 视频业务中的理想体验阶段，即带宽大于 230Mbps，网络时延小于 20ms，丢包率不高于 1.7×10^{-6}。

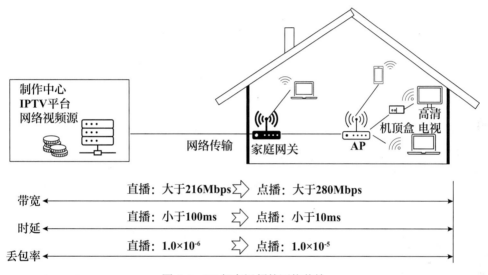

图 6-4　8K 超高视频的网络传输

2. 视频在网络中传输的方式介绍

根据视频编码方式、视频流等区别，目前视频通过网络传输主要有以下两种方式。

1）运营商为主的 IPTV 播放

IPTV 指的是基于 IP 的网络向用户提供点播或组播方式的视频业务。因为用户可以利用交互式菜单进行节目选择，所以 IPTV 又叫交互电视，它的系统主要包括流媒体服务、节目采编、存储及认证计费等部分，给用户传送的视频内容是以 MPEG-4/H.264 为编码核心的流媒体文件。

国内 IPTV 的视频源主要来自广电，IPTV 是基于运营商的优化过的虚拟专网，网络传输的可靠性较高，所以 IPTV 对于音视频编码一般要求采用固定比特率（Constant Bitrate，CBR）和基于 UDP 的 RTSP 实时流传输机制，尽可能保证网络的服务质量，提供可以运营维护的服务等级。

在 IP 网络传输过程中，可能在网络的边缘设置内容分配服务节点，节点上面配置存储设备和流媒体服务。在家庭用户那里则通过运营商提供的机顶盒来观看电视。

2）互联网厂家 OTT TV 方式

OTT 是 "Over The Top" 的缩写，指的是互联网厂家利用运营商的网络，而服务是由非运营商的互联网厂家来提供。家庭用户从市场上买到专门的网络机顶盒，然后把这样的机顶盒连到家庭网络中，通过互联网上的节目源来观看视频解目。

OTT TV 业务中的视频编码标准通常也是 MPEG-4/H.264，以可变比特率（Variable Bitrate，VBR）编码方式为主，通过在终端增加缓存来平滑网络传输，以适应来自互联网的视频源和互联网的网络变化特点，在 IP 网络中以较低的平均码率获取尽可能高的视频质量，点播视频的业务是采用基于 TCP 的 HTTP 的下载方式。OTT TV 经常采用较低码率编码的高清格式，确保在 IP 网络中能顺利进行视频的传输和播放。

运营商 IPTV 或者互联网厂家的 OTT TV，通常有以下方式支持视频通过家庭网关传送到电视机：

- **家庭网关与机顶盒网线连接**，然后机顶盒通过线缆与电视机连接并传送视频，这是国内运营商 IPTV 主要连接方式。
- **家庭网关与机顶盒通过 Wi-Fi 连接**，然后机顶盒通过线缆与电视机连接并传送视频，这是互联网厂家的 OTT TV 或者海外运营商的主要连接方式。
- **家庭网关与电视机直接通过 Wi-Fi 进行视频传送**，这是 OTT TV 的主要连接方式。

3. Wi-Fi 技术支持 8K 超高清视频

对于端到端传送视频的带宽、网络时延以及丢包率的指标，Wi-Fi 网络是其中一个关键的数据传输环节。例如，Wi-Fi 的性能至少要比端到端网络的技术指标更严格，即 Wi-Fi 网络传输时延要比端到端的时延更低。

从一路 8K 视频点播或直播的网络传输带宽要求来看，Wi-Fi 网络带宽至少要大于280Mbps 或者 216Mbps，目前 Wi-Fi 6 或 Wi-Fi 7 都能满足需求。但将来的家庭网络可能有 3 路以上的 8K 视频同时传送的需求，所以 Wi-Fi 7 更适用于将来的超高清家庭视频的发展。

参考表 6-7，以 8K 超高清视频流的直播和点播的时延为例，建议家庭 Wi-Fi 网络时延是端到端网络时延的 50%，这样就不会成为视频传送在时延上的短板。从表中可以看到，一路视频直播对应的 Wi-Fi 技术可以采用 Wi-Fi 5 或 Wi-Fi 6，而视频点播对应的则为Wi-Fi 7 技术。结合将来家庭有多路超高清业务的需求，选择 Wi-Fi 7 是推荐的方案。

表 6-7　Wi-Fi 技术支持超高清视频的时延指标

参数	视频直播	视频点播
网络 RTT	小于 100ms	小于 10ms
家庭 Wi-Fi 网络时延	小于 50ms	小于 5ms
Wi-Fi 技术	Wi-Fi 5 或 Wi-Fi 6	Wi-Fi 7

4. 实现 8K 超高清业务的 Wi-Fi 7 AP

为了实现 8K 超高清视频传送的需求，Wi-Fi 7 AP 的规格要求如表 6-8 所示。在这个规格列表中，与云 VR 强交互业务的要求一样，Wi-Fi AP 支持 6GHz 频段下的 320MHz 的信道带宽，或者 5GHz 频段下的 160MHz 的信道带宽，并且支持低时延业务下的业务质量控制和业务数据流的优先级，是 8K 超高清业务的关键技术支撑。另外，还需要 Wi-Fi 网络有效支持运营商 IPTV 的组播数据流。

表 6-8　Wi-Fi 7 AP 的规格要求

AP 选型	功能规格
硬件要求	Wi-Fi 7 AP BE7200，或 Wi-Fi 7 AP BE19000
	Wi-Fi 7 双频，或 Wi-Fi 7 三频
	多天线 4×4 2.4GHz，4×4 5GHz（国内）， 或者多天线 4×4 2.4GHz，4×4 5GHz，4×4 6GHz
	最大支持 160MHz 或 320MHz 的频宽
软件要求	支持 Wi-Fi 7 的多链路同传技术
	支持 Wi-Fi 7 多资源单元技术
	支持 Wi-Fi 7 低时延业务特征识别
	支持业务质量控制、视频流的高优先级处理
	支持 Wi-Fi 下的 IPTV 组播视频流的高优先级传送

6.1.3　升级家庭 Wi-Fi 技术和改进体验

除了前面提到的 AR/VR 以及超高清视频对于 Wi-Fi 网络的高带宽低时延需求以外，随着宽带接入到户的发展，家庭 Wi-Fi 网络已经非常普及，人们使用 Wi-Fi 就像使用水、电、煤气等公共资源，已经成为生活必需的一部分。

然而，人们使用 Wi-Fi 的体验还有很多需要改进的地方。例如，在不同的房间的 Wi-Fi 连接信号有强有弱，不同位置的 Wi-Fi 速率不能达到令人非常满意的程度；在居家办公、远程学习的时候，人们有时候发现业务连接断开或网络响应变慢，但人们不知道是不是由于 Wi-Fi 故障引起的问题。Wi-Fi 作为生活的基础设施，人们希望 Wi-Fi 使用更稳定且用户体验更好。

1. 家庭 Wi-Fi 部署的特点和需求

在楼宇中的家庭 Wi-Fi 使用中经常碰到两个问题，一个是室内 Wi-Fi 信号的覆盖率问题，另一个是密集 Wi-Fi AP 部署所产生的信道忙碌，也就是 Wi-Fi 网络相互之间的干扰。

1）Wi-Fi 信号的覆盖率问题

家庭中的宽带接入网关或者 Wi-Fi AP 通常放置在门口或客厅，整个房间只有数十米的长度或宽度，但房间不同位置的差异以及固定或移动障碍物都会影响 Wi-Fi 传播路径，继而引起 Wi-Fi 信号强度在室内参差不齐的覆盖分布。如果在房间不同位置进行 Wi-Fi 信号强度的测量，可以看到有些区域信号较好，有些区域的信号比较弱。影响 Wi-Fi 信号覆盖的因素包括 Wi-Fi AP 安放位置、AP 发射功率、障碍物材料的物理属性等。

图 6-5 给出了室内 Wi-Fi 信号衰减和覆盖的例子。玻璃、木板、门、混凝墙等障碍物都会对 Wi-Fi 信号产生损耗，例如混凝土墙对 Wi-Fi 信号可能造成 20dB 的衰减。图中 Wi-Fi AP 放在客厅中，有 -45dBm 的信号强度，而在卧室上网的时候，信号强度低于 -60dBm，人们发现上网速率就会降低。

在图 6-5 的例子中，如果用户带着 Wi-Fi 终端在室内移动，则终端上的视频播放随着信号强度的变化可能产生停滞、语音卡顿等现象。用户在家庭中使用 Wi-Fi，就是希望在房间各个角落都能有相同的上网速率。

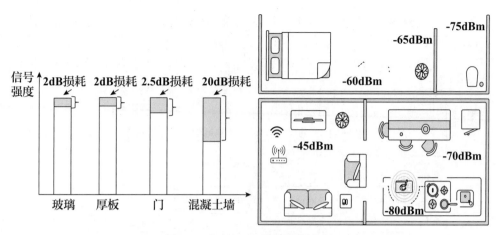

图 6-5　室内 Wi-Fi 信号损耗举例

2）Wi-Fi 信号的相互干扰问题

随着家家户户都有 Wi-Fi 设备的使用，在住宅小区中，楼上楼下以及隔壁邻居的 Wi-Fi 的信号都会占据有限的无线信道，从而使得 Wi-Fi 信道越来越拥挤，而影响数据转发的性能。

图 6-6 给出了楼宇中多个 Wi-Fi 设备占用信道的示例，Wi-Fi 2.4GHz 的信道 1、2、3 都有多个设备占用。实际楼宇中有更多的 Wi-Fi 设备占用相同或邻近信道，相互之间必然产生干扰，不同 Wi-Fi 网络的 AP 或者终端通过冲突避免而回退的方式竞争无线信道，就会使得 Wi-Fi 数据传送速率下降。

图 6-6　家庭 Wi-Fi 的环境干扰情况

通常用户并不知道家庭中的 Wi-Fi 因为信道忙碌而导致速率下降，也不会使用专用的软件工具进行检查。用户希望不管在什么时候，家里 Wi-Fi 使用都是稳定和可靠的。

家庭用户对运营商负责的宽带接入网关或者 Wi-Fi AP 的投诉大部分和 Wi-Fi 使用有关，运营商对于通信管道的维护有多年的经验，但对于家庭用户在 Wi-Fi 使用上碰到的问题并没有非常好的应对手段，也没有很好的系统能收集和监控家庭用户 Wi-Fi 的使用情况。

2. 家庭 Wi-Fi 网络部署和规划

除了 Wi-Fi 信号覆盖率和 Wi-Fi 网络相关干扰的问题，家庭 Wi-Fi 使用还有网络游戏、超高清视频等高带宽需求，也有会议电话、远程学习等实时性较高的业务，以及家庭使用越来越多的无线终端连接。针对家庭 Wi-Fi 网络的需求，表 6-9 给出了设计方案的例子，这个设计方案的特点是在 100 平方米左右的家庭环境内，支持数十个终端连接、超高清视频等高带宽新业务以及升级 Wi-Fi 体验。

表 6-9 家庭 Wi-Fi 网络的设计方案

方案指标	设计目标
带宽和性能	至少以 100Mbps 速率覆盖房间内的所有区域，单终端最高接入速率可以达到 1Gbps
时延要求	能够支持特定业务的低时延需求，满足视频或语音业务的优先级
组网和覆盖	支持至少 3 个 AP 的室内组网，所有区域的信号强度不低于 −60dBm
容量设计	家庭最多支持 64 个终端并发访问网络，每个 AP 最多支持 16 个终端的并发访问网络，每个终端的速率不低于 10Mbps
无缝漫游	房间内终端在 AP 之间移动漫游，切换时间小于 100ms
安全接入	家庭成员使用 AP 提供的用户名和密码登录认证。有客人来访，为客人提供单独的 SSID 来上网
抗干扰性	AP 之间的回程通信使用单独频段，AP 与终端使用其他频段进行连接

从表 6-9 的家庭 Wi-Fi 网络的设计方案来看，升级 Wi-Fi 技术标准，让它支持高带宽低时延，支持更多的并发终端数量，是未来几年家庭 Wi-Fi 网络发展的必然趋势。

家庭 Wi-Fi 组网的例子参考图 6-7，在客厅、卧室以及餐厅分别放置一个 Wi-Fi AP，它们通过 Mesh 进行无线组网，客厅中的 Wi-Fi 接入点既可以是支持 Wi-Fi 的家庭网关，也可以是连接至家庭网关的 Wi-Fi AP。通过 Wi-Fi Mesh 组网，可以提升 Wi-Fi 信号在房间内的覆盖情况，使得每个角度的 Wi-Fi 信号强度不低于 −60dBm。

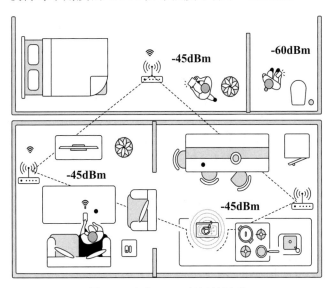

图 6-7 家庭 Wi-Fi 组网的例子

3. 家庭 Wi-Fi 7 AP 的功能规格

目前家庭 Wi-Fi 5 双频 AP 是使用较多的 Wi-Fi 产品，而 Wi-Fi 6 双频正在市场中得到逐步推广。从 2024 年之后家庭用户体验的期望来看，提供更高性能的 Wi-Fi 7 AP 将是家庭 AP 的优选。表 6-10 是建议的家庭 Wi-Fi AP 的选型规格，AP 需要支持多频段 Wi-Fi 7，并且具备 EasyMesh 组网功能、WPA3 的安全等级、低时延业务识别等功能。

表 6-10 Wi-Fi AP 的功能规格

AP 选型	功能规格
硬件要求	卧式或立式的 Wi-Fi AP
	Wi-Fi 7 AP BE7200，或 Wi-Fi 7 AP BE19000
	Wi-Fi 7 双频，Wi-Fi 7 三频（可选）
	支持 4 条或 8 条空间流
	多天线 4×4 2.4GHz，4×4 5GHz（国内） 多天线 4×4 2.4GHz，4×4 5GHz，4×4 6GHz
	支持 160MHz 或 320MHz 的频宽
软件要求	支持基于 Wi-Fi 7 的 EasyMesh 无线组网
	支持 Wi-Fi 7 的多链路同传技术
	支持 Wi-Fi 7 的多资源单元技术
	支持 WPA3 的安全等级
	支持 Wi-Fi 7 低时延业务特征识别
	支持业务的 QoS 控制，以及视频或语音的高优先级处理

6.2 Wi-Fi 7 在行业中的应用

6.2.1 学校多媒体教室的 Wi-Fi 应用

多媒体教室已经成为学校的基本的现代化教学设施，教室中配备投影仪、屏幕、数字中控系统、功放、音箱、计算机、无线投屏器、交互式电子白板等设备，有的教室甚至添加了最新的 VR 设施，配合使用教学系统软件，充分发挥多媒体的图文、视频等特点，有效辅助老师完成教学任务。

有线或无线连接的网络是多媒体教室的基本设施，而无线网络布线的便利性和移动性，受到越来越多的关注。参考图 6-8 的多媒体教室中的设备类型和无线网络连接的形式。通常教室的天花板会安置吸顶式 AP，计算机、投影仪、屏幕等通过 AP 的 Wi-Fi 连接，实现教室内的数据传送和投影等功能。

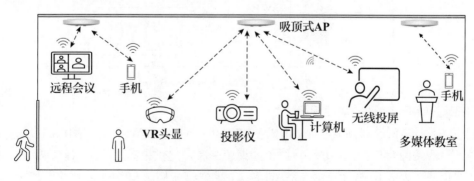

图 6-8 Wi-Fi 在多媒体教室中的应用

1. 多媒体教室的无线网络需求

多媒体教室通常空间不大,例如,教室面积约 70 ～ 100 平方米,数十名学生同时使用网络上课,人员密度高,网络连接的并发率高。参考表 6-11,除了传统的上网、音频等业务,如果多媒体会议室还支持高带宽的新业务,比如桌面共享的在线会议、高清视频、VR 视频、VR 强交互等,则多人同时并发的带宽将对网络设施提出比较大的挑战。

表 6-11　多媒体教室的带宽需求

带宽需求类型	桌面共享的在线会议	高清视频	VR 视频(起步)	VR 强交互(起步)
每人带宽需求	2Mbps	4Mbps	60Mbps	80Mbps
20 人带宽需求	40Mbps	80Mbps	1200Mbps	1600Mbps

除了网络带宽以外,多媒体教室对于无线网络还有下面的需求:

- **网络覆盖**:无线信号在教室内覆盖要均匀,没有死角和盲区,能并发处理数十位用户的数据。
- **接入终端类型**:台式计算机、笔记本电脑、平板电脑、投影仪、无线投屏器、电子白板等。
- **无缝漫游需求**:多媒体教室内支持移动终端的无缝漫游。
- **安全性需求**:对接入终端进行验证,防止非法设备的接入和报文攻击等问题。
- **管理与维护**:对日常网络的流量、终端访问、网络故障等进行可视化管理和网络维护。

相比 Wi-Fi 5 之前的无线网络的搭建,更多高带宽和低延时的新业务的应用,并发终端数量的增加,在教室内无缝漫游的网络性能等,都是目前 Wi-Fi 网络部署需要支持的需求。

2. 无线网络设计方案

针对无线网络的需求,新的多媒体教室的无线网络设计方案可以参考表 6-12。这个设计方案的特点是在面积小于 100 平方米的教室内,支持高密度和高并发的多媒体业务。

表 6-12　Wi-Fi 网络的设计方案

方案指标	设计目标
带宽和性能	至少以 100Mbps 速率覆盖教室内的所有区域,单用户最高接入速率可以达到 1Gbps
时延要求	能够支持特定业务的低时延需求,满足视频或语音业务的优先级
组网和覆盖	支持至少 3 个 AP 的室内组网,所有区域的信号强度不低于 -50dBm
容量设计	教室内最多支持 64 个终端并发访问网络,每个 AP 最多支持 32 个终端的并发访问网络,每个终端的速率不低于 10Mbps
无缝漫游	教室内终端在 AP 之间移动漫游,切换时间小于 50ms
安全接入	任何外部设备进入教室网络,都需要进行无线网络的认证和鉴权
抗干扰性	AP 之间的回程通信使用单独频段,AP 与终端使用其他频段进行连接

无线网络中涉及的 AP 组网方案,可以图 6-9 作为示例。在长 10m、宽 8m 的教室中,安装"V"字形的 3 个吸顶式 AP,上面 2 个 AP 之间的间距为 5m,它们与底部 AP 之间的距离为 4m。

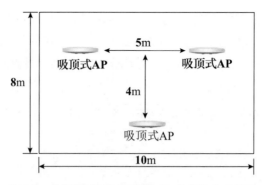

图 6-9   多媒体教室的吸顶式 AP 的安装方式示例

3. Wi-Fi 7 AP 的功能规格

表 6-13 是建议参考的 Wi-Fi 7 AP 的选型规格。为了达到多媒体教室的新业务需求，以及高密度、高并发的网络设计方案，AP 需要支持多频段的 Wi-Fi 6 或者 Wi-Fi 7，并且具备 EasyMesh 组网、802.1x 认证、WPA3 的安全等级、QoS 控制的功能等要求，而 Wi-Fi 7 带来的多链路传送技术为终端并发数量和业务的低延时方面带来了很大的提升。

表 6-13   Wi-Fi AP 的功能规格

AP 选型	功能规格
硬件要求	悬挂天花板的吸顶式 AP
	Wi-Fi 7 AP BE7200，或 Wi-Fi 7 AP BE19000
	Wi-Fi 7 双频，或 Wi-Fi 7 三频
	多天线 4×4 2.4GHz，4×4 5GHz（国内） 多天线 4×4 2.4GHz，4×4 5GHz，4×4 6GHz
	支持 MU-MIMO 技术下的 8 条空间流，提高多用户连接性能
	支持 160MHz 或 320MHz 的频宽
软件要求	支持 Wi-Fi 7 的 EasyMesh 无线组网
	支持 Wi-Fi 7 的多链路同传技术和负载均衡技术
	支持 Wi-Fi 7 的多资源单元技术
	支持 Portal 认证，或 802.1x 的认证方式，支持 WPA3 的安全等级
	支持 Wi-Fi 7 低时延业务特征识别
	支持业务的 QoS 控制，以及视频或语音的高优先级处理

6.2.2   体育馆高密度连接下的 Wi-Fi 部署

通常小型体育馆可容纳的座位少于 3000 个，中等规模的体育馆则在 3000 ～ 8000 个之间，而大型体育馆支持 8000 到数万个的座位。如果有数千人在场馆中同时使用 Wi-Fi 进行手机上网、聊天、传送图片甚至视频等，那么这种高密度环境下的 Wi-Fi 连接会对无线网络性能有很大的挑战，这属于公共场所如何构建和优化无线网络的技术话题。同时，高密度的场景也是支持最新 Wi-Fi 标准的产品能发挥更大作用的场所。

1. 体育馆的无线网络需求

体育馆场景是封闭或半封闭的空间，遮挡比较少，观众通常每人都会带着智能手机，在观看体育活动期间，会拍照上传图片、拍摄视频传送、打微信电话、发送即时消息、上网查询信息等。在有限的空间范围内，场馆内既会保持长达数小时的大量的无线连接，也会出现短时间内高密度并发业务。表 6-14 举例给出了观众可能使用的业务类型和带宽需求。

表 6-14　体育馆观众的带宽需求

带宽需求类型	Web 上网	视频传送	图片分享	语音	即时通信
每人带宽需求	1Mbps	2Mbps	2Mbps	0.128Mbps	0.256Mbps
3000 人带宽需求	3000Mbps	6000Mbps	6000Mbps	384Mbps	768Mbps

除了高密度人群下的网络带宽的占用，体育馆中开阔空间下的多个 AP 相互之间的无线信号在信道上可能产生冲突和干扰，从而影响数据转发的性能。所以，如何在体育馆中的不同位置安装 AP，如何减少它们之间的干扰，是体育馆中设计无线网络的关键技术之一。

体育馆对于无线网络的需求参考如下：

- **网络覆盖**：无线信号在体育馆内均匀覆盖，没有死角和盲区。
- **高并发业务**：根据场馆规模，至少支持数千用户的并发连接和数据传送。
- **高密度连接**：每平方米支持至少 1 个用户的连接，每百平方米至少支持 100 个用户的连接。
- **接入终端类型**：主要以智能手机为主，也包含平板电脑等其他少量类型的智能终端。
- **安全性需求**：对接入终端进行验证，防止非法设备的接入和报文攻击等问题。
- **管理与维护**：对日常网络的流量、终端访问、网络故障等进行可视化管理和网络维护。

在传统的体育馆中，使用场内的 Wi-Fi 热点，人们经常会碰到上网速率比较低、传送图片或视频慢、信号强度弱等问题，这些都是无线网络为适应高密度场景所需要设计改进的地方。

2. 无线网络设计方案

根据体育馆对无线网络的需求，表 6-15 给出了参考的设计方案，这个方案的关键是支持体育馆内高密度、高并发情况下良好的网络性能，减少开阔空间下多 AP 相互之间的干扰，保证网络连接的安全性、稳定性和可靠性。

表 6-15　Wi-Fi 网络的设计方案

方案指标	设计目标
网络性能	至少以 20Mbps 速率覆盖体育馆内的所有区域，支持 100Mbps 的单用户最高接入速率
组网和覆盖	支持 Mesh 组网，所有区域的信号强度不低于 −60dBm
容量设计	依据体育馆规模来设计，例如最多支持 3000 个终端并发访问网络，每个 AP 最多支持 128 个终端的并发访问，每个终端的速率不低于 10Mbps
安全接入	外部设备进入体育馆网络，需要进行无线网络的认证和鉴权
抗干扰性	相邻 AP 之间需要通过信道或空间方向错开，尽量避免相互之间的信号干扰

把 AP 安装在馆内的马道上，是场馆内常见的一种无线网络安装方式。为了避免 AP 之间的干扰，AP 需要采用外置的小角度定向天线。比如，2.4GHz 信道的情况下天线角度小于 50°，而 5GHz 信道的情况下天线角度小于 20°。实际情况中需要根据场馆内的空间、马道离座位的高度进行角度大小设计。

图 6-10 是体育馆马道上安装 AP 的俯视和纵向的示意图。AP 支持小角度定向天线，在等间距安装 AP 的情况下，尽可能减少了 AP 之间重叠的信号区域，在空间上降低了 AP 之间的 Wi-Fi 干扰。另外，相邻 AP 之间采用不重叠的信道配置。例如，如果 AP 的 2.4GHz 信道为 1，在它两侧的 AP 的信道就设为 6 和 11，避开相互之间的同频干扰。

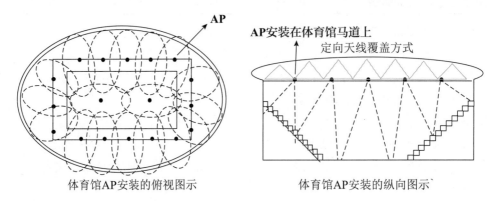

体育馆AP安装的俯视图示　　　　　　体育馆AP安装的纵向图示

图 6-10　Wi-Fi 在体育馆部署的图示

3. Wi-Fi 7 AP 的功能规格

为了满足体育馆高密度、高并发的场景的需求，AP 需要支持多频段的 Wi-Fi 6 或者 Wi-Fi 7，并且具备 Portal 认证、WPA3 的安全等级、QoS 控制的功能等要求。另外，在高并发的情况下，单 AP 处理数据传送可能出现负荷过高和速率下降，需要利用 Wi-Fi 7 的多频段传送技术来实现负载均衡的效果。表 6-16 是建议的 Wi-Fi AP 的选型规格。

表 6-16　Wi-Fi AP 的选型规格

AP 选型	功能规格
硬件要求	悬挂天花板的吸顶式 AP
	Wi-Fi 7 AP BE7200，或 Wi-Fi 7 AP BE19000
	Wi-Fi 7 双频，或 Wi-Fi 7 三频
	多天线 4×4 2.4GHz，4×4 5GHz（国内） 多天线 4×4 2.4GHz，4×4 5GHz，4×4 6GHz
	定向天线设计，提高指定方向覆盖率，减少其他临近 AP 的干扰
	支持 MU-MIMO 技术下的 8 条空间流，提高多用户连接性能
	支持 160MHz 或 320MHz 的频宽
软件要求	支持 Wi-Fi 7 的 EasyMesh 无线组网
	支持 Wi-Fi 7 的多链路同传技术和负载均衡技术
	支持 Wi-Fi 7 的多资源单元技术
	支持 Portal 认证，支持 WPA3 的安全等级
	支持业务的 QoS 控制，视频或语音的高优先级处理

6.2.3 酒店公寓的 Wi-Fi 应用场景

这里的酒店公寓指的是酒店或者酒店式管理的公寓，酒店式管理的公寓是按照酒店标准来配置的，并且纳入酒店行业管理范畴。如今酒店都把 Wi-Fi 无线网络作为基础设施必备的一部分。可以说，如果一家酒店没有给住客提供有效的 Wi-Fi 免费接入，那么这家店的订房率就会受到影响。通常客房在 300 间以下的为小型酒店，300 ～ 600 间的为中型酒店，600 间以上的为大型酒店。下面主要以中小型酒店来介绍 Wi-Fi 接入网络的规划和方案。

1. 酒店公寓的无线网络需求

酒店的特点是有很多独立而空间规格相同的紧邻房间，同时又有会议室、餐厅、接待大厅、走廊等不同面积的空间分散在酒店的不同地方，流动的客人可能在任何房间或地点通过 Wi-Fi 接入网络，比如，客人在住房内可能拿着计算机或手机上网、收发邮件、打会议电话或者观看视频，客人也会移动到室内其他场所继续用手机上网、上传图片等。

酒店客人接入 Wi-Fi 网络的业务类型与体育馆场所的观众需求类似，但他们上网的高峰与每天的休憩、餐饮等周期性的时间相关，而且可能较长时间使用视频业务。另外，酒店网络有权利对客人的 Wi-Fi 接入进行房号或入住身份认证，并且可以根据客人需求，授权不同的最大无线数据流量。

表 6-17 以 300 间标准客房为例，假定有 600 个客人，统计酒店公寓的 Wi-Fi 网络的带宽需求。

表 6-17 酒店公寓的带宽需求

带宽需求类型	Web 上网	视频	图片分享	语音	即时通信
每人带宽需求	1Mbps	2Mbps	2Mbps	0.128Mbps	0.256Mbps
600 人带宽需求	600Mbps	1200Mbps	1200Mbps	76.8Mbps	153.6 Mbps

从表 6-17 来看，如果对酒店公寓的视频进行流量限制，那么在 Wi-Fi 网络上的总带宽并不是特别高，用一两个 Wi-Fi 7 AP 就可以支持这样的流量。不过，酒店公寓的 Wi-Fi 网络的挑战更多来自 Wi-Fi 信号在所有场地的覆盖情况、特定时间范围内的并发无线连接数量、终端随着客人走动而在不同场地的漫游、Wi-Fi 终端的接入认证等。

酒店公寓对于无线网络的需求参考如下：

- **网络覆盖**：无线信号在酒店公寓的室内各个场所都能有效覆盖。
- **高并发业务**：在特定时间段，支持数百用户的并发连接和数据传送。
- **高密度连接**：在餐厅或者会议室等特定场所，支持每平方米 1 个用户的连接、每百平方米 100 个用户的连接。
- **漫游需求**：客人在各个场所移动时，支持终端在不同 Wi-Fi 网络之间自动切换。
- **接入终端类型**：主要以智能手机为主，也包含平板电脑等其他少量类型的智能终端。
- **安全性需求**：对接入终端进行验证，防止非法设备的接入和报文攻击等问题。
- **管理与维护**：对日常网络的流量、终端访问、网络故障等进行可视化管理和网络维护。

在这些需求中，影响客人体验较多的是 Wi-Fi 信号强度和业务数据的传输速率，这与网络覆盖、同时连接的终端数量、环境干扰等因素等有关，在 Wi-Fi 网络的方案设计中需要着重关注。

2. 无线网络设计方案

根据酒店公寓对于 Wi-Fi 无线网络的需求，表 6-18 给出了设计方案的例子。这个方案关键是确保 Wi-Fi 在酒店公寓的不同区域的覆盖，按照酒店客人规模支持充分的并发连接，Wi-Fi 网络支持较好的漫游性能，以及保证 Wi-Fi 网络的安全性。

表 6-18   酒店公寓 Wi-Fi 网络的设计方案

方案指标	设计目标
带宽和性能	至少以 10Mbps 速度覆盖酒店公寓的所有区域，支持 100Mbps 的单用户最高接入速率
组网和覆盖	支持 Mesh 室内组网，所有区域的信号强度不低于 −60dBm
容量设计	依据酒店公寓规模来设计，例如最多支持 600 个终端并发访问网络，每个 AP 最多支持 128 个终端的并发访问，每个终端的速率不低于 10Mbps
无缝漫游	酒店公寓内终端在 AP 之间移动漫游，切换时间小于 1000ms
安全接入	任何外部设备进入酒店公寓，都需要进行无线网络的认证和鉴权
抗干扰性	AP 之间的回程通信使用单独频段，AP 与终端使用其他频段进行连接

在酒店公寓中部署 Wi-Fi 网络，直接的方案是在每一个标准客房中安装一个 Wi-Fi AP，这个 AP 可以是装在墙面上的面板式 AP，也可以是放置在电视柜下面的卧式 AP。如果是空间面积比较大的套房，则可以在房间内增加一个吸顶式 AP，提升 Wi-Fi 信号的覆盖效果，如图 6-11 所示的例子。

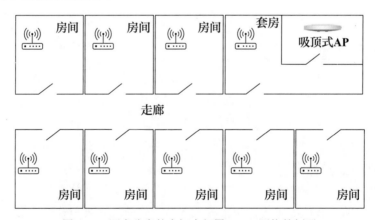

图 6-11   酒店公寓的房间内部署 Wi-Fi 网络的例子

图 6-12 给出了酒店公寓部署 Wi-Fi 网络的另一个例子，即在大楼中的走廊上部署吸顶式 Wi-Fi AP，而标准客房中不安置 AP，套房则仍需要增加额外的 AP 来提升覆盖效果。这种方式节省 AP 部署的数量，也有利于客人带着终端在房间外面移动所需要的漫游效果。在实际安装中，选择 AP 的位置需要靠近客房的门口，这样可以使得 AP 的信号能通过房门直接传送到房间内部。

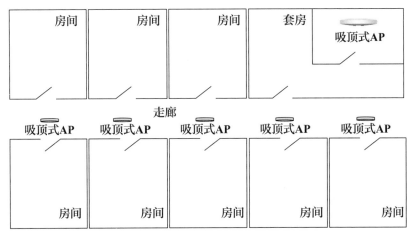

图 6-12　酒店公寓在走廊中部署 Wi-Fi 网络的例子

3. Wi-Fi AP 的功能规格

表 6-19 是建议参考的 Wi-Fi AP 的选型规格。为了支持酒店公寓的部分区域和部分时间段出现较高密度和较高并发的场景需求，AP 需要支持多频段的 Wi-Fi 6 或者 Wi-Fi 7，并且具备 Portal 认证、WPA3 的安全等级、QoS 控制的功能等要求。另外，在高并发的情况下，单 AP 处理数据传送可能出现负荷过高和速率下降，需要利用 Wi-Fi 7 的多链路传送技术来实现负载均衡的效果。

表 6-19　Wi-Fi AP 的选型规格

AP 选型	功能规格
硬件要求	面板式、桌面式或悬挂天花板的吸顶式 AP
	Wi-Fi 7 AP BE7200，或 Wi-Fi 7 AP BE19000
	Wi-Fi 7 双频，或 Wi-Fi 7 三频
	多天线 4×4 2.4GHz，4×4 5GHz（国内） 多天线 4×4 2.4GHz，4×4 5GHz，4×4 6GHz
	定向天线设计，提高指定方向覆盖率，减少其他临近 AP 的干扰
	支持 MU-MIMO 技术下的 8 条空间流，提高多用户连接性能
	支持 160MHz 或 320MHz 的频宽
软件要求	支持 Wi-Fi 7 的 EasyMesh 无线组网
	支持 Wi-Fi 7 的多链路同传技术和负载均衡技术
	支持 Wi-Fi 7 的多资源单元技术
	支持 Portal 认证，支持 WPA3 的安全等级
	支持 Wi-Fi 7 低时延业务特征识别
	支持业务的 QoS 控制，以及视频或语音的高优先级处理

6.2.4　企业办公的 Wi-Fi 应用场景

企业办公使用 Wi-Fi 网络是基本的工作需求，员工在办公室、会议室、多功能厅等区域直接通过 Wi-Fi 接入企业网络进行办公，Wi-Fi 无线局域网的使用正在逐步替代以太网的有线连接。企业中有 10 人左右的小型办公室或会议室，也有 50 人以上的中大型办公室或多功能厅，面积从二三十平方米到上百平方米不等，需要根据室内区域的面积和办公需求进行 Wi-Fi 部署。

1. 企业办公的无线网络需求

企业员工在办公室里通过 Wi-Fi 网络完成工作中所有需要联网处理的事务，包括邮件收发、文档上传下载、信息浏览、在线会议等。企业中不会有高带宽低时延的娱乐业务的需求，但员工的在线工作需要保证可靠的连接速率，在线会议也需要有实时语音和中低分辨率视频的传送。表 6-20 以一个办公室 50 人，以及企业员工 500 人为例，统计企业办公的 Wi-Fi 网络的带宽需求。

表 6-20　办公环境的带宽需求

带宽需求类型	邮件收发	文档分享	信息浏览	在线会议	即时通信
每人带宽需求	2Mbps	2Mbps	1Mbps	3Mbps	0.256Mbps
50 人带宽需求	100Mbps	100Mbps	50Mbps	150Mbps	12.8Mbps
500 人带宽需求	1000Mbps	1000Mbps	500Mbps	1500Mbps	128 Mbps

从表 6-20 来看，50 人的办公室的 Wi-Fi 部署的关键因素不在于总带宽，而是 Wi-Fi 支持多人办公下的并发连接数量和同时在线会议的低时延，以及中大型办公室面积对于 Wi-Fi 信号衰减的影响。所以虽然一个办公室总带宽需求不高，但部署若干个 Wi-Fi AP 分担连接数量和确保 Wi-Fi 信号覆盖率，有助于提高在线工作效率。整个企业的 Wi-Fi 网络部署，除了带宽需求以外，更与企业的格局和办公室类型及数量等相关。

办公室对于无线网络的需求参考如下：

- **网络覆盖**：无线信号在办公室的各个角落都能有效覆盖。
- **并发数量**：工作时间支持 30~50 个用户的并发连接和数据传送。
- **高密度连接**：在办公室或会议室中，支持每平方米 1 个用户的连接，每百平方米 100 个用户的连接。
- **漫游需求**：员工在各个场所移动时，支持终端在不同 Wi-Fi 网络之间自动切换。
- **接入终端类型**：主要以计算机和智能手机为主。
- **安全性需求**：对接入设备进行验证，有企业级的安全措施和授权机制，防止非法设备的接入和报文攻击等问题。
- **管理与维护**：对日常网络的流量、终端访问、网络故障等进行可视化管理和网络维护。

在这些需求中，Wi-Fi 网络的安全性是企业特别关注的重点领域，企业网络中有大量内部信息或文档在传送和转发，员工每天都要登录企业内部网站获取必要的资源。Wi-Fi 网络是员工进入企业内部网络的接入点，企业需要有充分的安全措施防止未认证或授权设备进入该网络。

2. 无线网络设计方案

根据企业办公对于 Wi-Fi 无线网络的需求，表 6-21 给出了设计方案的例子，这个方案关键是确保 Wi-Fi 在办公环境中的不同区域的覆盖，在工作时间内支持员工充分的带宽需求和并发连接，以及保证 Wi-Fi 网络的安全性。

无线网络中涉及的 AP 组网方案，可以图 6-13 作为示例。

表 6-21　办公室 Wi-Fi 网络的设计方案

方案指标	设计目标
带宽和性能	至少以 10Mbps 速率覆盖办公室的所有区域，支持 100Mbps 的单用户最高接入速率
组网和覆盖	支持 Mesh 室内组网，所有区域的信号强度不低于 −60dBm
容量设计	依据办公室规模来设计，例如最多支持 100 个终端并发访问网络，每个 AP 最多支持 64 个终端的并发访问，每个终端的速率不低于 10Mbps
无缝漫游	办公室内终端在 AP 之间移动漫游，切换时间小于 1000ms
安全接入	任何外部设备进入办公环境，都需要进行无线网络的认证和鉴权
抗干扰性	AP 之间的回程通信使用单独频段，AP 与终端使用其他频段进行连接

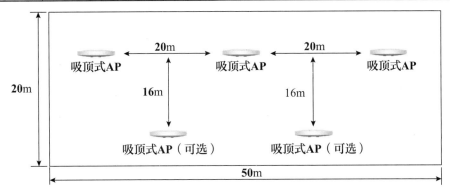

图 6-13　办公室部署 Wi-Fi 网络的例子

在长 50m、宽 20m 的办公室中，以 "V" 字形的方式连续安装多个吸顶式 AP，上面两个 AP 之间的间距为 20m，它们与底部 AP 之间的距离为 16m。

3. Wi-Fi AP 的功能规格

表 6-22 是建议的 Wi-Fi AP 的选型规格。为了满足办公室或会议室在工作时间出现较高密度和较高并发的场景需求，AP 需要支持多频段的 Wi-Fi 6 或者 Wi-Fi 7；需要提供 MU-MIMO 技术和支持多条空间流，提升并发终端连接的数量；Wi-Fi AP 需要具备 IEEE 802.1x 认证、WPA3 的安全等级等功能，确保企业内部终端连接的安全性。另外，Wi-Fi AP 支持 QoS 控制的功能则与在线会议的业务有关。

表 6-22　Wi-Fi AP 的功能规格

AP 选型	功能规格
硬件规格	悬挂天花板的吸顶式 AP
	Wi-Fi 7 AP BE7200，或 Wi-Fi 7 AP BE19000
	Wi-Fi 7 双频，或 Wi-Fi 7 三频
	多天线 4×4 2.4GHz，4×4 5GHz（国内）
	多天线 4×4 2.4GHz，4×4 5GHz，4×4 6GHz
	支持 MU-MIMO 技术下的 8 条空间流，提高多用户连接性能
	支持 160MHz 或 320MHz 的频宽
软件要求	支持 Wi-Fi 7 的 EasyMesh 无线组网
	支持 Wi-Fi 7 的多链路同传技术和负载均衡技术
	支持 Wi-Fi 7 的多资源单元技术
	支持 IEEE 802.1x 的认证方式，支持 WPA3 的安全等级
	支持业务的 QoS 控制，以及视频或语音的高优先级处理

第 7 章　Wi-Fi 7 与移动 5G 技术的融合

第 5 代移动通信（5G）与 Wi-Fi 6 技术都是在 2020 年左右开始商用化，它们都有高带宽、低时延的技术愿景和特征，行业内就把这两个技术放在一起进行比较和讨论，主要的话题是作为目前正在加快部署的移动通信技术，将来会不会取代室内的 Wi-Fi 技术。大家的共识是 5G 与 Wi-Fi 各有适合的应用场景，在通信技术演进中并不是非此即彼的技术，Wi-Fi 使用非授权的频谱，有大量的各种类型终端通过 Wi-Fi 进行室内数据传输，即使到第 6 代移动通信（6G）出现，原先终端厂家在新产品中一般还会继续升级新的 Wi-Fi 标准，而不会改用基于授权频谱的移动通信技术。

5G 基站信号覆盖范围从 4G 的数百米减小到数十米，在保证业务顺利畅通的条件下，这就要求 5G 基站的数量相比 4G 有很大的增加。这种情况下，5G 基站铺设和网络完善是中长期的建设，在短时间内 5G 信号覆盖率在社区、楼宇或家庭的最后百米内必然有所不足。人们在室外用手机的移动 5G 信号，进入室内用 Wi-Fi 上网，在若干年之内都是典型的场景分工。

另外，如果人们希望在室内的 5G 终端在通信网络中仍然能被寻址访问，并且原先 5G 下的业务没有受到影响，这种技术属于移动 5G 与 Wi-Fi 接入的融合，其中的关键是如何把 Wi-Fi 设备通过有线网络接入到移动核心网。

本章首先把移动 5G 与 Wi-Fi 6 的讨论拓展到与 Wi-Fi 7 技术的比较，然后介绍移动 5G 与 Wi-Fi 网络融合所涉及的关键技术以及相关的应用场景。

7.1　Wi-Fi 7 与 5G 技术的比较

移动 5G R15 冻结与 Wi-Fi 6 标准版本发布都在 2018 年发生。在移动 5G 逐步商用化的进程中，也是 Wi-Fi 6 产品在全球得到越来越多青睐的阶段。图 7-1 给出了移动 5G 的 R15 版本到 R18 版本的演进路线。

5G 的 R15 是商用的初始版本，搭建了 5G 的基础框架，其中，**增强移动宽带**（Enhanced Mobile Broadband，eMBB）是移动高带宽传输的关键技术特征。在 2020 年 7 月冻结的 R16 版本是 5G 全场景的支持，是第一个 5G 的完整标准，其中，**海量机器类通信**（massive Machine Type of Communication，mMTC）和**高可靠低时延连接**（ultra Reliable Low Latency Communication，uRLLC）促进了移动 5G 与各个垂直行业的深入融合，是 5G 赋能社会的关键技术的真正应用。

5G 的增强版本 R17 版本在 2022 年 6 月冻结，它包含网络基础能力的增强和中低速物联网应用、扩展现实等更多新场景的探索。5G R18 标准预计在 2024 年推出，至此 5G 进入技术标准的第二阶段，即 R18 至 R20 的标准，而 2024 年也将是 Wi-Fi 7 产品逐渐得到应用的时代。

图 7-1　移动 5G 标准的演进过程

可以预见，移动 5G 2024—2030 年与 Wi-Fi 6 以及 Wi-Fi 7 在各行业和各场景的共存互补将一直是市场中的无线数据通信的主旋律。5G 网络与 Wi-Fi 6 以及 Wi-Fi 7 的主要技术比较参考表 7-1。

表 7-1　5G 网络指标与 Wi-Fi 性能比较

技术比较		移动 5G	Wi-Fi 6	Wi-Fi 7
技术特性参数	理论速率	20Gbps	9.6Gbps	30Gbps
	平均用户体验速率	1Gbps	1Gbps	1Gbps ～ 10Gbps
	工作频谱	授权频段	免授权的 3 个频段	免授权的 3 个频段
	调制技术	最大支持 256-QAM	最大支持 1024-QAM	最大支持 4096-QAM
	信道频宽	100MHz	最大 160MHz	最大 320MHz
	信道访问	OFDMA	OFDMA 与 CSMA/CA	OFDMA 与 CSMA/CA
	多输入多输出（MIMO）	室外：64 条空间流 室内：4 条空间流	8 条空间流	8 条空间流
	时延	eMBB：4ms uRLLC：0.5ms	10ms~20ms（依赖室内环境）	小于 10ms（依赖室内环境）
	同时连接终端数量	支持 10 万个连接	最多 74 个终端同时接入	最多 148 个终端同时接入
产品比较	终端类型	以移动手机为主	各种装有 Wi-Fi 芯片的智能终端、手机、电脑等	各种装有 Wi-Fi 芯片的智能终端、手机、电脑等
	安全性	无线传输安全性高	支持 WPA3	支持 WPA3

从表 7-1 可以看到，从 Wi-Fi 6 到 Wi-Fi 7 标准的演进，基本上并没有改变原先 Wi-Fi 6 与 5G 之间在关键技术上的重点和格局。

1）Wi-Fi 6 与 Wi-Fi 7 在室内场景的技术优势

Wi-Fi 7 在室内可以达到 10Gbps 的用户体验速率，是高清视频、网络游戏、虚拟现实等高带宽业务在室内短距离的关键数据传输技术；Wi-Fi 使用的是非授权频谱，所以终端厂家仍然会积极采用 Wi-Fi 技术；Wi-Fi 7 标准支持最多 148 个终端同时接入，已经可以完全满足普通家庭的需求。虽然 Wi-Fi AP 的安装位置固定，但 Wi-Fi 标准对于 EasyMesh 组网的持续支持，使得 Wi-Fi 在室内的覆盖率不断得到改善。

2）移动 5G 在室外场景的技术优势

移动 5G 支持 10 万个级别以上的设备连接，是 5G 在广阔的公共开放空间的运营商级的通信技术，是低功耗、广覆盖物联网的基础通信设施；移动 5G 在毫秒级低时延上的性能，使得 5G 在车联网、工业互联网等行业中成为无线通信的旗舰技术；5G 的个人和行业应用都基于 5G 技术高带宽下的移动性，这是移动通信相比 Wi-Fi 所具有的独一无二的优势。

可见，移动 5G 与 Wi-Fi 6 以及 Wi-Fi 7 在社会全场景下各有技术上的侧重点，它们将长期在各自的领域中发挥技术优势和作用。

另一方面，移动 5G 与 Wi-Fi 两种技术是否在某个应用场景上能够互相配合，或者 Wi-Fi 终端能否通过有线网络与 5G 网络中终端进行通信，或者 5G 网络能否延伸到 Wi-Fi 接入网络等，这些是下面要介绍的 Wi-Fi 接入网络与移动 5G 融合的技术话题。

7.2　Wi-Fi 接入网络与移动 5G 的不断融合

Wi-Fi 接入网络与移动网络的融合的基本应用场景是移动终端如何通过 Wi-Fi 网络实现原先的业务需求。参考图 7-2，手机原先通过移动网络打电话和上网，但由于移动网络业务故障、网络堵塞、信号覆盖或者资费等原因，就切换到手机上的 Wi-Fi 连接，通过有线网络连接至移动网络，完成业务功能。

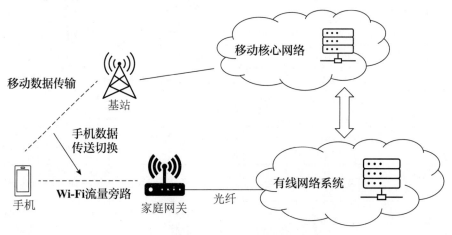

图 7-2　移动与 Wi-Fi 接入网络的融合场景

从图 7-2 中可以看到，实现 Wi-Fi 接入网络与移动网络的融合，涉及 3GPP 的移动网络框架的变更，基本要求是如何识别和支持通过 Wi-Fi 而接入网络的移动设备。两个网络实现融合的话题需要回溯至 2004 年，那时候 3GPP 在 R6 版本中就已经着实推动移动网络与无线局域网融合架构的定义，允许运营商把移动网络中的流量通过室内的无线局域网进行传输。紧随 R6 版本其后，3GPP 在以后的版本一直保持着对规范的演进和增强。

移动 4G 的时期曾是 3GPP 对 Wi-Fi 接入集成及融合时机，相应的规划也有了完善。

然而，4G 对 Wi-Fi 网络集成却并没有得到运营商的青睐和大规模商业部署，很多人可能没有听说过 4G 与 Wi-Fi 曾有过融合的渊源。4G 与 Wi-Fi 交错而过，在各自应用场景各司其职，究其原因还是能否给客户带来真正价值的问题，网络投资的性价比能不能得到运营商和设备厂商的认可和支持，它包含了需求和技术方案两个方面。

1）移动网络与 Wi-Fi 接入融合的基本需求

当时 4G 网络与 Wi-Fi 接入集成和融合是为了利用 Wi-Fi 接入的频谱资源支持移动数据的流量旁路，以及提高无线用户服务的数据带宽。简单地说，不要使 4G 网络成为上网瓶颈，人们在有 Wi-Fi 的地方就通过 Wi-Fi 上网。

然而，4G 本身在室内覆盖情况良好，不需要 Wi-Fi 来帮助拓展覆盖率。此外，运营商的 4G 网络发展速度很快，而且鼓励人们在 4G 网络上使用更高流量的业务，所以 4G 网络与 Wi-Fi 接入的融合就没有带来有重要价值的应用。

2）移动网络与 Wi-Fi 接入融合的技术方案

Wi-Fi 接入融合的 4G 系统方案需要 4G 核心网和无线接入网节点（eNB）的改动。传统的 4G 网络架构本身有着复杂的接口和网关，核心网和无线接入网络节点存在较大的耦合和依赖，实现非 3GPP 的 Wi-Fi 网络的接入存在着核心网集成和无线接入网集成的不同方案，从而有较大的技术复杂度。

没有场景需求的必要性，又没有高效方案的支持，移动 4G 与 Wi-Fi 接入网络的集成就得不到大规模商用机会。

但到了移动 5G 时代，移动与 Wi-Fi 融合又有了新的契机。首先，5G 基站建设和室内覆盖率提升是中长期的工程演进；接着，5G 技术向毫米波技术的演进使得 5G 网络需要有室内数据传输技术方案的支持；然后，5G 核心网络基于业务模块化架构和网络功能虚拟化技术，做到控制面和数据面分离、核心网络和接入网络分离，5G 系统框架比移动 4G 更容易与 Wi-Fi 接入网络进行融合适配。

另外，移动 5G 支持网络切片功能。要在移动网络中实现切片功能，需要 5G 无线接入网络（Radio Access Network，RAN）切片、核心网和终端设备的支持。而如果要实现 5G 网络切片全业务覆盖的端到端方案，理想的方案是把 Wi-Fi 接入网络对于切片的支持纳入到 5G 网络管理的一部分，成为移动与 Wi-Fi 融合的一个环节，从而使得 Wi-Fi 接入网络在管理配置和业务运行上支持 5G 网络切片。

从 Wi-Fi 技术的角度来看，Wi-Fi 6 和 Wi-Fi 7 标准已经把原先不属于运营商通信领域的 Wi-Fi 技术带到了高带宽、低延时的电信级的数据传送技术，所以 Wi-Fi 接入网络与移动 5G 进行融合是站在相同性能层次上的优势互补。Wi-Fi 7 技术的出现，将使得 5G 流量旁路的 QoS 具有更好的效果。

Wi-Fi 接入网络与移动 5G 的融合主要包含两部分内容，一部分是定义融合的框架，即如何把 5G 的流量通过室内的无线局域网和有线网络传输到移动核心网，另一部分是如何在融合框架中实现 5G 端到端的业务和性能。

7.2.1　融合标准演进和 Wi-Fi 技术支持

3GPP 的 R15 和 R16 版本对 Wi-Fi 接入进行了充分的讨论和方案的定义。对于 Wi-Fi

接入的支持，R15 定义了**不可信非 3GPP 网络**（Untrusted Non-3GPP Access）融合架构，R16 中定义了**可信非 3GPP 网络**（Trusted Non-3GPP Access）融合架构。本节以这两个版本为参考，介绍 5G 网络与 Wi-Fi 接入融合的框架规范以及标准演进的方向。

1. 5G R15 的移动网络与 Wi-Fi 接入的融合框架

图 7-3 给出了 3GPP R15 标准基于不可信非 3GPP 网络的融合，原先的 Wi-Fi 接入网络称为**不可信非 3GPP 网络**，Wi-Fi 终端通过它接入 3GPP 定义的移动核心网络。

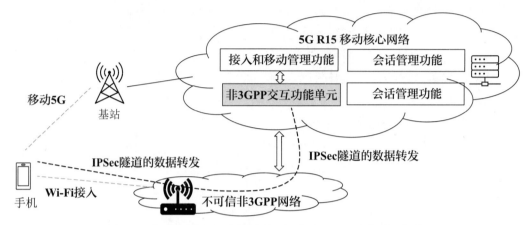

图 7-3　移动 5G 的 R15 版本中的不可信非 3GPP 网络融合架构

3GPP R15 的融合架构中包含的关键定义与技术如下：

（1）**网络架构的标准化**。在原来的 5G 网络拓扑中增加新的**非 3GPP 交互功能单元**（Non-3GPP Interworking Function，N3IWF）。无线终端通过 Wi-Fi 接入不可信非 3GPP 网络，然后 N31WF 负责处理来自终端的注册认证请求，并且建立数据通道来实现 5G 核心网与 Wi-Fi 接入网络之间的数据转发。

（2）**终端设备的兼容性**。终端设备的硬件不需要变更，只需软件升级支持 N3IWF 网络发现与互联网安全协议（Internet Protocol Security，IPSec）的安全通道能力，即可支持 3GPP R15 标准中定义的网络融合业务。

（3）**传输通道的可靠性**。终端与 N3IWF 之间的控制消息和数据都是通过 IPSec 隧道方式来进行转发的。当终端通过 Wi-Fi 网络完成向 5G 核心网络的认证和注册后，系统将在终端与 N3IWF 之间建立 IPSec 隧道来传输后续的控制消息，以及为数据传输创建一个或多个 IPSec 的子通道安全关联。

2. 5G R16 的移动网络与 Wi-Fi 接入的融合框架

3GPP R16 标准在 2020 年 7 月最终确定。在 R15 的基础上，考虑到无线局域网络融合应用的不同场景，R16 继续对 5G 核心网络与 Wi-Fi 网络的集成与融合进行拓展和完善。R16 标准的网络结构参考图 7-4。R16 的主要变化是网络架构的标准拓展，它支持两种 Wi-Fi 接入的部署模型，分别介绍如下：

- **可信非 3GPP 的 Wi-Fi 接入**：新增可信非 3GPP 网关功能单元（Trusted Non-3GPP Gateway Function，TNGF）替换 R15 中的 N3IWF 功能，管理 Wi-Fi 接入。
- **驻地网关**（Residential Gateway，RG）**或电缆调制解调器**（Cable Modem，CM）**下的 Wi-Fi 接入**：通过另一个新增加的固定接入网关功能单元（Fixed Access

Gateway Function，FAGF）来实现 Wi-Fi 接入。

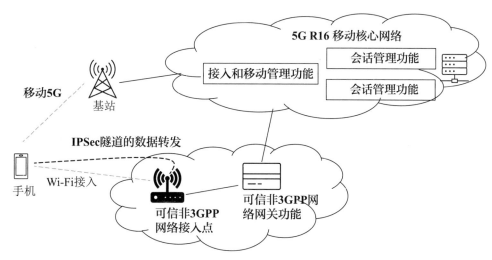

图 7-4　移动 5G 的 R16 版本中的可信非 3GPP 网络融合架构

　　此外，图 7-4 中手机通过 Wi-Fi 接入到 3GPP 定义的可信非 3GPP 网络，然后 TNGF 负责注册认证请求和建立数据通道，实现手机通过 Wi-Fi 接入网络的业务需求。

3. Wi-Fi 技术支持 5G 网络融合的框架

　　支持移动 5G 的 Wi-Fi 接入融合框架，不管是 R15 的不可信非 3GPP 网络，还是 R16 的可信非 3GPP 网络，都需要在 Wi-Fi 终端或者 Wi-Fi AP 设备上支持相关的技术。例如，图 7-5 列出了 Wi-Fi 终端设备对移动网络中的发现和注册认证、数据转发的安全性、数据业务的 QoS 保证、移动网络和 Wi-Fi 接入之间的漫游等技术。

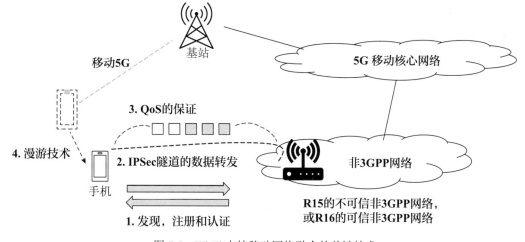

图 7-5　Wi-Fi 支持移动网络融合的关键技术

1）Wi-Fi 终端设备对移动网络中的发现和注册认证

　　5G 网络融合架构基于核心网与接入网络分离的方案，终端通过相同流程实现 3GPP 网络和非 3GPP 网络的认证注册过程，认证状态在核心网网络单元共享。

　　在 3GPP R16 的版本中，纯 Wi-Fi 终端设备不支持移动网络定义的信令进行注册，而是基于非 3GPP 的**扩展认证传输层安全协议**（Extensible Authentication Protocol-Transport

Layer Security，EAP-TLS）和**隧道传输层安全协议**（EAP-Tunneled Transport Layer Security，EAP-TTLS）认证方式完成认证，由可信非 3GPP 网关功能单元代理完成 5G 网络的注册和业务管理。

2）融合网络中数据流转发的安全性

5G 网络对可信和不可信非 3GPP 网络定义统一的数据转发协议，基于 Wi-Fi 安全机制及 IPSec 隧道技术保证数据转发安全性。

在 R15 的非可信非 3GPP 网络接入中，终端和 N3IWF 之间用匹配的密钥建立加密的 IPSec 隧道。在 R16 的可信非 3GPP 网络接入中，终端和 Wi-Fi 接入之间建立可信安全二层链路，并在上面建立 IPSec 隧道，保证数据转发安全性的同时，也保证与非可信非 3GPP 网络接入相同的数据转发协议。

3）融合网络中数据业务的 QoS 保证

5G 空口规范要求支持 10Gbps 的用户接入速率和超低时延毫秒级的延迟，室内常用的 Wi-Fi 6 之前的接入只有数百兆的连接速率和数十毫秒的延迟。但 Wi-Fi 7 技术为 5G 业务切换提供了更好的技术支撑，更利于实现 5G 网络的业务流量旁路和确保 5G QoS，表 7-2 列出了参考的移动网络指标与 Wi-Fi 体验性能。

表 7-2　5G 网络指标与 Wi-Fi 性能比较

技术指标	用户体验速率	峰值速率	时延	连接密度
4G 网络指标	10Mbps	1Gbps	10ms	10^5/km²
5G 网络指标	1Gbps	10Gbps	1ms	10^6/km²
Wi-Fi 6	1Gbps	9.6Gbps	10ms	通常 64 ～ 128（每百平方米；依赖接入设备）
Wi-Fi 7	10Gbps	30Gbps	小于 10ms	通常 128 ～ 256（每百平方米；依赖接入设备）

4）5G 网络和 Wi-Fi 网络之间的漫游技术

在支持 Wi-Fi 接入的 5G 网络融合演进中，终端设备在 5G 移动网络和 Wi-Fi 无线网络之间的漫游是提高用户体验的关键技术之一。

漫游可以从终端侧触发，终端侧通常基于无线网络统计信息的比较来决定，包括无线信号质量、Wi-Fi 无线带宽信息和 QoS 需求等。此外，5G 网络可为终端提供网络策略信息，包括网络发现和选择策略及路由选择策略，以支持终端基于用户配置和网络策略进行不同接入网络的选择。

3GPP 规范定义了 5G 网络和 Wi-Fi 网络之间漫游切换的交互过程。核心网络功能单元共享当前在 5G 网络接入下建立的认证状态以及用户平面数据通道信息，从而支持无缝漫游和保证业务连续性。

7.2.2　支持网络融合的 5G 网络切片

在 5G 网络与 Wi-Fi 接入网络的融合框架下，就可以把 5G 网络的性能和业务要求拓展到 Wi-Fi 接入网络上。下面介绍 5G 网络切片的标准规范以及相关的 Wi-Fi 接入的技术要求。

5G 网络切片功能是 5G 的基本能力，通过软件定义方式将一个物理网络划分为若干个虚拟网络，每个虚拟网络对应着某种应用场景或服务。一个网络切片拥有各自的拓扑结构、网络资源、流量和配置方式。划分多个网络切片，可以使 5G 网络适应更多不同用户的网络需求和应用场景。

行业应用中的不同客户，或者公共区域不同场景的部署，对于优先级、计费、策略管理、安全、移动性、传输性能等有不同需求，在相同的 5G 物理网络上，需要通过 5G 网络切片技术来区分多个互相独立的端到端的逻辑网络来支撑这些不同需求的应用。

图 7-6 是 5G 与 Wi-Fi 接入网络融合下的两个切片的例子，一个是端到端的高带宽数据传送，另一个是低延时的网络，适用于视频会议等低时延业务，当不同终端使用网络切片的时候，感觉就像是在一个独立的物理网络上使用所有的网络资源。

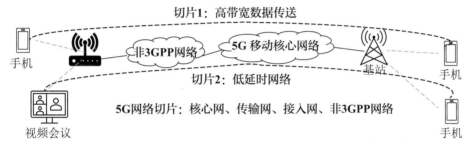

图 7-6　端到端 5G 网络切片的示例

在图 7-6 中可以看到，5G 网络切片方案涵盖了 5G 无线接入网络（Radio Access Network，RAN）切片、核心网、传输网和非 3GPP 网络的支持。其中，5G 无线接入网络的切片是利用物理接入的无线频谱资源和硬件来实现不同的软件逻辑的接入功能，通过软件定义 RAN 切片中的控制功能，实现不同切片对于无线频谱资源的共享。

在 Wi-Fi 接入网络与 5G 网络融合的情况下，要实现 5G 网络切片端到端方案，Wi-Fi 接入网络在管理配置和业务运行上支持网络切片是其中一个重要环节。从 Wi-Fi 已有技术来看，Wi-Fi 可以支持 5G 网络切片的部分规范，或者需要设计新的 Wi-Fi 技术方案来实现其他部分规范。

1. 5G 网络切片规范的制定

3GPP 对 5G 切片的标准化工作做了多方面的讨论和内容制定。在 3GPP TR23.799 中提出了三个网络切片场景，即对核心网所有功能切片，包括用户面和控制面都切片；核心网的控制面部分共享功能不切片，但用户面及不适合共享的控制面进行功能切片；核心网的控制面不做切片，仅需要用户面切片。可见，三个场景中用户面都需要切片，在 Wi-Fi 接入网络与移动网络融合的时候，Wi-Fi 接入网络的切片需求就会很快受到重点关注。

TS22.261 定义了切片的需求框架，从网络设备与切片定义的关系来看，可以分为网络切片中的设备关联和管理、网络切片的管理、业务与网络切片关联、设备与多个网络切片的关联方式，从而满足优先级、计费、策略管理、安全、移动性、传输性能等不同需求。

3GPP TR28.801 则定义了网络切片管理和操作的框架，包含了通信业务管理功能（CSMF）、网络切片管理功能（NSMF）、网络切片实例（NSI）、网络切片子网管理功能（NSSMF）、网络切片子网实例（NSSI）等定义，网络切片框架中尚未包含非 3GPP 网络的切片管理。

图 7-7 包含了业务对于切片管理的需求，并且把 TR28.801 的网络切片管理与 Wi-Fi 接入放在一起，构成 5G 网络管理非 3GPP 接入的统一框架示意图，Wi-Fi 终端则是通过非 3GPP 网络接入到切片的虚拟网络中，实现特定的业务场景。

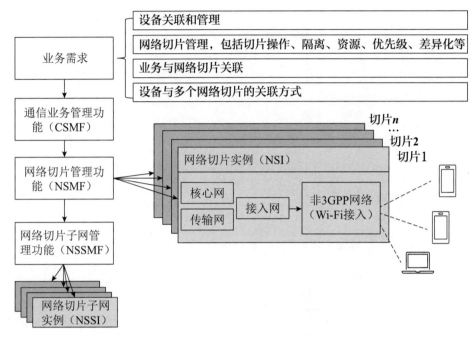

图 7-7　3GPP 网络切片的管理架构

2. Wi-Fi 技术支持 5G 融合框架下的网络切片

在 5G 网络的切片技术被讨论之前，在一个 Wi-Fi 接入网络上支持不同的用户场景已经是非常普及的现象。例如，在相同的 Wi-Fi 网络上支持普通用户和高收费高流量的用户接入，在企业的 Wi-Fi 公共平台上同时支持企业员工和访客等。因此，Wi-Fi 接入网络已经支持 5G 网络所需切片方案的部分功能，目前 Wi-Fi 技术支持网络切片的情况如表 7-3 所示。

表 7-3　Wi-Fi 技术支持 5G 网络切片的情况

序号	所属类别	切片的需求条目	目前状态
1	网络切片中的设备关联和管理	设备关联：在 Wi-Fi AP 上利用 VLAN 端口绑定、支持 BSSID 及 SSID 等方式实现 Wi-Fi 终端与切片的关联	已有技术
2		设备管理：Hotspot2.0 或者企业 Wi-Fi 的应用可以支持 Wi-Fi 设备从一个切片进入另一个切片	已有技术
3	网络切片的管理，包括切片的运行和维护、逻辑切片在物理网络上的隔离、切片的资源配置和调整、切片信息的配置等	切片管理：基于 VLAN、SSID 及 BSSID 的切片可以创建和维护	已有技术
4		切片隔离：通过支持多个 VLAN 绑定或 SSID 及 BSSID，能够在多个网络切片中实现流量和业务的逻辑隔离	已有技术
5		切片资源：没有 Wi-Fi 标准支持，需要厂家开发，例如利用 SSID、空口资源等方式来给设备分配切片资源	厂家开发
6		切片优先级：没有 Wi-Fi 标准支持，需要厂家开发，例如利用空口资源占比、流量限速等方式实现优先级区分	厂家开发
7		切片差异化：没有 Wi-Fi 标准支持，需要厂家开发不同策略控制、不同功能和性能	厂家开发

续表

序号	所属类别	切片的需求条目	目前状态
8	业务与网络切片关联	业务关联：没有 Wi-Fi 标准支持，厂家需要开发业务识别的机制，并关联到切片	厂家开发
9	设备与多个网络切片的关联	多切片支持：Wi-Fi 6 之前没有技术方案可以支持 Wi-Fi 设备同时关联到多个网络切片	没有传统方案

从 Wi-Fi 网络的技术角度来看，设备关联、设备管理、切片管理和切片隔离可以由目前已知的 Wi-Fi 产品或技术实现；切片资源、优先级、差异化管理和业务关联则需要厂家定义自己的方案，目前 Wi-Fi 联盟等标准组织还没有把这样的技术讨论放到议事日程中。关于 Wi-Fi 7 或 Wi-Fi Mesh 所引起的网络切片相关的技术方案，将可能是 Wi-Fi 接入网络在切片管理上的关键话题。

设备关联、切片管理和切片隔离等相关的技术，主要是 VLAN 端口绑定、多个 BSSID 以及 SSID 的配置。参考图 7-8，在 Wi-Fi 接入网络中，在同一个 BSSID 情况下，可以给指定的终端分配 VLAN1 和 VLAN2，它们分别属于切片 1 和切片 2，通过这种 VLAN 端口绑定方式，关联不同的 Wi-Fi 终端设备，实现 Wi-Fi 网络中的数据流分类，从而支持同一个物理网络上不同设备的数据流在逻辑上独立转发，实现网络切片对设备管理的需求。

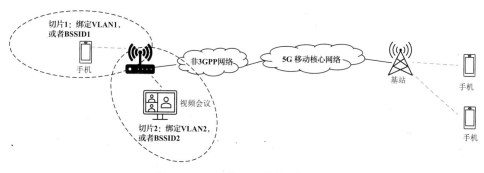

图 7-8　Wi-Fi 接入网络的切片方案

另外，Wi-Fi AP 也可以通过支持多个 BSSID 和 SSID 来实现网络切片，通常 1 个 SSID 对应 1 个 BSSID。图 7-8 中，两个 Wi-Fi 终端分别关联 BSSID1 和 BSSID2，BSSID1 支持终端的普通上网，而 BSSID2 则给设备提供高带宽和低时延的业务，它们分别属于切片 1 和切片 2，可见通过网络切片可以实现不同设备和不同业务需求。

3. Wi-Fi 7 技术支持 5G 融合框架下的网络切片

Wi-Fi 接入网络支持 5G 网络切片，关键技术是如何对 Wi-Fi 物理资源进行逻辑上的切分，形成各自独立的虚拟网络。Wi-Fi 6 物理层通过 OFDMA 技术，把子载波分成多个组，每个组作为独立的资源单元 RU，分配给不同的终端进行数据传输，这样就提供了新的基于频谱资源的切片管理方式。

而 Wi-Fi 7 支持多链路同传技术，使得网络资源又多了一种基于物理链路的切分方式；Wi-Fi 7 支持多资源单位管理，使得频谱资源的组合和切片管理更加灵活和更适应于应用场景。另外，Wi-Fi 7 支持低时延业务特征识别，为切片需求中的"业务与网络切片关联"提供了技术手段。

图 7-9 列出了 Wi-Fi 7 支持网络切片的 3 种相关技术。图 7-9（a）的多链路同传技术中，不同的链路可以分给不同的切片，相同终端的不同业务或者不同终端，分别与不同的链路进行关联，实现各自业务需求。图中链路 2 和链路 3 属于切片 2 和切片 3，这种方式实际上为切片需求中的"设备与多个网络切片的关联"提供了方案。图 7-9（b）是通过多资源单位技术创建了 3 个切片，不同切片有不同带宽，可以支持不同业务场景。图 7-9（c）中的低时延业务特征识别，可以识别对时延敏感的虚拟现实、网络视频等业务，然后能把这样的业务与相关的切片进行关联。

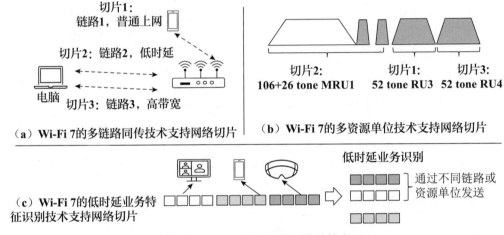

图 7-9　Wi-Fi 7 支持网络切片的技术

可以看到，Wi-Fi 7 在网络资源切分和管理上的增强技术，使得 Wi-Fi 7 标准更适合与5G 网络一起实现端到端的网络切片功能。参考表 7-4 关于 Wi-Fi 7 的切片管理技术。

表 7-4　Wi-Fi 7 技术与切片需求之间的关联

序号	切片的需求条目	Wi-Fi 7 技术
1	设备关联：Wi-Fi 7 支持的多链路方式、多资源单位管理，构成切片资源分给不同的终端，实现数据传送	支持
2	设备管理：Wi-Fi 7 可以通过重新分配链路或者资源单位，使得 Wi-Fi 设备从一个切片切换到另一个切片	支持
3	切片管理：Wi-Fi 7 的链路或资源单位的切片可以创建和维护	支持
4	切片隔离：基于 Wi-Fi 7 的不同切片可以实现流量和业务的逻辑隔离	支持
5	切片资源：Wi-Fi 7 的链路或资源单位的切片可以容量调整	支持
6	切片优先级：没有 Wi-Fi 7 标准的直接支持，但厂家可以根据产品的需求开发。例如，利用空口资源占比、流量限速等方式实现优先级区分	厂家开发
7	切片差异化：没有 Wi-Fi 7 标准的直接支持，但厂家可以根据产品的需求开发不同策略控制、不同功能和性能	厂家开发
8	业务关联：Wi-Fi 7 支持低时延业务特征识别，厂家至少可以把低时延相关业务关联到切片	部分支持
9	多切片支持：多链路同传技术中，相同终端的不同业务可以与不同的链路进行关联，使得终端可以同时支持多个网络切片	支持

4. Wi-Fi EasyMesh 技术支持 5G 融合框架下的网络切片

基于 Wi-Fi 的 EasyMesh（简称 Mesh）网络已经成为家庭网络的市场主流技术，如果要实现 5G 网络端到端的切片方案，则基于 Wi-Fi Mesh 的网络切片将是其中一个关键环节。构建 Mesh 网络切片的关键在于 Wi-Fi AP 相互之间的数据连接通道，即回程通道（Backhaul）实现切片。

在同一个回程通道上要实现多个网络切片，Wi-Fi 7 之前的技术可以通过 VLAN 或者 SSID 的方式对数据流进行逻辑上的分类，但 Wi-Fi 没有已知的标准可以对不同的数据流进行资源管理和优先级调整，需要厂家自己开发。Wi-Fi 7 提供的多链路同传技术，可以使得回程通道中的不同链路与不同的切片进行关联，Wi-Fi 7 的低时延业务特征识别，可以使得低时延的切片与相关的业务数据流进行关联。

参考图 7-10，Wi-Fi AP 之间的回程通道基于多链路方式分成切片 1 和切片 2，分别用于运营商对家庭网络的管理和家庭视频或网络游戏，切片 1 只是传递控制与管理消息，带宽小但可靠性高，而切片 2 需要配置高带宽和低时延的网络资源。

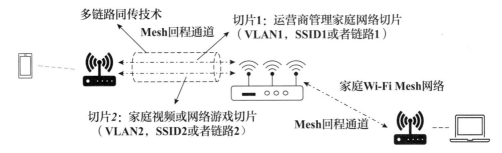

图 7-10　Wi-Fi Mesh 网络的切片方案

7.3　Wi-Fi 与移动 5G 技术融合的应用场景

5G 移动网络与 Wi-Fi 接入网络的融合，可以在智慧城市、工业互联网、酒店公寓、企业办公、智慧家庭等各种场景中都有需求。虽然 5G 移动网络与 Wi-Fi 无线网络的融合还有若干关键技术需要有具体实现上的研讨，标准组织也有继续完善规范的空间，但两者之间的融合发展是必然的趋势，也必然给更多的场景带来新技术的支撑。

7.3.1　5G 与 Wi-Fi 接入网络融合的场景类型

根据前面讨论的 5G 网络与 Wi-Fi 关键技术分析，以及网络切片的内容，表 7-5 是 5G 网络在 Wi-Fi 接入融合上的典型场景需求，对应不同的性能指标需求，以及相应的关键技术设计。

表 7-5　5G 与 Wi-Fi 接入的网络融合的场景类型

场景类型	网络融合参数和性能	网络融合关注的关键技术	网络切片需求
机场、体育馆等公共 Wi-Fi 热点	接入密度：128 终端 / 无线接入点 用户速率：200~600Mbps 中高时延：支持 10~50ms 时延	5G 与 Wi-Fi 6 或 Wi-Fi 7 接入融合，终端的认证及注册、数据业务的 QoS 保证、移动网络与 Wi-Fi 网络之间的漫游等关键技术	切片区分不同用户的流量需求和资费

续表

场景类型	网络融合参数和性能	网络融合关注的关键技术	网络切片需求
工业区域，远程医疗，车联网等	接入密度：32~64 终端 / 无线接入点 用户速率：200~600Mbps 低时延：支持 1~10ms 时延	5G 与 Wi-Fi 6 或 Wi-Fi 7 接入融合，终端的认证及注册、数据转发安全性、数据业务的 QoS 保证等关键技术	切分区分低时延业务和普通网络连接
家庭、社区、酒店公寓以及办公环境等	接入密度：32~64 终端 / 无线接入点 用户速率：200Mbps~1Gbps 中高时延：支持 10~50ms 时延	5G 与 Wi-Fi 6 或 Wi-Fi 7 接入融合，终端的认证及注册、数据业务的 QoS 保证、移动网络与 Wi-Fi 网络之间的漫游等关键技术	切片区分高带宽低时延业务，区分内部人员和访客等

7.3.2 5G 与 Wi-Fi 接入网络融合的例子

下面以图 7-11 为例，介绍企业园区或社区的 5G 专网与 Wi-Fi 融合网络的例子。5G 专网指的是采用 3GPP 5G 标准构建的企业无线专网，它有两种模式，一种是企业可以与运营商 5G 公网共享无线接入网络 RAN，或者共享 RAN 和核心网控制面，或者端到端共享 5G 公网。另一种是企业独立部署从基站到核心网到云平台的整个 5G 网络，可以与运营商的 5G 公网隔离。不管哪种方式，5G 网络与 Wi-Fi 接入网络的融合是类似的。

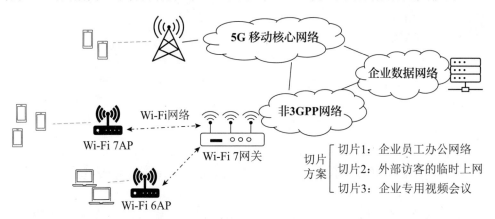

图 7-11 企业园区或社区的 5G 与 Wi-Fi 融合网络的方案

在图 7-11 的例子中，Wi-Fi 7 网关与不同标准的 Wi-Fi AP 组成无线局域网。无线局域网再通过前面介绍的可信或非可信的非 3GPP 网络，与 5G 移动核心网络实现数据连接，并且它们与企业数据网络一起构成完整的企业专网。

这个融合网络除了要实现上述提到的接入密度、用户速率和时延需求下的关键技术以外，还构建了 3 个包括 Wi-Fi 7 以及 Wi-Fi Mesh 的端到端网络切片的例子，分别用于企业员工的办公网络接入、外部访客的临时上网，以及高带宽低时延的企业专用视频会议。

不同的网络切片占用不同的网络资源和配置，在企业专网中有不同的有衔接。3 个端到端网络切片例子的类型和切片要求参考表 7-6。

在 5G 与 Wi-Fi 接入融合网络中，Wi-Fi 7 宽带网关和 AP 软硬件规格和功能列表可参考表 7-7 和表 7-8 的例子。通常一个 Wi-Fi 7 设备并没有支持标准中定义的全部功能，产品设计的时候也不会达到 Wi-Fi 7 标准中给出的理想性能，所以在产品规格举例的时候，需要列出这个应用场景中所特有的关键技术。

表 7-6　应用场景的 Wi-Fi 网络切片的例子

切片方案	切片类型	切片的要求
切片 1	企业员工的办公网络接入	功能：支持终端的认证及注册，数据业务的 QoS 保证，端到端的数据加密保护，企业预约的数据带宽等 性能：切片优先级较高，传输时延低，接入可靠性高
切片 2	外部访客的临时上网	功能：支持终端的认证及注册，实现普通的上网需求，没有计费要求，带宽要满足普通数据流量的业务等 性能：切片优先级低，传输时延一般，接入可靠性一般
切片 3	高带宽低时延的企业专用视频会议	功能：支持终端的认证及注册，数据业务的 QoS 保证，端到端的数据加密保护，企业预约的数据带宽等 性能：切片优先级很高，传输时延很低，接入可靠性高

表 7-7　Wi-Fi 7 宽带网关和 AP 的硬件技术要求

AP 选型	Wi-Fi 7 网关规格要求	Wi-Fi 7 AP 规格要求
硬件技术要求	Wi-Fi 7 网关 BE7200	Wi-Fi 7 AP BE7200 或 BE19000
	Wi-Fi 7 双频（国内）	Wi-Fi 7 双频（国内）或三频
	多天线 4×4 2.4GHz，4×4 5GHz	多天线 4×4 2.4GHz，4×4 5GHz，4×4 6GHz
	支持 160MHz 频宽	支持 160MHz 或 320MHz 的频宽

表 7-8　Wi-Fi 7 宽带网关和 AP 相关的软件功能要求

AP 选型	网关和 AP 的 Wi-Fi 7 相关的软件功能列表
软件功能要求	支持基于 Wi-Fi 7 的 EasyMesh 组网
	支持 Wi-Fi 7 的多链路同传技术和负载均衡技术
	支持 Wi-Fi 7 的多资源单元技术
	支持 IEEE 802.1x 的认证方式，支持 WPA3 的安全等级
	支持低时延业务特征识别
	支持业务的 QoS 控制，视频或语音的高优先级处理

7.3.3　5G 与 Wi-Fi 接入网络融合的演进方向

虽然 3GPP R15 之后对于 Wi-Fi 接入的网络融合的规范已经比 4G 时代有了更全面的定义和演进，但从实际网络部署的角度来看，对于移动终端或者纯 Wi-Fi 终端设备在融合网络中的端到端业务转发质量、数据安全性和网络运营维护等操作，仍将是未来几年关键的话题。

1）融合网络的端到端的业务转发质量

在 5G 规范中，3GPP 通过支持网络切片技术实现端到端的业务质量管理。但如何把 Wi-Fi 接入网络的操作纳入网络切片管理，目前还没有定义详细规范。Wi-Fi 网络的空口资源的优先级定义、时延控制等都独立于 5G 网络部署。因此，统一管理 5G 网络和 Wi-Fi 接入的业务质量参数是实现网络融合效果的技术挑战。

另一方面，Wi-Fi 7 的多链路操作、多资源单位管理和低时延业务特征识别，给网络切片技术带来了新的契机和技术支撑。

2）5G 终端切换到 Wi-Fi 网络中的数据安全性

Wi-Fi 网络本身是免授权频段的无线局域网络，允许不同的终端同时接入到同一个 Wi-Fi 网关或路由器。使用电信级移动网络的 5G 终端切换到普通的 Wi-Fi 节点进行数据转发，5G 终端在融合网络中被鉴权认证后正常运行业务的前提下，端到端的网络安全性将需要重新审视和评估，不过目前尚未有相关的研究和讨论。

3）融合网络的未来运营维护

通常运营商对基于 Wi-Fi 的宽带接入网关的运营管理是聚焦在网络接口侧的参数，对于 Wi-Fi 接入的性能和业务质量参数缺乏有效的管理手段。而当 5G 与 Wi-Fi 接入的网络融合的时候，不仅需要有一个统一的运营网络来管理，也需要加强 5G 终端接入 Wi-Fi 网络的维护和监管，这是运营商与设备商将来实现网络融合筹划方案的重点。

第 8 章 Wi-Fi 技术发展的展望

Wi-Fi 作为与终端客户直接相关的短距离通信技术，IEEE 平均每 5 年就会推出新的技术标准，在 Wi-Fi 7 之后，可以预见 2030 年左右 Wi-Fi 8 就会进入大众的视野，成为新的 Wi-Fi 标准的旗舰。

2022 年 7 月，IEEE 成立了新一代 Wi-Fi 技术的研究组（Study Group，SG），它称为超高可靠性研究组（Ultra High Reliability Study Group，UHR SG），这个研究组将关注和提升 Wi-Fi 连接的可靠性，继续减少时延，提升 Wi-Fi 的可管理性，提升不同信噪比情况下的吞吐量，并且继续减少 Wi-Fi 设备的功耗等，预计 IEEE 将在 2023 年 5 月份成立任务组。与此同时，IEEE 还成立了人工智能和机器学习兴趣小组（Artificial Intelligence / Machine Learning Interesting Group，AI/ML SIG），该小组将重点关注 AI/ML 在 Wi-Fi 技术上的应用，以及对于现有的 Wi-Fi 系统进行性能提升。

从目前看来，AI/ML 以及 UHR 可能就是 Wi-Fi 8 标准的内容，很多厂家已经非常积极地提供技术建议和愿景描绘。

本章作为 Wi-Fi 技术发展的展望，介绍与 Wi-Fi 8 发展紧密相关的宽带接入，以及移动通信的外部网络因素和业务带宽需求，还会介绍 Wi-Fi 8 标准可能涉及的关键技术。

8.1 超高宽带网络的开启

人们能够使用 Wi-Fi 来上网，是因为 Wi-Fi 网关或者路由器连接着有线宽带接入网络，或者通过 CPE 接入移动通信网络，从而完成互联网的连接。宽带接入网络和移动通信网络各自不断向前演进，带宽继续拓展，性能不断提升，相应地又对 Wi-Fi 技术的升级发展提出了新的要求。作为宽带接入和移动通信网络方案的运营商，在每一个技术方案的时代，他们都预期有对应的高性能的 Wi-Fi 技术能支持和匹配端到端通信网络的发展。

参考图 8-1，可以大致了解 Wi-Fi、有线网络的宽带接入和移动通信发展的对应关系。目前没有下一代宽带接入和移动 6G 的商业化的时间表，图中的时间仅仅是本书作者的预测和展望，下面做详细说明。

1）宽带接入

2020 年之前，宽带接入以千兆的无源光网络（Passive Optical Network，PON）为主，对应的 Wi-Fi 主要是 Wi-Fi 4 与 Wi-Fi 5。2020 年之后，Wi-Fi 6 与万兆（10Gbps）宽带接入的无源光网络几乎同时在国内开始得到部署和发展，国外更多的地区则在 2023 年左右将推广万兆宽带接入。可以预见，Wi-Fi 6 和 Wi-Fi 7 将同时被运营商作为万兆宽带接入的室内延伸的方案，持续部署若干年，而 Wi-Fi 7 则是万兆宽带接入下的室内高端网关配置。

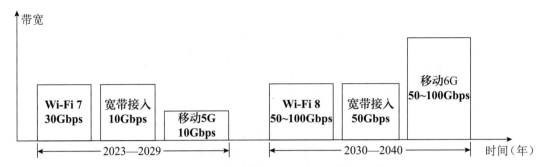

图 8-1　Wi-Fi 技术发展与宽带接入和移动通信的关联

行业内对于万兆宽带接入的下一代技术方案，多数倾向于速率 25Gbps 的 PON 产品或者 50Gbps 的 PON 产品，预计在 2030 年左右能逐渐开始推广，此时，室内 Wi-Fi 技术也将有可能升级到支持 50Gbps 以上的 Wi-Fi 8，因而能够与宽带接入构成有线超宽带网络的完整方案。

2）移动网络

在全球各地如火如荼地大规模部署移动 5G 的同时，3GPP 关于 5G 的新的标准 R18 将在 2023 年年底冻结，即完成标准的制定。随后 5 年都是移动 5G 新标准处于商业化推广的重要时期，5G 在室内覆盖率的拓展和室内性能的保证则可以由 Wi-Fi 6 和更高性能的 Wi-Fi 7 来实现。

在移动 5G 处于全社会关注的热点话题的时候，移动 6G 的关键技术也已经悄然成为通信行业的讨论焦点。人工智能、网络感知、极致的性能体验、空天地一体化组网、感知通信计算一体化等各种新技术都相继被提出和研究。现在行业内还不能给出预测，有哪些关键技术将被采纳到标准中，也无法知道 6G 标准发布的日期。但根据移动通信 10 年一代的历史经验，行业内纷纷以 2030 年作为 6G 标准的预测时间。

移动 6G 一定会在用户体验上比 5G 更进一步。例如，实现 Tbps 级的峰值速率、10 ～ 100Gbps 的用户体验速率、亚毫秒的时延等。从 Wi-Fi 技术的角度来看，6G 的用户体验速率、时延等性能指标是与 Wi-Fi 8 对应的。2030 年左右，Wi-Fi 8 作为 6G 通信的室内补充和延伸，将一起构成无线超宽带网络的完整方案。

结合宽带接入和移动通信的发展，预计 2030 年以后，将出现如图 8-2 所示的超宽带网络的结构，人们使用网络的体验将出现更大飞跃。

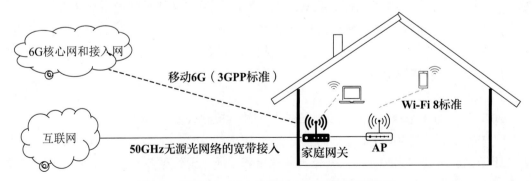

图 8-2　家庭 Wi-Fi 8 与宽带接入和移动网络的图示

8.2　展望新一代 Wi-Fi 关键技术

Wi-Fi 5 之前的标准演进主要是数据传输速率提升，Wi-Fi 6 把重点放在了高密度连接下的 Wi-Fi 性能的提升，引入了移动通信的 OFDMA 的多址接入，Wi-Fi 7 又继续把高带宽和高性能作为 Wi-Fi 技术发展的焦点。

在这些标准每次迭代演进中，提升调制方式、实现信道绑定、拓展信道带宽、多用户多输入多输出等一直是其中的关键技术。Wi-Fi 8 标准制定的时候，必然会再次探讨这些关键技术还有多少提升的空间。

UHR 小组的设计目标是为 Wi-Fi 数据在信道中传输提供高稳定性。多 AP 协作技术的优点在于降低信道中 BSS 之间的相互干扰、提高信道利用效率、提升数据传输稳定性，恰好满足 UHR 的需求。而 Wi-Fi 7 曾经将多 AP 协作技术作为设计目标，但未完成技术规范制定，因此，可以预测多 AP 协作技术将在 Wi-Fi 8 中进一步讨论。

在移动 5G R15 标准中，AI/ML 已经用于网络数据收集和分析，以及网络自动化管理。在移动 6G 网络中，AI/ML 的应用更加广泛，比如网络节点负载均衡、用户数据管理，以及对于 MAC 层和 PHY 层的优化，比如信道信息收集、收发调制方式等。AI/ML 在移动 6G 的应用会进一步提高移动网络的性能。

可以预期，IEEE AI/ML 小组的设计目标是对标 AI/ML 在移动 6G 网络的应用，并结合 Wi-Fi 网络的自身特点，通过引入 AI/ML 功能，进一步提高 Wi-Fi 通信系统整体性能。

1. 传统关键技术的提升

从 Wi-Fi 标准发展来看，除了调制方式的持续提升以外，Wi-Fi 4 和 Wi-Fi 6 是两个关键的路标。Wi-Fi 4 开始支持多输入多输出技术和信道绑定技术，而 Wi-Fi 6 开始支持 OFDMA，并且拓展到 6GHz 频段，两个标准完善了 Wi-Fi 传统关键技术的基础，即以单个 Wi-Fi AP 为 Wi-Fi 网络的性能核心，不断提升频谱效率，通过空间复用、频谱复用等方式，挖掘 Wi-Fi 网络的所有资源潜力，推动 Wi-Fi 网络向高带宽、高效率的方向发展。而经过 Wi-Fi 7 标准的大幅度性能提升以后，Wi-Fi 传统关键技术还有多少大幅提升空间，是目前仍在探讨的话题。

1）信道带宽

Wi-Fi 7 在 6GHz 上最多支持 6 个 320MHz 的信道，但只有 3 个不重叠的 320MHz 的信道，如图 8-3 所示。从 6GHz 可用频谱资源的角度来看，Wi-Fi 8 在信道带宽上并不会比 Wi-Fi 7 有新的突破，即可能最多支持 320MHz 信道，而不是在新标准中把 640MHz 作为信道带宽拓展的重点。

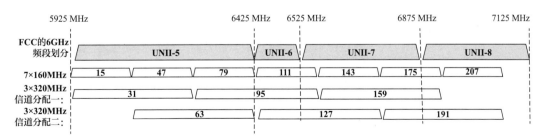

图 8-3　6GHz 上的 320MHz 信道

2）调制效率

Wi-Fi 7 支持 4096-QAM，即 4K QAM，4096=2^{12}，相比 Wi-Fi 6 提升了 20% 的速率。那么 Wi-Fi 8 的调制目标可能是 16K QAM，16K=2^{14}，带来了 16.66% 的数据速率提升。可以看到，调制的阶数越高，带来的实现复杂度变高，而提升的速率反而越来越有限。所以是否把 16K QAM 作为 Wi-Fi 8 的标准之一，将有待标准组织讨论。

3）多输入多输出

Wi-Fi 7 曾经把 16 条空间流放在标准的候选方案中，但之后发现 Wi-Fi 7 来不及完成相应的规范定义，所以就建议把它放到 Wi-Fi 8 中讨论，成为 Wi-Fi 8 的待选技术方案。

对于家庭网络和设备来说，16 条空间流是否有必要，是值得商榷的地方。16 条空间流不仅增加了天线的数量和成本，也增加了 Wi-Fi AP 系统实现上的复杂度。在一个 Wi-Fi AP 的设备上支持 8 根以上的天线，对于外观、功耗、成本等方面都有影响，厂家必然会认真考虑性价比是否合适。另外，多用户多输入多输出（MU-MIMO）在 16 条空间流情况下，如何高效实现 AP 与终端之间的数据传送和管理控制等，都是技术实现上的挑战。

2. 多 AP 协作技术

Wi-Fi 6 的 OFDMA 针对的是密集的终端连接，而 Wi-Fi 7 已经在讨论密集的 Wi-Fi AP 部署场景的技术方案，AP 相互之间无线信号重叠是典型的数据传输特征，除了尽可能减少相互干扰以外，如果能充分利用相邻的 AP 进行协作，则能最大化利用有限的时频域及空口资源，提高在多 AP 环境下的数据转发的系统效率和性能。因为技术上的复杂性，多 AP 协作的技术方案从 Wi-Fi 7 放到了 Wi-Fi 8 的讨论中。

要实现多 AP 协作，关键是如何充分利用单个 Wi-Fi AP 已有的频谱复用、空间复用等技术，使得不同 AP 进行协商和协作，分别同时使用互不干扰的频谱资源和空间资源，从而减少相互之间因为干扰而带来的时延和性能问题。

参考图 8-4，多 AP 协作包含了基于 OFDMA 资源单位的协作、基于波束赋形的空口协作以及基于 AP 数据协作处理的分布式 MIMO 协作三种方式。

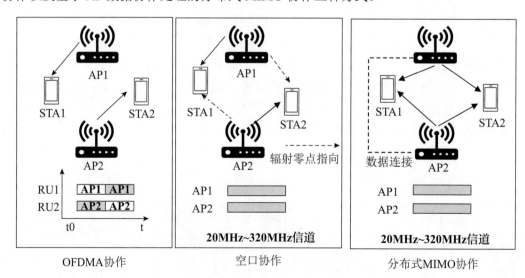

图 8-4　Wi-Fi 多 AP 协作方式

1）OFDMA 协作（Coordinated OFDMA）

在 802.11ax 的 OFDMA 多址接入的技术基础上，不同的 AP 通过协商可以分别使用不同的单位资源 RU 同时进行数据传送，因而可以减少 AP 相互之间竞争窗口的冲突，尽可能使不同的 AP 最大化利用数据所发送的信道资源，对于优化短数据包的延时非常有帮助。这种 OFDMA 协作是多 AP 协作机制中较简单的方式。

2）空口协作

也称为零点指向协作（Coordinated Null Steering），或波束成形协作（Coordinated Beamforming）。协作的前提是 AP 有多对天线，多个 AP 在同一时刻利用空口复用技术向不同终端设备提供波束赋形的增益，同时 AP 向非关联的设备提供空口信号辐射的零点指向，这种方式有效利用空口资源来进行数据传送。

具体实现是需要在多个 AP 之间通过消息进行协作，并且 AP 要从非关联的设备那里获得信道状态信息（Channel State Information），然后根据辐射零点来调整天线方向。

3）分布式 MIMO 协作（Distributed-MIMO，D-MIMO）

这是多 AP 协作中比较复杂的机制，它把相邻的 AP 从干扰源变成数据传输的协作方，AP 之间可以通过波束赋型的方式拓展空间复用和增加数据传输的覆盖范围。

D-MIMO 机制需要优化原先的冲突避让机制（CSMA/CA），使得多 AP 在信号重叠的区域能改进信道访问的处理方式。在具体实现中，可能需要建立主 AP 和从 AP 的架构，主 AP 协调频域资源及控制管理帧的传送等方式，从而实现多 AP 相互协作和数据传输。

3. Wi-Fi 在毫米波频段应用

高吞吐量的设计目标为单个设备峰值吞吐达到 100Gbps，平均值达到 10Gbps。但目前美国开放 6GHz 频段上只有 3 个非重叠的 320MHz 频宽的信道，而欧洲开放 6GHz 频段上只有 1 个 320MHz 频段的信道，中国没有开放 6GHz 频段，所以在 6GHz 上再通过扩大带宽来提升吞吐量的目标很难实现。

为此，UHR 小组将研究重点放在对于 60GHz 毫米波频段可用的带宽资源。60GHz 资源频宽范围为 45 ～ 60GHz，共 15GHz 可用的频宽资源。传统基于 802.11ad/ay 技术的最小信道带宽为 2.16GHz，通过信道捆绑技术可达到 8.64GHz。在现有 802.11ad/ay 技术的基础上，UHR 小组提出基于 60GHz 频段上 Wi-Fi 设计带宽为 160 ～ 1280MHz，可用在密集环境下，满足多 AP 工作在不同信道相互不会干扰。

4. 人工智能和机器学习

AI/ML 引入 Wi-Fi 通信系统的目标是提高 Wi-Fi 系统的性能，提升信道利用效率。具体来说，如图 8-5 所示，AI/ML 在 Wi-Fi 系统上的应用将表现在以下六个方面：

（1）信道接入：根据信道状态，通过 AI/ML 动态调整回退窗口，替代当前随机回退窗口模式，降低信道空闲时间以及冲突概率，进而提高信道利用效率。

（2）链路自适应：通过 AI/ML 预测当前信道状态，自动选择最佳传输速率，从而提高系统吞吐量。

（3）PHY 层优化：通过 AI/ML 自动识别信号源，从而降低噪声产生的干扰和提高解调解码效率。

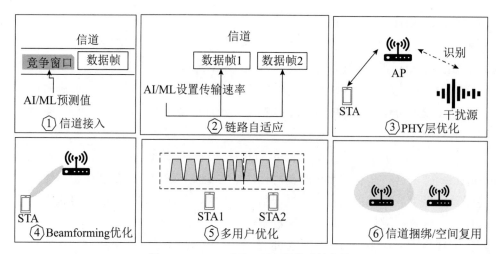

图 8-5　AI/ML 对于 Wi-Fi 通信系统优化

（4）Beamforming 优化：通过 AI/ML 预测信道特点，自动选择 Beamforming 传输带宽、发射功率，从而降低信道探测时间和提高系统吞吐量。

（5）多用户优化：通过 AI/ML 为每个用户精准分配 RU/MRU，满足多用户并发场景下对于高吞吐量和低时延的需求。

（6）信道捆绑 / 空间复用：根据信道以及子信道状态，通过 AI/ML 自动选择信道捆绑数量和发射功率，自动调整 CCA 门限值，从而充分利用信道资源和提高吞吐量。

8.3　结语

Wi-Fi 已经成为这个时代最成功的无线数据传输技术之一，从 1997 年最初的 2Mbps 到目前 2023 年的 30Gbps，26 年内标准发展了 7 代，速率提升了 15000 倍。预计到 2025 年，Wi-Fi 的全球经济价值有望达到 5 万亿美元，每年将交付数十亿部设备。而 Wi-Fi 技术仍在演进和创新中，可以预期 Wi-Fi 在后面 10 年仍将继续为高带宽低时延等各种场景的业务发挥重要的数据连接作用。

附录 A　术语表

英文缩写	英文全称	中文
3GPP	The 3rd Generation Partnership Project	第三代合作伙伴计划
AAD	Additional Authentication Data	额外身份验证数据
AC	Access Category	业务类别
Ack	Acknowledge	确认
AC_BK	AC Background	背景流业务
AC_BE	AC Best Effort	尽量传输业务
AC_VI	AC Video	视频业务
AC_VO	AC Voice	语音业务
ACS	Auto Configuration Server	自动配置系统
AFC	Automated Frequency Coordination System	自动频率协调系统
AIFS	Arbitration Interframe Space	仲裁帧间隔
AIFSN	Arbitration Interframe Space Number	仲裁帧间隔数量
AI/ML SIG	Artificial Intelligence/Machine Learning Interesting Group	人工智能和机器学习兴趣小组
A-MPDU	Aggregate MPDU	聚合 MAC 协议数据单元
AID	Association Identifier	关联标识符
A-MSDU	Aggregate MSDU	聚合 MAC 服务数据单元
AP	Access Point	接入点
AR	Augmented Reality	增强现实
ASK	Amplitude Shift Keying	振幅键控
ATL	Authorized Test Laboratory	授权测试实验室
BA	Block Ack	块确认
BAR	Block Ack Request	块确认请求
BBF	Broadband Forum	宽带论坛
BCC	Binary Convolutional Code	二进制卷积编码
BFRP	Beamforming Report Poll	报告轮询帧
BQR	Bandwidth Query Report	带宽查询报告
BQRP	Bandwidth Query Report Poll	带宽查询报告轮询
BSRP	Buffer Status Report Poll	缓存状态查询
BSS	Basic Service Set	基本服务集
B-TWT	Broadcast TWT	群体目标唤醒时间
CBA	Compressed Block Ack	压缩块确认
CBC-MAC	Cipher-Block Chaining Message Authentication Code	密码块链消息完整码

英文缩写	英文全称	中文
CBR	Constant Bitrate	固定比特率
CCA	Clear Channel Assessment	空闲信道评估
CCA-ED	CCA-Energy Detection	信号能量检测
CCA-PD	CCA-Packet Detection	数据报文检测
CCMP	CTR with CBC-MAC Protocol	计数器模式密码块链消息完整码协议
CEPT	Confederation of European Posts and Telecommunications	欧洲邮电管理委员会
CM	Cable Modem	电缆调制解调器
CPE	Customer Premises Equipment	用户端设备
CRC	Cyclic Redundancy Check	循环冗余校验
CSI	Channel State Information	信道信息
CSMA/CA	Carrier Sense Multiple Access/Collision Avoidance	载波侦听 / 冲突避免
CTR	Counter Mode	计算器模式
CW	Contention Window	竞争窗口
CWmin	minimum Contention Window	最小竞争窗口
CWmax	maximum Contention Window	最大竞争窗口
DA	Destination Address	目的地址
DBPSK	Differential Binary Phase Shift Keying	差分二进制相移键控
DC	Direct Current Subcarrier	直流子载波
DCM	Dual Carrier Modulation	双载波调制模式
DFS	Dynamic Frequency Selection	动态频率选择
DHCP	Dynamic Host Configuration Protocol	动态主机配置协议
DHKE	Diffie-Hellman Key Exchange	迪菲－赫尔曼密钥交换
DIFS	Distributed coordination function Interframe Space	分布式协调功能帧间隔
DL	Down Link	下行
D-MIMO	Distributed-MIMO	分布式 MIMO 协作
DQPSK	Differential Quadrature Phase Shift Keying	差分正交相移键控
DS	Distributed System	分布式系统
DSCP	Differentiated Service Code Point	差分服务代码点
DSL	Digital Subscriber Line	数字用户线
DSSS	Direct Sequence Spread Spectrum	直接序列扩频
DTIM	Delivery Traffic Indication Map	延迟传输指示映射
EAPOL	Extensible Authentication Protocol Over LAN	基于局域网的 802.1X 扩展认证协议
EAP-TTLS	EAP-Tunneled Transport Layer Security	隧道传输层安全协议
eMBB	Enhanced Mobile Broadband	增强移动宽带
ECWmin	Exponent form of CWmin	最小竞争窗口指数
ECWmax	Exponent form of CWmax	最大竞争窗口指数
EDCA	Enhanced Distributed Channel Access	增强型分布式信道接入机制
EHT	Extremely High Throughput	极高吞吐量
EIFS	Extended Interframe Space	扩展帧间隔
EIRP	Effective Isotropic Radiated Power	等效全向辐射功率

英文缩写	英文全称	中文
EPCS	Emergency Preparedness Communications Services	应急通信服务
ESS	Extended Service Set	扩展服务集
ETSI	European Telecommunication Standards Institute	欧洲电信标准协会
EVM	Error Vector Magnitude	矢量误差幅度
FAGF	Fixed Access Gateway Function	固定接入网关功能单元
FCC	Federal Communications Commission	美国联邦通信委员会
FDM	Frequency Division Multiplexing	频分复用
FEM	Front-End Module	前端模块
FN	Fragment Number	分片编号
FT	Fast Transition	快速切换
GC	Group Client	群组客户端
GI	Guard Interval	保护间隔
GMK	Group Master Key	组播主密钥
GO	Group Owner	群组负责
GTK	Group Transient Key	组播临时密钥
HE	High Efficiency	高性能
HT	High Throughput	高吞吐量
IEEE	Institute of Electrical and Electronics Engineers	电气电子工程师协会
IFS	Interframe Space	帧间隔
IPSec	Internet Protocol Security	互联网安全协议
ISI	Inter Symbol Interference	符号间干扰
ISM	Industrial Scientific Medical	工业—科学—医疗
i-TWT	Individual TWT	个体目标唤醒时间
LAN	Local Area Network	局域网
LDPC	Low Density Parity Check	低密度奇偶校验码
LLC	Logical Link Control	逻辑链路控制
L-LTF	Legacy Long Training Field	传统长训练码
L-SIG	Legacy Signal	传统信号
L-STF	Legacy Short Training Field	传统短训练码
LTF	Long Training Field	长训练码
KCK	EAPOL-Key confirmation key	EAPOL 帧确认密钥
KEK	EAPOL-Key Encryption Key	EAPOL 帧加密密钥
MAC	Medium Access Control	媒体访问控制
M-BA	Multi-STA Block Ack	多用户块确认
MBSSID	Multiple-BSSID	多 BSSID 技术
MCS	Modulation and Coding Scheme	调制编码方式
MIC	Message Integrity Code	消息完整性代码
MIMO	Multiple Input Multiple Output	多输入多输出
MLD	Multiple Link Device	多链路设备
mMTC	massive Machine Type of Communication	海量机器类通信
MPDU	MAC Layer Protocol Data Unit	MAC 层协议数据单元

英文缩写	英文全称	中文
MQTT	Message Queuing Telemetry Transport	消息队列遥测传输
MRU	Multiple Resource Unit	多资源单元技术
MSCS	Mirrored Stream Classification Service	镜像流分类服务
MSDU	MAC Service Data Unit	MAC 服务数据单元
MSK	Master Session Key	主会话密钥
MTP	Message Transfer Protocol	消息传输协议
MU-MIMO	Multiuser-Multiple Input Multiple Output	多用户多输入多输出
N3IWF	Non-3GPP Interworking Function	非 3GPP 交互功能单元
NAV	Network Allocation Vector	网络分配矢量
NDP	Null Data PPDU	空数据报文
NDPA	Null Data PPDU Announcement	空数据包通告
NFRP	NDP Feedback Report Poll	NDP 反馈信息查询
OBSS	Overlapping Basic Service Sets	重叠基本服务集
OFDM	Orthogonal Frequency Division Multiplexing	正交频分复用
OFDMA	Orthogonal Frequency Division Multiple Access	正交频分复用多址
OPS	Opportunistic Power Saving	机会主义的省电模式
OSI	Open Systems Interconnection Reference Model	开放系统互连参考模型
PMK	Pairwise Master Key	成对主密钥
PON	Passive Optical Network	无源光网络
PPDU	Physical Layer Protocol Data Unit	物理层协议数据单元
PSK	Phase Shift Keying	相移键控
PTK	Pairwise Transient Key	成对临时密钥
PS-POLL	Power Saving Poll	节电查询
PSDU	Physical Service Data Unit	物理层服务数据单元
QAM	Quadrature Amplitude Modulation	正交幅度调制
QoS	Quality of Service	服务质量
QPSK	Quadrature Phase Shift Keying	正交相移键控
P2P	Peer-to-Peer	点对点
PAR	Project Authorization Request	项目授权请求
PE	Packet Extension	延伸的字段
PIFS	Priority Interframe Space	优先级帧间隔
PPDU	Physical Layer Protocol Data Unit	物理层协议数据单元
PSD	Power Spectral Density	最大功率密度
PSDU	Physical Service Data Unit	物理层服务数据单元
PSK	Phase Shift Keying	相位键控
RA	Receiver Address	接收地址
RAN	Radio Access Network	无线接入网络
RF	Radio Frequency	射频
RG	Residential Gateway	驻地网关
RNR	Reduced Neighbor Report	邻居节点报告技术
RSSI	Received Signal Strength Indication	接收信号强度

英文缩写	英文全称	中文
RTS/CTS	Request To Send/Clear To Send	请求发送 / 清除发送
RA-RU	Random Access Resource Unit	随机接入的 RU
RCE	Relative Constellation Error	相对星座图误差
RSNE	Robust Security Network Element	健全安全网络字段
RU	Resource Unit	资源单元
RVR	Rate vs Range	性能测试
r-TWT	restricted Target Wakeup Time	严格唤醒时间技术
SA	Source Address	源地址
SAE	Simultaneous Authentication of Equals	对等实体同时验证方式
SCS	Stream Classification Service	业务流信息识别
SDK	Software Development Kit	软件开发包
SG	Study Group	研究组
SGI	Short Guard Interval	短保护间隔
SIFS	Short Interframe Space	短帧间隔
SN	Sequence Number	顺序编号
SNR	Signal-to-Noise Ratio	信噪比
SR	Spatial Reuse	空间复用技术
SSID	Service Set Identifier	服务集标识符
STA	Station	终端
STBC	Space Time Block Code	空时分组码
STF	Short Training Field	短训练码
SU-MIMO	Single-User MIMO	单用户多输入多输出
TA	Transmitter Address	发送地址
TBTT	Target Beacon Transmit Time	信标目标发送时间
TDLS	Tunneled Direct Link Setup	隧道直接链路建立
TG	Task Group	工作组
TKIP	Temporal Key Integrity Protocol	临时密钥完整性
TID	Traffic Identifier	传输类别
TIM	Traffic Indication Map	传输指示映射
TXS	TXOP sharing	传输机会分享
TWT	Target Wake Time	目标唤醒时间
TPC	Transmission Power Control	发射功率控制
TXOP	Transmission Opportunity	发送机会
UHDTV	Ultra-High Definition Television	超高清电视
UHR SG	Ultra High Reliability Study Group	超高可靠性学习组
UL	Up Link	上行方向
UORA	UL OFDMA-based Random Access	上行 OFDMA 随机接入
uRLLC	ultra Reliable Low Latency Communications	高可靠低时延连接
USP	User Services Platform	用户业务平台
VBR	Variable Bitrate	可变比特率
VBSS	Virtualized BSS	虚拟 BSS

英文缩写	英文全称	中文
VHT	Very High Throughput	更高吞吐量
VR	Virtual Reality	虚拟现实
XR	Extended Reality	扩展现实
WBA	Wireless Broadband Alliance	无线宽带联盟
WECA	Wireless Ethernet Compatibility Alliance	无线以太网兼容性联盟
WEP	Wired Equivalent Privacy	有线对等保密
WFA	Wi-Fi Alliance	Wi-Fi 联盟
Wi-Fi	Wireless-Fidelity	无线高保真
WSC	Wi-Fi Simple Configuration	Wi-Fi 简单配置
WLAN	Wireless Local Area Network	无线局域网
WMN	Wireless Mesh Network	无线网状网络
WMM	Wi-Fi Multi Media	Wi-Fi 多媒体
WPA	Wi-Fi Protected Access	Wi-Fi 保护接入

参考文献

本书参考文献可扫码查看：